水质工程实验技术与应用

王淑莹　曾　薇　编著

中国建筑工业出版社

图书在版编目(CIP)数据

水质工程实验技术与应用/王淑莹，曾薇编著.
北京：中国建筑工业出版社，2009
ISBN 978-7-112-10895-4

Ⅰ.水… Ⅱ.①王…②曾… Ⅲ.水处理-实
验 Ⅳ.TU991.2-33

中国版本图书馆CIP数据核字(2009)第052514号

本书分为基础篇与技术篇，系统、翔实地介绍了水质工程学的实验技术与应用。在基础篇中，详细讲解实验设计与数据分析、样品测定及仪器使用方法等；在技术篇中，分别介绍了物理化学处理实验和生物处理实验。本书内容涵盖了给水处理、污水处理领域的主要实验技术。特别是在本书的第6章中，重点介绍了体现水处理领域研究热点的研究型实验，包括短程硝化反硝化、同步硝化反硝化、反硝化除磷等脱氮除磷理论在SBR工艺、氧化沟工艺、MUCT等工艺中的应用；污泥膨胀、污泥好氧消化、污水再生利用、生物脱氮过程N_2O的产生、垃圾渗滤液处理等。

本书可作为高校环境工程、市政工程、环境科学专业本科生实验教学用书和研究生的试验研究参考书，也可供给水厂、污水厂及其他相关的工程技术人员和管理人员参考。

* * *

责任编辑：田启铭 石枫华
责任设计：张政纲
责任校对：刘 钰 孟 楠

水质工程实验技术与应用
王淑莹 曾 薇 编著
*
中国建筑工业出版社出版、发行(北京西郊百万庄)
各地新华书店、建筑书店经销
北京天成排版公司制版
北京建筑工业印刷厂印刷
*
开本：787×1092毫米 1/16 印张：18½ 字数：462千字
2009年8月第一版 2009年8月第一次印刷
印数：1—3000册 定价：**48.00**元
ISBN 978-7-112-10895-4
(18144)

前 言

水质工程学是环境工程、市政工程的主要研究领域之一，内容不仅包括水质工程学基础理论知识，还包括水处理实验技术与应用，具有较强的实践性。水质工程实验是理论与工程实践的桥梁，本书内容主要集中在水质工程实验技术与应用。

本书是在多年教学和科研工作实践的基础上，全面详细介绍了水处理技术中的物理化学方法、生物方法，并重点阐述了目前国内外先进的水处理理论、方法和技术手段，力求体现实用性、科学性、系统性和前沿性。在介绍相关实验基础理论的前提下，更侧重于对具体试验内容、装置、仪器、实施步骤、测试分析方法的介绍，具有较强的实用性和可操作性。通过参考本书，实验人员即可搭建试验并进行相关的试验研究。

为适应水质工程学发展的需要，本书根据水处理方法的不同，将水质工程实验划分为物理化学处理试验和生物处理试验两个模块进行阐述，改变了以往给水处理、污水处理、工业给水处理、工业废水处理的传统分类方法。经过这样的优化调整，全书的内容与结构更加科学与系统。本书的另一主要特点是力求体现学术前沿性，即除介绍水处理技术中常规的物理、化学、生物方法外，将技术研究型试验单独设立一章，集中介绍目前水处理技术领域的研究热点及相关的试验工作的开展。试验内容主要来源于作者多年科研工作的积累。这些内容既可作为本科生创新型、设计型试验的教学之用，也是供研究生及科研人员试验研究参考的宝贵资料。

本书由王淑莹、曾薇主编，由彭永臻教授主审。全书分为基础篇与技术篇，共6章。参加本书第3章、第6章编写工作的还有崔有为、张树军、郭瑾、王海东、杨庆、赵晨红、张善峰、王建龙、刘秀红、王伟、乔海兵、令云芳、牛奕娜、白璐、闫骏等，在此一并表示感谢。

因编者水平有限，书中不足之处敬请批评指正。

编 者

2009年1月

目录

上篇 基础篇

下篇　技　术　篇

上篇

基础篇

第1章　水样的采集与保存

为了保证检测结果能正确反映被检测对象的特性，取得具有代表性的水样，在水样采集以前，应根据被检测对象的特征拟订水样采集计划，确定采样点位、采样时间、水样数量和采样方法，并根据检测项目决定水样保存方法。水样的采集与保存要力求做到所采集水样的组成成分的比例或浓度与被检测对象的所有成分相同，并在测试工作开展以前，保证各成分不发生显著改变。

1.1　监测点位的布设

水质监测点位的布设关系到监测数据是否有代表性，是否能真实地反映水环境质量现状及污染发展趋势。从理论上讲，为了获得完整的环境质量(或污染源)监测信息，要求监测的空间和时间分辨率越高越好。但单纯追求和实现高分辨率的空间和时间监测，不论从经济观点，还是从实践观点上看，又是难于实现的。所以即使采用连续自动采样监测系统以求获得高分辨率的时间代表性，也很难做到获得高分辨率的空间代表性。环境监测的实践已经表明，无论对哪个环境要素进行监测，其空间分辨率只能是有限的。所以，力求以最少(或尽可能少)的监测点位获取最有空间代表性的监测数据，是环境监测的最重要的指导思想之一。而在此种背景条件下，环境监测点位的优化布设就成为一个关键性的问题。环境监测过程是一个测取数据—解释数据—运用数据的完整过程，测取数据的第一步则是要确定环境监测的点位。

1.1.1　地表水监测断面及采样点位的确定

1. 地表水监测断面的设置原则

在确定和优化地表水监测点位时，应遵循尺度范围的原则、信息量原则及经济性、代表性、可控性及不断优化的原则。具体而言就是：断面在总体和宏观上应能反映水系或区域的水环境质量状况；各断面的具体位置应能反映所在区域环境的污染特征；尽可能以最少的断面获取有足够代表性的环境信息；应考虑实际采样时的可行性和方便性。

根据上述总体原则，对水系可设背景断面、控制断面(若干)和入海断面。对行政区域可设背景断面(对水系源头)或入境断面(对过境河流)、控制断面(若干)和入海河口断面或出境断面。在各控制断面下游，如果河段有足够长度(至少10km)，还应设消减断面。

监测断面可分为：

(1) 采样断面：在河流采样中，实施水样采集的整个剖面。分背景断面、对照断面、控制断面、消减断面和管理断面等。

(2) 背景断面：为评价一完整水系的污染程度，不受人类生活和生产活动影响，提供水环境背景值的断面。

(3) 对照断面：具体判断某一区域水环境污染程度时，位于该区域所有污染源上游处，提供这一水系区域本底值的断面。

(4) 控制断面：为了解水环境受污染程度及其变化情况的断面，即受纳某城市或区域的全部工业和生活污水后的断面。

(5) 消减断面：工业污水或生活污水在水体内流经一定距离而达到最大程度混合，污染物被稀释、降解，其主要污染物浓度有明显降低的断面。

(6) 管理断面：为特定的环境管理需要而设置的断面。如较常见的有：定量化考核、了解各污染源排污、监视饮用水源、流域污染源限期达标排放和河道整治等。

环境管理除需要上述断面外，还有许多特殊需要，如了解饮用水源地、水源丰富区、主要风景游览区、自然保护区、与水质有关的地方病发病区、严重水土流失区及地球化学异常区等水质的断面。断面位置避开死水区、回水区、排污口处，尽量选择顺直河段、河床稳定、水流平稳、水面宽阔、无急流、无浅滩处。监测断面力求与水文测流断面一致，以便利用其水文参数，实现水质监测与水量监测的结合。监测断面的布设应考虑社会经济发展，监测工作的实际状况和需要，要具有相对的长远性。

流域同步监测中，根据流域规划和污染源限期达标目标确定监测断面。局部河道整治中，监视整治效果的监测断面，由所在地区环境保护行政主管部门确定。入海的河口断面要设置在能反映入海河水水质，临近入海口的位置。其他如突发性水环境污染事故，洪水期和退水期的水质监测，应根据现场情况，布设能反映污染物进入水环境和扩散、消减情况的采样断面及点位。

2. 采样点位的确定

在一个监测断面上设置的采样垂线数与各垂线上的采样点数应符合表1-1和表1-2，湖(库)监测垂线上的采样点的布设应符合表1-3。

采样垂线数的设置 表1-1

水面宽(m)	垂线	说明
≤50	1条(中泓)	1. 垂线布设应避开污染带，要测污染带应另加垂线； 2. 确能证明该断面水质均匀时，可仅设置垂线； 3. 凡在该断面要计算污染物通量时，必须按本表设置垂线
50~100	2条(近左、右岸有明显水流处)	
>100	3条(左、中、右)	

采样垂线上的采样点数的设置 表1-2

水深(m)	采样点数	说明
≤5	上层1点	1. 上层指水面下0.5m，在水深不到0.5m时，在水深1/2； 2. 下层指河底以上0.5m处； 3. 中层指1/2； 4. 封冻时在冰下0.5m处采集，水深不到0.5m时，水深在1/2处采集； 5. 凡在该断面要计算污染物通量时，必须按本规定设置采样点
5~10	上、下层2点	
>10	上、中、下层3点	

湖(库)监测垂线采集点的设置　　表1-3

水深(m)	分层情况	采样点数	说　明
≤5		1点(水面下0.5m处)	1. 分层是指湖水温度分层状况； 2. 水深不足1m，在水深1/2设置测点； 3. 有充分数据证实垂线水质均匀时，可酌情减少测点
5～10	不分层	2点(水面0.5m处，水底以上0.5)	
5～10	分层	3点(水面0.5m处，1/2斜温层，水底以上0.5m处)	
>10		除水面下0.5m，水底上0.5m处外，按每一层斜温分层1/2处设置	

1.1.2　污水采样点位的确定

污染源的采样取决于调查的目的和监测分析工作的要求。采样涉及采样的时间、地点和频次3个方面。为了采集到有代表性的污水，采样前应该了解污染源的排放规律和污水中污染物浓度的时、空变化。在采样的同时还应该测量污水的流量，以获得排污总量数据。

1. 污水监测点位的布设原则

(1) 第一类污染物采样点位一律设在车间或车间处理设施的排放口或专门处理此类污染物设施的排放口。

(2) 第二类污染物采样点位一律设在排污单位的外排口。

(3) 进入集中污水处理厂和进入城市污水管网的污水应根据地方环境保护行政主管部门的要求确定。

(4) 污水处理设施效率监测采样点的布设：1)对整体污水处理设施效率监测时，在各种进入污水处理设施污水的入口和污水设施的总排口设置采样点；2)对各污水处理单元效率监测时，在各种进入处理设施单元污水的入口和设施单元的排口设置采样点。

2. 采样点位的登记

必须在全面掌握与污水排放有关的工艺流程、污水类型、排放规律、污水管网走向等情况的基础上确定采样点位。排污单位需向地方环境监测站提供污水监测基本信息登记表，见表1-4。由地方环境监测站核实后确定采样点位。

污水监测基本信息登记表　　表1-4

污染源名称		行业类型	
地址		主要产品	
(1) 总用水量(新鲜水、回用水)：m^3/a			
其中生产用水：m^3/a；生活用水：m^3/a			
(2) 主要原材料，生产工艺及排污环节			
(3) 厂区平面图及排水管网图			
(4) 污水处理设施情况			
设计处理量(m^3/a)：			
实际处理量(m^3/a)：			
运行时数(h/a)：			
污水处理基本工艺方框图：			
设施处理的污染物名称及去除率			
污染项目	原始污水(mg/L)	处理出水(mg/L)	去除率(%)
污水排放情况：			
污水性质			
排放规律			
排放去向			
备注			

3. 采样点位的管理

(1) 采样点位应设置明显标志。采样点位一经确定，不得随意改动，应执行GB 15562.1。

(2) 经设置的采样点应建立采样点管理档案，内容包括采样点性质、名称、位置和编号，采样点测流装置，排污规律和排污去向，采样频次及污染因子等。

(3) 采样点位的日常管理：经确认的采样点是法定排污监测点，如因生产工艺或其他原因需变更时，由当地环境保护行政主管部门和环境监测站重新确认。排污单位必须经常进行排污口的清障、疏通工作。

1.2 水样的分类

根据水样的不同特点，水样可分为5大类。

1. 综合水样

把从不同采样点同时采集的各个瞬时水样混合起来所得到的样品称作“综合水样”。综合水样在各点的采样时间虽然不能同步进行，但越接近越好，以便得到可以对比的资料。综合水样是获得平均浓度的重要方式，有时需要把代表断面上的各点或几个污水排放口的污水按相对比例流量混合，取其平均浓度。

什么情况下采综合水样视水体的具体情况和采样目的而定，如：为几条排污河渠建设综合处理厂，从各河道取单样分析就不如综合样更为科学合理，因为各股污水的相互反应可能对设施的处理性能及其成分产生显著的影响，不可能对相互作用进行数学预测，取综合水样可能提供更加有用的资料。相反，有些情况取单样更合理，如湖泊和水库在深度和水平方向常常出现组分上的变化。在这种情况下，大多数的平均值或总值的变化不显著，局部变化明显，综合水样就失去意义。

2. 瞬时水样

对于组成较稳定的水体，或水体的组成在相当长的时间和相当大的空间范围变化不大，采瞬时样品具有很好的代表性。当水体的组成随时间发生变化，则要在适当时间间隔内进行瞬时采样，分别进行分析，测出水质的变化程度、频率和周期。当水体的组成发生空间变化时，就要在各个相应的部位采样。

3. 混合水样

在大多数情况下，所谓“混合水样”是指在同一采样点上于不同时间所采集的瞬时样的混合样，有时用“时间混合样”的名称与其他混合样相区别。

时间混合样在观察平均浓度时非常有用。当不需要测定每个水样而只需要平均值时，混合水样能节省监测分析工作量和试剂等的消耗。混合水样不适用于测试成分在水样储存过程中发生明显变化的水样，如挥发酚、油类、硫化物等。

如果污染物在水中的分布随时间而变化，必须采集“流量比例混合样”，即按一定的流量采集适当比例的水样(例如每10t采样100mL)混合而成。往往使用流量比例采样器完成水样的采集。

4. 平均污水样

对于排放污水的企业而言，生产的周期性影响着排污的规律性。为了得到代表性的污水样(往往要求得到平均浓度)，应根据排污情况进行周期性采样。不同的工厂、车间生产周期时间长短不相同，排污的周期性差别也很大。一般地说，应在一个或几个生产或排放周期内，按一定的时间间隔分别采样。对于性质稳定的污染物，可对分别采集的样品进行混合后一次测定；对于不稳定的污染物可在分别采样、分别测定后取平均值为代表。

生产的周期性也影响污水的排放量，在排放流量不稳定的情况下，可将一个排污口不同时间的污水样，依照流量的大小，按比例混合，可得到称之为平均比例混合的污水样。这是获得平均浓度最常采用的方法，有时需将几个排污日的水样按比例混合，用以代表瞬时综合排污浓度。

在污染源监测中，随污水流动的悬浮物或固体微粒，应看成是污水样的一个组成部分，不应在分析前滤除。油、有机物和金属离子等，可能被悬浮物吸附，有的悬浮物中就含有被测定的物质，如选矿、冶炼废水中的重金属。所以，分析前必须摇匀取样。

5. 其他水样

例如为监测洪水期或退水期的水质变化，调查水污染事故的影响等都须采集相应的水样。采集这类水样时，须根据污染物进入水系的位置和扩散方向布点并采样，一般采集瞬时水样。

1.3 地表水和地下水样的采集

1.3.1 水样的类型

1. 表层水

在河流、湖泊可以直接汲水的场合，可用适当的容器如水桶采样。从桥上等地方采样时，可将系着绳子的聚乙烯桶或带有坠子的采样瓶投于水中汲水。要注意不能混入漂浮于水面上的物质。

2. 一定深度的水

在湖泊、水库等处采集一定深度的水时，可用直立式或有机玻璃采水器。这类装置是在下沉过程中，水就从采样器中流过。当达到预定的深度时，容器能够闭合而汲取水样。在河水流动缓慢的情况下，采用上述方法时，最好在采样器下系适宜重量的坠子，当水深流急时要系上相应重的铅鱼，并配备绞车。

3. 泉水、井水

对于自喷的泉水，可在涌口处直接采样。采集不自喷泉水时，将停滞在抽水管的水汲出，新水更替之后，再进行采样。从井水采集水样，必须在充分抽汲后进行，以保证水样能代表地下水水源。

4. 自来水或抽水设备中的水

采集水样前，应先用水样洗涤采样器容器、盛样瓶及塞子 2 ~3 次(油类除外)。采取这些水样时，应先放水数分钟，使积留在水管中的杂质及陈旧水排出，然后再取样。

1.3.2 地表水采样的注意事项

地表水采样时要注意以下事项：

(1) 采样时不可搅动水底部的沉积物。

(2) 采样时应保证采样点的位置准确。必要时使用定位仪(GPS)定位。

(3) 认真填写“水质采样记录表”，用签字笔或硬质铅笔在现场记录，字迹应端正、清晰，项目完整。

(4) 保证采样按时、准确和安全。

(5) 采样结束前，应核对采样计划、记录与水样，如有错误或遗漏，应立即补采或重采。

(6) 如采样现场水体很不均匀，无法采到有代表性样品，则应详细记录不均匀的情况和实际采样情况，供使用该数据者参考，并将此现场情况向环境保护行政主管部门反映。

(7) 测定油类的水样，应在水面至水的表面下300mm采集柱状水样，并单独采样，全部用于测定。采样瓶(容器)不能用采集的水样冲洗。

(8) 测溶解氧、生化需氧量和有机污染物等项目时的水样，必须注满容器，不留空间，并用水封口。

(9) 如果水样中含沉降性固体(如泥沙等)，则应分离除去。分离方法为：将所采水样摇匀后倒入筒形玻璃容器(如1~2L量筒)，静置30min，将已不含沉降性固体但含有悬浮性固体的水样移入盛样容器并加入保存剂。测定总悬浮物和油类的水样除外。

(10) 测定湖库水COD、高锰酸盐指数、叶绿素a、总氮、总磷时的水样，静置30min后，用吸管1次或几次移取水样，吸管进水尖嘴应插至水样表层50mm以下位置，再加保存剂保存。

(11) 测定油类、BOD_5、DO、硫化物、余氯、粪大肠菌群、悬浮物、放射性等项目要单独采样。

1.3.3 水质采样记录

在地表水和污水监测技术规范要求的水质采样记录表中(如表1-5所示)，一般包括采样现场描述与现场测定项目两部分内容，均应认真填写。

采样现场数据记录　　表1-5

现场数据记录　　采样人员＿＿＿＿

采样地点	样品编号	采样日期	时间(h)		pH	温度	其他参量		
			采样开始	采样结束					

1. 水温

用经检定的温度计直接插入采样点测量。深水温度用电阻温度计或颠倒温度计测量。温度计应在测点放置5~7min，待测得水温恒定不变后读数。

2. pH

用测量精度为0.1的pH计测定。测定前应清洗和校正仪器。

3. DO

用膜电极法(注意防止膜上附着微小气泡)。

4. 透明度

用塞氏盘法测定。

5. 电导率

用电导率仪测定。

6. 氧化还原电位

用铂电极和甘汞电极以mV计或pH计测定。

7. 浊度

用目视比色法或浊度仪。

8. 水样感官指标的描述

(1) 颜色用相同的比色管，分取等体积的水样和蒸馏水作比较，进行定性描述。

(2) 水的气味(嗅)、水面有无油膜等均应作现场记录。

9. 水文参数

水文测量应按《河流流量测量规范》(GB 50179—93)进行。潮汐河流各点位采样时，还应同时记录潮位。

10. 气象参数

气象参数有气温、气压、风向、风速、相对湿度等。

1.4 污水采样

1.4.1 采样频次

1. 监督性监测

地方环境监测站对污染源的监督性监测每年不少于1次，如被国家或地方环境保护行政主管部门列为年度监测的重点排污单位，应增加到每年2~4次。因管理或执法的需要所进行的抽查性监测由各级环境保护行政主管部门确定。

2. 企业自控监测

工业污水按生产周期和生产特点确定监测频次。一般每个生产周期不得少于3次。

3. 污染治理、环境科研、污染源调查和评价等工作中的污水监测

其采样频次可以根据工作方案的要求另行确定。

4. 根据管理需要进行调查性监测

监测站事先应对污染源单位正常生产条件下的一个生产周期进行加密监测。周期在8h以内的，1h采1次样；周期大于8h的，每2h采1次样，但每个生产周期采样次数不少于3次。采样的同时测定流量。根据加密监测结果，绘制污水污染物排放曲线(浓度-时间，流量-时间，总量-时间)，并与所掌握资料对照，如基本一致，即可据此确定企业自行监测的采样频次。

排污单位如有正常运行的污水处理设施并使污水能稳定排放，则污染物排放曲线比较

平稳，监督监测可以采瞬时样；对于排放曲线有明显变化的不稳定排放污水，要根据曲线情况分时间单元采样，再组成混合样品。正常情况下，混合样品的单元采样不得少于2次。如排放污水的流量、浓度甚至组分都有明显变化，则在各单元采样时的采样量应与当时的污水流量成比例，以使混合样品更有代表性。

1.4.2 污水采样方法

1. 污水的监测项目按照行业类型有不同要求

在分时间单元采集样品时测定 pH、COD、BOD_5、DO、硫化物、油类、有机物、余氯、粪大肠菌群、悬浮物、放射性等项目的样品，不能混合，只能单独采样。

2. 不同监测项目要求

对不同的监测项目应选用的容器材质、加入的保存剂及其用量与保存期、应采集的水样体积和容器及其洗涤方法等见表1-6。

水样的保存，采样体积及容器洗涤方法　　表1-6

项　目	采样容器	保存剂用量	保存期	采样量①（mL）	容器洗涤
浊度*	G、P		12h	250	Ⅰ
色度*	G、P		12h	250	Ⅰ
pH*	G、P		12h	250	Ⅰ
电导*	G、P		12h	250	Ⅰ
悬浮物**	G、P		14d	500	Ⅰ
碱度**	G、P		12h	500	Ⅰ
酸度**	G、P		30d	500	Ⅰ
COD	G	加 H_2SO_4，pH≤2	2d	500	Ⅰ
高锰酸盐指数**	G		2d	500	Ⅰ
DO*	溶解氧瓶	加入硫酸锰，碱性Kl叠氮化钠，现场固定	24h	250	Ⅰ
BOD_5**	溶解氧瓶		12h	250	Ⅰ
TOC	G	加 H_2SO_4，pH≤2	7d	250	Ⅰ
F^-**	P		14d	250	Ⅰ
Cl^-**	G、P		30d	250	Ⅰ
Br^-**	G、P		14h	250	Ⅰ
L^-	G、P	NaOH，pH=12	14h	250	Ⅰ
SO_4^{2-}**	G、P		30d	250	Ⅰ
PO_4^{3-}	G、P	NaOH，H_2SO_4 调 pH=7，$CHCl_3$ 0.5%	7d	250	Ⅳ
总磷	G、P	HCl，H_2SO_4，pH≤2	24h	250	Ⅳ
氨氮	G、P	H_2SO_4，pH≤2	24h	250	Ⅰ
NO_2^-—N**	G、P		24h	250	Ⅰ
NO_3^-—N**	G、P		24h	250	Ⅰ
凯氏氮**	G				
总氮	G、P	H_2SO_4，pH≤2	7d	250	Ⅰ

续表

项　　目	采样容器	保存剂用量	保存期	采样量[①]（mL）	容器洗涤
硫化物	G、P	1L水样加NaOH至pH=9，加入5%抗坏血酸5mL，饱和EDTA3mL，滴加饱和$Zn(Ac)_2$，至胶体产生，常温避光	24h	250	Ⅰ
总氰	G、P	NaOH，pH≥9	12h	250	Ⅰ
Be	G、P	HNO_3，1L水样中加浓$HNO_3$10mL	14d	250	Ⅲ
B	P	HNO_3，1L水样中加浓$HNO_3$10mL	14d	250	Ⅰ
Na	P	HNO_3，1L水样中加浓$HNO_3$10mL	14d	250	Ⅱ
Mg	G、P	HNO_3，1L水样中加浓$HNO_3$10mL	14d	250	Ⅱ
K	P	HNO_3，1L水样中加浓$HNO_3$10mL	14d	250	Ⅱ
Ca	G、P	HNO_3，1L水样中加浓$HNO_3$10mL	14d	250	Ⅱ
Cr^{6+}	G、P	NaOH，pH=8～9	14d	250	Ⅲ
Mn	G、P	HNO_3，1L水样中加浓HNO_3 10mL	14d	250	Ⅲ
Fe	G、P	HNO_3，1L水样中加浓HNO_3 10mL	14d	250	Ⅲ
Ni	G、P	HNO_3，1L水样中加浓HNO_3 10mL	14d	250	Ⅲ
Cu	P	HNO_3，1L水样中加浓HNO_3 10mL[②]	14d	250	Ⅲ
Zn	P	HNO_3，1L水样中加浓HNO_3 10mL[②]	14d	250	Ⅲ
As	G、P	HNO_3，1L水样中加浓HNO_3 10mL，DDTC法，HCl 2mL	14d	250	Ⅰ
Se	G、P	HCl，1L水样中加浓HCl 2mL	14d	250	Ⅲ
Ag	G、P	HNO_3，1L水样中加浓HNO_3 2mL	14d	250	Ⅲ
Cd	G、P	HNO_3，1L水样中加浓HNO_3 10mL[②]	14d	250	Ⅲ
Sb	G、P	HCl，0.2%（氢化物法）	14d	250	Ⅲ
Hg	G、P	HCl，1%。如水样为中性，1L水样中加浓HCl 10mL	14d	250	Ⅲ
Pb	G、P	HNO_3，1%。如水样为中性，1L水样中加浓HNO_3 10mL[②]	14d	250	Ⅲ
油类	G	加HCl至pH≤2	7d	250	Ⅱ
农药类**	G	加入坏血酸0.01～0.02g除去残余氯	24h	1000	Ⅰ
除草剂类**	G	同上	24h	1000	Ⅰ
邻苯二甲酸酯类**	G	同上	24h	1000	Ⅰ
挥发性有机物**	G	用1+10 HCl调至pH≤2，加入0.01～0.02g抗坏血酸除去残余氯	12h	1000	Ⅰ
甲醛**	G	加入0.2～0.5g/L硫代硫酸钠除去残余氯	24h	250	Ⅰ
酚类**	G	用H_3PO_4调至pH≤2，用0.01～0.02g抗坏血酸除去残余氯	24h	1000	Ⅰ

续表

项　　目	采样容器	保存剂用量	保存期	采样量①（mL）	容器洗涤
阴离子表面活性剂	G、P		24h	250	Ⅵ
微生物＊＊	G	加入硫代硫酸钠至0.2～0.5g/L除去残余氯，4℃保存	12h	250	Ⅰ
生物＊＊	G、P	当不能现场测定时用甲醛固定	12h	250	Ⅰ

注：1. ＊表示应尽量作现场测定；＊＊低温(0～4℃)避光保存。

2. G为硬质玻璃瓶；P为聚乙烯瓶(桶)。

3. ①为单项样品的最少采样量；

②如用溶出伏安法测定，可改用1L水样加19mL浓$HClO_4$。

4. Ⅰ，Ⅱ，Ⅲ，Ⅳ表示4种洗涤方法：

Ⅰ：洗涤剂洗1次，自来水3次，蒸馏水1次。对于采集微生物和生物的采样容器，须经160℃干热灭菌2h。经灭菌的微生物和生物采样容器必须在2周内使用，否则应重新灭菌；经121℃高压蒸汽灭菌15min的采样容器，如不立即使用，应于60℃将瓶内冷凝水烘干，2周内使用。细菌监测项目采样时不能用水样冲洗采样容器，不能采混合水样，应单独采样后2h内送实验室分析。

Ⅱ：洗涤剂洗1次，自来水洗2次，1＋3HNO_3荡洗1次，自来水洗3次，蒸馏水1次；

Ⅲ：洗涤剂洗1次，自来水洗2次，1＋3HNO_3荡洗1次，自来水洗3次，去离子水1次；

Ⅳ：铬酸洗液洗1次，自来水洗3次，蒸馏水洗1次。如果采集污水样品可省去用蒸馏水、去离子水清洗的步骤。

3. 自动采样

自动采样用自动采样器进行，有时间等比例采样和流量等比例采样。当污水排放量较稳定时可采用时间等比例采样，否则必须采用流量等比例采样。

所用的自动采样器必须符合国家环保总局颁布的污水采样器技术要求。

4. 实际采样位置的设置

实际的采样位置应在采样断面的中心。当水深大于1m时，应在表层下1/4深度处采样；水深小于或等于1m时，在水深的1/2处采样。

1.4.3 注意事项

污水采样过程中的注意事项主要有：

(1) 用样品容器直接采样时，必须用水样冲洗3次后再行采样。但当水面有浮油时，采油的容器不能冲洗。

(2) 采样时应注意除去水面的杂物、垃圾等漂浮物。

(3) 用于测定悬浮物、BOD_5、硫化物、油类、余氯的水样，必须单独定容采样，全部用于测定。

(4) 在选用特殊的专用采样器(如油类采样器)时，应按照该采样器的使用方法采样。

(5) 采样时应认真填写“污水采样记录表”，表中应有：污染源名称、监测目的、监测项目、采样点位、采样时间、样品编号、污水性质、污水流量、采样人姓名及其他有关事项等。

(6) 凡需现场监测的项目，应进行现场监测。

1.4.4　污水采样时的流量测量

我国目前对 COD_{Cr}、石油类、Cr^{6+}、Pb、Cd、Hg、As 和氰化物实施排污总量控制，而流量测量是排污总量监测的关键。

1. 流量测量原则

（1）污染源的污水排放渠道，在已知其“流量－时间”排放曲线波动较小，用瞬时流量代表平均流量所引起的误差可以允许时（小于10%），则在某一时段内的任意时间测得的瞬时流量乘以该时段的时间即为该时段的流量。

（2）如排放污水的“流量－时间”排放曲线虽有明显波动，但其波动有固定的规律，可以用该时段中几个等时间间隔的瞬时流量来计算出平均流量，则可定时进行瞬时流量测定，在计算出平均流量后再乘以时间得到流量。

（3）如排放污水的“流量－时间”排放曲线，既有明显波动又无规律可循，则必须连续测定流量，流量对时间的积分即为总流量。

2. 流量测量方法

（1）污水流量计法

污水流量计的性能指标必须符合污水流量计技术要求。

（2）其他测流量方法

1）容积法：将污水纳入已知容量的容器中，测定其充满容器所需要的时间，从而计算污水量的方法。本法简单易行，测量精度较高，适用于计量污水量较小的连续或间歇排放的污水。对于流量小的排放口用此方法。但溢流口与受纳水体应有适当落差或能用导水管形成落差。

2）流速仪法：通过测量排污渠道的过水截面积，以流速仪测量污水流速计算污水量。适当地选用流速仪，可用于很宽范围的流量测量。多数用于渠道较宽的污水量测量。测量时需要根据渠道深度和宽度确定点位垂直测点数和水平测点数。本方法简单，但易受污水水质影响，难用于污水量的连续测定。排污截面底部需硬质平滑，截面形状为规则几何形，排污口处有不少于3～5m的平直过流水段，且水位高度不小于0.1m。

3）量水槽法：在明渠或涵管内安装量水槽，测量其上游水位可以计量污水量。常用的有巴氏槽。用量水槽测量流量与溢流堰法相比，同样可以获得较高的精度（±2%～±5%）和进行连续自动测量。其优点为水头损失小、壅水高度小、底部冲刷力大，不易沉积杂物。但造价较高，施工要求也较高。

4）溢流堰法：在固定形状的渠道上安装特定形状的开口堰板，过堰水头与流量有固定关系，据此测量污水流量。根据污水量大小可选择三角堰、矩形堰、梯形堰等。溢流堰法精度较高，在安装液位计后可实行连续自动测量。为进行连续自动测量液位，已有的传感器有浮子式、电容式、超声波式和压力式等。

5）利用堰板测流：堰板的安装会造成一定的水头损失。另外，固体沉积物在堰前堆积或藻类等物质在堰板上粘附均会影响测量精度，必须经常清除。

在排放口处修建的明渠式测流段要符合流量堰（槽）的技术要求。

污水采样时的流量测量均可选用以上方法，但在选定方法时，应注意各自的测量范围和所需条件。在以上方法无法使用时，可用统计法。

如污水为管道排放，所使用的电磁式或其他类型的流量计应定期进行计量检定。

1.5 水样的保存

1.5.1 导致水质变化的因素

水样采集后，应尽快送到实验室分析。样品久放，受一些因素影响，某些组分的浓度可能会发生变化。

(1) 生物因素：微生物的代谢活动，如细菌、藻类和其他生物的作用可改变许多被测物的化学形态，可影响许多测定指标的浓度，主要反映在 pH、溶解氧、生化需氧量、二氧化碳、碱度、硬度、磷酸盐、硫酸盐、硝酸盐和某些有机化合物的浓度变化上。

(2) 化学因素：测定组分可能被氧化或还原，如六价铬在酸性条件下易被还原为三价铬，低价铁可氧化成高价铁。由于铁、锰等价态的改变，可导致某些沉淀与溶解、聚合物产生或解聚作用的发生。如多聚无机磷酸盐、聚硅酸等，所有这些，均能导致测定结果与水样实际情况不符。

(3) 物理因素：测定组分被吸附在容器壁上或悬浮颗粒物的表面上，如溶解的金属或胶状的金属，某些有机化合物以及某些易挥发组分的挥发损失。

1.5.2 水样保存方法

1. 冷藏或冷冻

样品在 4℃冷藏或将水样迅速冷冻，贮存于暗处，可以抑制生物活动，减缓物理挥发作用和化学反应速度。

冷藏是短期内保存样品的一种较好方法，对测定基本无影响。但需要注意冷藏保存也不能超过规定的保存期限，冷藏温度必须控制在 4℃左右。温度太低(例如≤0℃)，因水样结冰体积膨胀，使玻璃容器破裂，或样品瓶盖被顶开失去密封，样品受污染。温度太高则达不到冷藏目的。

2. 加入化学保存剂

(1)控制溶液 pH：测定金属离子的水样常用硝酸酸化至 pH = 1 ~ 2，既可以防止重金属的水解沉淀，又可以防止金属在器壁表面上的吸附，同时在 pH = 1 ~ 2 的酸性介质中还能抑制生物的活动。用此法保存，大多数金属可稳定数周或数月。测定氰化物的水样需加氢氧化钠调 pH 至 12。测定六价铬的水样应加氢氧化钠调至 pH = 8，因在酸性介质中，六价铬的氧化电位高，易被还原。保存总铬的水样，则应加硝酸或硫酸至 pH = 1 ~ 2。

(2)加入抑制剂：为了抑制生物作用，可在样品中加入抑制剂。如在测氨氮、硝酸盐氮和 COD 的水样中，加氯化汞或加入三氯甲烷、甲苯作防护剂以抑制生物对亚硝酸盐、硝酸盐、胺盐的氧化还原作用。在测酚水样中用磷酸调溶液的 pH 值，加入硫酸铜以控制苯酚分解菌的活动。

(3) 加入氧化剂：水样中痕量汞易被还原，引起汞的挥发性损失，加入硝酸 - 重铬酸钾溶液可使汞维持在高氧化态，汞的稳定性大为改善。

(4) 加入还原剂：测定硫化物的水样，加入抗坏血酸对保存有利。含余氯水样，能氧化氰离子，可使酚类、烃类、苯系物氯化生成相应的衍生物，为此在采样时加入适量的硫代硫酸钠予以还原，除去余氯干扰。

样品保存剂如酸、碱或其他试剂在采样前应进行空白试验，其纯度和等级必须达到分析的要求。

3. 水样的保存条件

不同监测项目样品的保存条件如表1-6所示，可作为水环境监测保存样品的一般条件。此外，由于地表水、废水(或污水)样品的成分不同，同样保存条件很难保证对不同类型样品中待测物都是可行的。因此，在采样前应根据样品的性质、组成和环境条件，要检验保存方法或选用的保存剂的可靠性。经研究表明，污水或受纳污水的地表水在测定重金属Pb、Cd、Cu、Zn等时，往往需加入酸达到1%，才能保证重金属不沉淀或不被容器壁吸附。

第2章 实验设计与数据分析处理

实验设计是否合理直接关系到能否取得满意的实验结果及发现内在规律。优化实验设计，就是一种在实验进行之前，根据实验中的不同问题，利用数学原理，科学地安排实验，以求迅速找到最佳方案的科学实验方法。它对于节省实验次数，节省原材料，较快得到有用信息是非常必要的。由于优化实验设计为我们提供了科学安排实验的方法，因此近年来优化实验设计越来越被科技人员重视，并得到广泛的应用。优化实验设计打破了传统均分安排实验的方法，其中单因素的0.618法和分数法、多因素的正交实验设计法在国内外已广泛地应用于科学实验上，取得了很好效果。

水质工程学实验的目的在于：

(1) 找出影响实验结果的因素与各因素之间的主次关系，揭示水处理技术方法的内在规律，为解决水质工程实际问题奠定理论基础；

(2) 确定水处理技术方法的最优控制条件，使水处理系统在最优环境下实施，达到高效、节能的目的；

(3) 建立水质工程学数学模型并确定关键参数，指导水处理系统的优化设计和运行控制以及开发新技术、新方法。

2.1 实验设计

在进行实验设计之前，首先要了解关于实验设计的几个基本概念。

(1) 实验方法：通过做实验获得大量的自变量与因变量一一对应的数据，以此为基础来分析整理并得到客观规律的方法，称为实验方法。

(2) 实验设计：为节省人力、财力，迅速找到最佳条件，揭示事物内在规律，根据实验中不同问题，在实验前利用数学原理科学编排实验的过程。

(3) 指标：在实验设计中用来衡量实验效果好坏所采用的标准称为实验指标或简称指标。例如，天然水中存在大量胶体颗粒使水浑浊，为了降低浑浊度需往水中投放混凝剂，当实验目的是求最佳投药量时，水样中剩余浊度即作为实验指标。

(4) 因素：对实验指标有影响的条件称为因素。例如，在水中投入适量的混凝剂可降低水的浊度，因此水中投加的混凝剂即作为分析的实验因素，简称为因素。有一类因素，在实验中可以人为地加以调节和控制，如水质处理中的投药量，叫做可控因素。另一类因素，由于自然条件和设备等条件的限制，暂时还不能人为地调节，如水质处理中的气温，叫做不可控因素。在实验设计中，一般只考虑可控因素。因此，书中说到因素，凡没有特别说明的，都是指可控因素。

(5) 水平：因素在实验中所处的不同状态，可能引起指标的变化，因素变化的各种状态叫做因素的水平。某个因素在实验中需要考察它的几种状态，就叫它是几水平的因素。因素的各个水平有的能用数量来表示，有的不能用数量来表示。例如：有几种混凝剂可以降低水的浑浊度，现要研究哪种混凝剂较好，各种混凝剂就表示混凝剂这个因素的各个水平，不能用数量表示。凡是不能用数量表示水平的因素，叫做定性因素。在多因素实验中，经常会遇到定性因素。对定性因素，只要对每个水平规定具体含义，就可与通常的定量因素一样对待。

（6）因素间交互作用：实验中所考察的各因素相互间没有影响，则称因素间没有交互作用，否则称为因素间有交互作用，并记为 A(因素) $\times B$(因素)。

2.1.1 单因素优化实验设计

对于只有一个影响因素的实验，或影响因素虽多，但在安排实验时只考虑一个对指标影响最大的因素，其他因素尽量保持不变的实验，即为单因素实验。对于单因素实验，我们的任务是如何选择实验方案来安排实验，找出最优实验点，使实验的结果(指标)最好。

在安排单因素实验时，一般考虑 3 方面的内容：

（1）确定包括最优点的实验范围。设下限用 a 表示，上限用 b 表示，实验范围就用由 a 到 b 的线段表示，并记作 $[a, b]$。若 x 表示实验点，则写成 $a \leqslant x \leqslant b$，如果不考虑端点 a、b，就记成 (a, b) 或 $a < x < b$。

（2）确定指标。如果实验结果 (y) 和因素取值 (x) 的关系可写成数学表达式 $y = f(x)$，称 $f(x)$ 为指标函数(或称目标函数)。根据实际问题，在因素的最优点上，以指标函数 $f(x)$ 取最大值、最小值或满足某种规定的要求为评定指标。对于不能写成指标函数甚至实验结果不能定量表示的情况，例如，比较水库中水的气味，就要确定评定实验结果好坏的标准。

（3）确定实验方法，科学地安排实验点。

本节主要介绍单因素优化实验设计方法。内容包括均分法、对分法、0.618 法和分数法。

1. 均分法与对分法

（1）均分法

均分法的作法如下，如果要做 n 次实验，就把实验范围等分成 $n+1$ 份，在各个分点上作实验，见式（2-1）

$$x_i = a + \frac{b-a}{n+1} i \quad i = (1、2、\cdots\cdots n) \tag{2-1}$$

把 n 次实验结果进行比较，选出所需要的最好结果，相对应的实验点即为 n 次实验中最优点。

均分法是一种古老的实验方法。优点是只需要把实验放在等分点上，实验可以同时安排，也可以一个接一个的安排；其缺点是实验次数较多，代价较大。

（2）对分法

采用对分法时，首先要根据经验确定实验范围。设实验范围在 (a, b) 之间，第 1 次实验点安排在 (a, b) 的中点 $x_1 \left(x_1 = \frac{a+b}{2} \right)$，若实验结果表明 x_1 取大了，则丢去大于 x_1 的 1/2，第 2 次实验点安排在 (a, x_1) 的中点 $x_2 \left(x_2 = \frac{a+x_1}{2} \right)$。如果第 1 次实验结果表明 x_1 取小了，

则丢去小于 x_1 的1/2，第2次实验点就取在(x_1, b)的中点。这个方法的优点是每做1次实验便可以去掉1/2，且取点方便。其适用于预先已经了解所考察因素对指标的影响规律，能够从一个实验的结果直接分析出该因素的值是取大了或取小了的情况。

2. 0.618法

单因素优选法中，对分法的优点是每次实验都可以将实验范围缩小1/2，缺点是要求每次实验要能确定下次实验的方向。有些实验不能满足这个要求，因此，对分法的应用受到一定的限制。

科学实验中，有相当普遍的一类实验，目标函数只有一个峰值，在峰值的两侧实验效果都差，将这样的目标函数称为单峰函数。图2-1为一个单峰函数。

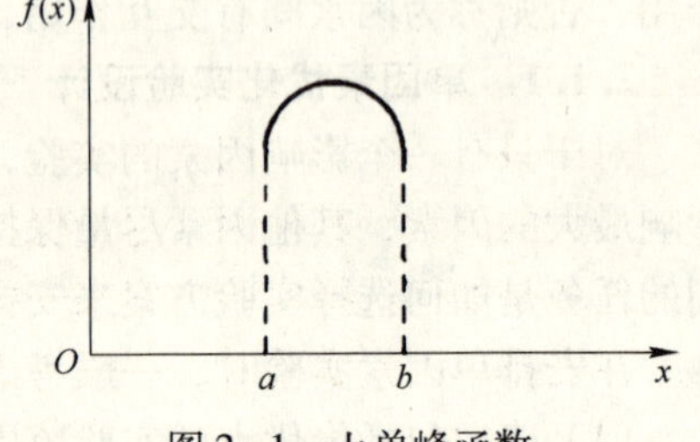

图2-1 上单峰函数

0.618法适用于目标函数为单峰函数的情形。其做法如下：

设实验范围为(a, b)，第1次实验点 x_1 选在实验范围的0.618位置上，见式(2-2)：

$$x_1 = a + 0.618(b - a) \tag{2-2}$$

第2次实验点选在第一点 x_1 的对称点 x_2 处，即实验范围的0.382位置上，见式(2-3)：

$$x_2 = a + 0.618^2(b - a) \tag{2-3}$$

实验点 x_1 和 x_2 如图2-2所示。

a —— x_2 —— x_1 —— b

图2-2 0.618法第1、第2个实验点分布

设$f(x_1)$和$f(x_2)$表示 x_1 和 x_2 两点的实验结果，且$f(x)$值越大，效果越好，则存在以下3种情况：

(1) 如果$f(x_1) > f(x_2)$，根据“留好去坏”的原则，去掉实验范围［a, x_2)部分，在剩余范围［x_2, b］内继续做实验。

(2) 如果$f(x_1) < f(x_2)$，根据“留好去坏”的原则，去掉实验范围(x_1, b］部分，在剩余范围［a, x_1］内继续做实验。

(3) 如果$f(x_1) = f(x_2)$，去掉两端，在剩余范围［x_1, x_2］内继续做实验。

根据单峰函数性质，上述3种做法都可使好点留下，去掉的只是部分坏点，不会发生最优点丢掉的情况。对于上述3种情况，继续做实验，取 x_3 时，则有：

(1)在第一种情况下，在剩余实验范围［x_2, b］上用公式(2-2)计算新的实验点 x_3：

$$x_3 = x_2 + 0.618(b - x_2)$$

如图2-3所示，在实验点 x_3 安排一次新的实验。

x_2 —— x_1 —— x_3 —— b

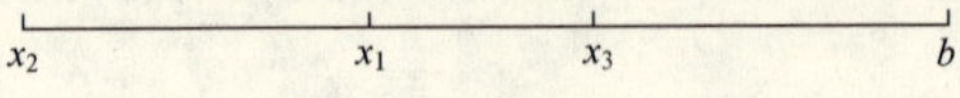

图2-3 第一种情况时第3个实验点 x_3

(2) 在第二种情况下，剩余实验范围［a, x_1］，用公式(2-3)计算新的实验点 x_3：

$$x_3 = a + 0.618^2(x_1 - a)$$

如图2-4所示，在实验点 x_3 安排一次新的实验。

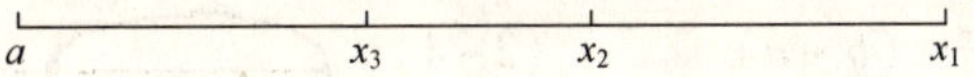

a　　x_3　　x_2　　x_1

图 2-4　第 2 种情况时第 3 个实验点 x_3

（3）在第三种情况下，剩余实验范围为 $[x_1, x_2]$，用公式(2-2)和公式(2-3)计算 2 个新的实验点 x_3 和 x_4：

$$x_3 = x_2 + 0.618(x_1 - x_2)$$

$$x_4 = x_2 + 0.618^2(x_1 - x_2)$$

在 x_3 和 x_4 安排 2 次新的实验。

这样反复做下去，将使实验的范围越来越小，最后两个实验结果差别不大，就可停止实验。

3. 分数法

分数法也称为菲波那契数列法，它是利用菲波那契数列进行单因素优化实验设计的一种方法。当实验点只能取整数或者限制实验次数，或者由于某些原因实验范围由一些不连续的、间隔不等的点组成或实验点只能取某些特定值的情况下，采用分数法比较好。它与 0.618 法相似，也是适用于单峰函数的方法。例如，如果只能做 1 次实验，就在 1/2 处做，其精确度为 1/2，也就是这一点与实际最佳点的最大可能距离为 1/2；如果只能做 2 次实验，第 1 次实验在 2/3 处做，第 2 次实验在 1/3 处做，其精确度为 1/3；如果能做 3 次实验，则第一次在 3/5 处做实验，第 2 次在 2/5 处做实验，第 3 次在 1/5 或 4/5 处做实验，精确度为 1/5，…，第 n 次实验就在实验范围内 F_n/F_{n+1} 处做，其精确度为 $1/F_{n+1}$，见表 2-1。

分数法实验点位置与相应精确度　　　　**表 2-1**

项　目	2	3	4	5	…	$n-1$	n	…
等分实验范围的份数	3	5	8	13	…	$F_{n-1}+F_{n-2}$	F_{n+1}	…
第 1 次实验点的位置	2/3	3/5	5/8	8/13	…	$\frac{F_{n-1}}{F_{n-1}+F_{n-2}}$	F_n/F_{n-1}	…
精确度	1/3	1/5	1/8	1/13	…	$\frac{1}{F_{n-1}+F_{n-2}}$	$1/F_{n+1}$	…

表 2-1 中的 F_{n-2}、F_{n-1}、F_n 和 F_{n+1} 叫做“菲波那契数”，它们是满足下列关系的数，即 F_n 在 $F_0 = F_1 = 1$ 时符合下述递推公式 $F_n = F_{n-1} + F_{n-2}(n \geqslant 2)$，从第三项开始，每一项都是它前面的两项之和，如表 2-2 所示。

等分实验范围的份数 F_n　　　　**表 2-2**

F_0	F_1	F_2	F_3	F_4	F_5	F_6	F_7	F_8	F_9	F_{10}	…
1	1	2	3	5	8	13	21	34	55	89	…

因此，表 2-1 中第 3 行各分数，从分数 2/3 开始，以后的每一个分数，其分子都是前一分数的分母，而其分母都等于前一分数的分子与分母的和，依此方法不难写出所需要的第一次实验点的位置。

如果实验范围为 $[a, b]$，分数法的各实验位置可用下列公式求得第一个实验点 x_1 和新实验点 x_2，见式(2-4)与式(2-5)：

$$x_1 = a + \frac{F_n}{F_{n+1}}(b-a) \qquad (2-4)$$

$$x_2 = a + (b - x_m) \qquad (2-5)$$

其中 x_m 为中数，即已实验的实验点数值。式(2-4)和式(2-5)可由图 2-5 所示推出。

图 2-5 分数法实验点位置示意图

【例 2-1】 某污水厂设备投加 $FeCl_3$ 来改善污泥的脱水性能，根据初步调查，投药量在 160mg/L 以下，要求通过 4 次实验确定最佳投药量。

解 具体计算方法如下：

1）根据式(2-4)得到第一个实验点位置：

$$(160-0)\times 5 \div 8 + 0 = 100\text{mg/L}$$

2）根据式(2-5)得到第二个实验点位置：

$$(160-100) + 0 = 60\text{mg/L}$$

3）假定第一点比第二点好，所以在(60，160)之间找第三点，丢失(60，0)的一段，即

$$(160-100) + 60 = 120\text{mg/L}$$

4）第三点与第一点结果一样，此时可用"对分法"进行第 4 次实验，即在(100 + 120)/2 = 110mg/L 处进行实验，得到的效果最好。

2.1.2 多因素正交实验设计

科学实验中考察的因素往往很多，而每个因素的水平数也很多，此时要全面地进行实验，实验次数就相当多。如某个实验考察 4 个因素，每个因素 3 个水平，全部实验要 3^4 = 81 次。要做这么多实验，既费时又费力，而有时甚至是不可能的。由此可见，多因素的实验存在 2 个突出的问题：

(1) 全面实验的次数与实际可行的实验次数之间的矛盾；

(2) 实际所做的少数实验与全面掌握内在规律的要求之间的矛盾。

为解决第一个矛盾，就需要我们对实验进行合理的安排，挑选少数几个具有"代表性"的实验做；为解决第二个矛盾，需要我们对所挑选的几个实验的实验结果进行科学的分析。我们把实验中需要考虑多个因素，而每个因素又要考虑多个水平的实验问题称为多因素实验。

如何合理地安排多因素实验？又如何对多因素实验结果进行科学的分析？目前应用的方法较多，而正交实验设计就是处理多因素实验的一种科学方法，它能帮助我们在实验前借助于事先已制好的正交表科学地设计实验方案，从而挑选出少量具有代表性的实验做，实验后经过简单的表格运算，分清各因素在实验中的主次作用并找出较好的运行方案，得到正确的分析结果。因此，正交实验在各个领域得到了广泛应用。

1. 正交实验设计

正交实验设计，就是利用事先已经制好的特殊表格——正交表来安排多因素实验，并用统计方法进行数据分析的一种方法。它简便易行，而且计算表格化，并能较好地解决如上所述的多因素实验中存在的两个突出问题，对多因素问题的解决往往能得到事半功倍的效果。

(1) 用正交表安排多因素实验的步骤

1) 明确实验目的，确定实验评价指标。即根据水处理工程实践明确实验要解决的问题，同时，要结合工程实际选用能定量、定性表达的突出指标作为实验分析的评价指标。指标可能是1个或多个。

2) 挑因素选水平，列出因素水平表。影响实验成果的因素很多，但是不可能对每个因素都进行考察，因此要根据已有的专业知识和相关文献资料以及实际情况，固定一些因素于最佳条件下，排除一些次要因素，挑选主要因素。例如，对于不可控因素，由于无法测出因素的数值，所以看不出不同水平的差别，也就无法判断出该因素的作用，因此不能将其列为被考察的因素。对于可控因素，应当挑选那些对指标可能影响较大、但又没有把握的因素来进行考察，特别是不能将重要因素固定而不加以考察。

对于选出的因素，可以根据经验定出它们的实验范围，在该范围内选出每个因素的水平，即确定水平的个数和各个水平的数量。

3) 选用正交表。常用的正交表有几十种，可以经过综合分析后灵活选用，但一般要视因素及水平的数量、有无重点因素、实验的工作量大小和允许的条件综合分析而定。实际安排实验时，挑选因素、水平和选用正交表等步骤往往是结合进行的。然后根据以上选择的因素及水平的取值和正交表，即可以制定一张反映实验所需考察研究的因素和各因素的水平的因素水平表。

正交表以符号 $L_n(f^m)$ 表示，"L"代表正交表，L 下角的数字表示横行数，即要做的实验次数；括号内的指数表示表中直列数，即最多允许安排的因素个数；括号内的底数表示表中每列的数字，即因素的水平数。例如 $L_4(2^3)$ 表示需做4次实验，最多可考察3个2水平的因素，而 $L_8(4\times2^4)$ 正交表则要做8次实验，最多可考察一个4水平和4个2水平的因素。

4) 确定实验方案。根据因素水平表及所选用的正交表，确定实验的方案。

① 因素顺序上列：按照因素水平表中固定下来的因素次序，顺序地放到正交表的纵列上，每列放一种；

② 水平对号入座：因素上列后，把相应的水平按因素水平表所确定的关系对号入座；

③ 确定实验条件：正交表在因素顺序上列、水平对号入座后，表中的每一横行即代表所要进行的实验的一种条件，横行数则代表实验的次数。

按照正交表中每一横行所规定的条件进行实验。实验过程中，要严格操作，准确记录实验数据，分析整理出每组条件下的评价指标。

(2) 正交实验结果的直观分析

实验进行之后获得了大量实验数据，如何利用这些数据进行科学的分析，从中得出正确结论，这是正交实验设计的一个重要方面。

正交实验设计的数据分析就是要解决：哪些因素影响大，哪些因素影响小，因素的主次关系如何；各影响因素中，哪个水平能得到满意的结果，从而找出最佳生产运行条件。要解决这些问题，需要对数据进行分析整理。分析、比较各个因素对实验结果的影响，分析、比较每个因素的各个水平对实验结果的影响，从而得出正确的结论。

直观分析法的具体步骤如下：

以正交表 $L_4(2^3)$ 为例，见表2-3。

$L_4(2^3)$正交表直观分析 表 2-3

水平		列号			实验结果评价指标 y_i
		1	2	3	
实验号	1	1	1	1	y_1
	2	1	2	2	y_2
	3	2	1	2	y_3
	4	2	2	1	y_4
K_1 K_2					$\sum_{i=1}^{n} y_i$ n = 实验组数
$\overline{K}_1$ $\overline{K}_2$					
$R=\overline{K}_1-\overline{K}_2$ 极差					

1）填写评价指标。将每组实验的数据分析处理后，求出相应的评价指标值 y_i，并填入正交表的右栏实验结果内。

2）计算各列的各水平效应值 K_{mf}、均值 $\overline{K}_{mf}$ 及极差 R_m 值，R_m 为 m 列中 K_f 的极大与极小值之差，见式(2-6)：

$$\overline{K}_{mf}=\frac{K_{mf}}{m\text{ 列的 }f\text{ 号水平的重复次数}} \tag{2-6}$$

式中 K_{mf}——m 列中 f 号的水平相应指标值之和。

3）比较各因素的极差 R 值，根据其大小，即可排出因素的主次关系。这从直观上很易理解，对实验结果影响大的因素一定是主要因素。所谓影响大，就是该因素的不同水平所对应的指标间的差异大，相反，则是次要因素。

4）比较同一因素下各水平的效应值 $\overline{K}_{mf}$，能使指标达到满意的值(最大或最小)为较理想的水平值。由此，可以确定最佳生产运行条件。

5）作因素和指标关系图，即以各因素的水平值为横坐标，各因素水平相应的均值 $\overline{K}_{mf}$ 值为纵坐标，在直角坐标纸上绘图，可以更直观地反映出诸因素及水平对实验结果的影响。

(3) 正交实验分析举例

【例 2-2】 自吸式射流曝气设备是一种污水生物处理所用的新型曝气设备，为了研制设备的结构尺寸、运行条件与充氧性能的关系，拟用正交实验法进行清水充氧实验。实验是在 1.6m × 1.6m × 7.0m 的钢板池内进行，喷嘴直径 d = 20mm(整个实验中的一部分)。

1）确定实验方案并实验

① 实验目的：找出影响曝气装置曝气充氧性能的主要因素并确定理想的设备结构尺寸和运行条件。

② 挑选因素：影响充氧性能的因素较多，根据有关文献资料及经验，对射流器本身结构主要考察两个，一个是射流器的长径比，即混合阶段的长度 L 与其直径 D 之比 L/D；另一个是射流器的面积比，即混合阶段的断面面积与喷嘴面积之比如下：

$$m = F_2/F_1 = D^2/d^2$$

对射流器的运行条件，主要考察喷嘴的工作压力 p 和曝气水深 H。

③ 确定各因素的水平：为了能减少实验的次数，又能说明问题，每个因素选用3个水平。根据有关资料选用，结果见表2-4。

自吸式射流曝气实验因素水平表 **表2-4**

项目	因素			
	1	2	3	4
内容	水深 H(m)	压力 p(MPa)	面积比 m	长径比 L/D
水平	1，2，3	1，2，3	1，2，3	1，2，3
数值	4.5，5.5，6.5	0.1，0.2，0.25	9.0，4.0，6.3	60，90，120

④ 确定实验评价指标：本实验以充氧动力效率 E_P 为评价指标。充氧动力效率指曝气设备所消耗的理论功率为1kW·h时，向水中充入氧的数量，以kg/(kW·h)计。该值将曝气供氧与所消耗的动力联系在一起，是一个具有经济价值的指标，它的大小将影响到活性污泥处理厂(站)的运行费用。

⑤ 选择正交表：根据以上所选择的因素和水平，确定选用 $L_9(3^4)$ 正交表，如表2-5所示。

$L_9(3^4)$正交表 **表2-5**

实验号	列号			
	1	2	3	4
1	1	1	1	1
2	1	2	2	2
3	1	3	3	3
4	2	1	2	3
5	2	2	3	1
6	2	3	1	2
7	3	1	3	2
8	3	2	1	3
9	3	3	2	1

⑥ 确定实验方案：根据已定的因素、水平及所选用的正交表，实现因素顺序上列和水平对号入座，则得出正交实验方案表见表2-6。

自吸式射流曝气正交实验方案表 $L_9(3^4)$ **表2-6**

实验号	因素			
	H (m)	P (MPa)	m	L/D
1	4.5	0.10	9.0	60
2	4.5	0.20	4.0	90
3	4.5	0.25	6.3	120
4	5.5	0.10	4.0	120
5	5.5	0.20	6.3	60
6	5.5	0.25	9.0	90
7	6.5	0.10	6.3	90
8	6.5	0.20	9.0	120
9	6.5	0.25	4.0	60

根据表2-6，可知共需安排9次实验，每组具体实验条件如表2-6中的1，2，…，9对应的各横行，各次实验在相应的实验条件下进行。如第一次实验在水深4.5m，喷嘴工作压力为0.1MPa，面积比 $m=9$，长径比采用60的条件下进行测试。

2）实验结果直观分析

实验结果与分析见表2-7，具体分析方法如下所述。

自吸式射流曝气正交实验结果及直观分析表　　表2-7

实验号	因素				
	H(m)	P(MPa)	m	L/D	Ep［kg/(kW·h)］
1	4.5	0.100	9.0	60	1.03
2	4.5	0.195	4.0	90	0.89
3	4.5	0.297	6.3	120	0.88
4	5.5	0.115	4.0	120	1.30
5	5.5	0.180	6.3	60	1.07
6	5.5	0.253	9.0	90	0.77
7	6.5	0.105	6.3	90	0.83
8	6.5	0.200	9.0	120	1.11
9	6.5	0.255	4.0	60	1.01
K_1	2.80	3.16	2.91	3.11	
K_2	3.14	3.07	3.20	2.49	$\sum E_p=8.89$
K_3	2.95	2.66	2.78	3.29	
$\overline{K}_1$	0.93	1.05	0.97	1.04	
$\overline{K}_2$	1.05	1.02	1.07	0.83	$\mu=\frac{\sum E_p}{9}=0.99$
$\overline{K}_3$	0.98	0.89	0.93	1.10	
R（极差）	0.12	0.16	0.14	0.27	—

① 填写实验评价指标

将每一个实验条件下的原始数据，通过数据处理后求出动力效率，并计算算术平均值，填入相应栏内。

② 计算各列的 K、$\overline{K}$ 和极差 R

如计算 H 这一列的因素时，各水平的 K 值如下。

第一水平

$$K_{4.5}=1.03+0.89+0.88=2.80$$

第二水平

$$K_{5.5}=1.30+1.07+0.77=3.14$$

第三水平

$$K_{6.5}=0.83+1.11+1.01=2.95$$

其中均值 $\overline{K}$ 分别为

$$\overline{K}_{1-1}=2.80/3=0.93$$

$$\overline{K}_{1-2}=3.14/3=1.05$$

$$\overline{K}_{1-3}=2.95/3=0.98$$

$$R_1=1.05-0.93=0.12$$

以此分别计算 p、m 和 L/D，结果如表 2-7 所示。

③ 结果分析

由表中的极差大小可见，影响射流曝气设备充氧效率的因素主次顺序依次为 $L/D \to P \to m \to H$。由表中各因素水平值的均值可见各因素中较佳的水平条件为 $L/D=120$、$P=0.1\text{MPa}$、$m=4.0$、$H=5.5\text{m}$。

2. 多指标的正交实验及直观分析

科研生产中经常会遇到一些多指标的实验问题，它的结果分析比单指标要复杂一些，但实验计算方法均无区别，关键是如何将多指标化成单指标然后进行直观分析。常用的方法有指标拆开单个处理综合分析法和综合评分法。

(1) 指标拆开单个处理综合分析法

以本章例［2-2］的自吸式射流曝气器实验为例，正交实验及结果见表 2-8。

多指标正交实验及结果　　**表 2-8**

实验号	H(m)	P(MPa)	m	L/D	Ep[kg/(kW·h)]	K_{La}(l/h)
1	4.5	0.100	9.0	60	1.03	3.42
2	4.5	0.195	4.0	90	0.89	8.82
3	4.5	0.297	6.3	120	0.88	14.88
4	5.5	0.115	4.0	120	1.30	4.74
5	5.5	0.180	6.3	60	1.07	7.86
6	5.5	0.253	9.0	90	0.77	9.78
7	6.5	0.105	6.3	90	0.83	2.34
8	6.5	0.200	9.0	120	1.11	8.10
9	6.5	0.255	4.0	60	1.01	11.28

本例中选用 2 个考核指标，充氧动力效率 E_P 及氧转移系数 K_{La}。正交实验设计和实验与单指标正交实验没有区别。同样，也将实验结果填于表右栏内。但不同之处就在于将 2 个指标拆开，按 2 个单指标正交实验分别计算各因素不同水平的效应值 K、$\overline{K}$ 和极差 R 值。如表 2-9 所示。

自吸式射流曝气实验结果分析　　**表 2-9**

指标 / 因素 / K值	动力效率 E_p				氧总转移系数 K_{La}			
	H	P	m	L/D	H	P	m	L/D
K_1	2.80	3.16	2.91	3.11	27.12	10.50	21.30	22.56
K_2	3.14	3.07	3.20	2.49	22.38	24.78	24.84	20.94
K_3	2.95	2.66	2.78	3.29	21.72	35.94	25.08	27.72
$\overline{K}_1$	0.93	1.05	0.97	1.04	9.04	3.50	7.10	7.52
$\overline{K}_2$	1.05	1.02	1.07	0.83	7.46	8.26	8.28	6.98
$\overline{K}_3$	0.98	0.89	0.93	1.10	7.24	11.98	8.36	9.24
R	0.12	0.16	0.14	0.27	1.80	8.48	1.26	2.26

根据表2-8结果，考虑指标 E_P、K_{La}值均是越高越好，因此各因素主次与最佳条件分析如下：

1）分指标按极差大小列出因素的影响主次顺序，经综合分析后确定因素主次

指标	影响因素主次顺序
动力效率 E_P	$L/D \to P \to m \to H$
氧总转移系数 K_{La}	$P \to L/D \to H \to m$

由于动力效率指标 E_P，不仅反映了充氧能力，而且也反映了电耗，是一个比 K_{La} 更有价值的指标，而由两指标的各因素主次关系可见，L/D、P 均是主要的，m、H 相对是次要的，故影响因素主次可以定为：

$$L/D \to P \to m \to H$$

2）各因素最佳条件确定

① 主要因素 L/D

不论是从 E_P，还是从 K_{La} 看，$P=0.25$ 为佳。由于指标 E_P 比 K_{La} 重要，当生产上主要考虑能量消耗时，以选 $P=0.10$ 为宜；若生产中不计动力消耗而追求的是高速率的充氧时，以选 $P=0.25$ 为宜。

② 因素 m

由指标 E_P 定为 $m=4.0$，由指标 K_{La} 定为 $m=6.3$，考虑 E_P 指标重于 K_{La}，又考虑 m 定为4.0或6.3，对 K_{La} 影响不如 E_P 值影响大，故选用 $m=4.0$ 为佳。

③ 因素 H

由指标 E_P 定为 $H=5.5\text{m}$，由指标 K_{La} 定为 $H=2.8\text{m}$，考虑 E_P 指标重于 K_{La}，并考虑实际生产中水深太浅，曝气池占地面积大，故选用 $H=5.5\text{m}$，由此得出较佳条件为：

$$L/D=120、\quad P=0.10\text{MPa}、\quad m=4.0、\quad H=5.5\text{m}$$

由上述分析可见，多指标正交实验分析要复杂些，有时较难得到各指标兼顾的好条件。

(2) 综合评分法

多指标正交实验直观分析除了上述方法外，多根据问题性质采用综合评分法，将多指标化为单指标而后分析因素主次和各因素的较佳状态。常用的有指标叠加法和排队评分法。

1）指标叠加法

所谓指标叠加法，就是将多指标按照某种计算公式进行叠加，将多指标化为单指标，而后进行正交实验直观分析，至于指标间如 y_1、y_2、……y_i 如何叠加，视指标的性质、重要程度而有所不同，如式(2-7)、式(2-8)所示：

$$y=y_1+y_2+\cdots\cdots+y_i \tag{2-7}$$

$$y=ay_1+by_2+\cdots\cdots+ny_i \tag{2-8}$$

式中　y——多指标综合后的指标；

y_1、y_2、…y_i——各单项指标；

a、b…n——系数，其大小正负要视指标性质和重要程度而定。

【例2-3】 为了进行某种污水的回收重复使用，采用正交实验来安排混凝沉淀实验，以COD，SS作为评价指标，实验结果如表2-10所示。采用指标叠加法加以分析，找出各

因素主次顺序以及较佳水平条件。

混凝沉淀实验结果及综合评分法　表 2-10

实验号	药剂种类	投加量 (mg/L)	反应时间 (min)	出水 COD (mg/L)	出水 SS (mg/L)	综合评分 COD + SS
1	$FeCl_3$	15	3	37.8	24.3	62.1
2	$FeCl_3$	5	5	43.1	25.6	68.7
3	$FeCl_3$	20	1	36.4	21.1	57.5
4	$Al_2(SO_4)_3$	15	5	17.4	9.7	27.1
5	$Al_2(SO_4)_3$	5	1	21.6	12.3	33.9
6	$Al_2(SO_4)_3$	20	3	15.3	8.2	23.5
7	$FeSO_4$	15	1	31.6	14.2	45.8
8	$FeSO_4$	5	3	35.7	16.7	52.4
9	$FeSO_4$	20	3	28.4	12.3	40.7
K_1	188.3	135.0	138.0			
K_2	84.5	155.0	136.5			
K_3	138.9	121.7	137.2			
$\overline{K}_1$	62.77	45.00	46.00			
$\overline{K}_2$	28.17	51.67	45.50			
$\overline{K}_3$	46.30	40.57	45.73			
R	34.60	11.10	0.50			

① 如回用水对 COD、SS 指标具有同等重要的要求，则采用综合指标 $y = y_1 + y_2$ 的计算方法。按此计算后所得综合指标如表 2-10。根据计算结果则：

按极差大小得出因素主次关系为：

药剂种类→投加量→反应时间

由各因素水平效应值 $\overline{K}$ 所得较佳状态为：药剂种类 $Al_2(SO_4)_3$；药剂投加量 20mg/L；反应时间 5min。

② 如果回用水对 COD 指标要求比 SS 指标要重要得多，则可采用 $y = ay_1 + by_2$ 的计算法，此时由于 COD、SS 均是越小越好，因此取 $a < 1$，$b = 1$ 的系数进行指标叠加，如表 2-11。

混凝沉淀实验结果及综合评分法　表 2-11

实验号	药剂种类	投加量 (mg/L)	反应时间 (min)	出水 COD (mg/L)	出水 SS (mg/L)	综合评分 0.5COD + SS
1	$FeCl_3$	15	3	37.8	24.3	43.2
2	$FeCl_3$	5	5	43.1	25.6	47.2
3	$FeCl_3$	20	1	36.4	21.1	39.3
4	$Al_2(SO_4)_3$	15	5	17.4	9.7	18.4
5	$Al_2(SO_4)_3$	5	1	21.6	12.3	23.1
6	$Al_2(SO_4)_3$	20	3	15.3	8.2	15.9
7	$FeSO_4$	15	1	31.6	14.2	30.0
8	$FeSO_4$	5	3	35.7	16.7	34.6
9	$FeSO_4$	20	3	28.4	12.3	26.5

续表

实验号	药剂种类	投加量 (mg/L)	反应时间 (min)	出水 COD (mg/L)	出水 SS (mg/L)	综合评分 0.5COD + SS
K_1	129.7	91.6	93.7			
K_2	57.4	104.9	92.1			
K_3	91.1	81.7	92.4			
$\overline{K}_1$	43.23	30.53	31.23			
$\overline{K}_2$	19.13	34.97	30.70			
$\overline{K}_3$	30.37	27.23	30.80			
R	24.10	11.10	0.53			

本例中采用综合指标 $y = 0.5COD + SS$，经计算分析，因素主次顺序和较佳水平条件同前。

2）排队评分法

所谓排队评分法，是将全部实验结果按照指标从优到劣进行排队，然后评分。最好的给 100 分，依次逐个减少，减少多少大体上与它们效果的差距相对应，这种方法虽然粗糙些但比较简便。

以表 2-10、表 2-11 实验为例，9 组实验中第 6 组 COD、SS 指标均最小，故得分为 100 分，而第 2 组 COD、SS 指标均最高，若以 50 分计，则参考其指标效果按比例计算，出水 COD 和 SS 两者之和每增加 10mg/L，分数可以减少 11 分，按此计算排队评分并按综合指标进行单指标正交实验直观分析，结果如表 2-12 所示。由极差 R 值及各因素水平效应值 $\overline{K}$ 可得出因素主次关系及较佳水平，即主次：药剂种类→投加量→反应时间；较佳水平：$Al_2(SO_4)_3$、20mg/L、5min。

混凝沉淀实验结果及排队评分计算法　　表 2-12

实验号	药剂种类	投加量 (mg/L)	反应时间 (min)	出水 COD (mg/L)	出水 SS (mg/L)	综合评分 (%)
1	$FeCl_3$	15	3	37.8	24.3	58
2	$FeCl_3$	5	5	43.1	25.6	50
3	$FeCl_3$	20	1	36.4	21.1	63
4	$Al_2(SO_4)_3$	15	5	17.4	9.7	96
5	$Al_2(SO_4)_3$	5	1	21.6	12.3	89
6	$Al_2(SO_4)_3$	20	3	15.3	8.2	100
7	$FeSO_4$	15	1	31.6	14.2	75
8	$FeSO_4$	5	3	35.7	16.7	68
9	$FeSO_4$	20	3	28.4	12.3	81
K_1	171	229	226			
K_2	285	207	227			
K_3	224	244	227			
$\overline{K}_1$	57	76	75			
$\overline{K}_2$	95	69	76			
$\overline{K}_3$	75	81	76			
R	38	12	1			

2.2　实验误差分析

水处理工程实验，常需要做一系列的测定，并取得大量数据。实践表明，每项实验都有误差，同一项目的多次重复测量，结果总有差异，即实验值与真实值之间的差异。实验误差是由于实验环境不理想、实验人员的操作、实验设备与实验方法不完善等因素引起的。随着研究人员对研究课题认识的提高、仪器设备的不断完善，实验中的误差可以不断减少，但是不可能做到没有误差。因此，在取得实验结果后一方面，必须对所测对象进行分析研究，估计测试结果的可靠程度，并对取得的数据给予合理的解释；另一方面，还必须将所得数据加以整理归纳，用一定的方式表示出各数据之间的相互关系。前者即误差分析，后者为数据处理。

对实验结果进行误差分析与数据处理的目的在于：

(1) 根据科学实验的目的，合理选择实验装置、仪器、条件和方法；

(2) 正确处理实验数据，以便在一定条件下得到接近真实值的最佳结果；

(3) 合理选定实验结果的误差，避免由于误差选取不当造成人力、物力的浪费；

(4) 总结测定的结果，得到正确的实验结论，并通过必要的整理归纳(如绘成实验曲线或得到经验公式)，为验证理论分析提供条件。

误差与数据处理内容很多。在此，只介绍一些基本知识，读者需要更深入了解时，可参阅有关参考书。

2.2.1　真值与平均值

实验过程中要做各种测试工作，由于仪器、测试方法、环境、人的观察力、实验方法等都不可能做到完美无缺，因此无法测到真值(真实值)。如果对同一考察项目进行无限多次的测试，然后根据误差分布定律正负误差出现的几率相等的概念，可以求得各测试值的平均值，在无系统误差的情况下，此值为接近于真值的数值。通常测试的次数总是有限的，用有限测试次数求得的平均值，只能是真值的近似值。

常用的平均值有算术平均值、均方根平均值、加权平均值、中位值(或中位数)和几何平均值等。计算平均值方法的选择，主要取决于一组观测值的分布类型。

1. 算术平均值

算术平均值是最常用的一种平均值，当观测值呈正态分布时，算术平均值最近似真值。设 x_1，x_2，…，x_n 为各次的观测值，n 代表观测次数，则算术平均值计算公式见式(2-9)：

$$\overline{x} = \frac{x_1 + x_2 + \cdots + x_n}{n} = \frac{1}{n}\sum_{i=1}^{n} x_i \tag{2-9}$$

2. 均方根平均值

均方根平均值计算公式见式(2-10)

$$\overline{x} = \sqrt{\frac{x_1^2 + x_2^2 + \cdots + x_n^2}{n}} = \sqrt{\frac{1}{n}\sum_{i=1}^{n} x_i^2} \tag{2-10}$$

式中符号意义同前。

3. 加权平均值

若对同一事物用不同方法测定，或者由不同人测定，计算平均值时，常用加权平均

值。其计算公式见式(2-11)

$$\bar{x} = \frac{w_1x_1 + w_2x_2 + \cdots + w_nx_n}{w_1 + w_2 + \cdots + w_n} = \frac{\sum_{i=1}^{n} w_ix_i}{\sum_{i=1}^{n} w_i} \tag{2-11}$$

式中，w_1，w_2，…，w_n 代表与各观测值相应的权，其他符号意义同前。各观测值的权数 w_i，可以是观测值的重复次数、观测值在总数中所占的比例或者根据经验确定。

【例2-4】 某工厂测定含铬废水浓度的结果如下表，试计算其平均浓度。

铬(mg/L)	0.3	0.4	0.5	0.6	0.7
出现次数	3	5	7	7	5

解

$$\bar{x} = \frac{0.3\times3 + 0.4\times5 + 0.5\times7 + 0.6\times7 + 0.7\times5}{3+5+7+7+5} = 0.52\text{mg/L}$$

【例2-5】 某印染厂各类污水的 BOD_5 测定结果如下表，试计算该厂污水平均浓度。

污水类型	BOD_5(mg/L)	污水流量(m^3/d)
退浆污水	4000	15
煮布锅污水	10000	8
印染污水	400	1500
漂白污水	70	900

解

$$\bar{x} = \frac{4000\times15 + 10000\times8 + 400\times1500 + 70\times900}{15+8+1500+900} = 331.4\text{mg/L}$$

4. 中位值

中位值是指一组观测值按大小次序排列的中间值。若观测次数是偶数，则中位值为正中两个值的平均值。中位值的最大优点是求法简单。只有当观测值的分布呈正态分布时，中位值才能代表一组观测值的中间趋向，近似于真值。

5. 几何平均值

如果一组观测值是非正态分布，当对这组数据取对数后，所得图形的分布曲线更对称时，常用几何平均值。

几何平均值是一组 n 个观测值连乘并开 n 次方求得的值，计算公式见式(2-12)

$$\bar{x} = \sqrt[n]{x_1 \cdot x_2 \cdots x_n} \tag{2-12}$$

也可用对数表示，见式(2-13)

$$\lg \bar{x} = \frac{1}{n}\sum_{i=1}^{n} \lg x_i \tag{2-13}$$

【例2-6】 某工厂测得污水的 BOD_5 数据分别为 100mg/L、110mg/L、130mg/L、120mg/L、115mg/L、190mg/L、170mg/L，求其平均浓度。

解 该厂所得数据大部分在 100mg/L ~ 130mg/L 之间，少数数据的数值较大，此时采

用几何平均值才能较好的代表这组数据的中心趋向，则

$$\bar{x}=\sqrt[7]{100\times110\times130\times120\times115\times190\times170}=130.3\text{mg/L}$$

2.2.2 误差与误差的分类

对某一指标进行测试后，观测值与其真值之间的差值称为绝对误差，即

绝对误差 = 观测值 - 真值

绝对误差用以反映观测值偏离真值的大小，其单位与观测值相同。由于不易测得真值，实际应用中常用观测值与平均值之差表示绝对误差。严格地说，观测值与平均值之差应称为偏差，但在工程实践中多称之为误差。

在分析工作中常把标准试样中的某成分的含量作为该成分的真值，用以估计误差的大小。

绝对误差与平均值(真值)的比值称为相对误差，即

相对误差 = 绝对误差/平均值

相对误差用于不同观测结果的可靠性的对比，常用百分数表示。

根据误差的性质及发生的原因，误差可分为系统误差、偶然误差和过失误差3种。

1. 系统误差

系统误差又称恒定误差，是指在测定中由未发现或未确认的因素所引起的误差。这些因素使测定结果永远朝一个方向发生偏差，其大小及符号在同一试验中完全相同。产生系统误差的原因有以下几种：(1)仪器不良，如刻度不准，砝码未校正等；(2)环境的改变，如外界温度、压力和湿度的变化等；(3)个人的习惯和偏向，如读数偏高或偏低等。这类误差可以根据仪器的性能、环境条件或个人偏差等加以校正克服，使之降低。

2. 偶然误差

偶然误差又称或然误差或随机误差，单次测试时，观测值总是有些变化且变化不定，其误差时大、时小、时正、时负、方向不定。但是多次测试后，其平均值趋于零，具有这种性质的误差称为偶然误差。

偶然误差产生的原因一般是不清楚的，因而是无法人为控制。偶然误差可用概率理论处理数据而加以避免。

3. 过失误差

过失误差是由于操作人员工作粗枝大叶、过度疲劳或操作不正确等因素引起的，是一种与事实明显不符的误差。过失误差是可以避免的。

2.2.3 精密度和准确度

精密度又称精度，指在控制条件下用一个均匀试样反复测试，所测得数值之间的重复程度，它反映偶然误差的大小。准确度指测定值与真实值的符合程度，它反映偶然误差和系统误差的大小。一个化学分析，虽然精密度很高，偶然误差小，但可能由于溶液标定不准确、稀释技术不正确、不可靠的砝码或仪器未校准等原因出现系统误差，使其准确度不高。相反，一个方法可能很准确，但由于仪器灵敏度低或其他原因，使其精密度不够。因此，评定观测数据的好坏，首先要考虑精密度，然后考察准确度。一般情况下，无系统误差时，精密度越高观测结果越准确。但若有系统误差存在，则精密度高，准确度不一定高。

分析工作中可在试样中加入已知量的标准物质，考核测试方法的准确度和精密度。

2.2.4 精密度的表示方法

若在某一条件下进行多次测试，其误差为 δ_1，δ_2，…，δ_n，因为单个误差可大可小，可正可负，无法表示该条件下的测试精密度，因此常采用极差、算术平均误差、标准误差等表示精密度的高低。

1. 极差

极差又称误差范围，是指一组观测值 x_i 中的最大值与最小值之差，是用以描述实验数据分散程度的一种特征参数。其计算式为

$$R = x_{\max} - x_{\min} \tag{2-14}$$

极差的缺点是只与两极端值有关，而与观测次数无关，用它反应精密度的高低比较粗糙，但其计算简便，在快速检验中可用以度量数据波动的大小。

2. 算术平均误差

算术平均误差是观测值与平均值之差的绝对值的算术平均值，其计算式见式(2-15)：

$$\delta = \frac{\sum_{i=1}^{n} |x_i - \overline{x}|}{n} \tag{2-15}$$

式中 δ——算术平均误差；

x_i——观测值；

$\overline{x}$——全部观测值的平均值；

n——观测次数。

例如，有一组观测值与平均值的偏差(即单个误差)为4、3、-2、2、4，则其算术平均误差为：

$$\delta = \frac{4+3+2+2+4}{5} = 3$$

算术平均误差的缺点是无法表示出各次测试间彼此符合的情况。因为，在一组测试中偏差彼此接近的情况下，与另一组测试中偏差有大、中、小3种的情况下，所得的算术平均误差可能基本相同。

3. 标准误差

标准误差又称均方根误差或均方误差，各观测值 x_i 与平均值 $\overline{x}$ 之差的平方和的算术平均值的平方根称为标准误差。其计算公式见式(2-16)

$$d = \sqrt{\frac{1}{n}\sum_{i=1}^{n}(x_i - \overline{x})^2} \tag{2-16}$$

式中 d——标准误差；

n——观测次数。

有时，在有限观测次数中，标准误差的计算公式见式(2-17)

$$d = \sqrt{\frac{1}{n-1}\sum_{i=1}^{n}(x_i - \overline{x})^2} \tag{2-17}$$

由此可以看出，当观测值越接近平均值时，标准误差越小；当观测值和平均值相差愈大时，标准误差愈大。即标准误差对测试中的较大误差或较小误差比较灵敏，所以它是表示精密度的较好方法，是表明实验数据分散程度的特征参数。

【例 2-7】 已知 2 次测试的偏差分别为 4、3、-2、2、4 和 1、5、0、-3、-6，试计算其误差。

解

算术平均误差为：

$$\delta_1 = \frac{4+3+2+2+4}{5} = 3$$

$$\delta_2 = \frac{1+5+0+3+6}{5} = 3$$

标准误差为：

$$d_1 = \sqrt{\frac{4^2+3^2+(-2)^2+2^2+4^2}{5}} = 3.1$$

$$d_2 = \sqrt{\frac{1^2+5^2+0^2+(-3)^2+(-6)^2}{5}} = 3.8$$

上述计算结果表明，虽然第 1 组测试所得的偏差彼此比较接近，第 2 组测试的偏差较离散，但用算术平均误差表示时，二者所得结果相同。标准误差能较好地反映出测试结果与真值的离散程度。

2.3　实验数据分析处理

2.3.1　实验数据整理

实验数据整理的目的在于：(1)分析实验数据的一些基本特点；(2)计算实验数据的基本统计特征；(3)利用计算得到的一些参数，分析实验数据中可能存在的异常点，为实验数据取舍提供一定的统计依据。

1. 有效数字及其运算

每一个实验数据都要记录大量原始数据，并对它们进行分析运算。但这些直接测量的数据都是近似数，存在一定误差，因此这就存在一个实验时应取几位数、运算后又应保留几位数的问题。

(1) 有效数字

准确测定的数字加上最后一位估读数字(又称存疑数字)所得的数字称为有效数字。如用 20mL 刻度为 0.1mL 的滴管测定水中溶解氧含量，其消耗硫代硫酸钠为 3.63mL 时，有效数字为 3 位，其中 3.6 为确切数字，而 0.03 为估读数字。因此实验中直接测量值的有效数字与仪器刻度有关，一般都应尽可能估计到最小分度的 1/10、或 1/5、或 1/2。

(2) 有效数字的运算规则

由于间接测量值是由直接测量值计算出来的，因而也存在有效数字的问题，通常有以下几点：

1) 有效数字的加、减。运算后，有效数字的位数与参加运算的各数中有效数字位数最少的相同。

2) 有效数字的乘除。运算后，有效数字的位数与参加运算的各数中有效数字的位数最少的相同。

3）乘方、开方的有效数字。运算后，有效数字的位数与其底的有效数字的位数相同。

有效数字运算时应注意：公式中某些系数不是由实验测得的，计算中不考虑其位数。例如，水污染控制工程中一些公式中的导数。对数运算中，首位数不算有效数字。乘除运算中，首位数是8或9的有效数字多计一位。

2. 实验数据整理

(1) 实验数据的基本特点

对实验数据进行简单分析后，可以看出，实验数据一般具有以下特点：

1）实验数据总是以有限次数给出并具有一定波动性；

2）实验数据总存在实验误差，且是综合性的，即随机误差、系统误差、过失误差同时存在于实验数据中。本书所研究的实验数据，认为是没有系统误差的数据；

3）实验数据大都具有一定的统计规律性。

(2) 几个重要的数字特征

用几个有代表性的数，来描述随机变量 X 的基本统计特征，通常把这几个数称为随机变量 X 的数字特征。

实验数据的数字特征计算，就是由实验数据计算一些有代表性的特征量，用以浓缩、简化实验数据中的信息，使问题变得更加清晰、简单、易于理解和处理。本书给出分别用来描述实验数据取值的大致位置、分散程度和相关特征的几个数字特征参数。

1）位置特征参数及其运算

实验数据的位置特征参数，是用来描述实验数据取值的平均位置和特定位置的，常用的有均值、极值、中值和众值等。

① 均值 $\bar{x}$

如由实验得到一批数据 x_1，x_2，…，x_n，n 为测试次数，则平均值如式(2-18)所示：

$$\bar{x} = \frac{1}{n}\sum_{i=1}^{n} x_i \tag{2-18}$$

平均值 $\bar{x}$ 计算简便，对于符合正态分布的数据，具有与真值接近的优点。它是指示实验数据取值平均位置的特征参数。

② 极值

极值是一组测试数据中的极大与极小值。极大值 $a = \max\{x_1, x_2, \cdots, x_n\}$，极小值 $b = \min\{x_1, x_2, \cdots, x_n\}$。

③ 中值 $\tilde{x}$

中值是一组实验数据的中项测量值，其中一半实验数据小于此值，另一半实验数据大于此值。若测得数为偶数时，则中值为正中两个值的平均值。该值可以反映全部实验数据的平均水平。

④ 众值 N

众值是实验数据中出现最频繁的量，故也是最可能值，其值即为所求频率的极大值出现时的量，称为众值。因此，众值不像上述几个位置特征参数那样可以迅速直接求得，而是应先求得频率分布再从中确定。

2）分散特征参数及其计算

分散特征参数是用来描述实验数据的分散程度的，常用的有极差、标准差、方差、变异系数等。

① 极差 R

极差是一组实验数据极大值与极小值之差，是最简单的分散特征参数，可以度量数据波动的大小，其表达式见式(2-19)

$$R=\max\{x_1, x_2, \cdots, x_n\}-\min\{x_1, x_2, \cdots, x_n\} \tag{2-19}$$

极差具有计算简便的特点，但由于它没有充分利用全部数据提供的信息，而是依赖个别的实验数据，故代表性较差，反映实际情况的精度较差。实际应用中，多用以均值 $\bar{x}$ 为中心的分散特征参数，如标准差、方差、变异系数等。

② 方差和标准差

方差和标准差的表达式分别见式(2-20)与式(2-21)

$$\text{方差}\ \sigma^2=\frac{1}{n-1}\sum_{i=1}^{n}(x_i-\bar{x})^2 \tag{2-20}$$

$$\text{标准差}\ \sigma=\sqrt{\frac{1}{n-1}\sum_{i=1}^{n}(x_i-\bar{x})^2} \tag{2-21}$$

两者都是表明实验数据分散程度的特征数。标准差又称均方差，与实验数据单位一致，可以反映实验数据与均值之间的平均差距，这个差距愈大，表明实验所取数据愈分散，反之表明实验所取数值愈集中。方差这一特征数所取单位与实验数据单位不一致。由公式(2-20)和公式(2-21)可以看出，标准差大则方差大，标准差小则方差小，所以方差同样可以表明实验数据取值的分散程度。

③ 变异系数 C_γ

变异系数的表达式见式（2-22）

$$C_\gamma=\frac{\sigma}{\bar{x}} \tag{2-22}$$

变异系数可以反映数据相对波动的大小，尤其是对标准差相等的两组数据，$\bar{x}$ 大的一组数据相对波动小，$\bar{x}$ 小的一组数据相对波动大。而极差 R、标准差 σ 只反映数据的绝对波动大小，此时变异系数的应用就显得更为重要。

3）相关特征参数

为了表示变量间可能存在的关系，常常采用相关特征参数，如线性相关系数等。其计算将在回归分析中介绍。

3. 实验数据中可疑数据的取舍

（1）可疑数据

整理实验数据进行计算分析时，常会发现有个别测量值与其他值偏差很大，这些值有可能是由于偶然误差造成的，也可能是由于过失误差或条件的改变而造成的。所以，在实验数据整理的整个过程中控制实验数据的质量，消除不应有的实验误差，是非常重要的。但是对于这样一些特殊值的取舍一定要慎重，不能轻易舍弃，因为任何一个测量值都是测试结果的一个信息。通常，将个别偏差大的、不是来自同一分布总体的、对实验结果有明显影响的测量数据称为离群数据；而将可能影响实验结果，但尚未证明确定是离群数据的测量数据称为可疑数据。

（2）可疑数据的取舍

舍掉可疑数据虽然会使实验结果精密度提高，但是可疑数据并非全都是离群数据，因为正常测定的实验数据总有一定的分散性，若不加分析，人为地全部删掉，虽然可能删去了离群数据，但也可能删去了一些误差较大的并非错误的数据，由此得到的实验结果并不一定就符合客观实际。因此，可疑数据的取舍必须遵循一定的原则。这项工作一般由一些具有丰富经验的专业人员进行。

实验中由于条件改变、操作不当或其他人为的原因产生离群数值，并要有当时记录可供参考。没有肯定的理由证明它是离群数值，而从理论上分析，此点又明显反常时，可以根据偶然误差分布的规律，决定它的取舍。一般应根据不同的检验目的选择不同的检验方法，常用的方法有以下几种：

1）用于一组测量值的离群数据的检验

① 3σ 法则

实验数据的总体是正态分布（一般实验数据多为此分布）时，先计算出数列标准误差，求其极限误差 $K_\sigma=3\sigma$，此时测量数据落于 $x\pm3\sigma$ 范围内的可能性为99.7%。也就是说，落于此区间外的数据只有0.3%的可能性，这在一般测量次数不多的实验中是不易出现的，若出现了这种情况则可认为是由于某种错误造成的。因此这些特殊点的误差超过极限误差后，可以舍弃。一般把依此进行可疑数据取舍的方法称为 3σ 法则。

② 肖维涅准则

实际工程中常根据肖维涅准则利用表2-13决定可疑数据的取舍。表中，n 为测量次数。K 为系数，极限误差 $K_\sigma=K\cdot\sigma$；当可疑数据误差大于极限误差 K_σ 时，即可舍弃。

肖维涅准则系数 *K* **表2-13**

n	*K*	*n*	*K*	*n*	*K*
4	1.53	10	1.96	16	2.16
5	1.65	11	2.00	17	2.18
6	1.73	12	2.04	18	2.20
7	1.79	13	2.07	19	2.22
8	1.86	14	2.10	20	2.24
9	1.92	15	2.13		

2）用于多组测量值均值的离群数据的检验

常用的是克罗勃斯（Crubbs）检验法，具体步骤如下：

① 计算统计量 T

将 m 组的测定的每组数据的均值按大小顺序排列成 $\bar{x}_1$，$\bar{x}_2$，…，$\bar{x}_{m-1}$，$\bar{x}_m$ 数列，其中最大、最小均值记为 $\bar{x}_{max}$、$\bar{x}_{min}$，则此数列总均值 $\bar{\bar{x}}$ 和标准误差的计算公式如式（2-23）与式（2-24）所示

$$\bar{\bar{x}}=\frac{1}{m}\sum_{i=1}^{n}\bar{x}_i \tag{2-23}$$

$$\sigma_{\bar{x}}=\sqrt{\frac{1}{m-1}\sum_{i=1}^{n}(\bar{x}_i-\bar{\bar{x}})^2} \tag{2-24}$$

可疑数据为最大及最小均值时统计量 T 的计算公式如式(2-25)、式(2-26)所示：

$$T = \frac{\bar{x}_{max} - \bar{\bar{x}}}{\sigma_{\bar{x}}} \tag{2-25}$$

$$T = \frac{\bar{\bar{x}} - \bar{x}_{min}}{\sigma_{\bar{x}}} \tag{2-26}$$

② 查出临界值 T_{α}

根据给定的显著水平 α 和测定的组数 m，查表得克罗勃斯检验临界值 T_{α}。

③ 判断

若统计量 $T > T_{0.01}$，则可疑均值为离群数据，可舍掉，即舍去了与均值相应的一组数据；若 $T_{0.05} < T \leqslant T_{0.01}$，则 T 为偏离数据；若 $T \leqslant T_{0.05}$，则 T 为正常数据。

3）用于多组测量值方差的离群数据的检验

常用的是 Cochran 最大方差检验法。此法既可用于剔除多组测定中精度较差的一组数据，也可用于多组测定值的方差一致性检验（即等精度检验）。具体步骤如下：

① 计算统计量 C

将 m 组测定的每组数据的标准差按大小顺序排列成 σ_1，σ_2，……，σ_m 的数列，最大值记为 σ_{max}，则统计量 C 的计算公式见式(2-27)：

$$C = \frac{\sigma_{max}^2}{\sum_{i=1}^{m} \sigma_i^2} \tag{2-27}$$

当每组仅测定 2 次时，统计量用极差公式(2-28)计算

$$C = \frac{R_{max}^2}{\sum_{i=1}^{m} R_i^2} \tag{2-28}$$

式中　R——每组的极差值；

R_{max}——m 组极差中的最大值。

② 查临界值 C_{α}

根据给定的显著性水平 α 及测定组数 m、每组测定次数 n，由 Cochran 最大方差检验临界值 C_{α} 表查得 C_{α} 值。

③ 判断

若统计量 $C > C_{0.01}$，则可疑方差为离群方差，说明该组数据精密度过低，应予剔除；若 $C_{0.05} < C < C_{0.01}$，则可疑方差为偏离方差；若 $C \leqslant C_{0.05}$，则可疑方差为正常方差。

4. 实验数据整理计算举例

【例 2-8】 在自吸式射流曝气清水充氧试验中，喷嘴直径 $d = 20$mm。在水深 $H = 5.5$m，工作压力 $P = 0.10$MPa，面积比 $m = 4$，长径比 $L/D = 120$ 的情况下，共进行了 12 组实验。每一组实验中同时可得几个氧的总转移系数值，求其均值后，则可得 12 组试验的 K_{las} 的均值，并可求得 12 组的标准差 σ_{n-1}。现将第 64 组测定的结果 K_{las} 及 K_{las} 的均值和各组的标准差 σ_{n-1} 列于表 2-14。

曝气充氧试验数据 表2-14

第64组 K_{las} 值		12组 K_{las} 的均值		12组的 σ_{n-1} 值	
组　号	K_{las}(1/min)	组　号	K_{las}(1/min)	组　号	K_{las}(1/min)
1	0.065	60	0.053	60	0.0027
2	0.063	61	0.082	61	0.0035
3	0.070	62	0.090	62	0.0026
4	0.074	63	0.067	63	0.0030
5	0.070	64	0.069	64	0.0033
6	0.068	65	0.060	65	0.0028
7	0.065	66	0.066	66	0.0029
8	0.067	67	0.085	67	0.0031
9	0.071	68	0.077	68	0.0032
10	0.072	69	0.061	69	0.0033
11	0.069	70	0.090	70	0.0028
		71	0.072	71	0.0029

现对这些数据进行整理，判断是否有离群数据。

（1）首先判断每一组的 K_{las} 值是否有离群数据，是否应予剔除

1）按 3σ 法则判断

通过计算，第64组 K_{las} 的标准差 $\sigma=0.003$，极限误差 $K_\sigma=3\sigma=3\times0.003=0.009$，第64组 K_{las} 的均值 $\overline{K}_{las}=0.069$，则

$$\bar{x}\pm3\sigma=0.069\pm0.009=0.060\sim0.078$$

由于第64组测得的 K_{las} 值0.063～0.074均落于0.060～0.078范围内，故该组数据中，无离群数据。

2）按肖维涅准则判断

由于测量次数 $n=11$，查表2-13得 $K=2$，则极限误差为 $K_\sigma=2\times0.003=0.006$。由均值 $\overline{K}_{las}=0.069$，则该组数据中，极大、极小值的误差为 $0.074-0.069=0.005\leqslant0.006$，$0.069-0.063=0.006\leqslant0.006$。故该组数据中无离群数据。

（2）利用Grubbs法，检验12组测量均值是否有离群数据

12组 K_{las} 的均值按大小顺序的排列为：0.053、0.060、0.061、0.066、0.067、0.069、0.072、0.077、0.082、0.085、0.090、0.090。

数列中，最大值、最小值分别为 $K_{lasmax}=0.090$、$K_{lasmin}=0.053$。数列的均值 $K_{las}=0.073$，标准差 $\sigma=0.012$。

当可疑数字为最大值时，其流量 T_{max} 为

$$T_{max}=\frac{K_{lasmax}-\overline{K}_{las}}{\sigma}=\frac{0.090-0.073}{0.012}=1.42$$

当可疑数字为最小值时，其流量 T_{min} 为

$$T_{min}=\frac{\overline{K}_{las}-K_{lasmin}}{\sigma}=\frac{0.073-0.053}{0.012}=1.67$$

由离群数据分析判断表——克罗勃(Grubbs)检验临界值 T_a 表得 $m=12$，显著性水平 $\alpha=0.05$ 时，$T_{0.05}=2.285$。

由于
$$T_{max}=1.42<2.285$$
$$T_{min}=1.67<2.285$$

故所得12组的 K_{las} 均值均为正常值。

(3) 利用Cochran法，检验12组测量值的标准方差是否有离群数据

12组标准差按大小顺序的排列为：0.0026、0.0027、0.0028、0.0028、0.0029、0.0029、0.0030、0.0031、0.0032、0.0033、0.0033、0.0035。

最大标准差 $\sigma_{max}=0.0035$，其统计量 C 为

$$C=\frac{\sigma_{max}^2}{\sum_{i=1}^{m}\sigma_i^2}=\frac{0.0035^2}{0.0026^2+0.0027^2+\cdots+0.0035^2}=0.112$$

根据显著性水平 $\alpha=0.05$，组数 $m=12$，假定每组测定次数 $n=6$，查得 $C_{0.05}=0.262$。由于 $C=0.112<0.262$。故12组标准方差无离群数据。

2.3.2 实验成果的表示方法

水处理实验的目的，不仅要通过实验及对实验数据的分析，找出影响实验成果的因素、主次关系及给出最佳工况，而且还在于找出这些变量间的关系。

水处理工程同其他学科一样，反映客观规律的变量间的关系也分为两类：一类是确定性关系，另一类是相关关系。无论是哪一类关系，均可用表格、图形及公式表示。

1. 列表法

列表法是将实验中的自变量与因变量的各个数据通过分析处理后依一定的形式和顺序一一相应列出来，借以反映各变量间的关系。

列表法虽然具有简单易作、使用方便的优点，但是也有对客观规律反映不如其他表示法明确、在理论分析中不方便的缺点。

2. 图示法

图示法是在坐标纸上绘制图线反映所研究变量之间相互关系的一种表示法。它具有简明直观、便于比较、易于显示变化规律，并可直接提供某些数据等特点。

图线类型一般可分为两类：一类是已知变量间的依赖关系图形，通过实验，利用有限次的实验数据做图，反映变量间的关系，并求出相应的一些数据；另一类是两个变量间的关系不清，在坐标纸上将实验点绘出，一来反映变量间的数量关系，二来分析变量间的内在关系和规律。图示法要求图线必须清楚并能正确反映变量间的关系，且便于读数。

图线的绘制应注意以下几点：

(1) 选择合适的坐标纸。坐标纸有直角坐标纸、对数坐标纸、极坐标纸等，做图时要根据研究变量间的关系及欲表达的图线形式，选择适宜的坐标纸。

(2) 选轴。横轴为自变量，纵轴为因变量，一般是以被测定量为自变量。轴的末端注明所代表的变量及单位。

(3) 坐标分度。即在每个坐标轴上划分刻度并注明其大小。以外，还应考虑以下几点：

1) 精度的选择应使图线显示其特点，划分得当，并和测量的有效数字位数对应；

2）坐标原点不一定和变量零点一致；

3）两个变量的变化范围表现在坐标纸上的长度应相差不大，以尽可能使图线在图纸正中，不偏于一角或一边。

（4）描点。将自变量与因变量一一对应的点描在坐标纸内，当有几条图线时，应用不同符号加以区别，并在空白处注明符号意义。

（5）连线。根据实验点的分布或连成一条直线或连成一条光滑曲线，但不论是哪一类图线，连线时，必须使图线紧靠所有实验点，并使实验点均匀分布于图线的两侧。

（6）注图名。在图线上方或下方注上图名等。

2.3.3 回归分析

实验结果的变量关系虽可列表或用图线表示，但是为理论分析讨论、计算方便，多用数学表达式反映，而回归分析正是用来分析、解决2个或多个变量间数量关系的一个有效工具。

1. 概述

（1）两种变量关系

水处理实验中所遇到的变量关系也和其他学科中所存在的变量关系一样，分为确定性关系和非确定性关系。

1）确定性关系

确定性关系，即函数关系，反映事物间严格的变化规律和依存性。例如，沉淀池表面积 F 与处理水量 Q、水力负荷 q 之间的依存关系，可以用一个不变的公式确定，即 $F=Q/q$。在这些变量关系中，当一个变量值固定，只要知道一个变量，即可精确地计算出另一个变量值，这种变量都是非随机变量。

2）相关关系

相关关系特点是，对应于一个变量的某个取值，另一个变量以一定的规律分散在它们平均数的周围。例如，曝气设备在污水中充氧的修正系数 α 值与有机物COD之间的关系即相关关系。当取某种污水时，水中有机物COD值为已定，曝气设备类型固定，此时可以有几个不同的 α 值出现。这是因为除了有机物这一影响 α 值的主要因素外，还有水温、风量（搅拌）等影响因素。这些变量间虽存在着密切的关系，但是又不能由一个（或多个）变量的数值精确地求出另一个变量的值，这类变量的关系就是相关关系。

函数关系与相关关系并没有一条不可逾越的鸿沟，因为误差的存在，函数关系在实际中往往以相关关系表现出来。反之，当对事物的内部规律了解得更加深刻、更加准确时，相关关系也可转化为函数关系。

（2）回归分析的主要内容

对于相关关系而言，虽然找不出变量间的确定性关系，但经过多次实验与分析，从大量的观测数据中也可以找到内在规律性的东西。回归分析正是应用数学的方法，通过大量数据所提供的信息，经过去伪存真、由表及里的加工后，找出事物间的内在联系，给出（近似）定量表达式，从而可以利用该式去推算未知量。因此，回归分析的主要内容有以下2点：

1）以观测数据为依据，建立反映变量间相关关系的定量关系式（回归方程），并确定关系式的可信度。

2）利用建立的回归方程式，对客观过程进行分析、预测和控制。

（3）回归方程建立概述

1）回归方程或经验公式

根据两个变量 x 和 y 的 n 对实验数据 (x_1, y_1)、(x_2, y_2)、…、(x_n, y_n)，通过回归分析建立一个确定的函数 $y=f(x)$（近似的定量表达式）来大体描述这两个变量 y、x 间变化的相关规律。这个函数 $f(x)$ 既是 y 对 x 的回归方程，简称回归。因此，y 对 x 的回归方程 $f(x)$ 反映了当 x 固定在 x_0 值时 y 所取的平均值。

2）回归方程的求解

求解回归方程的过程，也称曲线拟合，实质上就是采用某一函数的图线去逼近所有的观测数据，但不是通过所有的点，而是要求拟合误差达到最小，从而建立一个确定的函数关系。因此回归过程一般分为 2 个步骤：

①选择函数 $y=f(x)$ 的类型，即 $f(x)$ 属哪一类函数，是正比例函数 $y=kx$、线性函数 $y=a+bx$、指数函数 $y=ae^{bx}$，还是幂函数 $y=ax^{b}$ 或其他函数等等，其中 k、a、b 等为公式中的系数。只有函数形式确定了，然后才能求出式中的系数，建立回归方程。

选择的函数类型，首先应使其曲线最大程度的与实验点接近，此外，还应力求准确、简单明了、系数少。通常是将经过整理的实验数据，在几种不同的坐标纸上做图（多用直角坐标纸），将形成的两变量变化关系的图形，称为散点图。然后根据散点图提供的变量间的有关信息来确定函数关系。其步骤如下：做散点图；根据专业知识、经验，并利用解析几何知识，判断图形的类型；确定函数形式。

② 确定函数 $f(x)$ 中的参数。当函数类型确定后，可由实验数据来确定公式中的系数，除作图法求系数外，还有许多方法，但最常见的是最小二乘法。

（4）几种主要回归分析类型

由于变量数目、变量间内在规律的不同，因而由实验数据进行的回归方法也不同，工程中常用的有以下几种：

1）一元线性回归。当两变量间的关系可用线性函数表达时，其回归即为一元线性回归。这是最简单的一类回归问题。

2）可化为一元线性回归的非线性回归。两变量间关系虽为非线性，但是经过变量替换，函数可化为一元线性关系的，则可用第一类线性回归加以解决，此为可化为一元线性回归的非线性回归。

3）多元线性回归。是研究变量大于 2 个，相互间呈线性关系的一类回归问题。

2. 一元线性回归

（1）求一元线性回归方程

一元线性回归就是工程中经常遇到的配直线的问题。也就是说如果变量 x 和 y 之间存在线性相关关系，就可以通过一组数据 (x_i, y_i) $(i=1, 2, \cdots, n)$ 用最小二乘法求出参数 a、b，并建立起回归直线方程 $y=a+bx$。

如式(2-29)所示，所谓最小二乘法，就是要求上述 n 个数据的绝对误差的平方和达到最小，即选择适当的 a 与 b 值，使：

$$Q=\sum_{i=1}^{n}(y_i-\hat{y}_i)^2=\sum_{i=1}^{n}[y_i-(a+bx_i)]^2=\text{最小值} \quad (2-29)$$

式中 y_i——实测值；

$\hat{y}_i$——计算值。

以此求出 a、b 值，并建立方程。其中，b 称为回归系数，a 称为截距。

一元线性回归的计算步骤如下：

1）将变量 x，y 的实验数据一一对应填入表 2-15 中，并按表中的要求进行计算。

一元线性回归计算表　　表 2-15

序　号	x_i	y_i	x_i^2	y_i^2	x_iy_i
Σ					
平均Σ/n	$\overline{x}$	$\overline{y}$	/	/	$\sum x_i y_i/n$

2）计算 L_{xy}、L_{xx}、L_{yy} 值，其公式见式(2-30)~式(2-32)

$$L_{xy} = \sum_{i=1}^{n} x_i y_i - \frac{1}{n}\left(\sum_{i=1}^{n} x_i\right)\left(\sum_{i=1}^{n} y_i\right) \tag{2-30}$$

$$L_{xx} = \sum_{i=1}^{n} x_i^2 - \frac{1}{n}\left(\sum_{i=1}^{n} x_i\right)^2 \tag{2-31}$$

$$L_{yy} = \sum_{i=1}^{n} y_i^2 - \frac{1}{n}\left(\sum_{i=1}^{n} y_i\right)^2 \tag{2-32}$$

3）计算 a、b 值并建立经验式，见式(2-33)~式(2-35)

$$b = L_{xy}/L_{xx} \tag{2-33}$$

$$a = \overline{y} - b\,\overline{x} \tag{2-34}$$

$$y = a + bx \tag{2-35}$$

（2）计算相关系数

用上述方法可以画出回归曲线，建立线性关系式，但它是否真正反映出 2 个变量间的客观规律呢？尤其是对变量间的变化关系根本不了解的情况下。相关分析就是用来解决这类问题的一种数学方法。引进相关系数 r，用该值判断建立的经验公式的正确性。其步骤如下：

1）计算相关系数 r，其公式如式(2-36)所示

$$r = \frac{L_{xy}}{\sqrt{L_{xx} \cdot L_{yy}}} \tag{2-36}$$

相关系数 r 的绝对值越接近于1，两变量 x，y 间的线性关系越好；若 r 接近于零，则认为 x 与 y 间没有线性关系或两者间具有非线性关系。

2）给定显著性水平 α，按 $n-2$ 的值，在相关系数检验表中查出相应的临界值 r_a 值。

3）判断：若 $|r| \geq r_a$，两变量间存在线性关系，方程式成立，并称 r 在水平 α 下显著；若 $|r| < r_a$，则两变量间不存在线性关系，并称 r 在水平 α 下不显著。

（3）回归线的精度

由于回归方程给出的是 x，y 两个变量间的相关关系，而不是确定性关系，因此对于

一个固定的 $x=x_0$ 值，并不能精确得到相应的 y_0 值，而是由方程得到的估计值 $y_0=a+bx_0$；或当 x 固定在 x_0 值时，y 所取的平均值 y_0，那么用 y_0 作为 Y_0 的估计值时，偏差有多大，也就是用回归算得的结果精度如何？这就是回归线的精度问题。

虽然对于一个固定的 x_0 值相应的 Y_0 值无法确切知道，但相应 x_0 值实测的 y_0 值是按一定的规律分布在 Y_0 上下，波动规律一般都认为是正态分布，也就是说 y_0 是具有某正态分布的随机变量。因此能算出波动的标准离差，也就可以估计回归线的精度了。

计算标准离差 σ（剩余标准离差或剩余偏差），其公式见式(2-37)

$$\sigma=\sqrt{\frac{Q}{n-2}}=\sqrt{\frac{(1-r^2)L_{xy}}{n-2}} \tag{2-37}$$

由正态分布的性质可知，y_0 落在 $Y_0\pm\sigma$ 范围内的概率约为68.3%；y_0 落在 $Y_0\pm2\sigma$ 范围内的概率约为95.4%；y_0 落在 $Y_0\pm3\sigma$ 范围内的概率约为99.7%。也就是说，对于任何一个固定的 $x=x_0$ 值，都有95.4%的把握断言其值落在$(Y_0-2\sigma,\ Y_0+2\sigma)$范围之中。

显然 σ 越小，则回归方程精度越高，故可用 σ 作为测量回归方程精度之值。

3. 可化为一元线性回归的非线性回归

实际问题中，有时两个变量 x 与 y 间的关系并不是线性关系，而是某种曲线关系，这就需要用曲线作为回归线。对曲线类型的选择，理论上并无依据，只能根据散点图提供的信息，并根据专业知识与经验和解析几何知识，选择既简单，计算结果与实测值又比较相近的曲线，用这些已知曲线的函数近似的作为变量间的回归方程式。而这些已知曲线的关系式，有些只要经过简单的变换，就可以变成线性形式。这些非线性问题就可以作线性回归问题处理。

例如，当随机变量 y 随着 x 渐增而愈来愈急剧地增大时，变量间的曲线关系就近似用指数函数 $y=ab^x$ 拟合，其回归过程是只要把函数两侧取对数，$y=ab^x$ 就变成了 $\lg y=\lg a+x\lg b$，从而化成了 $y'=A+Bx'$的线性关系，只要用线性回归方法，即可求得 A、B 值，进而可求出变量间的关系。

下面列举些常用的、通过坐标变换可化为直线的函数图形，供选择曲线时参考。

(1) 双曲线函数 $1/y=a+b/x$（图2-6）

令 $y'=1/y$，$x'=1/x$，则有 $y'=a+bx'$。曲线有两条渐进线 $x=-b/a$ 和 $y=1/a$。

(2) 幂函数 $y=dx^b$（图2-7）

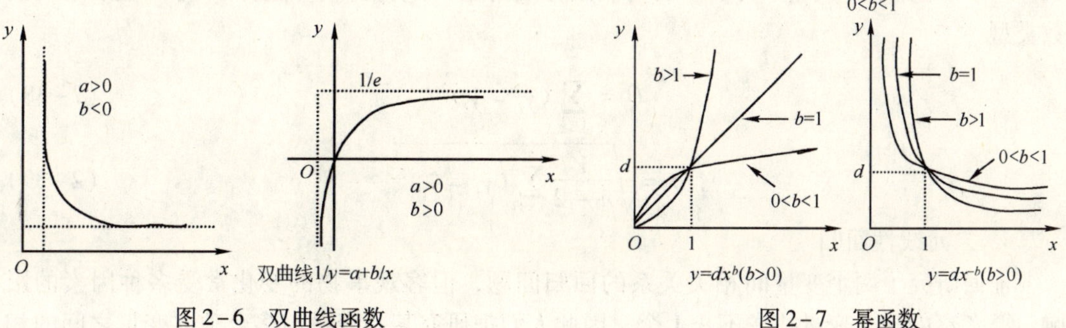

图2-6　双曲线函数　　　　图2-7　幂函数

令 $y'=\ln y$，$x'=\ln x$，$a=\ln d$，则有 $y'=a+bx'$。

(3) 指数函数 $y=de^{bx}$（图2-8）

令 $y' = \ln y$，$a = \ln d$，则有 $y' = a + bx$，曲线经过点$(0, d)$。

（4）指数函数 $y = de^{b/x}$（图 2-9）

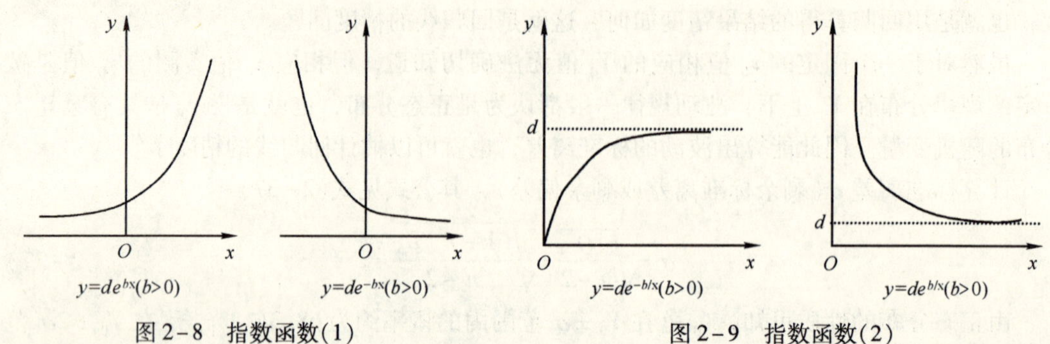

图 2-8　指数函数(1)　　图 2-9　指数函数(2)

令 $y' = \ln y$，$a = \ln d$，$x' = 1/x$，则有 $y' = a + bx'$。

（5）对数函数 $y = a + b\log x$（图 2-10）

令 $x' = \log x$，则有 $y = a + bx'$。

（6）S 型曲线函数 $y = 1/(a + be^{-x})$（图 2-11）

令 $y' = 1/y$，$x' = e^{-x}$，则有 $y' = a + bx'$。

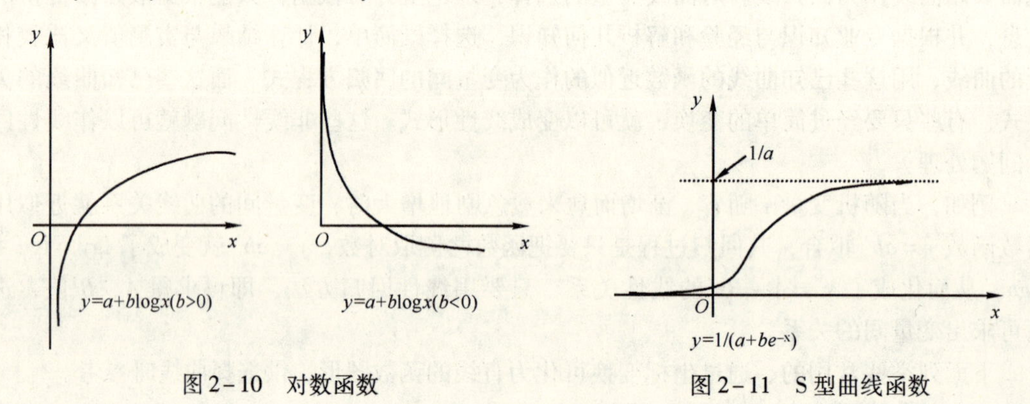

图 2-10　对数函数　　图 2-11　S 型曲线函数

如果散点图所反映出的变量 x 与 y 之间的关系和两个函数类型都有些相近，不能确定选择哪种曲线形式更好，更能客观的反映出其本质规律，则可以都做回归并按式(2-38)、式(2-39)计算绝对误差平方和，再与剩余标准离差 σ 进行比较，选择 Q 或 σ 值最小的函数类型。

$$Q = \sum_{i=1}^{n} (y_i - \hat{y}_i)^2 \tag{2-38}$$

$$\sigma = \sqrt{\frac{1}{n-2}\sum_{i=1}^{n} (y_i - \hat{y}_i)^2} \tag{2-39}$$

4. 二元线性回归

前面研究了两个变量间相关关系的回归问题，但客观事物的变化常受多种因素的影响，要考察的独立变量往往不止 1 个，因此人们把研究某一变量与多个独立变量之间的相关关系的统计方法称为多元回归。

在多元回归分析中，多元线性回归是比较简单也是应用较广泛的一种方法。但是工程实践中，为简便起见，往往是变化 2 个因素，让其他因素处于稳态，也就是只研究变化着的 2 个因素与指标之间的相关关系，即二元回归问题。

（1）求二元线性回归方程

二元线性回归的数学表达式为

$$y = a + b_1x_1 + b_2x_2 \tag{2-40}$$

式中　y——因变量；

x_1、x_2——独立的自变量；

b_1、b_2——回归系数；

a——常数项。

二元线性回归的计算步骤如下：

1）将变量 x_1、x_2 与 y 的实验数据一一对应列于表 2-16 中，并要求计算。

二元线性回归计算表　　表 2-16

序号	x_{1i}	x_{2i}	y_i	x_{1i}^2	x_{2i}^2	y_i^2	$x_{1i}x_{2i}$	$x_{1i}y_i$	$x_{2i}y_i$
1									
2									
……									
抽样									
抽样									
n									
$\sum$									
$\sum/n$									

2）利用上表的结果并根据公式（2-41）~公式（2-46）计算 L_{00}、L_{11}、L_{22}、L_{12}、L_{10}、L_{20}。

$$L_{00} = \sum_{i=1}^{n} y_i^2 - \frac{1}{n}\left(\sum_{i=1}^{n} y_i\right)^2 \tag{2-41}$$

$$L_{11} = \sum_{i=1}^{n} x_{1i}^2 - \frac{1}{n}\left(\sum_{i=1}^{n} x_{1i}\right)^2 \tag{2-42}$$

$$L_{22} = \sum_{i=1}^{n} x_{2i}^2 - \frac{1}{n}\left(\sum_{i=1}^{n} x_{2i}\right)^2 \tag{2-43}$$

$$L_{12} = \sum_{i-1}^{n} x_{1i}x_{2i} - \frac{1}{n}\left(\sum_{i=1}^{n} x_{1i}\right)\left(\sum_{i=1}^{n} x_{2i}\right) \tag{2-44}$$

$$L_{10} = \sum_{i=1}^{n} x_{1i}y_i - \frac{1}{n}\left(\sum_{i=1}^{n} x_{1i}\right)\left(\sum_{i=1}^{n} y_i\right) \tag{2-45}$$

$$L_{20} = \sum_{i=1}^{n} x_{2i}y_i - \frac{1}{n}\left(\sum_{i=1}^{n} x_{2i}\right)\left(\sum_{i=1}^{n} y_i\right) \tag{2-46}$$

3）建立方程组并求解回归常数 b_1、b_2，其计算公式见式（2-47）、式（2-48）。

$$L_{11}b_1 + L_{12}b_2 = L_{10} \tag{2-47}$$

$$L_{21}b_1 + L_{22}b_2 = L_{20} \tag{2-48}$$

4）求解常数项 a，其计算公式见式(2-49)。

$$a = \overline{y} - b_1\overline{x}_1 - b_2\overline{x}_2 \tag{2-49}$$

式中

$$\overline{y} = \frac{\sum_{i=1}^{n} y_i}{n} \quad \overline{x}_1 = \frac{\sum_{i=1}^{n} x_{1i}}{n} \quad \overline{x}_2 = \frac{\sum_{i=1}^{n} x_{2i}}{n}$$

由 a、b_1、b_2 建立的方程式为

$$y = a + b_1x_1 + b_2x_2$$

（2）计算二元线性回归的全相关系数 R

以上建立的二元线性回归方程，是否反映客观规律，除了靠实验检验外，与一元线性回归一样，也可从数学角度来衡量，即引入全相关系数 R，其计算式见式(2-50)。

$$R = \sqrt{\frac{S_0}{L_{00}}} \tag{2-50}$$

式中
$$S_0 = b_1L_{10} + b_2L_{20}$$

其中，$0 \leqslant R \leqslant 1$，$R$ 越接近于1，方程越理想。

S_0 为回归平方和，表示由于自变量 x_1 和 x_2 的变化而引起的因变量 y 的变化。

（3）二元线性回归方程的精度

与一元线性回归方程一样，精度也由剩余标准差 σ 来衡量。其计算式见式(2-51)

$$\sigma = \sqrt{\frac{L_{00} - S_0}{n - m - 1}} \tag{2-51}$$

式中　n——实验次数；

m——自变量的个数；

L_{00}、S_0——同前。

（4）试验因素对实验结果影响的判断

二元线性回归是研究两个因素的变化对实验结果的影响，但在两个影响因素（变量）间，总有主次之分，如何判断谁是主要因素，谁是次要因素，哪个因素对实验结果的影响可以忽略不计呢？除了利用双因素方差分析方法外，还可以用以下方法进行分析比较：

1）标准回归系数绝对值比较法

标准回归系数的计算公式见式(2-52)、式(2-53)

$$b_1' = b_1\sqrt{\frac{L_{11}}{L_{00}}} \tag{2-52}$$

$$b_2' = b_2\sqrt{\frac{L_{22}}{L_{00}}} \tag{2-53}$$

比较 $|b_1'|$ 和 $|b_2'|$，哪个值大，哪个即为主要影响因素。

2）偏回归平方和比较

变量 y 对于某个特定的自变量 x_1 的偏回归平方和 P_1，是指在回归方程中除去这个自变量而使回归平方和减小的数值，其计算式为

$$P_1 = b_1^2\left(L_{11} - \frac{L_{12}^2}{L_{22}}\right) \tag{2-54}$$

$$P_2 = b_2^2\left(L_{22} - \frac{L_{12}^2}{L_{11}}\right) \tag{2-55}$$

比较 P_1、P_2 值的大小，大者为主要因素，小者为次要因素。次要因素对 y 值的影响有时可以忽略，如果可以忽略，则在回归计算中可以不再计入此变量，而使问题变得更加简单，便于进行回归。

3）T 值判断法

下式中的 T_i 称为自变量 x_i 的 T 值，$i=1$，2。

$$T_i = \frac{\sqrt{P_i}}{\sigma} \tag{2-56}$$

式中　P_i——$i=1$，2，由式(2-54)、式(2-55)求得；

　　σ——二元回归剩余偏差，由式(2-51)求得。

T 值越大，该因素越重要，一般由经验公式得：当 $T<1$ 时，该因素对结果影响不大，可以忽略；当 $T>1$ 时，该因素对结果有一定的影响；当 $T>2$ 时，该因素为重要因素。

5. 线性回归计算举例

（1）一元线性回归计算举例

【例 2-9】　在完全混合式活性污泥法曝气池中，每天产生的剩余污泥量 ΔX 与污泥负荷 N_s 间存在的关系为

$$\frac{\Delta X}{V \cdot X} = a \cdot N_s - b \tag{2-57}$$

式中　ΔX——每天产生的剩余污泥量，kg/d；

　　V——曝气池的容积，m^3；

　　X——曝气池内混合液污泥的浓度，kg/m^3；

　　N_s——污泥的有机负荷，kg/(kg·d)；

　　a——产率系数，即降解每 1kg BOD_5 转换成污泥的千克数，kg/kg；

　　b——污泥自身的氧化率，kg/(kg·d)。

a、b 均为待定数值。

通过试验，曝气池容积 $V=10m^3$，池内污泥浓度 $X=3g/L$，试验数据如表 2-17 所示，试进行回归分析。

试验数据　　　　**表 2-17**

N_s[kg/(kg·d)]	0.20	0.21	0.25	0.30	0.35	0.40	0.50
ΔX (kg/d)	0.45	0.61	1.50	2.40	3.15	3.90	6.00

解

1）根据给出的试验数据，求出 $\Delta X/(V\cdot X)$，并以此为纵坐标，以 N_s 为横坐标作散点图（图 2-12）。由图可见，$\Delta X/(V\cdot X)\sim N_s$ 基本上呈线性关系。

2）列表计算各值（表 2-18）。

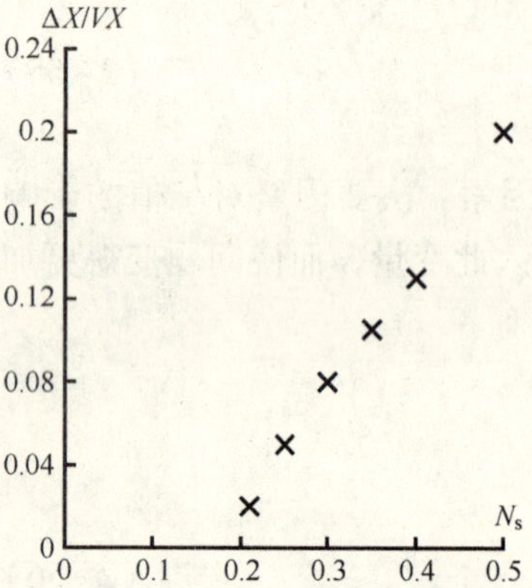

图 2-12　$\dfrac{\Delta X}{V\cdot X}\sim N_s$ 的散点图

一元线性回归计算　　表 2-18

序号	N_s	$\Delta X/(V\cdot X)$	N_s^2	$[\Delta X/(V\cdot X)]^2$	$N_s\cdot[\Delta X/(V\cdot X)]$
1	0.20	0.015	0.040	0.0002	0.0030
2	0.21	0.020	0.044	0.0004	0.0042
3	0.25	0.050	0.063	0.0025	0.0125
4	0.30	0.080	0.090	0.0064	0.0240
5	0.35	0.105	0.123	0.0110	0.0368
6	0.40	0.130	0.160	0.0169	0.0520
7	0.50	0.200	0.250	0.0400	0.1000
Σ	2.21	0.600	0.770	0.0774	0.2325
Σ/n	0.316	0.086	0.110	0.0111	0.0332

3）计算统计量 L_{xy}、L_{xx}、L_{yy}。

$$L_{xy}=\sum_{i=1}^{n}x_iy_i-\frac{1}{n}\left(\sum_{i=1}^{n}x_i\right)\left(\sum_{i=1}^{n}y_i\right)=0.2325-\frac{1}{7}\times 2.21\times 0.600=0.0431$$

$$L_{xx}=\sum_{i=1}^{n}x_i^2-\frac{1}{n}\left(\sum_{i=1}^{n}x_i\right)^2=0.77-\frac{1}{7}\times 2.21^2=0.072$$

$$L_{yy}=\sum_{i=1}^{n}y_i^2-\frac{1}{n}\left(\sum_{i=1}^{n}y_i\right)^2=0.0774-\frac{1}{7}\times 0.600^2=0.026$$

4）求系数 a、b 值，其公式为：

$$b=\frac{L_{xy}}{L_{xx}}=\frac{0.0431}{0.072}=0.6$$

$$a=\overline{y}-b\,\overline{x}=0.086-0.6\times 0.316=-0.104$$

则回归方程为

$$\frac{\Delta X}{VX}=0.6N_s-0.104$$

5）相关系数及检验

$$r=\frac{L_{xy}}{\sqrt{L_{xx}\cdot L_{yy}}}=\frac{0.0431}{\sqrt{0.072\times 0.026}}=0.996$$

根据 $n-2=7-2=5$ 和 $a=0.01$，查附表相关系数检验表得 $r_{0.01}=0.874$。因为 $0.996>0.874$，故上述线性关系成立。

6）公式精度

$$\sigma=\sqrt{\frac{(1-r^2)\cdot L_{xy}}{n-2}}=\sqrt{\frac{(1-0.996^2)\times 0.0431}{5}}=0.0083$$

（2）化为一元线性回归的非线性回归计算举例

【例 2-10】 经试验研究，影响曝气设备污水中充氧系数 a 值的主要因素为污水中有机物含量及曝气设备的类型。今用穿孔管曝气设备，测得城市污水中不同的有机物 COD（x）浓度与 a 值（y）的一组相应数值如表 2-19 所示，试求出 a - COD 回归方程式。

穿孔管曝气设备、城市污水 a - COD 试验数据　　表 2-19

COD(mg/L)	a	COD(mg/L)	a	COD(mg/L)	a
208.0	0.698	90.4	1.003	293.5	0.593
58.4	1.178	288.0	0.565	66.0	0.791
288.3	0.667	68.0	0.752	136.5	0.865
249.5	0.593	136.0	0.847		

解

1）作散点图　在直角坐标纸上，以有机物浓度（COD）为横坐标，a 值为纵坐标，将相应的（COD，a）值点绘于坐标纸中，得出 a - COD 分布的散点图（图 2-13）。

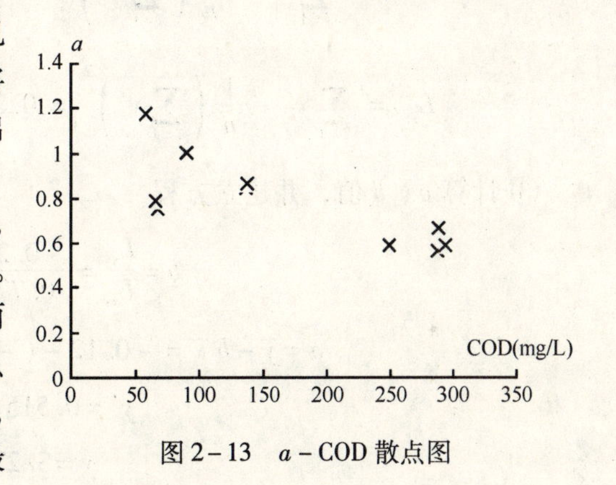

图 2-13　a - COD 散点图

2）选择函数类型　根据得到的散点图，首先可以肯定 a - COD 间是一种非线性关系。由图可见，a 值随 COD 的增加急剧减少，而后逐渐减少，曲线类型与双曲线、幂函数、指数函数类似。为了能得到较好的关系式，可用这三种函数回归，比较它们的精度，最后确定回归方程。

方法一：假定 a - COD 的关系符合幂函数 $y=dx^b$，x 表示 COD，y 表示 α 值。

令 $y'=\lg y$，$x'=\lg x$，$a=\lg d$，则有 $y'=a+bx'$。

方法一步骤如下：

① 列表计算（表 2-20）。

幂函数计算表　　表 2-20

序　号	$x'=\lg x$	$y'=\lg y$	x'^2	y'^2	$x'\cdot y'$
1	2.318	-0.156	5.373	0.024	-0.362
2	1.766	0.071	3.119	0.005	0.125
3	2.460	-0.176	6.052	0.031	-0.433
4	2.397	-0.227	5.746	0.052	-0.544
5	1.956	0.001	3.286	0.000	0.002
6	2.459	-0.248	6.047	0.062	-0.610
7	1.833	-0.124	3.360	0.015	-0.227

续表

序号	$x'=\lg x$	$y'=\lg y$	x'^2	y'^2	$x'\cdot y'$
8	2.134	−0.072	4.554	0.005	−0.154
9	2.468	−0.227	6.091	0.052	−0.560
10	1.820	−0.102	3.312	0.010	−0.186
11	2.135	−0.063	4.558	0.004	−0.135
Σ	23.746	−1.323	52.037	0.260	−3.084
Σ/n	2.159	−0.120	4.731	0.024	−0.280

② 计算 L_{xy}、L_{xx}、L_{yy} 值。

$$L_{xy}=\sum_{i=1}^{n}x'_i y'_i-\frac{1}{n}\left(\sum_{i=1}^{n}x'_i\right)\left(\sum_{i=1}^{n}y'_i\right)=-3.084-\frac{1}{11}\times 23.746\times(-1.323)=-0.228$$

$$L_{xx}=\sum_{i=1}^{n}x_i'^2-\frac{1}{n}\left(\sum_{i=1}^{n}x'_i\right)^2=52.037-\frac{1}{11}\times 23.746^2=0.776$$

$$L_{yy}=\sum_{i=1}^{n}y_i'^2-\frac{1}{n}\left(\sum_{i=1}^{n}y'_i\right)^2=0.260-\frac{1}{11}\times(-1.323)^2=0.101$$

③ 计算 a、b 值，并建立方程

$$b=\frac{L_{xy}}{L_{xx}}=\frac{-0.228}{0.776}=-0.294$$

$$a=\overline{y}-b\,\overline{x}=-0.12-(-0.294\times 2.159)=0.515$$

$$y'=0.515-0.294x'$$

$$y=3.27x^{-0.294}$$

④ 计算剩余偏差 σ（表 2-21）。

剩余偏差计算表　　表 2-21

x	y	$\hat{y}$	$\hat{y}-y$	x	y	$\hat{y}$	$\hat{y}-y$
208.0	0.698	0.681	−0.017	68.0	0.752	0.946	0.194
58.4	1.178	0.989	−0.189	136.0	0.847	0.771	−0.076
288.3	0.667	0.619	−0.048	293.5	0.593	0.615	0.022
249.5	0.593	0.645	0.052	66.0	0.791	0.954	0.163
90.4	1.003	0.870	−0.133	136.5	0.865	0.771	−0.094
288.0	0.565	0.619	0.054				

$$\sum(\hat{y}-y)^2=0.141$$

则
$$\sigma=\sqrt{\frac{\sum(y-\hat{y})^2}{n-2}}=\sqrt{\frac{0.141}{9}}=0.125$$

方法二：假定 a − COD 的关系符合指数函数 $y=de^{\frac{b}{x}}$，x 表示 COD，y 表示 a 值。

令 $y' = \ln y$，$a = \ln d$，$x' = \frac{1}{x}$，对函数 $y = de^{\frac{b}{x}}$ 取对数，有

$$\ln y = \ln d + b \cdot \frac{1}{x}$$

则有

$$y' = a + bx'$$

方法二步骤如下：

① 列表计算（表 2-22）。

指数函数计算表 **表 2-22**

序号	$x' = \frac{1}{x}$	$y' = \ln y$	x'^2	y'^2	$x' \cdot y'$
1	0.0048	-0.360	0.000023	0.1296	-0.00173
2	0.0171	0.164	0.000292	0.0269	0.00280
3	0.0035	-0.405	0.000012	0.1640	-0.00142
4	0.0040	-0.523	0.000016	0.2735	-0.00209
5	0.0111	0.003	0.000123	0.0000	0.00003
6	0.0035	-0.571	0.000012	0.3260	-0.00199
7	0.0147	-0.285	0.000216	0.0812	-0.00419
8	0.0074	-0.166	0.000055	0.0276	-0.00123
9	0.0034	-0.523	0.000012	0.2735	-0.00178
10	0.0152	-0.234	0.000231	0.0548	-0.00356
11	0.0073	-0.145	0.000053	0.0210	-0.00106
Σ	0.0920	-3.045	0.001045	1.3781	-0.01623
Σ/n	0.0084	-0.277	0.000095	0.1253	-0.00148

② 计算 L_{xy}、L_{xx}、L_{yy} 值。

$$L_{xy} = \sum x_i' y_i' - \frac{1}{n}(\sum x_i')(\sum y_i') = -0.01623 - \frac{1}{11} \times 0.092 \times (-3.045) = 0.0092$$

$$L_{xx} = \sum x_i'^2 - \frac{1}{n}(\sum x_i')^2 = 0.001045 - \frac{1}{11} 0.092^2 = 0.000276$$

$$L_{yy} = \sum y_i'^2 - \frac{1}{n}(\sum y_i')^2 = 1.3781 - \frac{1}{11}(-3.045)^2 = 0.535$$

③ 计算 a、b 值，并建立方程

$$b = L_{xy}/L_{xx} = 0.0092/0.000276 = 33.3$$

$$a = \overline{y}' - b\overline{x}' = -0.277 - 33.3 \times 0.0084 = -0.557$$

$$y' = -0.557 + 33.3x'$$

则

$$y = 0.557e^{\frac{33.3}{x}}$$

④ 计算剩余偏差 σ（表 2-23）。

剩余偏差计算表　　表 2-23

x	y	$\hat{y}$	$\hat{y}-y$	x	y	$\hat{y}$	$\hat{y}-y$
208.0	0.698	0.654	-0.044	68.0	0.752	0.909	0.157
58.4	1.178	0.985	-0.193	136.0	0.847	0.712	-0.135
288.3	0.667	0.625	-0.042	293.5	0.593	0.624	0.031
249.5	0.593	0.637	0.044	66.0	0.791	0.923	0.132
90.4	1.003	0.805	-0.198	136.5	0.865	0.711	-0.154
288.0	0.565	0.625	0.060				

$$\sum(\hat{y}-y)^2=0.171$$

则
$$\sigma=\sqrt{\frac{0.171}{11-2}}=0.138$$

方法三：假定 a-COD 的关系符合双曲线函数$\frac{1}{y}=a+\frac{b}{x}$，$x$ 表示 COD，y 表示 a 值。

令 $y'=\frac{1}{y}$，$x'=\frac{1}{x}$，则有 $y'=a+bx'$

方法三步骤如下：

① 列表计算（表 2-24）

双曲线函数计算表　　表 2-24

序号	$x'=\frac{1}{x}$	$y'=\frac{1}{y}$	x'^2	y'^2	$x'\cdot y'$
1	0.0048	1.433	0.000023	2.053	0.0069
2	0.0171	0.849	0.000292	0.721	0.0145
3	0.0035	1.499	0.000012	2.248	0.0052
4	0.0040	1.686	0.000016	2.844	0.0067
5	0.0111	0.997	0.000123	0.994	0.0111
6	0.0035	1.770	0.000012	3.133	0.0062
7	0.0147	1.330	0.000216	1.768	0.0196
8	0.0074	1.181	0.000055	1.394	0.0087
9	0.0034	1.686	0.000012	2.844	0.0057
10	0.0152	1.264	0.000231	1.598	0.0192
11	0.0073	1.156	0.000053	1.336	0.0084
Σ	0.0920	14.851	0.001045	20.93	0.1122
Σ/n	0.0084	1.350	0.000095	1.903	0.0102

② 计算 L_{xy}、L_{xx}、L_{yy} 值

$$L_{xy}=\sum_{i=1}^{n}x'_iy'_i-\frac{1}{n}\left(\sum_{i=1}^{n}x'_i\right)\left(\sum_{i=1}^{n}y'_i\right)=0.1122-\frac{1}{11}\times0.092\times14.85=-0.012$$

$$L_{xx}=\sum_{i=1}^{n}x_i'^2-\frac{1}{n}\left(\sum_{i=1}^{n}x'_i\right)^2=0.001045-\frac{1}{11}(0.092)^2=0.00028$$

$$L_{yy}=\sum_{i=1}^{n}y_i'^2-\frac{1}{n}\left(\sum_{i=1}^{n}y'_i\right)^2=20.93-\frac{1}{11}(14.851)^2=0.8798$$

③ 计算 a、b 值，并建立方程

$$b = L_{xy}/L_{xx} = -0.012/0.00028 = -42.86$$

$$a = \overline{y}' - b\overline{x}' = 1.35 - (-42.86 \times 0.0084) = 1.71$$

$$y' = 1.71 - 42.9x'$$

则
$$y = \frac{1}{1.71 - 42.9\dfrac{1}{x}}$$

④计算剩余偏差 σ(表2-25)。

剩余偏差计算表 **表2-25**

x	y	$\hat{y}$	$\hat{y}-y$	x	y	$\hat{y}$	$\hat{y}-y$
208.0	0.698	0.665	-0.033	68.0	0.752	0.927	0.175
58.4	1.178	1.025	-0.153	136.0	0.847	0.717	-0.130
288.3	0.667	0.641	-0.026	293.5	0.593	0.639	0.046
249.5	0.593	0.650	0.057	66.0	0.791	0.943	0.152
90.4	1.003	0.809	-0.194	136.5	0.865	0.716	-0.149
288.0	0.565	0.641	0.076				

$$\sum(\hat{y} - y)^2 = 0.167$$

则
$$\sigma = \sqrt{\frac{0.167}{11-2}} = 0.136$$

剩余偏差结果的比较(表2-26)。

剩余偏差比较 **表2-26**

函数	幂函数	指数函数	双曲线函数
σ	0.125	0.138	0.136
2σ	0.250	0.276	0.272

由表中可见，幂函数的 $\sigma = 0.125$ 最小，故选用中气泡曝气设备。城市污水 a - COD 的关系式为 $y = 3.27x^{0.294}$，此式95%以上的误差落在 $2\sigma = 0.25$ 范围内。

第3章　样品测定及仪器使用方法

3.1　五日生化需氧量(BOD_5)

人们常常利用水中有机物在一定条件下分解所消耗的氧量间接表示水体中有机物的含量。生化需氧量是指在规定条件下，微生物分解存在于水中的某些可氧化物质、特别是有机物所进行的生物化学过程中消耗溶解氧的量。目前国内外普遍规定于(20±1)℃培养5d，分别测定样品培养前后的溶解氧，二者之差即为 BOD_5 值，以氧的毫克/升(mg/L)表示。

测定 BOD_5 的水样在采集时应充满并密封于瓶中，并在0~4℃下进行保存。一般应在6h内进行分析。在任何情况下，贮存时间不应超过24h。

3.1.1　稀释接种法

1. 方法原理

生化需氧量的经典测定方法是稀释接种法。某些地面水及大多数工业废水，需要稀释后再培养测定，以降低其浓度和保证有充足的溶解氧。稀释的程度应使培养过程中所消耗的溶解氧大于2mg/L，而剩余溶解氧在1mg/L以上。

2. 仪器

(1) 恒温培养箱(20±1℃)。

(2) 5~20L细口玻璃瓶。

(3) 1000mL量筒。

(4) 玻璃搅棒：棒的长度应比所用量筒高度长200mm。在棒的底端固定一个直径比量筒底小、并带有几个小孔的硬橡胶板。

(5) 溶解氧瓶：200~300mL带有磨口玻璃塞，且有供水封用的钟形口。

(6) 虹吸管。

(7) YSI溶解氧测定仪。

3. 试剂

(1) 磷酸盐缓冲溶液

将8.5g KH_2PO_4，21.75g K_2HPO_4，33.4g $Na_2HPO_4 \cdot 7H_2O$ 和1.7g NH_4Cl 溶于水中，稀释至1000mL。此溶液的pH值应为7.2。

(2) 硫酸镁溶液

将22.5g $MgSO_4 \cdot 7H_2O$ 溶于水中，稀释至1000mL。

(3) 氯化钙溶液

将27.5g无水 $CaCl_2$ 溶于水，稀释至1000mL。

(4) 氯化铁溶液

将0.25g $FeCl_3 \cdot 6H_2O$ 溶于水，稀释至1000mL。

(5) 盐酸溶液(0.5mol/L)

将40mL(密度为1.18g/mL)盐酸溶于水，稀释至1000mL。

(6) 氢氧化钠溶液

将20g氢氧化钠溶于水，稀释至1000mL，配成氢氧化钠浓度为0.5mol/L溶液。

(7) 亚硫酸钠溶液

将1.575g亚硫酸钠溶于水，稀释至1000mL，配成亚硫酸钠浓度为0.025mol/L的溶液。此溶液不稳定，需每天配制。

(8) 葡萄糖—谷氨酸标准溶液

将葡萄糖($C_6H_{12}O_6$)和谷氨酸($HOOC-CH_2-CH_2-CHNH_2-COOH$)在103℃干燥1h后，各称取150mg溶于水中，移入1000mL容量瓶内并稀释至标线，混合均匀。此标准溶液临用前配制。

4. 步骤

(1) 测定前准备工作

1) 准备所需配制的上述试剂，配制稀释水。

2) 将各种玻璃器皿洗净、烘干，检查、校准溶解氧测定仪及培养箱。

(2) 水样的预处理

水样的pH值若超出6.5~7.5范围时，可用盐酸或氢氧化钠稀溶液调节pH近于7，但用量不要超过水样体积的0.5%。若水样的酸度或碱度很高，可改用高浓度的碱或酸进行中和。

(3) 需经稀释水样的测定

1) 稀释倍数的确定

地面水，由测得的高锰酸盐指数与一定的系数的乘积(表3-1)，即求得稀释倍数。

工业废水，由COD值来确定，通常需作3个稀释比。由COD值分别乘以系数0.075，0.15，0.225，即获得3个稀释倍数。

由高锰酸盐指数与一系数的乘积求得的稀释倍数 **表3-1**

高锰酸盐指数(mg/L)	系数	高锰酸盐指数(mg/L)	系数
<5	—	10~20	0.4、0.6
5~10	0.2、0.3	>20	0.5、0.7、1.0

2) 稀释操作

稀释操作采用一般稀释法，即按照选定的稀释比例，用虹吸法沿筒壁先引入部分稀释水于1000mL量筒中，加入需要量的均匀水样，再引入稀释水至800mL，用带胶板的玻璃棒小心上下搅匀。搅拌时勿使搅棒的胶板露出水面，防止产生气泡。按不经稀释水样的测定相同操作步骤，进行装瓶、使用溶解氧测定仪测定当天溶解氧和培养5d后的溶解氧。另取2个溶解氧瓶，用虹吸法装满稀释水作为空白试验。测定5d前后的溶解氧。

(4) 计算

经稀释后培养的水样

$$BOD_5 = \frac{(C_1 - C_2) - (B_1 - B_2)f_1}{f_2} \tag{3-1}$$

式中 C_1——水样在培养前的溶解氧浓度，mg/L；

C_2——水样经5d培养后剩余溶解氧浓度，mg/L；

B_1——稀释水（或接种稀释水）在培养前的溶解氧，mg/L；

B_2——稀释水（或接种稀释水）在培养后的溶解氧，mg/L；

f_1——稀释水（或接种稀释水）在培养液中所占比例；

f_2——水样在培养液中所占比例。

f_1，f_2 的计算：例如培养液的稀释比为3%，即3份水样，97份稀释水，则 $f_1 = 0.97$，$f_2 = 0.030$。

（5）注意事项

1）玻璃器皿应彻底洗净。先用洗涤剂浸泡清洗，然后用稀盐酸浸泡，最后依次用自来水、蒸馏水洗净。

2）在2个或3个稀释比的样品中，凡消耗溶解氧大于2mg/L和剩余溶解氧大于1mg/L时，计算结果时，应取其平均值。若剩余的溶解氧小于1mg/L，甚至为0时，应加大稀释比。溶解氧消耗量小于2mg/L，有两种可能，一是稀释倍数过大，另一种可能是微生物菌种不适应，活性差，或含毒物质浓度过大。这时可能出现在几个稀释比中，稀释倍数大的消耗溶解氧反而较多的现象。

3）水样稀释倍数超过100倍时，应预先在容量瓶中用水初步稀释后，再取适量进行，最后稀释培养。

3.1.2 红外遥控测定仪

1. 方法原理

样品瓶中加入一定体积的样品后（取样体积与测试量程有关），微生物分解有机物要消耗封闭的瓶子上方的氧气，呼吸产生的 CO_2 被NaOH吸收，因此，瓶子上方气压的减少与消耗的氧气量有关，由感测头感测出压力变化，并存贮下来，然后传送到控制器中，控制器把它转换成 BOD_5 值。

2. 仪器及其基本组成

（1）恒温培养箱（20℃ ±1℃）；

（2）OC100 OxiTop® 控制器（遥控器）；

（3）OxiTop®-C 感测头，电磁搅拌底座及其他附件。

3. 使用步骤

（1）按ON/OFF键开机；

（2）按 [○□] 键；

（3）选择start sample，按Enter键；

（4）出现量程列表（BOD RANGE）和污水样加入量（TILLING），见表3-2；

（5）用上下键选择量程；

（6）按污水样加入量向样品瓶中加入污水样，搅拌磁子，NTH（表3-2），NaOH颗粒，将橡胶套头放在瓶口，将测量传感器拧在样品瓶上；

BOD量程、污水样和NTH加入量　表3-2

测定BOD(mg/L)	样品体积	加入NTH(滴)	测定BOD(mg/L)	样品体积	加入NTH(滴)
0~40	432	9	0~800	97	2
0~80	365	7	0~2000	43.5	1
0~200	250	5	0~4000	22.7	1
0~400	164	3			

(7) 按Enter键;
(8) 用上下键输入样品编号;
(9) 将光标移至Start处，按Enter键;
(10) 将样品瓶和磁力搅拌器放入培养箱中，开始测量。

4. 采集数据步骤
(1) 按ON/OFF键开机;
(2) 按[○□]键;
(3) 将控制器对准传感器;
(4) 选择Call up all data，按Enter键。

3.2　化学需氧量(COD)：COD快速测定仪

3.2.1　基本原理

向水样中添加特制试剂(试剂Q和试剂F)，其中含有的汞与氯离子形成络合物从而掩蔽氯离子。硫酸银做催化剂，加速反应。在高温、酸性条件下，用重铬酸钾氧化水中有机物。反应后产生的三价铬离子，通过分光光度法测定其浓度，从而得出相应的COD值。

3.2.2　试剂配制①

1. Q试剂

可供500个样品测量：将Q1(用于地表水试验)或Q(用于污水试验)试剂放于500mL烧杯中，加入348mL蒸馏水不断搅拌，加入22mL硫酸直至溶解，如难溶，可微热，备用。

2. F试剂

F试剂既用于污水又用于地表水，AR为分析纯。必须待硫酸中的白色絮状体(F)全部溶解方可使用。

可供500个样品测量：将F试剂放于盛有2500mL硫酸(AR，密度1.84g/mL)的小口瓶中，过夜或微热即可溶解，摇匀后备用。

3.2.3　测定步骤

1. 测定准备

(1) 消解器预热

打开消解器的开关，自动升温到165℃(大约需要20~25min)，消解器自动恒温。

---

① F试剂和Q试剂，如需配置小瓶的，可参考《5B-3型COD快速测定仪使用说明书》。

（2）比色主机预热

启动速测仪电源开关，显示器显示5-.3，按CE(启动)键，显示器显示YEA，按0%t键，显示“00-00”(一般预热15min左右)。

（3）器具准备

清洗COD管和比色皿，并编号。

2. 水样测定

（1）测定污水(所测范围：50~1000mg/L；所用波长：610nm)

1）用5mL移液管依次准确量取2.5mL水样，分别放于各号COD管中，同时用蒸馏水按相同方法作一空白样。

2）分别向各COD管加入Q试剂0.7mL(加Q试剂过程中尽量不要贴壁，以保证试剂与水样完全融合)。

3）分别向各COD管中依次加入4.8mL的F试剂(此过程不要贴壁，应先慢后快，一般在10秒内完成。加入过快或过慢都会使溶液不匀，形成上下颜色不匀，若出现此现象应重做)。然后依次插入消解器加热炉，按下“10分钟”键。

4）当音乐响起时，依次取出COD管，放置在空气中冷却至不烫手即可(也可以放在冷却槽反应管孔中，按下“2分钟”键，待音乐再次响起时可认为冷却完成)。

5）小心向各COD管加入2.5mL蒸馏水，摇匀，放置冷却至室温。

6）将空白样和水样分别倒入比色皿中(注：空白样放最外，水样顺次放置)，推入拉杆，使空白样比色皿对准光路。

7）打开比色池盖，按MODE键，显示TXX，按0%t，直到显示T0.0。

8）盖上比色池盖，显示TX.X，再按100%t，直到显示T100.0为止。

9）盖上比色池盖，按MODE键，再按100%t键直到显示C0.000为止。

10）拉出拉杆，使盛第一个水样的比色皿对准光路，显示结果即为所测水样COD值，再向外拉出拉杆，依次测定，记录显示结果。

按上述操作步骤测定其他水样。

（2）测定地表水(所测范围：5~140mg/L；所用波长：440nm)

步骤1)~6)中除步骤2)外，其他同测定污水时相同。步骤2)改变如下：

分别向各COD管加入Q1试剂0.7mL。(注意事项同)

7)~10)步与测定污水时不同，改变如下：

7）将空白样和水样分别倒入比色皿中(空白样放最内，水样顺次放置)，盖上比色池盖，推入拉杆，使盛第一个水样的比色皿对准光路，按MODE键，再按100%t键，直到显示C0.000。

8）此时，先按0键，再按MODE键，再按100%t直到显示C0.000(此步是调入地表水曲线)。

9）拉动拉杆，再使空白样比色皿对准光路，显示稳定后，显示数即为第一个水样结果。

10）按上述步骤测定其他水样COD值。

如测完地表水后还需要测污水，只需将波长调到610nm后按1和MODE键或关机重新启动，即可转换为污水测定。

3.3　氨氮测定：纳氏试剂光度法

3.3.1　原理

水中的氨氮主要以游离氨(NH_3)或铵盐(NH_4^+)的形态存在。用纳氏试剂比色法测定氨氮的原理是水中的氨(NH_4^+)与纳氏试剂(主要成分 K_2HgI_4)在碱性条件下生成淡红棕色的碘化汞铵络合物(NH_2HgOI)，其色度与氨氮含量成正比，反应过程可以表示为：

$$NH_4^+ + OH^- \longrightarrow NH_3 + H_2O$$

$$NH_3 + OH^- \longrightarrow NH_2^- + H_2O$$

$$2K_2HgI_4 + NH_2^- \longrightarrow NH_2HgOI + 4K^+$$

其中，$[HgI_4]^{2-}$ 络离子是氨氮的显色基团，因此，要保证纳氏试剂具有较好的性能，必须使 $[HgI_4]^{2-}$ 达到很好的浓度。

3.3.2　试剂配制

1. 酒石酸钾钠

称取50g酒石酸钾钠溶于100mL水中，加热煮沸以去除氮、放冷，定容至100mL。

2. 纳氏试剂

(1) 称取50g KI，加到50mL无氨水中；

(2) 称取25g$HgCl_2$，加到100mL无氨水中，微热(可用热水溶，但不能太热)；

(3) 称取140gKOH，加到400mL无氨水中；

(4) 将KI溶液倒入$HgCl_2$溶液中，不停的搅拌(可微热)，但可能有微量的$HgCl_2$不溶，此时$HgCl_2$与KI反应生成朱红色沉淀(HgI_2)，使溶液变浑；由于KI是过量的，接下来生成 $[HgI_4]^{2-}$ 络合物；在配制时，朱红色沉淀不再溶解时，表示 I^- 不再过量，此时反应停止；

(5) 将KOH倒入上述混合液中，并稀释到1000mL；

(6) 静置过夜，使用时取上清液。

3. 铵标准贮备溶液

称取3.819g经100℃干燥过的氯化铵溶于水中，移入1000mL容量瓶中，稀释至标线。

4. 铵标准使用溶液

移取5.00mL铵标准贮备液于500mL容量瓶中，用水稀释至标线。

3.3.3　绘制氨氮校准曲线

绘制氨氮校准曲线的步骤如下：

(1) 吸取0、0.5、1.00、3.00、5.00、7.00和10.0mL铵标准使用液于50mL比色管中，加水至标线；

(2) 加1.0mL酒石酸钾钠溶液，混匀。加1.0mL纳氏试剂，混匀，放置10min；

(3) 在波长420nm处，用光程10mm比色皿(G)，以无氨水为参比，测量吸光度；

(4) 由测得的吸光度，减去参比水样的吸光度后，得到校正吸光度，绘制以氨氮含量(mg)对校正吸光度的校准曲线。

3.3.4　实验方法

测量步骤如下：

（1）分取适量经过絮凝沉淀预处理后的水样（通常原水取1mL，出水取5mL）；

（2）加入50mL比色管中，稀释至标线；

（3）加1.0mL酒石酸钾钠溶液，混匀。加1.0mL纳氏试剂，混匀；

（4）放置10min后，于波长420nm处，用光程10mm比色皿（G）；

（5）以无氨水为参比，测量吸光度；

（6）根据校准曲线，计算氨氮含量。

注意事项：

（1）氨氮取样后应尽快检测，否则应酸化到pH<2，并在2~5℃下进行保存，保存期不超过24h为宜；

（2）测定中必须加酒石酸钾钠对水中的钙、镁离子进行掩蔽；

（3）NH_3－N加纳氏试剂反应10min后应尽快测定，60min以上数值有较大波动，120min后一般会有一定量Hg析出。

3.4 亚硝酸盐氮测定：N－（1－萘基）－乙二胺光度法

3.4.1 基本原理

在磷酸介质中，pH值为1.8±0.3时，亚硝酸盐与对氨基苯磺酸胺反应生成重氮盐，再与N(1－奈基)－乙二胺偶联生成红色染料，在540nm处有最大吸收度。

3.4.2 试剂配制

（1）配制试剂用水为无亚硝酸盐的水（用高纯水即可，以下提到的"水"均为高纯水）。

（2）磷酸（密度为1.70g/mL）。

（3）显色剂（本试剂有毒性，避免与皮肤接触或吸入体内）。

于500mL烧杯中，放入250mL水和50mL磷酸，加入20g对氨基苯磺酸胺，不停搅拌，直到全部溶解，再加入1g N－（1－萘基）－乙二胺二盐酸盐于上述溶液中，再搅拌至全部溶解，最后转移至500mL容量瓶中，用水稀释至标线，混匀，将溶液贮存于棕色瓶中。

（4）亚硝酸盐氮标准贮备液

称取1.232g亚硝酸钠溶于150mL水中，转移至1000mL容量瓶中，用水稀释至标线。将溶液贮于棕色瓶中，加入1mL三氯甲烷，保存在2~5℃。

（5）亚硝酸盐氮标准贮备液的标定

1）在300mL锥形瓶中，移入50mL 0.05mol/L高锰酸钾溶液，5mL浓硫酸，用50mL无分度吸管，使下端插入高锰酸钾溶液液面下，加入50mL亚硝酸钠标准贮备液，摇匀，置于水浴上加热至70~80℃，按每次10mL的量加入足够的草酸钠标液，使红色消失并过量，记录草酸钠标液用量（V_2）。然后用高锰酸钾标液滴定过量草酸钠至溶液呈微红，记录高锰酸钾标液总用量（V_1）。

2）再以50mL水代替亚硝酸盐氮标准贮备液，如上操作，用草酸钠标液标定高锰酸钾的浓度（C_1）。计算公式见式(3－2)：

$$C_1\left(\frac{1}{5}KMnO_4\right)=\frac{0.0500\times V_4}{V_3} \tag{3-2}$$

按式(3-3)计算亚硝酸盐标准贮备液的浓度(N，mg/L)：

$$\text{亚硝酸盐氮浓度}=\frac{(V_1C_1-0.0500\times V_2)\times 7.00\times 1000}{50.00}=140V_1C_1-7.00\times V_2 \quad (3-3)$$

式中　C_1——经标定的高锰酸钾标液的浓度，mol/L；

V_1——滴定亚硝酸盐氮的标准贮备液时，加入高锰酸钾标液总量，mL；

V_2——滴定亚硝酸盐氮标准贮备液时，加入草酸钠标准溶液总量，mL；

V_3——滴定水时，加入高锰酸钾标液总量，mL；

V_4——滴定空白时，加入草酸钠标液总量，mL；

7.00——亚硝酸盐氮的摩尔质量，g/mol；

50.00——亚硝酸盐标准贮备液取用量，mL；

0.0500——草酸钠标液浓度，mol/L。

(6) 亚硝酸盐氮标准中间液

分取50mL亚硝酸盐标准贮备液于250mL容量瓶中，用水稀释至标线。此溶液每1mL含50μg亚硝酸盐氮。

(7) 亚硝酸盐氮标准使用液

取10mL亚硝酸盐标准中间液，置于500mL容量瓶中，用水稀释至标线。每1mL含1μg亚硝酸盐氮(此溶液使用时，当天配制)。

(8) 高锰酸钾标液(0.050mol/L)

溶解1.6g高锰酸钾于1200mL水中，煮沸0.5～1h，使体积减小到1000mL左右，过夜后，用G-3号玻璃砂芯滤器过滤后，滤液贮存于棕色试剂瓶中避光保存，按上述方法标定。

(9) 草酸钠标准溶液(0.050mol/L)

溶解经105℃烘干2h的优级纯无水草酸钠3.350g于750mL水中，移入1000mL容量瓶中，稀释至标线。

3.4.3　测定步骤

1. 绘制亚硝酸盐氮校准曲线

在一组6支50mL比色管中，分别加入0、1.00mL、3.00mL、5.00mL、7.00mL和10.0mL亚硝酸盐标准使用液，加水稀释至标线。加1.0mL显色剂，密塞，混匀。静置20min后，在2h以内，在波长540nm处，用光程10mm比色皿(G)，以水为参比，测量吸光度。

从测得的吸光度减去零浓度空白管的吸光度后，获得校正吸光度，绘制以亚硝酸盐氮对校正吸光度的校准曲线。

2. 测定水样

分取经预处理的水样(可根据水样中亚硝酸盐的浓度酌情取水样量，一般取1mL)加入50 mL比色管中，加1.0mL显色剂。然后按校准曲线绘制的相同步骤操作，测量吸光度。

3. 计算

按照所得校正吸光度，从校准曲线上查得亚硝酸盐氮含量(μg)，亚硝酸盐氮浓度(N，mg/L)计算如式(3-4)所示：

$$\text{亚硝酸盐氮浓度}=\frac{m}{V} \quad (3-4)$$

式中 m——由校准曲线查得的亚硝酸盐氮含量，μg；

V——水样体积，mL。

3.5 硝酸盐氮测定：麝香草酚法

3.5.1 基本原理

在浓硫酸存在下，麝香草酚与硝酸盐生成硝基酚化合物，在碱性溶液中发生分子重排，产生黄色化合物，该颜色在420nm处有最大吸收。

氨基磺酸铵消除亚硝态氮的干扰，硫酸银消除氯离子的干扰。

3.5.2 试剂

配制试剂用水为纯水，所需试剂如下：

(1) 硝酸盐氮标准贮备溶液

称取7.218g在105～110℃烘过1h的硝酸钾(KNO_3)，溶于纯水中，并稀释至1000mL。加2mL氯仿作保护剂，此液1.00mL含1.00mg硝酸盐氮。

(2) 硝酸盐氮标准使用液

吸取10.00mL硝酸盐氮标准贮备液于1000mL容量瓶中，加入纯水定容，此标准溶液1.00mL含硝酸盐氮10.0μg。

(3) 1+4乙酸溶液

(4) 氨基磺酸铵溶液

称取2g氨基磺酸铵，用1+4乙酸溶液溶解并稀释为100mL。

(5) 0.5%麝香草酚乙醇溶液

称取0.5g麝香草酚，溶于无水乙醇中并稀释至100mL。

(6) 硫酸银硫酸溶液

称取1.0g硫酸银溶于100mL浓硫酸中，摇匀。

(7) 浓氨水

3.5.3 测定步骤

1. 绘制硝酸盐氮校准曲线

(1) 在一组7支50mL比色管中，分别加入0、0.05mL、0.1mL、0.3mL、0.5mL、0.7mL和1.0mL硝酸盐氮标准溶液，加纯水稀释至1.0mL。加0.1mL氨基磺酸铵溶液，放置5min。

(2) 从管中央加入0.2mL麝香草酚溶液(勿使沿管壁流下)，加2.0mL硫酸银硫酸溶液，混匀，放置5min。

(3) 加8mL纯水，混合后，加浓氨水至出现的黄色不再加深且氯化银沉淀溶解为止(约9mL左右)。

(4) 在波长420nm处，用光程10mm比色皿(G)，以无氨水为参比，测量吸光度。

由测得的吸光度，减去参比水样的吸光度后，得到校正吸光度，绘制以硝酸盐氮含量(μg)对校正吸光度的校准曲线。

2. 测定水样

分别取水样(原水1mL，出水0.1mL)加入干燥的比色管中，然后按校准曲线绘制的相同步骤操作，测量吸光度。

3. 计算

由水样测得的吸光度减去空白试验的吸光度后，从校准曲线上查得硝酸盐氮含量(μg)，硝酸盐氮浓度(N，mg/L)计算公式如下：

$$硝酸盐氮浓度 = \frac{m}{V} \tag{3-5}$$

式中　m——由校准曲线查得的硝酸盐氮含量，μg；

V——水样体积，mL。

3.6　总氮测定：过硫酸钾氧化—紫外分光光度法

3.6.1　基本原理

过硫酸钾在60℃以上水溶液中的分解反应式如下，生成氢离子和氧。

$$K_2S_2O_8 + H_2O \longrightarrow 2KHSO_4 + \frac{1}{2}O_2$$

$$KHSO_4 \longrightarrow K^+ + HSO_4^-$$

$$HSO_4^- \longrightarrow H^+ + SO_4^{2}$$

加入氢氧化钠用以中和氢离子，使过硫酸钾分解完全。

在碱性过硫酸钾存在下，经高压加热到120℃，利用过硫酸钾作氧化剂将水中的有机氮、氨氮、亚硝态氮氧化为硝态氮，用紫外分光光度法分别于220nm和275nm处测定其吸光度，则硝酸盐氮的吸光度 $A = A_{220} - 2A_{275}$，从而计算出总氮的含量。其摩尔吸光系数为 1.47×10^3 L/(mol · cm)。

加入1+9盐酸目的是引起吸收光谱的变化。在含氯离子的硝酸溶液中加入硫酸，使硝酸根的最大吸收从210nm转移到220nm，从而消除其他多种物质的干扰。

$A = A_{220} - 2A_{275}$ 可抵消有机物的干扰，硝酸根离子在220nm波长处有吸收，同时溶解的有机物也有吸收，而硝酸根离子在275nm波长处无吸收。

3.6.2　试剂

所需试剂如下：

(1) 无氨水

每1L水中加入0.1mL浓硫酸，蒸馏。收集馏出液于玻璃容器中。

(2) 20%(质量浓度)氢氧化钠

称取20g氢氧化钠，溶于无氨水中，稀释至100mL。(注意：NaOH溶解放热)

(3) 碱性过硫酸钾溶液

称取40g过硫酸钾，150g氢氧化钠，溶于无氨水中，稀释至1000mL，溶液存放在聚乙烯瓶内。

(4) 1+9盐酸

(5) 硝酸钾标液贮备液

称取0.7218g经105～110℃烘干4h的硝酸钾溶于无氨水中，移至1000mL容量瓶中，定容。此溶液每1mL含100μg硝酸盐氮。加入2mL三氯甲烷为保护剂。

(6) 硝酸钾标准使用液

将贮备液用无氨水稀释10倍而得。此溶液每1mL含10μg硝酸盐氮。

3.6.3 测定步骤

1. 绘制校准曲线

(1) 分别吸取0、0.5mL、1.00mL、2.00mL、3.00mL、5.00mL、7.00mL和8.00mL硝酸钾标准使用液于25mL比色管中，加无氨水稀释至10mL标线。

(2) 加入5mL碱性过硫酸钾溶液，塞紧磨口塞，用纱布及纱绳裹紧管塞，以防蹦出。

(3) 将比色管置于压力蒸气消毒器中，加热0.5h，放气使压力指针回零。然后升温至120～124℃开始计时，使比色管在过热水蒸气中加热0.5h。

(4) 自然冷却，开阀放气，移去外盖。取出比色管并冷至室温。

(5) 加入1+9盐酸1mL(消除碳酸盐及碳酸氢盐的干扰)，用无氨水稀释至25mL标线。

(6) 在紫外分光光度计上，以新鲜无氨水做参比，用10mm石英比色皿分别在220nm及275nm波长处测定吸光度($A = A_{220} - 2A_{275}$)。用校正的吸光度绘制校准曲线。

2. 测定水样

取10mL水样，或取适量水样(使氮含量为20～80μg)。按校准曲线绘制步骤(2)～(6)操作。然后校正吸光度，在校准曲线上查出相应的总氮量，再用式(3-6)计算总氮含量(N，mg/L)。

$$总氮浓度 = \frac{m}{V} \tag{3-6}$$

式中 m——由校准曲线查得的总氮含量，μg；

V——水样体积，mL。

3.7 磷(溶解性正磷酸盐)：钼锑抗分光光度法

3.7.1 基本原理

在酸性条件下，正磷酸盐与钼酸铵、酒石酸锑氧钾反应，生成磷钼杂多酸。被还原剂抗坏血酸再还原，变成蓝色络合物，通常称为磷钼蓝。该颜色在波长为700nm处有强烈吸收。

3.7.2 试剂

所需试剂如下：

(1) 钼酸盐溶液

分别称取13g钼酸铵和0.35g酒石酸锑氧钾溶于100mL水中，不断搅拌下，将钼酸铵溶液加入到300mL(1+1)硫酸中，加酒石酸锑氧钾溶液并混合均匀。试剂贮存在棕色瓶中，在约4℃时至少稳定2个月。

(2) 10%抗坏血酸溶液

溶解10g抗坏血酸于水中，稀释到100mL。试剂贮存在棕色瓶中，在约4℃时可稳定数周。如颜色变黄，则弃去重配。

(3) 磷酸盐贮备液

将磷酸二氢钾于110℃干燥2h，在干燥器中放冷。称取0.2197g溶于水，移入1000mL容量瓶中。加(1+1)硫酸5mL，用水稀释至标线。此溶液每1mL含50.0μg磷(以P计)。

(4) 磷酸盐标液

吸取10.00mL磷酸盐贮备液于250mL容量瓶中，用水稀释至标线。此溶液每1mL含2.00μg磷。现用现配。

3.7.3　测定步骤

1. 绘制校准曲线

(1) 取6支50mL具塞比色管，分别加入磷酸盐标准液0、0.50mL、1.00mL、3.00mL、5.00mL、10.00mL和15.0mL，加水稀释至标线。

(2) 显色：向比色管中加入1mL抗坏血酸溶液，30s后加2mL钼酸盐溶液，混匀。

(3) 测量：室温(20℃)放置15min后，在波长700nm处，用光程10mm比色皿，以蒸馏水为参比，测量吸光度。

(4) 由测得的吸光度，减去参比水样的吸光度后，得到校正吸光度，绘制以磷含量(μg)对校正吸光度的校准曲线。

2. 测定水样

分取适量水样(使含磷不超过30μg，通常原水1mL，出水5mL)于比色管中，用水稀释至标线。以下按绘制标准曲线的步骤进行显色、测量。减去空白试验的吸光度，并从校准曲线上查出磷含量。

3. 计算

按(3-7)式计算正磷酸盐浓度(P，mg/L)：

$$\text{正磷酸盐浓度} = \frac{m}{V} \tag{3-7}$$

式中　m——由校准曲线查得的磷含量，μg；

　　　V——水样体积，mL。

3.8　总磷测定：过硫酸钾消解—钼锑抗分光光度法

3.8.1　基本原理

水中存在的各种形式的磷，经强氧化剂过硫酸钾氧化分解后转化为正磷酸盐，测定方法和步骤与正磷酸盐的相同。

3.8.2　试剂

该项目除钼锑抗分光光度法测定可溶性磷酸盐的试剂外，还需5%过硫酸钾溶液：溶解5g过硫酸钾于100mL纯水中，微热助溶，临用时配制。

3.8.3　测定步骤

1. 绘制校准曲线

(1) 取6支50mL具塞比色管，分别加入磷酸盐标准液0、1.00mL、3.00mL、5.00mL、10.00mL和15.0mL，各加水稀释至25mL。

(2) 加入5mL过硫酸钾溶液，塞紧磨口塞，用纱布及纱绳裹紧管塞，以防蹦出。

(3) 将比色管置于压力蒸汽消毒器中，加热0.5h，放气使压力指针回零。然后升温至

120～124℃开始计时，使比色管在过热水蒸气中加热0.5h。

（4）自然冷却，开阀放气，移去外盖。取出比色管并冷至室温，用水稀释至标线。

（5）显色：向比色管中加入1mL抗坏血酸溶液，30s后加2mL钼酸盐溶液，混匀。

（6）室温（20℃）放置15min后在紫外分光光度计上，以纯水做参比，用10mm比色皿在700nm处测定吸光度，绘制标准曲线。

2. 测定水样

分取适量水样（使含磷不超过30μg，通常原水1mL，出水5mL）于50mL比色管中，用水稀释至25mL。以下按绘制标准曲线的步骤（2）～（6）进行显色、测量。减去空白试验的吸光度，并从校准曲线上查出磷含量。

3. 计算

按下式计算总磷浓度（P，mg/L）：

$$总磷浓度 = \frac{m}{V} \tag{3-8}$$

式中 m——由校准曲线查得的磷含量，μg；

V——水样体积，mL。

3.9 总大肠菌群数的测定

3.9.1 原理

大肠菌群是指能在37℃下48h内发酵乳糖产酸产气，并且革兰氏染色阴性的无芽孢杆菌系统。大肠菌群的检验方法主要有多管发酵法和滤膜法。在试验中经常使用的是多管发酵法，在此仅介绍这一种检测方法。

多管发酵法是根据大肠菌群细菌发酵乳糖产酸产气以及具备革兰氏染色阴性、无芽孢、呈杆状等有关特性，通过3个步骤进行检验，以求得水中的大肠菌群数。它是以最大可能数（most probable number），简称MPN来表示试验结果的。

3.9.2 实验的准备工作

1. 玻璃器皿的包扎

（1）棉塞的制作

制作时所用的棉花为市售的普通棉花。取适量棉花铺成长方形，纵向一头松一头紧的卷起来。制作好的棉塞用正方形的纱布对角系起包好。棉塞与试管口（或三角瓶口）的形状、大小、松紧应完全适合。过紧会妨碍空气流通，操作不便；过松时，达不到滤菌的目的。

（2）器皿的包扎

将吸管尖端放在4～5cm宽的长条报纸的一端，约与纸条成45°角，折叠纸条，包住吸管尖端，然后将吸管紧紧卷入纸条内，末端剩余纸条折叠打结，包好后待灭菌。

培养皿可按7套或9套为一叠用报纸包好，待灭菌。

塞上棉塞的试管口或三角瓶口用报纸包扎，待灭菌。

2. 培养基的制备

（1）普通乳糖蛋白胨培养液

蛋白胨	10g
牛肉膏	3g
乳糖	5g
氯化钠	5g
1.6%溴甲酚紫乙醇溶液	1mL
蒸馏水	1000mL

将蛋白胨、牛肉膏、乳糖、氯化钠加热溶解于1000mL蒸馏水中，调节pH=7.2~7.4，再加入1.6%溴甲酚紫乙醇溶液1mL，充分混匀，分装于试管或三角瓶中。

(2) 3倍浓缩乳糖蛋白胨培养液

除蒸馏水外，其他药品的量按上述普通乳糖蛋白胨培养液3倍配制。

(3) 伊红美蓝培养基

蛋白胨	10g
葡萄糖	10g
磷酸氢二钾	2g
琼脂	20g
蒸馏水	1000mL
2%伊红水溶液	20mL
0.5%美蓝水溶液	13mL

先将琼脂放入900mL蒸馏水中，加热溶解，再加入磷酸氢二钾及蛋白胨混匀溶解，补足蒸馏水1000mL，调节pH=7.2~7.4。趁热用纱布过滤，再加入葡萄糖。115℃灭菌20min，贮存于冷暗处备用。使用时用吸管按比例吸取2%伊红水溶液及0.5%美蓝水溶液加入已融化的贮备培养基内，分装于三角瓶或试管中待灭菌。

3. 灭菌

将包扎好的吸管、培养皿、取样瓶以及装有培养基的发酵管或三角瓶放入高压蒸气灭菌器内灭菌。器皿的灭菌温度设置为121℃，培养基的温度为115℃，时间都设为20min。

3.9.3 实验步骤(在无菌实验台上操作)

1. 饮用水(包括深井水、泉水等)的检验

(1)初发酵试验：在2个装有已灭菌的50mL的3倍浓缩乳糖蛋白胨培养液的大发酵瓶中(内有倒管)，以无菌操作各加入已充分混匀的水样100mL；在10支装有已灭菌的5mL的3倍浓缩乳糖蛋白胨培养液的发酵管中(内有倒管)，以无菌操作加入充分混匀的水样10mL，混匀后置于37℃恒温箱中培养24h。

(2) 平板分离：经初发酵试验后，于产酸产气及只产酸的发酵管中，用移液管吸取1mL的溶液分别接种于伊红美蓝培养基上，置37℃恒温箱内培养18~24h，挑选符合下列特征的菌落，并取其一小部分进行涂片、革兰氏染色和镜检：

1)深紫黑色，具有金属光泽的菌落；2)紫黑色，不带或略带金属光泽的菌落；3)淡红色，中心色较深的菌落。

(3) 复发酵试验：用无菌接种环挑取上述镜检呈革蓝氏阴性无芽孢杆菌的其余部分菌落，再接种于装有10mL普通乳糖蛋白胨培养液发酵管中，然后置于37℃恒温箱中培养24小时，有产酸产气的，即证实有大肠菌群存在。

(4) 计算：根据有大肠菌群存在的阳性管数查 MPN 表，求得水样中的总大肠菌群数。

2. 水源水、地表水及废水的检验

(1) 将水样充分混匀后，根据污染程度确定稀释倍数。

(2) 初发酵试验：在装有 5mL 浓缩乳糖蛋白胨培养液的 5 支发酵管中(内有反应管)，各加水样 10mL；在装有 10mL 乳糖蛋白胨培养液的 5 支发酵管中(内有反应管)，各加水样 1mL；在装有 10mL 乳糖蛋白胨培养液的 5 支发酵管中(内有反应管)，各加入稀释 10 倍的水样 1mL；共计 15 管，3 个稀释度。将各管充分混匀，置于 37℃恒温箱培养 24h。

以下的检验步骤与“饮用水的检验方法”相同。如果接种的水样量不是 10mL、1mL 和 0.1mL，而是较低的或较高的 3 个浓度的水样量，可以查表求得 MPN 指数，再经下面的公式换算成每 100mL 的 MPN 值。

$$\text{MPN 值} = \text{MPN 指数} \times \frac{10(\text{mL})}{\text{接种量最大的一管}(\text{mL})} \tag{3-9}$$

MPN 值再乘 10，即为 1L 水样中的总大肠菌数。

3.10 粪大肠菌群的检验

3.10.1 原理

粪大肠菌群的基本性状与大肠菌群相似，它是大肠菌群的一部分。其特点是在 44.5℃的条件下仍能生长，并发酵乳糖产酸产气，因此可以通过提高培养温度的方法检验。测定可以用多管发酵技术或滤膜技术，这里仅介绍多管发酵技术。

3.10.2 实验准备工作

实验准备工作包括以下内容：

(1) 玻璃器皿的包扎

见“总大肠菌群测定”。

(2) 培养基的配制

1) 单倍和 3 倍浓缩乳糖蛋白胨培养液见“总大肠菌群测定”。

2) EC 培养液

蛋白胨	20g
乳糖	5g
胆盐三号	1.5g
磷酸氢二钾	4g
磷酸二氢钾	1.5g
氯化钠	5g
蒸馏水	1000mL

将上述成分加热溶解，然后分装于试管或三角瓶中，待灭菌。

(3) 灭菌

见“总大肠菌群测定”。

(4) 根据有粪大肠菌群存在的阳性管数查 MPN 表，求得水样中的粪大肠菌群数。

3.10.3 实验步骤(在无菌实验台上操作)

实验步骤如下：

（1）将水样充分混匀后，根据污染程度确定稀释倍数。

（2）初发酵试验：见“大肠菌群测定”。

（3）复发酵试验：轻微振荡初发酵试验阳性结果的发酵管，用接种环将培养液转接到EC培养液中。在44±0.2℃温度下培养24±2h。培养后立即观察，发酵管产气的，即为阳性，证实有粪大肠菌存在。

3.11 硬度的测定：EDTA滴定法（钙和镁的总量、总硬度）

3.11.1 方法原理

在pH=10的条件下，用EDTA溶液络合滴定钙和镁离子。铬黑T作指示剂，与钙和镁生成紫红色或紫色溶液。滴定中，游离的钙和镁离子首先与EDTA反应，与指示剂络合的钙和镁离子随后与EDTA反应，到达终点时溶液的颜色由紫变为天蓝色。

1. 方法的适用范围

本方法用EDTA滴定法测定地下水和地表水中钙和镁的总量。不适用于含盐量高的水，诸如海水。本方法测定的最低浓度为0.05mmol/L。

2. 干扰及消除

如试样含铁离子≤30mg/L，可在临滴定前加入250mg的氰化钠或数毫升三乙醇胺掩蔽，氰化物使锌、铜、钴的干扰量减至最小，三乙醇胺能减少铝的干扰。加氰化钠前必须保证溶液呈碱性。

试样含正磷酸盐超出1mg/L，在滴定的pH条件下可使钙生成沉淀。如滴定速度太慢，或钙含量超出100mg/L会析出磷酸钙沉淀。如上述干扰未能消除，或存在铝、钡、铅、锰等离子干扰时，需改用火焰原子吸收法或等离子发射光谱测定。

3.11.2 仪器

常用的实验室仪器及50mL滴定管，分刻度至0.01mL。

3.11.3 试剂

分析中只使用公认的分析纯试剂和蒸馏水或纯度与之相当的水。所需试剂如下：

（1）缓冲溶液（pH=10）

1）称取1.25g EDTA二钠镁（$C_{10}H_{12}N_2O_8Na_2Mg$）和16.9g氯化铵（NH_4Cl）溶于143mL浓氨水（$NH_3 \cdot H_2O$）中，用水稀释至250mL。因各地试剂质量有差别，配好的溶液应按下述2）方法进行检查和调整。

2）如无EDTA二钠镁，可先将16.9g氯化铵溶于143mL氨水。另取0.78g硫酸镁（$MgSO_4 \cdot 7H_2O$）和1.179g EDTA二钠二水合物（$C_{10}H_{14}N_2O_8Na_2 \cdot 2H_2O$）溶于50mL水，加入2mL配好的氯化铵、氨水溶液和0.2g左右铬黑T指示剂干粉。此时溶液应显紫红色，如出现天蓝色，应再加入极少量硫酸镁使变为紫红色。逐滴加入EDTA二钠溶液直至溶液由紫红色转变为天蓝色为止（切勿过量）。将两溶液合并，加蒸馏水定容至250mL。如果合并后，溶液又转为紫色，在计算结果时应减去试剂空白。

（2）EDTA二钠标准溶液（≈10mmol/L）

1）制备：将一份EDTA二钠二水合物在80℃干燥2h，放入干燥器中冷却至室温，称取3.725g溶于水，在容量瓶中定容至1000mL，盛放在聚乙烯瓶中，定期校对其浓度。

2）标定：按步骤3.11.4－(2)用钙标准溶液标定EDTA二钠溶液。取20.0mL钙标准溶液稀释至50mL后滴定。

3）浓度计算：EDTA二钠溶液的浓度C_1(mol/L)用下式计算：

$$C_1=\frac{C_2\cdot V_2}{V_1} \tag{3-10}$$

式中 C_2——钙标准溶液(3)的浓度，mmol/L；

V_2——钙标准溶液的体积，mL；

V_1——标定中消耗的EDTA二钠溶液体积，mL。

(3) 10mmol/L钙标准溶液：

1）将一份碳酸钙($CaCO_3$)在150℃干燥2h，取出放在干燥器中冷至室温，称取1.000g于50mL锥形瓶中，用水湿润。

2）逐滴加入4mol/L盐酸至碳酸钙全部溶解，避免滴入过量酸。加200mL水，煮沸数分钟赶除二氧化碳，冷至室温，加入数滴甲基红指示剂溶液(0.1g溶于100mL 60%乙醇)，逐滴加入3mol/L氨水至变为橙色，在容量瓶中定容至1000mL。此溶液1.00mL含0.4008mg(0.01mmol/L)钙。

(4) 铬黑T指示剂

1）将0.5g铬黑T［$HOC_{10}H_6N:N_{10}H_4(OH)(NO_2)SO_3Na$］溶于100mL三乙醇胺［$N(CH_2CH_2OH)_3$］，可最多用25mL乙醇代替三乙醇胺以减少溶液的黏性，盛放在棕色瓶中。

2）或者配成铬黑T指示剂干粉，称取0.5g铬黑T与100g氯化钠(NaCl)，充分混合，研磨后通过40～50目筛，盛放在棕色瓶中，紧塞。

(5) 2mol/L氢氧化钠溶液：将8g氢氧化钠(NaOH)溶于100mL新鲜蒸馏水中。盛放在聚乙烯瓶中，避免空气中CO_2的污染。

(6) 氰化钠①(NaCN)。

(7) 三乙醇胺［$N(CH_2CH_2OH)_3$］。

3.11.4 步骤

测定步骤如下：

(1) 试样的制备

1）一般样品不需预处理。如样品中存在大量微小颗粒物，需在采样后尽快经0.45μm孔径滤膜过滤。样品经过滤，可能有少量钙和镁被滤除。

2）试样中钙和镁总量超出3.6mmol/L时，应稀释至低于此浓度，记录稀释因子F。

3）如试样经过酸化保存，可用计算量的氢氧化钠溶液中和。计算结果时，应把样品或试样由于加酸或碱的稀释考虑在内。

(2) 测定

1）用移液管吸取50.0mL试样于250mL锥形瓶中，加4mL缓冲溶液和3滴铬黑T指示剂溶液或约50～100mg指示剂干粉，此时溶液应呈紫红或紫色，其pH值应为10.0±0.1。

2）为防止产生沉淀，应立即在不断振摇下，自滴定管加入EDTA二钠溶液，开始滴

① 氰化钠是剧毒品，取用和处置时必须十分小心谨慎，采取必要的防护。含氰化钠的溶液不可酸化。

定时速度宜稍快，接近终点时应稍慢，并充分振摇，最好每滴间隔2~3s，溶液的颜色由紫红或紫色逐渐转变蓝色，在最后一点紫的色调消失，刚出现天蓝色时即为终点，整个滴定过程应在5min内完成。

3）在临滴定前加入250mg氰化钠或数毫升三乙醇胺掩蔽。氰化物使锌、铜、钴的干扰减至最小。加氰化物前必须保证溶液呈碱性。

4）试样如含正磷酸盐和碳酸盐，在滴定的pH条件下，可能使钙生成沉淀，一些有机物可能干扰测定。如上述干扰未能消除，或存在铝、钡、铅、锰等离子干扰时，需改用火焰原子吸收法或等离子发射光谱法测定。

3.11.5 计算

钙和镁总量C(mmol/L)用式(3-11)计算：

$$C=\frac{C_1\cdot V_1}{V_0} \tag{3-11}$$

式中 C_1——EDTA二钠溶液浓度，mmol/L；

V_1——滴定中消耗EDTA二钠溶液的体积，mL；

V_0——试样体积，mL。

如试样经过稀释，采用稀释因子F修正计算。

1mmol/L的钙镁总量相当于100.1mg/L以$CaCO_3$表示的硬度。

3.12 显微镜的使用[①]

3.12.1 安全注意事项

（1）本系统由精密部件组成，操作时要小心，避免突然地或剧烈地碰撞和振动。

（2）所用的超高压水银汞灯应该使用奥林巴斯提供的USH102D DC灯(USHIO，Inc制造)或HBO103W/2灯(OSRAM制造)。

（3）确保高压汞灯安装牢固，电线连接紧密。

（4）在高压汞灯亮着的时侯，灯室内非常热，也非常危险。关闭10min后仍是高温，所以在这段时间内，不要打开灯室。

（5）对于控制某些功能的旋钮不要用力过大，否则，这些控制钮或设备可能会被损坏。

（6）不要试图打开或拆卸电源供电器，因为里面有高压电。

（7）一定使用厂家提供的电源线。如果没有正确地使用电源线，不能保证产品的安全性和产品的性能。将电源线插到插座之前，一定保证电源主开关置于“OFF”的位置。

（8）为确保安全请将显微镜装置接地。

（9）为保证安全，更换灯或保险丝等内部件之前，一定要关掉主开关并切断电源，并等待灯室冷却下来，至少10min。

（10）操作时，灯室顶端面板会很热，为了避免引起着火，不要遮挡顶端面板。

3.12.2 组成示意图

见图3-1。

---

① 以Olympus BX51为例

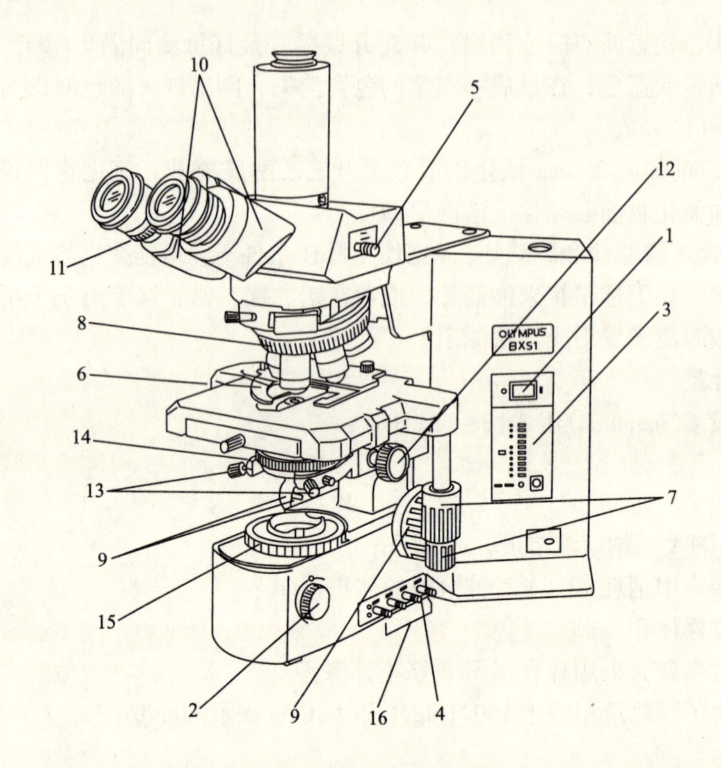

图 3-1 显微镜示意图

1—主开关；2—光强调节钮；3—透射光/反射光转换开关；4—LBD 滤色片旋钮；5—光路选择钮；6—样品夹；7—X 轴，Y 轴旋钮；8—物镜转换器；9—粗调/微调螺钮；10—双目观察筒；11—屈光度调节环；12—聚光镜高度调节钮；13—聚光镜对中旋钮；14—孔径光阑调节钮；15—视场光阑调节钮；16—滤光片

3.12.3 维护、保养和贮存

USH102D 汞灯的使用寿命是 200h，HB0103W/2 汞灯有 300h 的使用期限。当电源器上的计时器数值达到这个期限时，应关闭主开关，待灯及灯室完全冷却后，约需至少 10min，再更换汞灯。汞灯内封闭着高压气体，水银不像一般电灯，在它的使用期满后，如果继续使用，灯管玻璃会逐渐变形，甚至会导致爆炸。

3.12.4 反射光荧光观察步骤

反射光荧光观察步骤如下：

1. 准备工作

（1）核对电源电压和频率是否与标签上所要求的一致。

（2）确保插紧电源线和连接电源插头。

（3）如果只进行透射光相衬观察或透射光微分干涉衬〈DIC〉观察，就转动分光镜组件转盘使未装激发块的位置进入光路，光路接通，使白光传播进光路。转动转盘时始终要停在听到卡嗒声处。如果偏离这个位置，遮光板会由于过热而变形。

（4）调整视场光阑，使它恰好与视场边缘内接。如果不对中，请用六角螺丝刀对中。

（5）使用油镜时，一定要使用浸油。

（6）如果使用带有校正环的物镜如 UPlanApo4OX，转动校正环，校正由盖玻片厚度不标准所引起的误差。

校正步骤：左右转动调节环，同时调节微调焦旋钮，直到被检样品图象清晰。可校正从0.11～0.23mm厚度之间的盖玻片厚度。

(7) 如果短时间内中断观察，就使用遮光挡板遮住光线。(因为重复开关汞灯，会降低高压汞灯的使用寿命)

(8) 样品的荧光衰减

因为本系统使用高强度的短波光激发荧光可以观察暗荧光样品。但是使用高倍物镜长时间观察，会发生荧光衰减，导致荧光图象反差减弱。在这种情况下，稍稍减少激发光强度能减缓样品荧光的衰减，改善图像质量。使用ND滤光镜或孔径光阑就能达到减少激发光的强度，或者是使用遮光挡板将部分激发遮住，只留必要数量的激发光，并不影响观察效果。市售抗荧光猝灭剂(如DABCO等)，也可以延迟样品的荧光衰减。如果经常用高倍物镜观察，特别建议使用抗荧光猝灭剂。但是，某些样品不能使用抗荧光猝灭剂。

2. 选择荧光组件

根据所用的荧光染料选择与之匹配的荧光组件。

决不要同时使用U-MBF3明场组件和荧光组件。因为U-MBF3组件过亮，对人眼会造成伤害。如果要同时使用，就使用带内置ND滤光片的U-MBF3，或者给U-MBF3加一个3%ND滤光片。使用不同波长的激发滤光片，奥林巴斯的荧光组件中包含了不同波长的激发滤光片。通常采用宽波长(W)。但在有些情况下，推荐采用超宽带或窄带。

3. 接通电源

打开高压汞灯电源主开关，约5～10min后弧光稳定下来。

由于各个组件之间的差异，高压汞灯可能一开始不能点亮。在这种情况下，把主开关拨到“O”处(关闭)，等5～10s，再把主开关拨到“I”(开)处。

为了延长高压汞灯的使用寿命，一旦启动，不能在少于15min内关闭。关闭高压汞灯后，要再次启动，必须等高压汞灯内的水银蒸气冷却下来液化后，才能开启。液化时间至少需要10min。

为了安全，在灯亮时，打开灯室，电源将会切断。遇到这种情况，就把电源主开关拨到“O”(关闭)处，等待至少10min，再打开电源。足够冷却后，才能打开灯室。

如果重新设定计数器，就按住重新设定按钮，直到显示屏上出现“000.0”。

4. 把样品放在载物台上(图3-1组件6、7)。

5. 根据样品的荧光指示剂选择与之匹配的荧光组件。

6. 把物镜放在光路中聚焦样品。

通过转换物镜转换器，粗调/微调螺钮完成(图3-1组件8、9)。同时选择ND滤光片(图3-1组件16)。

7. 调整整个视野亮度均匀一致，亮度最大。

(1) 对中视场光阑。

(2) 对中孔径光阑。

8. 对中高压汞灯

首先把电源主开关拨到“1”位置，并等5～10min。待汞灯弧光稳定下来，再进行光源灯丝的对中调节。

9. 开始观察

如果在短时间内中断观察请使用遮光挡板。

3.12.5 荧光镜的同时观察

正确地组装设备后，系统自身能够进行透射光明场观察、透射光相衬观察、透射光微分干涉衬(DIC)观察，此外，还可以进行反射光荧光观察。对于某些衰减较快的样品，可以通过相衬或DIC观察进行预先定位，以降低衰减，反射荧光也可与相衬或DIC观察方法同时进行，这样很容易判断样品的哪部分有荧光。

1. 反射光荧光和相衬的同时观察

相衬观察需要相衬聚光镜组件(U-PCD2)或万能聚光镜(U-UCD8)和相衬物镜。

(1) 把空的荧光滤色镜组件，或空位，转到光路中。

(2) 转动相衬转盘，显示出与物镜上Ph号相同的号码。

(3) 对中，在环位置和相板之间调节光轴。

(4) 选用与激发光对应的荧光组件，并将“Shutter”置于“O”位置，接通光路。

(5) 调节透射光强度，使相衬观察和荧光观察时图像的亮度协调，就可以准备观察了。

使用ND滤光片或显微镜镜基上的光强控制杆，调整透射光的强度。

关于使用相衬观察的详细说明，请参考相衬聚光镜或万能聚光镜的使用手册。

2. 反射光荧光和透射光诺马斯基微分干涉衬(DIC)的同时观察

透射光诺马斯基微分干涉衬(DIC)观察要求以下附件：1)万能聚光镜(U-UCD8)；2)透射光微分干涉衬棱镜(U-DICT，U-DICTS，U-DICTHR)；3)U-DICTH起偏器(U-AN或U-AN360-3)；和6孔的微分干涉衬物镜转换器(U-D6RE)。

为了能同时进行反射光荧光观察，把起偏器插入垂直照明装置上分光镜组件上面的插槽中。不要把U-ANT检偏器插在透射光微分干涉衬的棱镜槽中，否则会使荧光图像变暗，模糊，也可能使检偏器过热而燃着。

(1) 把空的荧光滤色镜组件，或空位，转到光路中。

(2) 调节万能聚光镜中的起偏镜，得到正交尼柯尔位置。

(3) 把微分干涉衬棱镜插入物镜转换器上的相应的位置。

(4) 转动万能聚光镜上的转盘，选择与用来观察的物镜相匹配的诺马斯基棱镜。

(5) 转动物镜转换器，将所需物镜转入光路中。

(6) 将样品放在载物台上，并聚焦。

(7) 调节透射光照明装置上的视场光阑和万能聚光镜上的孔径光阑。

(8) 旋转微分干涉衬棱镜旋钮，选用最理想的图象对比度。

(9) 选用与激发光相对应的荧光组件并把“shutter”置于“O”位置。

(10) 调节透射光强度，使图象亮度适合同时进行荧光和DIC观察。

关于微分干涉衬的观察的细节，请参考U-UCD8透射光万能聚光镜的使用说明书。

3. 注意事项

(1) 当你经常进行荧光观察和诺马斯基微分干涉衬观察之间的转换时，或者需要同时观察时，建议使用高耐磨的U-ANH起偏器代替U-AN起偏器。

(2) 如果需要频繁地在反射光荧光观察和透射光诺马斯基微分干涉衬之间转换，但并不一定同时使用，那么使用U-MDICT微分干涉衬组件比使用(U-AN或U-ANH)检偏器更方便。它使转换操作更方便，因为从荧光组件转向微分干涉衬观察时，检偏器会自动入光路。

3.13　TOC 分析仪的使用[①]

3.13.1　概述

Multi N/C 3000(德国耶拿)可精确地分析水样中的总有机碳(Total Organic Carbon, TOC)和总氮(Total Nitrogen, TN)。该仪器的测量量程宽、进样体积可变化、并能处理颗粒样品，因此 Multi N/C 3000 是非常理想的分析仪器。

Multi N/C 3000 的操作原理是，在高温条件下样品经热催化氧化成为 CO_2，然后利用高精度的选择性非色散红外检测器 NDIR，固态电化学检测器（CHD)和专利的 VITA 技术来测量 CO_2 的浓度。由于有智能化的软件和通用的硬件，该仪器能提供多种分析要求：

(1) Multi N/C 3000 可利用差减法和直接法(NPOC)来分析 TOC。

(2) 利用化学发光检测器(CLD)或固态电化学检测器(CHD)检测燃烧产物 NO 来实现 TN 分析。

(3) 可变的进样量(0.1～1.0mL)。

(4) 可变的燃烧温度(最高达 1000℃)，确保难氧化的有机物的消解。

Multi N/C 3000 能准确地分析饮用水、地表水、海洋水和废水。也可以用于分析超纯水中的 TC 和 TN。

3.13.2　测量方法

1. 总碳(Total carbon, TC)分析

通过高精度地注射样品到燃烧炉的高温区来执行总碳(TC)分析。在高温区，样品在催化剂和氧气蒸气环境中被分解为 CO_2，氧气既是载气又是氧化剂。产生的分析物气体通过干燥单元被输送到 NDIR 检测器。结果以积分面积表示，利用保存在系统中的校正曲线，计算样品的浓度，单位为 μg/L 或 mg/L。

2. 总无机碳(Total Inorganic Carbon, TIC)分析

一定体积的样品被注入 TIC 反应罐(又起冷凝作用)，反应罐里预先加入 10% 的磷酸。酸化后，样品中的碳酸盐和碳酸氢盐被转化为 CO_2 释放出来，同时有载气吹扫样品。

如果样品中有溶解的 CO_2，在这个吹扫过程中也被释放出来。如果样品含有氰化物，氰酸盐，异氰酸盐或碳的颗粒，无法测出 TIC 值，但 TC 能测出来。产生的 CO_2 的检测与 TC 分析时类似。

3. TOC 分析

Multi N/C 3000 分析 TOC，原则上采用差减法分析。这种方法由式 3-12 来描述。分析时先进一定体积的样品测量出 TIC 值，然后进相同的体积的样品测量出 TC 值，二者之差即为 TOC 值，如式(3-12)所示。

$$TOC = TC - TIC \tag{3-12}$$

如果样品中含有易挥发的组分如苯、环己胺、氯仿等，差减法则有独特的优点。差减

① 以德国耶拿 Multi N/C 3000 为例

法要求消耗2倍的样品体积。TIC测量应在TC之前进行。

4. NPOC分析

NPOC分析(即直接法)是测量TOC的又一方法。样品先在Multi N/C 3000的外面用2mol/L的盐酸酸化。酸化后，溶液的pH≤2(例如：在100mL的样品加入0.5mL的2mol/L盐酸即可)。溶解的CO_2、碳酸盐和碳酸氢盐通过吹扫被去除，这种操作模式称为NPOC模式。然后，已除去无机碳的样品溶液被注入燃烧炉分析，得到的结果是有机态的非挥发性的总有机碳TOC。这种方法适合于TIC的含量高于TOC的样品，这样可减少测量误差。

5. TN分析

Multi N/C 3000总氮的分析是和总碳分析同时进行的。经过热催化氧化后，产生的NO可用CHD，NDIR和扩展的CLD 3种中任何一种检测器分析。

用CHD分析TN：使用电化学检测器分析氧化氮，其原理是电流计法。分析过程中产生的指示电流和NO的浓度成正比。产生的电流信号经放大和模数转换后，由内部计算机计算后报告出结果。

3.13.3 操作原理

(1) 水样的消解

水样以高精确的体积全部被注入到燃烧炉的高温区。在高温区催化剂的存在下，样品被分解和氧化。进样的体积从0.1mL到1.0mL。

(2) 催化剂

Multi N/C 3000可使用各种各样的固体催化剂，在氧气的环境中样品在700~950℃被催化氧化。对于Multi N/C 3000，用CeO_2作为催化剂，反应温度为850℃，是一种经过测试的成熟技术。

(3) 干燥

分解产生的气体在冷凝单元中被冷却和预脱水。产生的溶液被收集到TIC和冷凝罐中并定期被排除。Peltier单元和后面的水捕集系统可以防止冷凝水进入仪器的检测器。如燃烧气中有卤素气体，则通过银丝去除(HF不能除掉)。随后，分析气在载气的带动下进入检测器分析。

(4) CO_2测量

载气中的CO_2是由NDIR(非色散红外检测器)分析出来。操作原理是基于CO_2在红外区有特征吸收带。如果含有CO_2的气体滞留在NDIR检测器的测量池中，一束光通过测量池，则CO_2在它的特定波长处会吸收一定比例的辐射能量。所吸收的能量是和样品混合气中CO_2的浓度成正比。

在NDIR测量池中，利用干涉滤光片选择3个狭窄的波长区，以便选择合适的测量量程：

测量量程1：有特别强烈的CO_2特征吸收，测量范围为0~10000mg/L CO_2(在载气中)。

测量量程2：有较弱的CO_2特征吸收，测量范围为0~500mg/L CO_2(在载气中)。

测量量程3：有非常弱的CO_2特征吸收。测量范围为0~0.1mg/L CO_2(在载气中)。测量时要结合高温模块。

参比量程：该量程是用于辐射频率的估算。在TOC分析产生的气体中或单纯载气中既无CO_2又无其他任何气体组分能吸收光辐射，即在测量池中光辐射不被吸收。为了确保NDIR测量池的高度稳定性，这个量程被用于监测测量池的光学路径。对于可检测到的水蒸气来说，没有交叉灵敏度。

(5) 数据处理：VITA技术，即延迟时间耦合积分技术。

3.13.4　系统设计

完整的仪器配置如图3-2所示。

测量范围：TN为1~500mg/L（NDIR），TOC为0.05~5000mg/L；

样品体积：0.1~1.0mL；

耗气量：约12L/h。

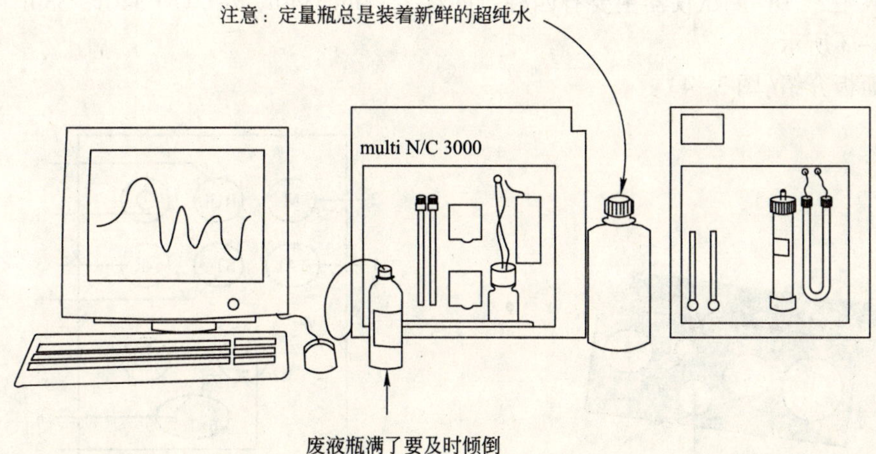

图3-2　仪器配置：multi N/C 3000主机、计算机、固体模块、自动进样器和CLD

3.14　溶解氧(DO)测定仪的使用

3.14.1　溶解氧测定原理及影响因素

1. 原理

WTW溶解氧测定仪，测试的是氧气分压，再由仪器转换成氧气浓度。

氧气分压和氧气浓度关系如式3-13所示：

$$DO = a \cdot P \cdot M \cdot V - 1 \tag{3-13}$$

式中　DO——氧气浓度，mg/L；

a——Bunsen系数(与温度、盐度有关)；

P——氧气分压，10^2Pa；

M——氧气的摩尔质量，32g/mol；

V——氧气的摩尔体积，24L/mol。

2. 影响因素

(1) 流速影响

要求流速不小于18cm/s。

（2）3 种干扰因素

1）CO_2

二氧化碳压力 >0.1MPa 时，有干扰，使测试值偏高。

2）H_2S

浓度 <10mg/L，无影响；浓度 >100mg/L，马上中毒。

3）气泡

大气泡撞击薄膜，使测试值严重偏高。

撞击速度越快，影响越大。

3.14.2 仪器介绍

1. 插孔介绍

WTW 在线 DO 测试仪器主要有四种：level 2，Muti 340i，pH/Oxi 340i，330i。仪器插孔如图 3-3 所示。

2. 面板介绍(图 3-4)

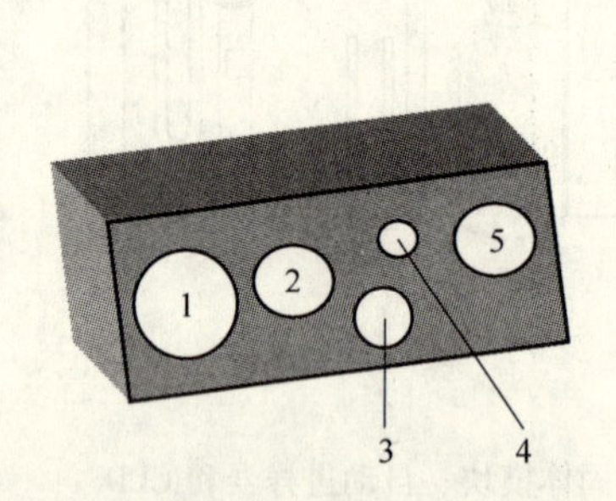

图 3-3 仪器插孔

1—溶氧电极插孔；2—pH、ORP 电极插孔；3—pH 电极温度探头；4—变压器插孔；5—RS232 输出插孔

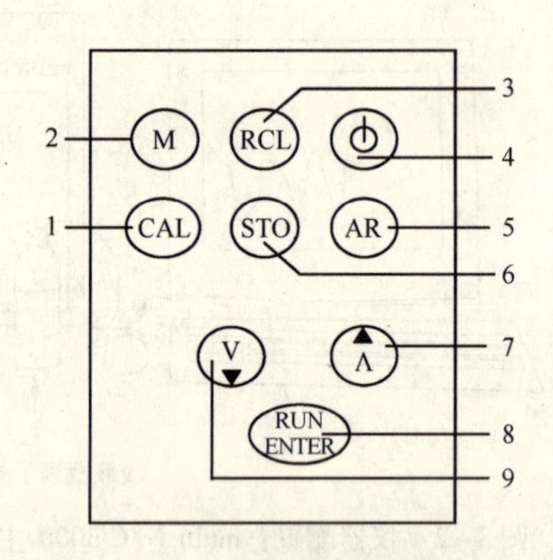

图 3-4 面板示意图

1—启动校正；2—选测试模式；3—显示或传送测试数值；4—开/关机；5—启动/关闭 AutoRead 功能；6—存贮测试数值；7—增大数值，卷屏；8—确认输入；9—减少数值，卷屏

3. DO 测试准备

首先应该保证电池电量充足，否则显示屏幕上会有 low power 的提示，然后对电极进行校准。

校正步骤如下：

（1）把 DO 电极插入校正套中。

（2）按 Cal 键进入校正模式。按 RUN/ENTER 键，启动自动读数，AR 闪烁。待屏幕显示数值稳定后，AR 停止闪烁，表示完成了校正。

（3）观测屏幕右上角电极符号，满 3 格最好，两格表示在正常范围，可使用；一格则表示校准失败，需要检查原因，重新校准(图 3-5)。

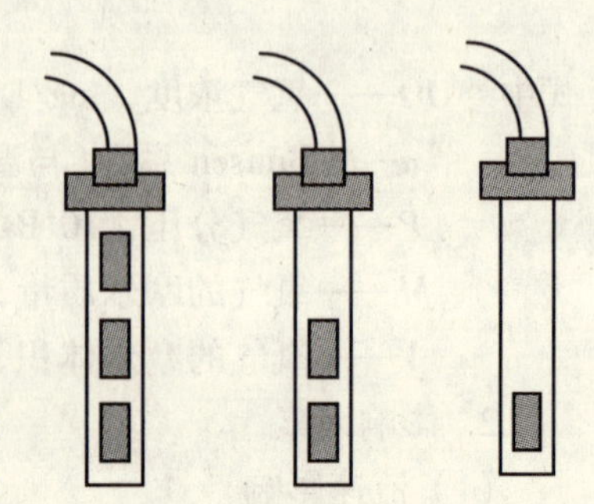

图 3-5 电极状态显示

（4）校准完毕，按M键，返回测试模式。

4. 测试步骤

（1）把仪器放在平面上，连上电极，避免强光热。

（2）按开/关机On/Off键，按M键调整到DO测试模式下。

（3）把DO电极插入待测样品中。

（4）按M键，直到显示“mg/L”，即在DO浓度模式下开始测试。

（5）测试完毕后，用蒸馏水清洗电极，并贮存到保护套内。

注意：保护套顶端的海绵需要用蒸馏水保持湿润。

5. 实验室常用功能操作步骤

（1）自动存储

设置存贮间隔：仪器出厂设置为关闭了自动存贮功能，要启动自动存贮，只要选择时间间隔即可(5s，10s，30s，1min，5min，10min，15min，30min，60min)。

步骤为：首先连接到电脑上，运行Multi－lab软件，然后：

1）按住RUN/ENTER键。

2）按STO键，显示Int 1。

int 1 Autostore

3）用上、下键输入时间间隔。

4）按RUN/ENTER键，将显示空闲的存贮位置数目。

199 FREE Autostore

5）一旦存贮记录满规定数目，将中止AutoStore自动存贮(Int 1 = OFF)。

int 1 OFF Autostore

6）按RUN/ENTER键确认。屏幕提示输入标识号。

7）用上、下键输入标识号。

8）按RUN/ENTER键确认。仪器返回到测试状态。

开始测试，按设定的存贮间隔自动存贮，同时AutoStore字样闪烁。

注意：其他功能，如输出存贮记录，将中断AutoStore功能。当其他功能完成后，继续AutoStore功能，但存贮记录时间将不连续，会有空缺。

（2）输出数据

输出到接口上：

1)重复按RCL键，直到显示Sto SEr字样。

2)按Enter健。

Sto SEr RCL

（3）清除存储数据

删除所有存贮记录，步骤如下：

1）关机。

2）按住 STO 键。

3）再按开机键。仪器先进行屏幕测试，持续时间很短。然后显示 Sto Clr 字样。

Sto Clr

4）按 RUN/ENTER 键开始清除。

按其他键退出清除程序，保留原有记录。

注意：不能删除校正数据，校正数据存贮在校正协议中。

6. 经常忽略的问题

（1）长期不校准；至少1周校正1次。

（2）膜头不注意保护，很容易破损，导致电解液泄漏；防止膜头被硬物刺破。

（3）电极清洗不认真，后果是保护套被污染，且难以清洗。

3.15 pH 测试原理及仪器使用

3.15.1 pH 测试原理

1. pH 的定义

水的电离平衡：$H_2O \longrightarrow H^+ + OH^-$，在25℃时，离子积常数 $K_w = 10^{-14}$。

定义：$pH = -\lg\ [a^{H+}]$。

2. pH 测试理论依据

Nernst 方程：

$$E = E_0 + K \cdot \lg a^{H+} \tag{3-14}$$

式中 K——电极斜率，$K = 2.303RT/nF$；

F——96487，C/mol；

R——8.314，J/(℃·mol)。

再由主机把 mV 值转换成 pH 值。

3.15.2 pH 与温度的关系

pH 与温度的关系体现在以下几方面：

（1）电极斜率变化

电极斜率 $K = 2.303RT/nF$，与温度有关；一般温度系数 $f = 3.35 \times 10^{-3}$/℃。

补偿方式：接一个温度探头自动补偿或手动输入当前温度手动补偿。

（2）pH 缓冲液

溶液的化学平衡性与温度有关；由于缓冲液化学成分已知，pH 与温度有恒定关系；为使测试准确，在校正时要输入当前温度下的标准液 pH 值。

（3）样品 pH 与温度

由于样品化学成分各不相同，它们的 pH 与温度变化关系不可预知，因此必须在同一温度下测试和校正，在报告 pH 时要注明测试温度。

（4）温度电极误差

测试温度变化显著的溶液时，读数会不稳、漂移，原因如下：

1）温度探头与 pH 电极的温度特性不一致，影响热平衡；

2）溶液内部各点温度并不完全一致。

3.15.3 pH 仪的使用

1. 自动存储

设置存贮间隔：仪器出厂的设置为关闭了自动存贮功能，要启动自动存贮，只要选择时间间隔即可(5s，10s，30s，1min，5min，10min，15min，30min，60min)。

步骤如下：首先连接到电脑上；运行 Multi - lab 软件。

（1）按住 RUN/ENTER 键。

（2）按 STO 键，显示 Int 1。

int 1 Autostore

（3）用上、下键输入时间间隔。

（4）按 RUN/ENTER 键，将显示空闲的存贮位置数目。

199 FREE Autostore

（5）一旦存贮记录满规定数目，将中止 AutoStore 自动存贮(Int 1 = OFF)。

int 1 OFF Autostore

（6）按 RUN/ENTER 键确认。屏幕提示输入标识号。

（7）用上、下键输入标识号。

（8）按 RUN/ENTER 键确认。仪器返回到测试状态。

开始测试，按设定的存贮间隔自动存贮，同时 AutoStore 字样闪烁。

注意：其他功能，如输出存贮记录，将中断 AutoStore 功能。当其他功能完成后，继续 AutoStore 功能，但存贮记录时间将不连续，会有空缺。

2. 输出数据

输出到接口上：

（1）重复按 RCL 键，直到显示 Sto SEr 字样。

Sto SEr RCL

（2）按 Enter 健。

3. 清除存储数据

删除所有存贮记录，步骤如下：

（1）关机。

（2）按住 STO 键。

（3）再按开机键。仪器先进行屏幕测试，持续时间很短。然后显示 Sto Clr 字样。

Sto
Clr

（4）按 RUN/ENTER 键开始清除。

按其他键退出清除程序，保留原有记录。

3.15.4 pH 计的校正

pH 计的校正主要包括以下几个方面的内容：

（1）为何要校正？

pH 电极老化，改变了零点和电极斜率，必需定时校正。

（2）何时校正？

电极符号闪烁，表明：

1）校正间隔过期；

2）电源中断，如更换电池。

（3）常用的校正方法：AutoCal TEC

该方法为：完全自动两点校正法，使用 WTW 标准液，仪器自动识别标准液。

具体操作如下：

1）重复按 Cal 键，直到屏幕显示 AutoCal TEC。

2）把 pH 电极浸入到第一种标准液中。

3）按 RUN/ENTER 键，AR 闪烁，屏幕显示 mV 值。待数值稳定后，显示 Ct2 。

4）用蒸馏水彻底漂洗电极。

5）把 pH 电极浸入到第二种标准液中。

6）按 RUN/ENTER 键，AR 闪烁，屏幕显示 mV 值。待数值稳定后，AR 消失。校正完成后，屏幕显示电极斜率(mV/pH)。

7）按 RUN/ENTER 键，屏幕显示零点电位 ASY(mV)。

8）按 M 键返回测试状态或继续三点校正。

9）按 RUN/ENTER 键，显示 Ct3 。

10）用蒸馏水彻底漂洗电极。

11）把 pH 电极浸入到第三种标准液中。

12）按 RUN/ENTER 键，AR 闪烁，屏幕显示 mV 值。待数值稳定后，AR 消失。校正完成后显示电极符号，屏幕显示电极斜率(mV/pH)。

13）按 RUN/ENTER 键，屏幕显示零点电位 ASY(mV)。

14）按 M 键，返回测试状态。

3.15.5 pH 电极的保养

1. pH 电极老化现象

（1）反应速度变慢；

（2）斜率变小；

（3）零电位漂移。

2. pH 电极老化原因

（1）工作电极

1）水合层变厚；

2）玻璃表面沾污；

3）玻璃被腐蚀。

（2）参考电极

1）电解液被污染；

2）隔膜污染或堵塞；

3）参考系统中毒。

3. 电极的清洗

（1）蛋白质沾污：用胃蛋白酶溶液/HCl浸泡；

（2）矿物油脂污染：用异丙醇或甲苯去除；

（3）S^{2-}污染隔膜：用硫脲/HCl浸泡；

（4）有机物污染：清洁剂+温水浸泡清洗；

（5）无机物污染：稀盐酸浸泡清洗；

（6）清洗后要用蒸馏水彻底漂洗干净，再浸泡在饱和KCl溶液中。

4. 日常保养

（1）薄膜：隔膜沾污会使测试不准确，尽可能在每次测试之后清洗电极。

（2）填充液、保存液均用3mol/L的KCl溶液。

（3）HF酸、高温磷酸、强碱溶液会损坏薄膜。

3.16　ORP值测定原理及仪器使用

3.16.1　ORP测试原理

1. ORP定义

ORP(oxidation-reduction potential)即氧化还原电位，衡量的是物质吸收或释放电子的能力。氧化和还原反应是同时发生的，表现在电子的转移。氧化剂得电子，还原剂失电子。

2. ORP测试原理

（1）与pH相同，测试原理基于能斯特方程式(3-15)。

$$E = E_0 + 2.303\frac{RT}{2F}\lg\frac{[I_2]}{[I^-]^2} \tag{3-15}$$

（2）用金属电极测试电位

当电极插入待测溶液中时：

溶液含氧化剂：电极带正电，失电子；溶液含还原剂：电极带负电，得电子。因此，氧化性越强，ORP正电位越高。

3.16.2　ORP仪的使用

1. ORP测试

（1）连接好ORP探头，开机。

（2）打开活塞，浸入待测样品中，按M键调整到屏幕显示ORP值(mV)。待示数稳定后，记录读数。

（3）测试完毕后，关上活塞，并用蒸馏水将电极清洗干净，擦干后放入保护套中保护。

2. 数据存储及传输

详细说明参考 pH 值测定的仪器使用。

3.16.3 ORP 电极的校正

将 ORP 电极清洗干净擦干后，先打开填充孔，把电极放入 RH28 ORP 标准缓冲液中，读取示数，然后把测试结果跟标准值比较。测试值能和相应温度下的标准值较好对应的，表明电极完好。ORP 复合电极的参比电极采用 Ag/AgCl，因此测出的电位是以 UB 作基准的，换算成旧的标准氢电极电位 UH 公式如下：UH = UG + UB，其中 UG 为测试值，UB 为 Ag/Agcl 电位。表 3-3 为不同温度下的标准 Ag/AgCl 电位值。

不同温度下的标准 Ag/AgCl 电位值 表 3-3

温度(℃)	电位(mv)	温度(℃)	电位(mv)
0	+224	40	+196
5	+221	45	+192
10	+217	50	+188
15	+214	55	+184
20	+210	60	+180
25	+207	65	+176
30	+203	70	+172
35	+200		

3.16.4 ORP 电极保养

在氧化剂中，金属电极吸收氧；在还原剂中，金属电极吸收氢。在电极表面形成氧化层或还原层，导致反应迟钝。

电极保养方法包括：机械刮擦、电解法、化学处理、热处理、简单漂洗等，但没有一种万能的处理方法，要根据具体情况选用。电极使用及保养要注意以下事项：

(1) 白金表面和隔膜沾污会使测试不准确，因此建议在每次测试后要清洗电极。

(2) $CaCO_3$ 沾污可用 10% 柠檬酸或稀酸清洗，有机油脂沾污可用温水加一些家用清洗剂或 80% 酒精溶液清洗。蛋白质沾污用胃蛋白酶溶液去除。

(3) 建议用 SORT/RH 活性粉末配制的溶液清洗白金表面。

(4) 清洗完后用去离子水漂洗电极，禁止刮擦电极或把电极当搅拌棒使用。

(5) 填充液，保存液均用 3mol/L 的 KCl 溶液。

3.17 气相色谱的原理与使用

3.17.1 概述

1. 气相色谱技术的发展

色谱(chromatography)是一种分离的技术，是随着现代化科学技术的发展应运而生的。20 世纪 20 年代，许多植物化学家开始采用色谱方法对植物提取物进行分离，色谱方法开始被广泛应用。自 20 世纪 40 年代以来，以 Martin 为首的化学家建立了一整套色谱的基础理论，使色谱分析方法从传统的经验方法总结归纳为一种理论方法。Martin 等人研制了气相色谱仪器，使色谱技术从分离方法转化为分析方法。20世纪50年代以后，由于战后重建和经济发展的需要，化学工业特别是石油化工得到快速发展，急需建立快速有效的石化成分分析方法。而石化成分结构复杂、相似且多数成分熔点相对较低，气相色谱正好吻合石化成分分析的要求，效果十分明显有效。石化工业的发展使色谱技术，特别是气相色谱得到广泛的应用，气相色谱仪器也不断得到改进和完善，逐渐成为一种工业分析必不可少的手段和工具。20世纪60年代，气相色谱分析法逐渐趋于成熟。

2. 气相色谱法的特点

气相色谱法(gas chromatography，GC)是一种以气体为流动相，采用冲洗法的柱色谱分离技术。气相色谱法的流动相是气体，称为载气(carrier gas)，一般为化学惰性气体，如氮气、氦气等。固定相可用固体吸附剂，称为气—固色谱法(gas-solid chromatography，GSC)；也可用吸附于固体载体(solid support)上的液体，或结合于管柱壁上的液体，称为气—液色谱法(gas-liquid chromatography，GLC)。GC能分离气体及在操作温度下能成为气体，但又不分解的物质。GC可与质谱法(MS)或红外光谱法(IR)结合使用。GC的特点如下：

(1) 高效率

GC可以在极短时间内同时分离及测定多成分的混合物。一般使用毛细管柱可以一次同时测定及分离100多种的烃类混合物。

(2) 高选择性

GC能分离及分析性质极相近的成分，如同分异构体、同位素等。

(3) 高灵敏度

GC所需的样品量很少(少于10～2μL)。

(4) 高分析速度

GC完成一个分析周期只需几分钟，如果结合电脑则不但快速并且可以自动化操作。

(5) 应用广泛

GC不仅可分析气体样品，也可分析液体及固体样品；可分析无机物及有机物，并可用来制备各种纯组分。常用于挥发性、半挥发性以及400℃以内温度条件下可以气化挥发的各种物质成分的定性定量分析。在-196～450℃的操作温度范围内，只要含有(27～1.3)$\times 10^3$Pa蒸气压者均可使用GC来分离及分析。

3.17.2　气相色谱仪的基本构成

气相色谱仪由6个基本系统组成：气路系统、进样系统、分离系统、温控系统、检测系统、记录系统。

1. 气路系统

气路系统一般由气源钢瓶、减压装置、净化器、稳压恒流装置、压力表和流量计以及供载气连续运行的密闭管路组成。

(1) 气源钢瓶

气相色谱中的载气为化学惰性气体，常用的有氢气、氮气和氩气，一般由相应的高压钢瓶供给。选用何种载气，通常由所使用的检测器来决定。

载气的作用：一是作为动力，它驱动样品在色谱柱中流动，并把分离后的各组分推进检测器；二是为样品的分配提供一个相空间。

(2) 减压装置

由于载气供应源为高压钢瓶，故需要使用减压装置(如减压阀)来减压。

(3) 净化器

由于钢瓶中含有微量杂质，如水、氧、烃类气体及一些无机杂质。这些微量杂质对色谱图会有影响，在进入色谱柱分离之前，必须经过净化器来除掉杂质。净化器内含有硅胶、活性碳、分子筛等净化器，可将这些微量杂质吸附。

(4) 稳压恒流装置

由于载气的流速是影响色谱分离及定性分析的重要参数之一，因此要求载气流速稳定。在恒温色谱柱中，于一定操作条件下，使用稳压阀使进入管柱之压力稳定，则可保持流速稳定。但在程序升温(temperature programming)的色谱柱中，由于管柱内阻随温度升高而不断增加，致使流速逐渐减缓，因此必须在稳压阀之后加一个稳流阀。

(5) 流量计

流速测量可使用转子流量计、毛细管流量计(示差流量计)、皂子流量计。通常使用皂子流量计，橡胶球内含肥皂液或清洁剂溶液，被挤压时会在气体通路上形成一肥皂泡沫，测量此肥皂泡沫在滴定管刻度间移动所需时间，换算成体积流速。一般接于管柱出口末端。

2. 进样系统

进样就是把样品快速而定量地加到色谱柱上端，以便进行分离。进样系统包括进样器和气化室两部分。

(1) 进样器

气体样品可用旋转式六通阀进样。阀体用不锈钢制成，阀瓣用聚四氟乙烯制成。将阀置于取样位置，使气体充满定量管，然后将阀瓣旋转60°，载气便将样品送入色谱柱中。

液体样品可用微量注射器进样。将液体样品吸入1μL或5μL注射器中，把注射器的针头刺穿进样器的硅橡胶垫内，迅速注入样品，经气化室瞬间气化后，进入色谱柱。

(2) 气化室

它的作用是将液体样品迅速完全气化。

3. 分离系统

(1) 色谱柱

色谱柱是色谱仪的心脏，色谱分离过程就是在色谱柱内进行的。色谱柱可分为填充柱和毛细管柱两类，都是由固定相和柱管构成。柱管可用不锈钢、铜、玻璃或聚四氟乙烯等材料制成，可根据样品有无腐蚀性、反应性及柱温的要求，选用适当材料制作的色谱柱。

不锈钢制成的管柱，其机械强度佳、耐腐蚀、耐温，在高温下操作对大部分物质无催化作用。玻璃管柱便于检查管内填充物是否均匀、是否变质，并且玻璃对样品成分不具催化作用。但玻璃管柱的机械强度、导热性较差。聚四氟乙烯对样品不具催化作用，对于某些含硫的有机物，其分离效果良好。钢制管柱因具有催化作用，较少使用。管柱外形有直线形、U形、螺旋形等。

常用的填充柱内径为2~4mm，长1~3m。填充料可以是具有吸附性的吸附剂或覆盖在载体上的均匀固定液膜。填充柱可供选择的填料种类很多，因而具有广泛的选择性，应用很广。但由于填充管柱的渗透性较小，质量传送阻力大，且管柱不能太长而使其分离效率受到限制。

毛细管柱又叫空心柱，柱内径0.1~0.5mm，柱长30~300m。空心毛细管柱是将固定液直接涂在毛细管的内壁表面。由于毛细管柱的质量传送阻力小且管柱长，因此其渗透性好，分离效率高，分析速度快。但柱容量低，进样量小，要求检测器灵敏度高，操作条件严格，所以多数情况下都用填充柱。

(2) 色谱炉

色谱炉的作用是为样品各组分在柱内的分离提供适宜的温度。

4. 温控系统

温度控制系统用来设定、控制和测量色谱炉、气化室和检测器的温度。

(1) 色谱炉温度

色谱炉温度从 300～500℃连续可调，可在任意给定温度保持恒温，也可按一定的速率程序升温。

对于宽沸程的多组分混合物，可采用程序升温法。程序升温即在分析过程中按一定速度提高柱温。在程序开始时，柱温较低，低沸点的组分得到分离，中等沸点的组分移动很慢，高沸点的组分还停留于柱口附近；随着温度上升，组分由低沸点到高沸点依次分离出来。采用程序升温后不仅改善分离，而且可以缩短分析时间，得到的峰形也很理想。

(2) 气化室温度

气化室温度应使试样瞬间气化而又不分解，气化室温度一般比柱温高 30～50℃。

(3) 检测器的温度

除氢火焰离子检测器外，所有检测器对温度变化都较敏感，尤其是热导检测器，温度的微小变化，都直接影响检测器的灵敏度和稳定性，所以检测器的控温精度要优于 ±0.1℃。

5. 检测系统

检测系统主要是检测器，即一种能把进入其中各组分的量转换成易于测量的电信号的装置。

(1) 检测器的分类

1) 根据对信号的记录方式不同，主要分为积分型和微分型：

积分型检测器系连续测量管柱流出物的流量，得到一阶梯形的曲线，如图 3-6 所示。每一阶梯代表一种组分，而阶梯的垂直高度与该成分的总量成正比。此类检测器目前较少用。

微分型是测量管柱流出物及其浓度的瞬间变化，得到一峰形的曲线，如图 3-7 所示。每一峰代表一组分，每一峰的面积(或峰高)与每一组分的含量成正比。目前广泛使用此类型检测器。

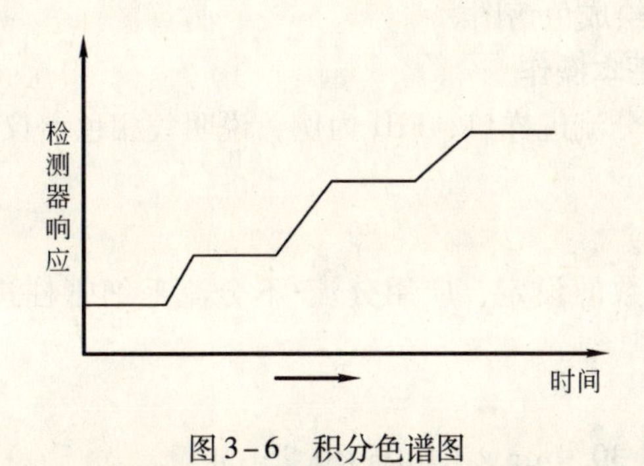

图 3-6　积分色谱图

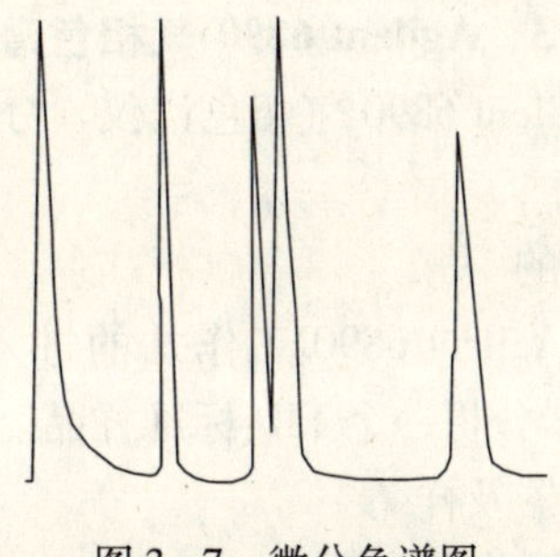

图 3-7　微分色谱图

2）根据检测原理的不同，可分为浓度型和质量型：

浓度型检测器测量的是载气中组分浓度瞬间的变化，即检测器的响应值正比于载气中组分的浓度。例如热导检测器和电子捕获检测器。

质量型检测器测量的是载气中所携带的样品进入检测器的速度变化，即检测器的响应信号正比于单位时间内组分进入检测器的质量。例如氢焰离子化检测器和火焰光度检测器。

（2）气相色谱中常用的检测器

1）热导检测器

热导检测器(TCD)具有结构简单、性能稳定、操作方便，对无机气体样品和有机样品都有响应，不破坏样品等优点，它是应用最广、比较成熟的一种检测器。其检测原理是由热丝和固定电阻组成一个惠斯顿电桥。当色谱仪没有注入样品时，电桥处于平衡状态，无输出信号。当载气中有分析物通过时，灯丝温度升高，电阻升高，电桥失去平衡，有电压信号输出。

2）氢焰检测器

氢焰检测器(FID)几乎对所有的有机物都能产生信号，能识别任何烃的存在，灵敏度高，线性范围宽，响应快，应用范围很广，但对永久性气体和 CO_2、NH_3、H_2O、H_2S 等不产生信号。FID 将从柱流出的样品和载气通过一个氢气－空气火焰。氢气－空气火焰本身只产生少许离子，但是当有机化合物燃烧时，产生的离子数量增加。极化电压把这些离子吸收到火焰附近的收集极上。产生的电流与燃烧的样品量成正比。此电流可被电流计检测并转换成数字信号，送到输出装置。

3）电子捕获检测器

电子捕获检测器(ECD)是一种有选择性、高灵敏度的浓度型检测器，对电负性物质(如含卤素、S、P、N、O 的化合物)有响应，而且电负性越强，灵敏度越高。最小检测量可达 10^{-14}g/s。对于非电负性的如烃类、芳香烃等的响应信号很小。其检测原理是：由柱流出的载气及吹扫气进入 ECD 池，在放射源放出的 β 射线的轰击下被电离，产生大量电子。在电源、阴极和阳极电场作用下，该电子流向阳极，得到基流。当电负性组分从柱后进入检测器时，即俘获池内电子，使基流下降，产生一负峰。通过放大器放大，在记录器记录，即为响应信号，其大小与进入池中组分量成正比。负峰不便观察和处理，通过极性转换即为正峰。

6. 记录系统

主要功能是将从检测器出来的电信号绘成色谱图。

3.17.3 Agilent 6890 气相色谱仪的基本操作

以 Agilent 6890 气相色谱仪、分流/不分流进样口、FID 为例，说明气相色谱仪的基本操作步骤。

1. 目的

练习 Agilent 6890 工作站的进入，参数的设定，应用分流/不分流毛细管柱进样口、FID 检测器分析一个 FID 标准样品。

2. 仪器及样品

（1）色谱柱：Agilent－1(5) 毛细管柱 30.0μm×320μm×0.25μm

（2）进样口：分流/不分流毛细管柱进样口

（3）检测器：FID 检测器

（4）样品：Agilent FID 标准样品（P/N：18710－60170）

3. 操作步骤

（1）开启主机，进入联机状态。

1）检查所有气源状态及压力，然后打开气源（载气及检测器的支持气）。

2）打开主机电源，并等待主机通过自检。

3）在计算机屏幕上 Start 处单击选择 Agilent Chemstations，再选择 Instrument 1online。等待 GC 与工作站之间的沟通并观测工作站版本号等信息。

（2）编辑整个方法，主要编辑数据采集参数，按图 3－8 所示流程进行操作。

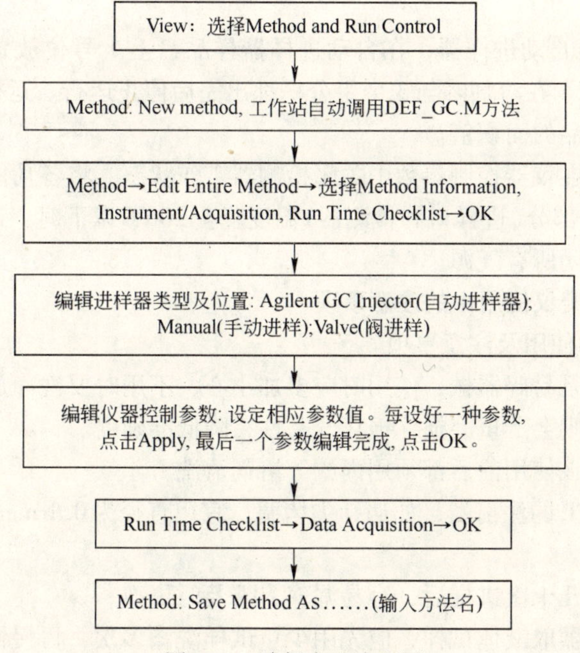

图 3－8　编辑方法流程图

其中仪器控制参数编辑界面主要完成以下参数设置：

1）设置柱参数：选择柱（Columns）图标，进入柱参数设定；选择所使用的柱号；根据实际情况配置柱子连接的进样口和检测器位置；设定柱流量（1.0mL/min）。

2）设置炉温参数：选择柱箱（Oven）图标，进入炉温参数设定；需要设定的参数包括初始温度（如 40℃）、升温阶次（Ramp）、升温速度（℃/min）、在某一温度保持的时间（Hold min）；也可输入柱子的最大耐高温、平衡时间（如 325℃，3min）。

3）设置进样口参数：选择进样口（Inlets）图标，进入进样口设定；选择进样口的位置；选择合适的载气类型（如 N_2）；选择进样方式，分流方式（Split）或不分流方式（Splitless）；输入进样口温度、进样口压力（如 200℃，15psi）；如选择不分流方式，输入吹扫流量（如 0.75min 后 60mL/min）；如选择分流方式，输入分流比或分流流量。

4）设置检测器参数：选择检测器（Detector）图标，进入检测器参数设定；选择检测器的位置（Front 或 Back）；输入 H_2 流量（如 30mL/min）、空气流量（如 400mL/min）、检测器温度(如300℃)、辅助气流量(如25mL/min)、辅助气类型(如N_2)。

5)设置信号参数:选择信号(Signals)图标,进入信号参数设定;选择信号来源,前检测器(Front detector)或后检测器(Back detector);选择数据保存方式,All表示存储所有的数据;选择数据采集频率(如20Hz)。

(3)做一个Agilent FID标准样品的分析:

1)调出在线窗口。如果没有基线显示,单击Change键,从中选择要观测的信号,如back detector。单击OK后可看到蓝色基线显示。

2)填写样品信息,从Run Control中选择Sample Info。

3)待观测到的基线比较平坦后,在色谱仪上手动进样品1μL,在键盘上按Start启动运行。在溶剂峰与3个组分峰都出完后停止运行。运行停止后工作站中将会打出报告,记录样品的面积值。

4)假如仪器配有自动进样器,在自动进样器样品盘上1号位放置样品瓶,点击屏幕上Start按钮启动运行。在溶剂峰与3个组分峰都出完后停止运行。运行停止后工作站中将会打出报告,记录样品的面积值。

(4)试验结束,在仪器控制参数中关闭检测器工作状态,将各功能块降温。待柱温降低至50℃以下,其他部分(进样口和检测器)温度降至100℃以下时,退出化学工作站,关闭色谱仪电源,并关闭所有气源。

3.17.4 气相色谱仪使用中的注意事项

1. 微量注射器的使用及注意事项

(1)微量注射器是易碎器械,使用时应多加小心,不用时要洗净放入盒内,不要随便玩弄,来回空抽,否则会严重磨损,损坏气密性,降低准确度。

(2)微量注射器在使用前后都须用丙酮等溶剂清洗。

(3)对10~100μL的注射器,如遇针尖堵塞,宜用直径为0.1 mm的细钢丝耐心穿通,不能用火烧的方法。

(4)硅橡胶垫在几十次进样后,容易漏气,需及时更换。

(5)用微量注射器取液体试样,应先用少量试样洗涤多次,再慢慢抽入试样,并稍多于需要量。如内有气泡则将针头朝上,使气泡上升排出,再将过量的试样排出,用滤纸吸去针尖外所沾试样。注意切勿使针头内的试样流失。

(6)取好样后应立即进样,进样时,注射器应与进样口垂直,针尖刺穿硅橡胶垫圈,插到底后迅速注入试样,完成后立即拔出注射器,整个动作应进行得稳当、连贯、迅速。针尖在进样器中的位置,插入速度,停留时间和拔出速度等都会影响进样的重复性,操作时应注意。

2. 氢火焰检测器的使用及注意事项

(1)通氢气,待管道中残余气体排出后,应及时点火,并保证火焰是点着的。

(2)使用FID时,离子室外罩须罩住,以保证良好的屏蔽和防止空气侵入。如果离子室积水,可将端盖取下,待离子室温度较高时再盖上。

(3)离子室温度应大于100℃,待层析室温度稳定后,再点火,否则离子室易积水,影响电极绝缘而使基线不稳。

3. 载气钢瓶的使用规程

(1) 更换气瓶时，将钢瓶固定好，切勿倾斜。

(2) 钢瓶上的气表安装时螺扣要上紧。

(3) 操作时严禁敲打，发现漏气须立即修好。

(4) 气表及专用工具严禁与油类接触。

(5) 用后气瓶的剩余残压不应少于980kPa。

3.18 高效液相色谱的原理与使用

3.18.1 概述

1. 液相色谱技术的发展

20世纪60年代以来，生物技术飞速发展。生物成分复杂、相对分子质量大、熔点沸点高、在高温条件下易分解，因此气相色谱法已经不能满足对生物成分分析测试的要求，于是人们就重新考虑采用液相色谱，并进一步提高传统液相色谱的分离效率，诞生了高效液相色谱(High Performance Liquid Chromatography，HPLC)。与传统液相色谱不同的是，高效液相色谱采用了高压泵及填有很细颗粒的高效色谱柱。高效色谱柱可以对许多成分进行高效分离和分析，由于高效液相色谱通常采用紫外可见光度检测，而大多数有机化合物均有紫外可见吸收，因此高效液相色谱可以对大量有机化合物进行分析。高效液相色谱法适于分析高沸点不易挥发的、受热不稳定易分解的、分子量大、不同极性的有机化合物；生物活性物质和多种天然产物；合成的和天然的高分子化合物等，约占全部有机化合物的80%。20世纪70年代以后，国际上不论是气相色谱还是高效液相色谱，均成为各行各业必不可少的分析工具，广泛应用于各个生产研究领域。

2. 高效液相色谱法的分类

(1) 按溶质在两相分离过程的物理化学原理分类

吸附色谱(Adsorption Chromatography)、分配色谱(Partition Chromatography)、离子色谱(Ion Chromatography)、体积排阻色谱(Size Exclusion Chromatography)、亲和色谱(Affinity Chromatography)。

1) 吸附色谱

吸附色谱法又称为液固色谱法，固定相为固体吸附剂，常用的是碳酸钙、硅胶、三氯化二铝、氧化镁、活性炭等。在高效液相色谱中，使用了特制的全多孔微粒硅胶，它不仅可直接用作液固色谱法的固定相，还是液液色谱法和键合相色谱法固定相的主要基体材料。

吸附色谱法的分离原理是固定相表面存在着分散的吸附中心，溶质分子和流动相分子在吸附剂表面呈现的吸附活性中心上进行竞争吸附。当溶质分子在吸附剂表面被吸附时，会置换已经吸附在吸附剂表面的流动相分子。当然，样品分子中带有不同官能团的分子之间在吸附剂表面上也发生竞争吸附。这些竞争作用的存在，便形成不同溶质在吸附剂表面的吸附、解吸平衡，这就是液固色谱分离选择性的基础。吸附色谱法的优点是柱填料价格便宜，对样品的负载量大，在pH=3~8范围内固定相的稳定性较好。

液固色谱法对具有中等分子量的油溶性样品(如油品、脂肪、芳烃等)可获得最佳的分离，而对于强极性或离子型样品，可能会发生不可逆吸附，因而不能获得满意的分离效果。此外，液固色谱法对于具有不同极性取代基的化合物或异构体混合物，表现出很高的选择性，对同系物的分离能力较差。

2）分配色谱

分配色谱法又称液液色谱法，它的固定相是将一种极性或非极性固定液吸附在惰性固相载体上而构成的。由于可涂渍固定液的种类繁多，液液色谱法已发展成为能分离多种类型样品的方法，包括水溶性和油溶性样品，极性和非极性化合物，离子型和非离子型化合物等。

分配色谱法的分离原理是利用样品中各组分在固定相和流动相中的溶解度不同，分别进入两相进行分配，即样品中各组分依靠两相间的分配系数的差异而实现分离。若样品中各组分在两相间的分配系数不同，各组分在流动相中被携带的速度就不一样，分配系数大的组分在柱内停留时间长，从柱内流出晚。分配色谱法的优点是色谱柱再生方便、样品负载量高、重现性好、分离效果佳。缺点是固定液机械涂渍在载体上，在流动相中会产生微量溶解，在流动相连续通过色谱柱的机械冲击下，固定液会不断流失，造成污染。

3）键合相色谱法

化学键合相色谱法是由液液分配色谱法发展起来的。为了解决固定液的流失问题，将各种不同的有机官能团通过化学反应共价键合到硅胶(载体)表面的游离羟基上，而生成化学键合固定相，并进而发展成键合相色谱法。至今，键合相色谱法已逐渐取代液液分配色谱法，获得日益广泛的应用，在高效液相色谱法中占有极为重要的地位。其优点是相对于各种极性溶剂，都具有良好的化学稳定性和热稳定性。由它制备的色谱柱柱效高、使用寿命长、重现性好、选择性好，适用于具有宽范围分配系数的样品的分离。

根据键合固定相与流动相相对极性的强弱，将键合相色谱法分为正相键合相色谱法和反相键合相色谱法。据统计，在高效液相色谱法中，约70%～80%的分析由反相键合相色谱法来完成。

① 正相键合相色谱法分离原理：极性键合固定相，将多孔微粒硅胶载体，经酸活化处理制成表面含有大量硅醇基的载体后，在与含有胺基、腈基、醚基的硅烷化试剂反应，生成表面具有胺基、腈基、醚基的极性固定相。

② 反相键合相色谱法的分离原理：使用非极性键合固定相，将全多孔微粒硅胶载体，经酸活化处理后与含烷基链(C4、C8、C18)或苯基的硅烷化试剂反应，生成表面具有烷基(或苯基)的非极性固定相。

4）体积排阻色谱法

排阻色谱的分离是基于分子的大小和形状的差异，分离是在孔径与分子大小接近的多孔填料上进行的，又可称作空间排阻色谱法。具有不同分子大小的样品，通过多孔性凝胶固定相，借助精确控制凝胶孔径的大小，使样品中的大分子不能进入凝胶孔洞而完全被排阻，只能沿多孔凝胶粒子之间的孔隙通过色谱柱，首先从柱中被流动相洗脱出来；中等大小的分子能进入凝胶中一些适当的孔洞，但不能进入更小的微孔，在柱中受到滞留，较慢地从柱中洗脱出；小分子可进入凝胶的绝大部分孔洞，在柱中受到更强的滞留，会更慢的被洗脱出；溶解样品的溶剂分子，分子量最小，最后从柱中流出，从而实现不同分子大小样品的完全分离。

体积排阻色谱法特别适用于对未知样品的探索分离。它可很快提供样品按分子大小组成的全面情况，并迅速判断样品是简单的还是复杂的混合物，并提供样品中各组份的近似分子量。适合于分析水溶液中的多肽、蛋白质、生物酶、寡聚或多聚核苷酸、多糖等生物分子。

(2) 按色谱固定相的形式分类

平板色谱(平面色谱)、柱色谱。

(3) 按分离的压力分类

超高效液相色谱(Ultra-High Pressure Liquid Chromatography，UPLC)、高效液相色谱(High Pressure Liquid Chromatography，HPLC)、中压液相色谱、常压液相色谱。

3.18.2　高效液相色谱的基本构成

高效液相色谱的基本构成如图3-9所示。

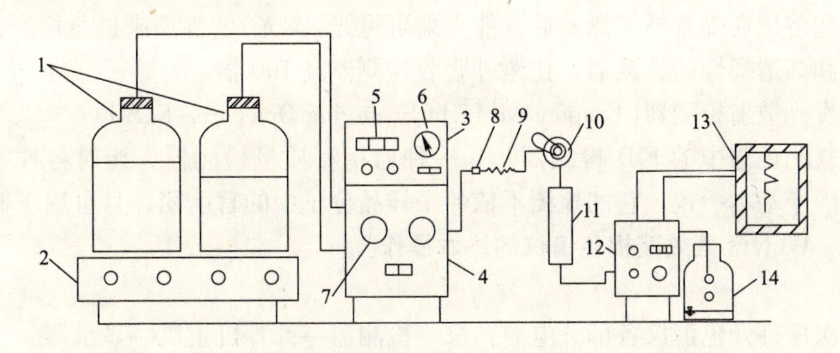

3-9　高效液相色谱仪的组成示意图

1—储液罐；2—搅拌、超声脱气器；3—梯度淋洗装置；4—高压输液泵；5—流动相流量显示；6—柱前压力表；7—输液泵泵头；8—在线过滤器；9—阻尼器；10—六通进样阀；11—保护柱和色谱柱；12—紫外吸收(或折光指数)检测器；13—记录仪(或数据处理装置)；14—回收废液罐

1. 高压输液泵

高压输液泵分为2类：

(1) 恒压泵

系统阻力不变时，可保持恒定流量。当系统阻力发生变化时，难以保证恒定流量。因而，在液相色谱仪发展初期，恒压泵使用较多，现已不再使用。

(2) 恒流泵

1) 注射式螺杆泵。

2) 往复式柱塞型泵，又可分为双柱塞往复式并联泵、双柱塞往复式串联泵、双柱塞各自独立驱动的往复式串联泵。

2. 进样装置

(1) 停流进样装置。

(2) 六通阀进样装置：无论手动进样和自动进样，都离不开六通阀。六通阀进样是高压系统的需要，既不影响系统的正常运行，又能够让样品进入到系统中。

(3) 自动进样器。

3. 检测器

(1) 紫外吸收检测器(Ultraviolet Absorption Detector，UVD)

在高效液相色谱仪中使用最广泛的一种检测器，分为：

1) 固定波长紫外吸收检测器；

2）可变波长紫外吸收检测器；

3）光二级管阵列检测器（Photo-diode-array Detector，PDAD）。

（2）折光指数检测器（Refractive Index Detector，RID）

通过连续监测参比池和测量池中溶液的折射率之差来测定试样浓度的检测器，为一种通用型检测器，一般不能用于梯度洗脱。

（3）电导检测器（Electrical Conductivity Detector，ECD）

为一种选择性检测器，用于检测阳离子或阴离子，在离子色谱中获得广泛应用。由于电导率随温度变化，因此测量时要保持恒温。同样不适于梯度洗脱。

（4）荧光检测器（Fluorescence Detector，FLD）

利用某些溶质在受紫外光激发后，能发射可见光（荧光）的性质来进行检测，是一种具有高灵敏度和高选择性的检测器，比紫外吸收检测器高100倍。

（5）蒸发光散射检测器（Evaporative Light Scattering Detector，ELSD）

类似于气相色谱中的FID检测器，是一种通用型质量检测器，能对各种物质均有响应，且响应因子基本一致，它的检测不依赖于样品分子中的官能团，且可用于梯度洗脱。

3.18.3 Waters高效液相色谱仪的基本操作

1. 开机

按以下次序打开色谱仪各部分电源：泵→检测器→计算机主机→显示器。

2. 打开色谱工作站软件

待检测器自检通过后，鼠标双击Breeze图标，将开始Breeze系统启动例行程序，并确保其通过启动诊断，点击Finish，Breeze界面出现。

3. 设定色谱分析条件

（1）创建新的Project（可按照使用者或测试内容进行创建），并为其命名。

（2）创建初始方法：点击View Method，选择LC，点击OK；点击命令栏上的Instrument Parameters，对Breeze系统中的每个参数和仪器（泵、检测器等）进行相应的参数设定，从Files菜单中选择Save As，对初始方法进行命名。

4. 准备分析

（1）配置流动相，过滤并脱气。

（2）泵的灌注和冲洗（长时间不使用/更换流动相时）：将过滤头放入流动相中，将其置于较低位置，点击Purge图标，选择Purge Pump，点击Next。如尚未灌注泵，打开泵上的排液阀，用注射器抽取10mL洗脱剂后，关闭排液阀，点击Next，Purge Pump页将出现。打开参考阀，输入泵速，由于冲洗流速是每个泵的流速的总和，因此需确保泵的流速不要过大，以免损坏色谱柱。点击Next，Purging Pump页将出现，冲洗完成后，点击Next，关闭参考阀门，完成泵的冲洗。

（3）检测器和进样器的冲洗：点击Purge图标，选择Purge Detector或Purge Injector，按照软件指导内容进行冲洗。

（4）平衡系统：点击采集栏上的Equilibrate图标，并选择相应的方法进行系统的平衡，直到基线稳定，可随时点击Abort Run，退出基线监视器。

5. 进样分析

（1）在计算机上，选择“Make Single Injection”图标，进行数据文件名的命名，设定运行时间，然后选择 Injection。

（2）进样前确保进样阀处于 LOAD 位置，用微量注射器抽取所需量微升的样品，注入到进样阀中，或进行满定量环进样，然后将进样阀扳到 INJECT 位置，此时，对话框消失，色谱系统开始工作，进而将进样阀扳回到 LOAD 位置。

（3）色谱图采集完毕，系统自动停止计时。

（4）分析下一个样品，重复(1)和(2)步骤。

6. 数据处理

（1）点击 Find Data，在“Channel”栏选择相应的数据，点击 Review Data，Processing Parameters Wizard，点击对话框中的 Start New Processing Parameters。

（2）设定积分参数、峰值参数、校正参数。

（3）查看结果，根据需要调整数据的积分、校正和定量。

（4）预览并打印报告。

7. 关机

（1）系统清洗：关机前，用流动相冲洗色谱柱 20～30min。流动相为缓冲溶液时，需用纯水进行充分冲洗，进而按照一定的有机溶剂和纯水配比，冲洗液相色谱系统。如色谱柱长期不用，应按照色谱柱的说明，将其妥善保存，注意两端封存，避免色谱柱变干。

（2）关机：先关闭计算机软件，并按以下次序切断各部分电源：计算机主机→显示器→泵→检测器。

3.18.4 高效液相色谱仪使用中的注意事项

1. 流动相

（1）HPLC 试验均应使用高纯度溶剂(色谱纯)和超纯水(18MΩ·cm)，并储存在玻璃瓶中。缓冲溶液的储存应有一定的时间限制，现用现配，避免交叉污染，使用前采用 0.45μm 的滤膜进行过滤，避免用水溶性滤膜过滤有机溶剂；另外，装流动相的容器和色谱系统中的在线过滤器等装置应该定期清洗或更换。

（2）流动相不宜使用强酸或强碱性溶液，避免流动相不足造成系统抽干并充满空气，避免流速变化率太大对色谱柱的损坏。

（3）确保缓冲溶液与冲洗/储存溶剂互溶，如果不能互溶，首先要用水含量相对较高的溶剂冲洗系统和色谱柱，然后再用冲洗/储存溶剂替换。

（4）流动相使用前应充分脱气，可采用吹氦脱气、加热回流、抽真空脱气、超声波脱气和在线真空脱气等方式。

2. 样品前处理

样品要尽可能清洁，可选用样品过滤器或样品预处理柱(SPE)对样品进行预处理；若样品不便处理，要使用保护柱。在用正相色谱法分析样品时，所有的溶剂和样品应严格脱水。样品须经 0.45μm 的滤膜过滤，并防止所进样品在流动相中产生沉淀。

3. 色谱柱的使用、保存及再生

（1）色谱柱使用前注意事项

在使用前，一定要注意色谱柱的储存液与要分析样品的流动相是否互溶。在反相色谱中，如用高浓度的盐或缓冲液作洗脱剂，应先用10%左右的低浓度的有机相洗脱剂过渡一下，否则缓冲液中的盐在高浓度的有机相中很容易析出，堵塞色谱柱。

（2）流动相

以常规硅胶为基质的键合相填料通常的pH值适用范围是2.0～8.0，BDS C18适合于碱性化合物，pH值适用范围为2.0～10.0。当必须要在pH值适用范围的边界条件下使用色谱柱时，每次使用结束后立即用适合于色谱柱储存，并与所使用的流动相互溶的溶剂清洗，并完全置换掉原来所使用的流动相。

（3）色谱柱的保存

1）反相色谱柱每天试验后的保养

使用缓冲液或含盐的流动相，试验完成后应用10%的甲醇/水冲洗30min，洗掉色谱柱中的盐，再用甲醇冲洗30min。注意：不能用纯水冲洗柱子，应该在水中加入10%的甲醇，防止将填料冲塌陷。

2）长期保存色谱柱

如色谱柱要长时间保存，必须存于合适的溶剂下。对于反相柱可以储存于纯甲醇或乙腈中，正相柱可以储存于严格脱水后的纯正己烷中，离子交换柱可以储存于水（含防腐剂叠氮化钠或柳硫汞）中，并将购买新色谱柱时附送的堵头堵上。储存的温度最好是室温。

（4）色谱柱的再生

因为色谱柱是消耗品，随着使用时间或进样次数的增加，会出现色谱峰高降低，峰宽加大或出现肩峰的现象，一般来说可能是柱效下降。

1）反相柱的再生：依次采用20～30倍的色谱柱体积的甲醇：水＝10∶90（V/V）、乙腈、异丙醇作为流动相冲洗色谱柱，完成后再以相反顺序冲洗色谱柱。

2）正相柱的再生：依次以20～30倍色谱柱体积的正己烷、异丙醇、二氯甲烷、甲醇作为流动相冲洗色谱柱，然后再以相反的顺序冲洗色谱柱。要注意上述溶剂必须严格脱水。

（5）色谱柱在使用过程中易出现的问题和解决办法

色谱柱在使用中最常见的问题就是柱压升高，如果柱压是在长时间使用过程中缓慢增加，属于正常现象。但柱压在使用过程中突然升高（系统管路堵塞及压力传感器故障除外），以下列举了部分常见原因及解决办法。

1）色谱柱头的过滤筛板堵塞或污染

解决方法：如确定是色谱柱头的过滤筛板被污染，可以将色谱柱反方向用甲醇冲洗至正常压力，或者卸下色谱柱头，将其放在10%的稀硝酸内超声清洗10min后，再用纯水超声10min，重新装入色谱柱。

2）色谱柱头的填料被样品污染

解决方法：如确定色谱柱头的填料被污染，将柱头螺丝卸下，挖出柱内前段被污染的填料，用相同的柱填料重新填入，仔细修复后，重新安装上柱头螺丝。

3）色谱柱内缓冲液中的盐遇到高浓度的甲醇或其他有机溶剂，形成结晶析出

解决方法：如确定是盐结晶，用10%的甲醇/水冲洗色谱柱使柱内盐全部溶解，再换高浓度甲醇。

4）流动相pH值过大或过小使固定相结构破坏或溶解

解决方法：如果因pH值使用不当，很难恢复。

4. 液相色谱日常维护

（1）吸滤头

材料：不锈钢烧结，孔径 10μm；
故障：堵塞；
表现：管路中不断有气泡生成；
措施：用5%稀硝酸，超声波清洗，再用蒸馏水清洗。
（2）单向阀
故障：宝石球或塑料垫片受污导致密封不好；
表现：系统压力波动大；
措施：打开排液阀，以异丙醇为流动相输液；拆下单向阀，放入异丙醇中，超声波清洗。
（3）柱塞密封圈
故障：密封圈磨损导致密封不良；
现象：系统压力波动大或漏液；
措施：更换密封圈。
注意事项：
1）流动相输送量达 120L 时，应更换密封圈；
2）更换前，新密封圈用异丙醇，浸泡 15min；
3）拆卸泵头前，柱塞杆复位。
（4）线路过滤器
故障：堵塞；
现象：系统压力波动大或压力偏高；
措施：5%稀硝酸，超声波清洗；
判断依据：关闭排液阀，断开出口管路，设定流速 1mL/min，如压力 > $3kg/cm^2$，则堵塞。
（5）手动进样器
操作注意点：
1）插针应插到底；
2）不使用时将针头留在进样器内；
3）进样应使用液相色谱专用平头进样针；
4）清洗应使用专用针口清洗器。
故障：样品池受污；
表现：样品池和参比池能量相差较大；
措施：用针筒注入异丙醇，清洗样品池；如污染严重，拆开样品池，将透镜等放入异丙醇中超声波清洗。
判断氘灯能量：设定 220nm 波长，检查参比池能量，如能量低于 800，需更换氘灯。

3.19 离子色谱的原理与使用

3.19.1 概述

1. 离子色谱技术的发展

随着环境科学的发展，不仅需要对大量有机物质进行分离和检测，而且也要求对大量无机离子进行分离和分析。1975 年美国 Dow 化学公司的 H. Small 等人首先提出了离子交换分离抑制电导检测分析思路，即提出了离子色谱这一概念。离子色谱概念一经提出便立即被商品化和产业化，由 Dow 公司组建的 Dionex 公司最早生产离子色谱，并申请了专利。我国从 20 世纪 80 年代开始引进离子色谱仪器，在我国八五、九五科技攻关项目中均列有离子色谱国产化的项目，对其进行了重点技术攻关。离子色谱目前有了国产产品。

2. 离子色谱仪基本构成

离子色谱仪基本构成如图 3-10 所示。

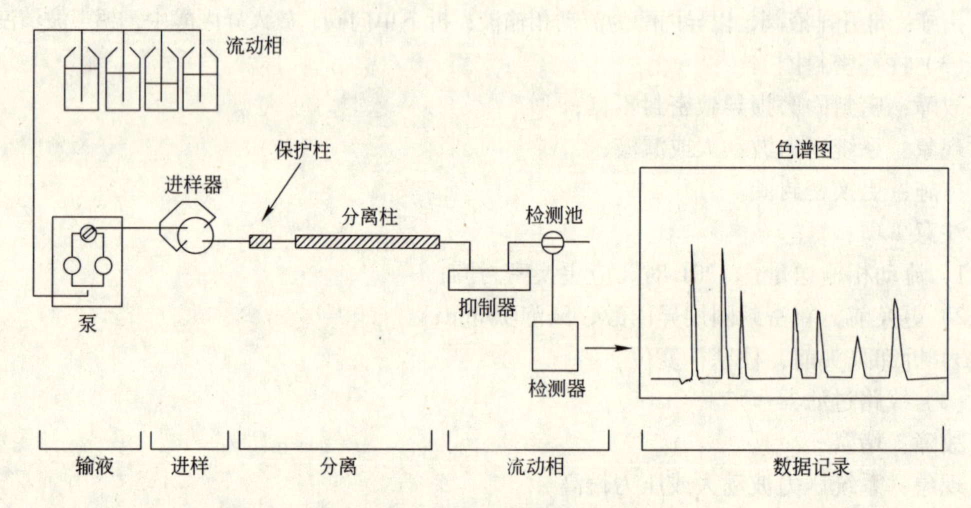

图 3-10　离子色谱仪基本构成

(1) 流动相输送系统

组成：

1) 流动相储存容器(玻璃或聚四氟乙烯，碳酸体系需密封)

2) 在线脱气装置(惰性气体鼓泡吹扫、真空脱气)

3) 高压泵

对高压泵的要求(图 3-11)：

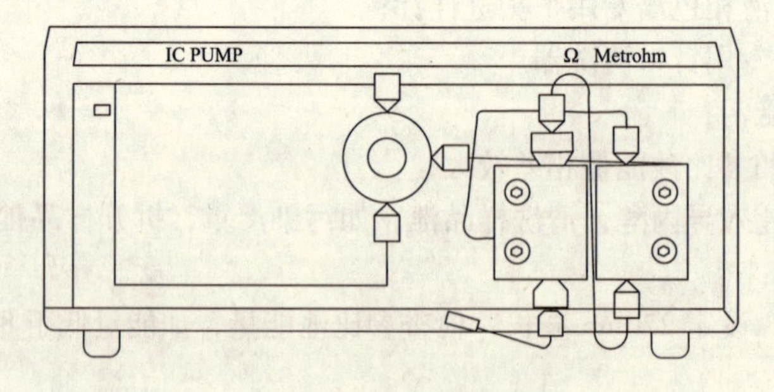

图 3-11　离子色谱高压泵

① 高稳定性。直接关系到分析结果的重复性和准确性。

② 流量控制准确。精度通常要求小于 ±0.5%。

③ 一般要求能够耐 25 ~40MPa 的高压。

④ 泵的死体积要小。通常要求小于 0.5mL。

⑤ 能精确地调节流动相流量。流量测定精度约0.1%。

(2) 分离系统

离子色谱为高效液相色谱HPLC的一种，其用来监测离子物质。将待分离的成分在固定相和流动相之间进行物理化学分离过程。离子色谱是分离离子型成分的所有色谱方法的统称。待测成分和流动相通常是极性和/或离子型的。

1) 色谱的固定相

离子交换色谱阴离子与固定相形成弱离子键。

固定相 = 极性（例如：$R-NR^{3+}$）－流动相 = 极性（例如：Na_2CO_3 水溶液）

2) 色谱的流动相

流动相解吸和运载样品。

以阴离子为例，阴离子与固定相上酸性离子交换位置发生反应。依据键合强度（离子交换平衡常数），阴离子在洗脱液中的碳酸盐之前或之后洗脱出来。由于阴离子的离子交换常数不同，其相应的保留时间不同，从而使“化学性质相似”的成分得以分离。

(3) 检测系统

检测器：样品中的组分在分离柱分离后，通过检测器检测和定量。

1) 电导检测

电导测量检测器测量溶液中离子的电导率，即测量双铂电极两端间的电导。离子在该双铂电极两端间迁移。阴离子向阳极迁移，阳离子向阴极迁移。为了避免改变组份和电极表面形成双电层，采用交流电。

2) 带抑制器的检测器

抑制器的作用是降低背景电导，增大溶质电导；带抑制检测比非抑制检测提高灵敏度1~2个数量级。抑制器可分为阴离子抑制器和阳离子抑制器；柱抑制器和膜抑制器；外加再生剂和在线产生再生剂等类型。

抑制器的原理：例如在阴离子色谱中，采用阳离子交换剂，所有阳离子被H^+取代，高电导率的洗脱液转换为低电导率的洗脱液。抑制器降低背景电导率，改变样品中的反荷离子。

抑制器的工作方法如图3-12所示。3根高容量、长寿命和易操作的微填充抑制柱：1根在流路工作、1根用硫酸再生、1根用去离子水冲洗。

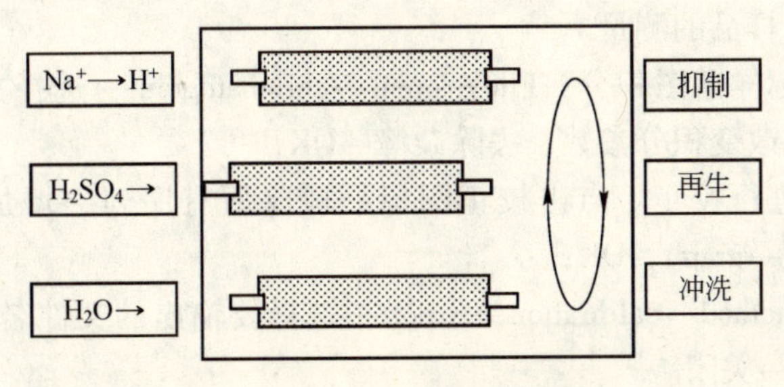

图3-12　抑制器的工作过程

(4) 总体流路

测量流路：洗脱液→双活塞泵→在线过滤→阻尼器→流通阀→保护柱→分离柱→抑制器→检测器

抑制器再生流路(H_2SO_4)：硫酸→蠕动泵→在线过滤→抑制器

抑制器冲洗流路(H_2O)：水→蠕动泵→在线过滤→抑制器

3.19.2 瑞士 Metrohm 761 型离子色谱的基本操作

1. 测定标线

(1) 调用系统

1) 压紧蠕动泵；

2) 打开离子色谱的电源；

3) 打开电脑；

4) 双击软件图标；

5) 在下拉菜单中操作，调用系统文件：File→Open→system - 文件名。

(2) 连接机器和设置参数

1) 联机，在下拉菜单中选择 Control-connect to workshop；

2) 双击离子色谱图标，设置参数；

3) 修改参数；

4) 将修改后的参数保存并传输进系统：Send to unit→save→OK；

5) 开泵运行，点击 On。

(3) 跑基线

1) 在下拉菜单中选择 Control-hardware(start baseline)；

2) 看电导是否稳定，稳定的标志是电导在线实测值只在倒数第一位波动；

3) 基本要稳定 20min 以上。

(4) 测量标样

1) 在下拉菜单中选择 Control-determination；

2) Fill - 推样；

3) 2 ~ 3min 后出现水峰，等待水峰稳定；

4) 点击 inject，注样；

5) 测量开始，出现的为测量物质峰。

(5) 积分和定量

1) 测量完成后，测量界面自动关闭。文件以时间命名存放在 data 文件夹内。在积分之前，可以进行下个样品的测量。

2) 调用刚才的标样谱图积分：File→open→chromatogram→选择文件名→点击积分图标→进入积分菜单→改变积分参数，去除杂峰→OK；

3) 对积分曲线进行校正。点击校正图标→删除所有序列→增加相应序列→更改名称→设定浓度→校正→graph→OK；

4) 输出标线：method→calibration→export→选择要输出的文件名→view apprearence→选择显示方式→save→关闭。

以上为一点校正。

2. 样品测定

(1) 步骤同标线测量，省去校正步骤。

(2) 测量完成后，调入标准曲线，然后进行积分，直接显示样品的浓度测量值。

3.19.3　离子色谱的样品预处理

样品预处理的目的是保护分离柱和改善谱图，目标使被测组分在溶液中呈离子形态，并消除干扰组分。常用的样品预处理方法有稀释、过滤、固相萃取、消解、燃烧和萃取。

1. 样品稀释

理想的直接进样浓度范围是0.5～50mg/L，因此在以下几种情况下需要对样品进行稀释：当被测离子浓度大于100mg/L时要进行稀释；当阴阳离子总浓度大于1000ppm时要稀释；含量未知的样品首先高度稀释。

对于阴离子分析，所采用的稀释剂为水或淋洗液。淋洗液稀释的优点是可以减小系统峰，对于低含量分析(<0.5mg/L)，建议用淋洗液稀释。通常，也可以用水加浓淋洗液进行稀释。

对于阳离子分析，稀释剂为1mmol/L HNO_3。稀释后的pH值应当在3左右(可以用pH计检查)。样品的处理应当在塑料容器中进行(玻璃中的Na离子会被硝酸溶出)。

2. 过滤

样品过滤通常使用0.45μm的过滤膜，可能的话用0.2μm过滤膜。为保护分离柱，建议对所有样品过滤。对于某些难溶样品，可以先进行粗滤或离心以除去大颗粒成分。需要注意的是，被颗粒吸附带走的离子将不被检测。

3. 固相萃取

固相萃取利用的是选择性保留的原理。萃取柱内的填料有多种(吸附剂)。固相萃取的过程为：平衡→保留→洗→洗脱→再生。并非每次都经历所有步骤。通常的情况是，干扰组分被保留在萃取柱上，而被测离子不被保留，这样就不需要清洗和淋洗。

杂质存在的基体决定萃取的类型。对于水相基体，非极性的或含有离子功能基团的物质一般可以用非极性或离子交换吸附剂来萃取。极性吸附剂适于从非极性介质中萃取极性物质。几种固相萃取柱分为：H^+柱(IC－H)、OH^-柱(IC－OH)、Ag^+柱(IC－Ag)、Ba^{2+}柱(IC－Ba)、非极性固相萃取(IC－RP)、极性固相萃取和吸附柱。

(1) H^+柱(IC－H)

柱填料是$R-SO_3^-H^+$，用于阴离子分析。主要应用于以下情况：

1) 样品中阳离子(例如Ca^{2+}，Mg^{2+})含量太高，谱前峰太宽，使得前面的阴离子峰被掩盖。

2) 除去样品中的CO_3^{2-}/HCO_3^-(也可以用超声或通氮气去除)。

3) 碱性样品的基体消除，如下所示：

$$NaOH + R-SO_3^-H^+ \longrightarrow H_2O + R-SO_3^-Na^+$$

4) 离子排斥色谱中消除样品中的阳离子。

(2) OH^-柱(IC－OH)

用于阳离子分析，阴离子交换剂为OH^-。对于强酸性样品(pH<2)，可以先用OH^-柱将pH提高，然后用HNO_3调节pH到3，如下所示：

$$HCl + R-NH_3^+OH^- \longrightarrow H_2O + R-NH_3^+Cl^-$$

(3) Ag^+柱(IC－Ag)

去除卤素离子(Cl^-、Br^-、I^-)。为了避免Ag^+进入分离柱，经过Ag^+柱后的样品还需要通过一阳离子交换柱(例如IC－H柱)。

(4) Ba^{2+}柱(IC－Ba)

去除SO_4^{2-}离子。试验发现使用该柱离子损失较大，目前该技术还有待完善。

(5) 非极性固相萃取(IC－RP)

当遇到下述几种情况时，需要使用非极性固相萃取：样品中含有有机物；样品富集重金属络合物后测定；或从干扰基体中萃取重金属络合物(例如盐水中的重金属)。

几种非极性吸附剂：C18(十八烷基)、C8(辛基)、C2(乙基)、PH(苯基)、CH(环己基)。最常用的是C18(或RP－18)

(6) 极性固相萃取

当遇到下述几种情况时，使用极性固相萃取：萃取过量的硫酸盐(氧化铝)，F^-也被去除，仅当必要时使用；富集硫酸盐，然后用氨水洗脱(氧化铝)；从非极性基体中富集极性物质。

几种极性吸附剂：CN(氰丙基)、2OH(二醇)、SI(硅酸)、AL(氧化铝)等等。

(7) 吸附柱

另外一种消除有机干扰物质(例如胶体，染料等)的方法是活性炭吸附后过滤，必须使用光谱纯活性炭。

4. 消解

(1) 对于阳离子分析，多种矿化手段可以使用：干法消解、加酸后干法消解、湿法消解等等。

(2) 铂金坩埚中灰化已用于多种样品。残渣用少量硝酸溶解后稀释，然后测定。

(3) 湿法灰化的空白较高，但在某些情况下生成的残渣溶解性会好一些。

(4) 对于阴离子分析，不能使用开放式消解。应当在密闭容器中消解，然后碱性介质吸收。

(5) Na_2CO_3/K_2CO_3熔融法可用于测定硅酸盐样品中的二价阳离子和硅酸盐。

(6) 无论哪种方法，都要确保：含量变化尽量小；有机基体要完全破坏；消解试剂要尽可能完全赶掉。

5. 燃烧

(1) 燃烧法可用于测定有机物中的卤素及硫。

(2) 该方法不适合痕量分析。样品含量应在百分范围内，至少0.01%～0.1%。

6. 萃取

(1) 分析油或溶剂样品中的离子，建议使用水或淋洗液萃取的方法。

(2) 带入水相的溶剂可以通过固相萃取的方法去除。

(3) 如果要测定全部元素含量，则需要燃烧法。

3.19.4 离子色谱的维护和保养

1. 溶液制备

(1) 洗脱液必须抽滤，过0.22μm或0.45μm的滤膜。

(2) 水、硫酸溶液必须抽滤，过0.22μm或0.45μm的滤膜。

(3) 样品必须过0.22μm或0.45μm的滤芯。

(4) 洗脱液放置不能超过2周。

2. 流路

(1) 每次开机后，观察白色的再生液和冲洗液的废液管是否有溶液流出，若没有流出，检查蠕动泵管是否压紧。

(2) 检查在线过滤，可拧下在线过滤与抑制器之间的连接头，观察是否有溶液流出。若还是没有流出，表明在线滤芯被堵。

措施：更换过滤芯。

(3) 如果发现蠕动泵管从与在线过滤的连接头脱落，肯定是在线滤芯被堵。

措施：更换滤芯。

(4) 每次开机压紧蠕动泵，关机搬下压手。

3. 预警与解除

(1) 电导值过高，发出预警信号。检查是否"Fill"和"Inject"切换过于频繁，来不及再生和冲洗。

措施：调用"Prep-MSM"系统，每隔20min自动切换，运行1h。

(2) 如果还是无法降低电导。

措施：增加再生液硫酸的浓度50mmol/L或100mmol/L。再按"Prep-MSM"运行1h。

一个样品测定时间必须大于25min，等所有离子检测完成，再进行下一个样品的测量。防止管路有气体，可通过排气阀排气。当系统漏水或者有气体，都会造成系统报警，以压力过高警示。

4. 细菌问题

(1) 细菌滋生对离子色谱有比较大的负面影响，它会破坏分离柱。

(2) 不少离子色谱问题往往是由于藻类、细菌和霉菌的滋生引起的。

(3) 淋洗液、再生液以及冲洗液应当保持新鲜，定期更换。

(4) 如果仍有细菌滋生，可以在淋洗液中加入5%的甲醇或丙酮。

5. IC的长期保存

(1) 如果离子色谱长期(>1周)不用，应当将分离柱卸下，用甲醇：水 =1:4(体积比)冲洗管路。

(2) 注意对抑制器的3个柱子也都要冲洗。

(3) 分离柱应当按照柱子说明书的指示保存在适当的介质中。

(4) 当重新开机时，注意先用新配的淋洗液冲洗管路后再安装分离柱。

6. 试剂要求

(1) 所有试剂都应当是分析纯以上。

(2) 标准品应当是离子色谱专用的。

7. 水质要求

(1) 离子色谱以水性介质为主。因此水的好坏对结果至关重要。水质不好还可能对仪器和分离柱有损坏。

(2) IC用水的要求：电阻 >18MΩ；无颗粒(<0.45μm 滤膜过滤)。

3.20 气相色谱—质谱联用仪

3.20.1 概述

1. 质谱仪的分类

质谱分析法是通过对被测样品离子的质荷比的测定来进行分析的一种分析方法。被分析的样品首先要离子化，然后利用不同离子在电场或磁场的运动行为的不同，把离子按质荷比(m/z)分开而得到质谱，通过样品的质谱和相关信息，可以得到样品的定性定量结果。

质谱仪种类非常多，工作原理和应用范围也有很大的不同。从应用角度，质谱仪可以分为下面几类。

(1) 有机质谱仪

由于应用特点不同又分为：

1) 气相色谱—质谱联用仪(GC—MS)。在这类仪器中，由于质谱仪工作原理不同，又有气相色谱—四极质谱仪，气相色谱—飞行时间质谱仪，气相色谱—离子阱质谱仪等。

2) 液相色谱—质谱联用仪(LC—MS)。同样，有液相色谱—四器极质谱仪，液相色谱—离子阱质谱仪，液相色谱—飞行时间质谱仪，以及各种各样的液相色谱—质谱—质谱联用仪。

3) 其他有机质谱仪，主要有：基质辅助激光解吸飞行时间质谱仪(MALDI—TOFMS)、富立叶变换质谱仪(FT—MS)。

(2) 无机质谱仪

又可分为：火花源双聚焦质谱仪、感应耦合等离子体质谱仪(ICP—MS)、二次离子质谱仪(SIMS)。

(3) 同位素质谱仪

(4) 气体分析质谱仪

主要有呼气质谱仪，氦质谱检漏仪等。

除上述分类外，还可以从质谱仪所用的质量分析器的不同，把质谱仪分为双聚焦质谱仪，四极杆质谱仪，飞行时间质谱仪，离子阱质谱仪，傅立叶变换质谱仪等。

2. 一般质谱仪结构与工作原理

质谱分析法主要是通过对样品的离子的质荷比的分析而实现对样品进行定性和定量的一种方法。因此，质谱仪都必须有电离装置把样品电离为离子，有质量分析装置把不同质荷比的离子分开，经检测器检测之后可以得到样品的质谱图。由于有机样品、无机样品和同位素样品等具有不同形态、性质和不同的分析要求，所以，所用的电离装置、质量分析装置和检测装置有所不同。但是，不管是哪种类型的质谱仪，其基本组成是相同的，都包括离子源、质量分析器、检测器和真空系统。

(1) 离子源

离子源的作用是将欲分析样品电离，得到带有样品信息的离子。质谱仪的离子源种类很多，离子源又分为电子电离源(Electron Ionization EI)、化学电离源(Chemical Ionization CI)、快原子轰击源(Fast Atomic bombardment FAB)、电喷雾源(Electron spray Ionization ESI)、大气压化学电离源(Atmospheric pressure chemical Ionization APCI)、激光解吸源(Laser Description LD)。

(2) 质量分析器(Mass Analyzer)

质量分析器的作用是将离子源产生的离子按 m/z 顺序分开并排列成谱。用于有机质谱仪的质量分析器有磁式双聚焦分析器、四极杆分析器、离子阱分析器、飞行时间分析器、回旋共振分析器等。

（3）检测器(Detecter)

质谱仪的检测主要使用电子倍增器，也有的使用光电倍增管。由四极杆出来的离子打到高能极产生电子，电子经电子倍增器产生电信号，记录不同离子的信号即得质谱。由倍增器出来的电信号被送入计算机储存，这些信号经计算机处理后可以得到色谱图，质谱图及其他各种信息。

（4）真空系统

为了保证离子源中灯丝的正常工作，保证离子在离子源和分析器正常运行，消减不必要的离子碰撞、散射效应、复合反应和离子-分子反应、减小本底与记忆效应，因此，质谱仪的离子源和分析器都必须处在优于10^{-3}Pa的真空中才能工作。也就是说，质谱仪都必须有真空系统。一般真空系统由机械真空泵和扩散泵或涡输分子泵组成。机械真空泵能达到的极限真空度为0.1Pa，不能满足要求，必须依靠高真空泵。扩散泵是常用的高真空泵，其性能稳定可靠，缺点是启动慢，从停机状态到仪器能正常工作所需时间长。涡轮分子泵则相反，仪器启动快，但使用寿命不如扩散泵。由于涡轮分子泵使用方便，没有油的扩散污染问题，因此，近年来生产的质谱仪大多使用涡轮分子泵。涡轮分子泵直接与离子源或分析器相连，抽出的气体再由机械真空泵排到体系之外。

以上是一般质谱仪的主要组成部分。当然，若要仪器能正常工作，还必须要供电系统，数据处理系统等。

3.20.2　气相色谱—质谱联用仪(Gas Chromatography—Mass Spectrometer，GC—MS)的组成

质谱仪是一种很好的定性鉴定用仪器，对混合物的分析无能为力。色谱仪是一种很好的分离用仪器，但定性能力很差，二者结合起来，则能发挥各自专长，使分离和鉴定同时进行。GC—MS主要由三部分组成：色谱部分、质谱部分和数据处理系统。色谱部分和一般的色谱仪基本相同，包括有柱箱、汽化室和载气系统，也带有分流/不分流进样系统，程序升温系统、压力、流量自动控制系统等。一般不再有色谱检测器，而是利用质谱仪作为色谱的检测器。在色谱部分，混合样品在合适的色谱条件下被分离成单个组分，然后进入质谱仪进行鉴定。

色谱仪是在常压下工作，而质谱仪需要高真空，因此，如果色谱仪使用填充柱，必须经过一种接口装置——分子分离器，将色谱载气去除，使样品气进入质谱仪。如果色谱仪使用毛细管柱，则可以将毛细管直接插入质谱仪离子源，因为毛细管载气流量比填充柱小得多，不会破坏质谱仪真空。

GC—MS的质谱仪部分可以是磁式质谱仪、四极质谱仪，也可以是飞行时间质谱仪和离子阱。目前使用最多的是四极质谱仪。离子源主要是EI源和CI源。

GC—MS的另外一个组成部分是计算机系统。由于计算机技术的提高，GC—MS的主要操作都由计算机控制进行，这些操作包括利用标准样品(一般用FC-43)校准质谱仪，设置色谱和质谱的工作条件，数据的收集和处理以及库检索等。这样，一个混合物样品进入色谱仪后，在合适的色谱条件下，被分离成单一组成并逐一进入质谱仪，经离子源电离得到具有样品信息的离子，再经分析器、检测器即得每个化合物的质谱。这些信息都由计算机储存，根据需要，可以得到混合物的色谱图、单一组分的质谱图和质谱的检索结果等。根据色谱

图还可以进行定量分析。因此，GC—MS是有机物定性、定量分析的有力工具。

作为GC—MS联用仪的附件。还可以有直接进样杆和FAB源等。但是FAB源只能用于磁式双聚焦质谱仪。直接进样杆主要是分析高沸点的纯样品，不经过GC进样，而是直接送到离子源，加热汽化后，由EI电离。另外，GC—MS的数据系统可以有几套数据库，主要有NIST库，Willey库，农药库，毒品库等。

3.20.3 GC—MS分析方法

1. GC—MS分析条件的选择

在GC—MS分析中，色谱的分离和质谱数据的采集是同时进行的。为了使每个组分都得到分离和鉴定，必须设定合适的色谱和质谱分析条件。

色谱条件包括色谱柱类型(填充柱或毛细管柱)、固定液种类、汽化温度、载气流量、分流比、温升程序等。设置的原则是：一般情况下均使用毛细管柱，极性样品使用极性毛细管柱，非极性样品采用非极性毛细管柱，未知样品可先用中等极性的毛细管柱，试用后再调整。当然，如果有文献可以参考，就采用文献所用条件。

质谱条件包括电离电压、电子电流、扫描速度、质量范围，这些都要根据样品情况进行设定。为了保护灯绿和倍增器，在设定质谱条件时，还要设置溶剂去除时间，使溶剂峰通过离子源之后再打开灯绿和倍增器。

在所有的条件确定之后，将样品用微量注射器注入进样口，同时启动色谱和质谱，进行GC—MS分析。

2. GC—MS数据的采集

有机混合物样品用微量注射器由色谱仪进样口注入，经色谱柱分离后进入质谱仪离子源，在离子源被电离成离子。离子经质量分析器，检测器之后即成为质谱仪信号并输入计算机。样品由色谱柱不断地流入离子源，离子由离子源不断的进入分析器并不断的得到质谱，只要没定好分析器扫描的质量范围和扫描时间，计算机就可以采集到一个个的质谱。如果没有样品进入离子源，计算机采集到的质谱各离子强度均为0。当有样品进入离子源时，计算机就采集到具有一定离子强度的质谱。并且计算机可以自动将每个质谱的所有离子强度相加。显示出总离子强度，总离子强度随时间变化的曲线就是总离子色谱图。总离子色谱图的形状和普通的色谱图是一致的，可以认为是用质谱作为检测器得到的色谱图。

质谱仪扫描方式有2种，全扫描和选择离子扫描。全扫描是对指定质量范围内的离子全部扫描并记录，得到的是正常的质谱图。这种质谱图可以提供未知物的分子量和结构信息。可以进行库检索。质谱仪还有另外一种扫描方式叫选择离子监测(Select Ion Moniring，SIM)。这种扫描方式是只对选定的离子进行检测，而其他离子不被记录。它的最大优点一是对离子进行选择性检测，只记录特征的、感兴趣的离子，不相关的干扰离子统统被排除；二是选定离子的检测灵敏度大大提高。在正常扫描情况下，假定一秒钟扫描2～500个质量单位，那么，扫过每个质量所花的时间大约是1/500s，也就是说，在每次扫描中，有1/500s的时间是在接收某一质量的离子。在选择离子扫描的情况下，假定只检测5个质量的离子，同样也用1s，那么，扫过一个质量所花的时间大约是1/5s。也就是说，在每次扫描中，有1/5s的时间是在接收某一质量的离子。因此，采用选择离子扫描方式比正常扫描方式灵敏度可提高大约100倍。由于选择离子扫描只能检测有限的几个离子，不能得到完整的质谱图，因此不能用来进行未知物定性分析。但是如果选定的离子有很好的特征性，也可以用来表示某种化合物的存在。选择离子扫描方式最主要的用途是定量分析，由于它的选择性好，可以把由全扫描方式得到的非常复杂的总离子色谱图变得十分简单，消除其他组分造成的干扰。

3. GC—MS 得到的信息

（1）总离子色谱图

计算机可以把采集到的每个质谱的所有离子相加得到总离子强度，总离子强度随时间变化的曲线就是总离子色谱图(图3-13)。总离子色谱图的横座标是出峰时间，纵座标是峰高。图中每个峰表示样品的一个组份，由每个峰可以得到相应化合物的质谱图。峰面积和该组份含量成正比，可用于定量。由 GC—MS 得到的总离子色谱图与一般色谱仪得到的色谱图基本上是一样的。只要所用色谱柱相同，样品出峰顺序就相同。其差别在于，总离子色谱图所用的检测器是质谱仪，而一般色谱图所用的检测器是氢焰、热导等。两种色谱图中各成分的校正因子不同。

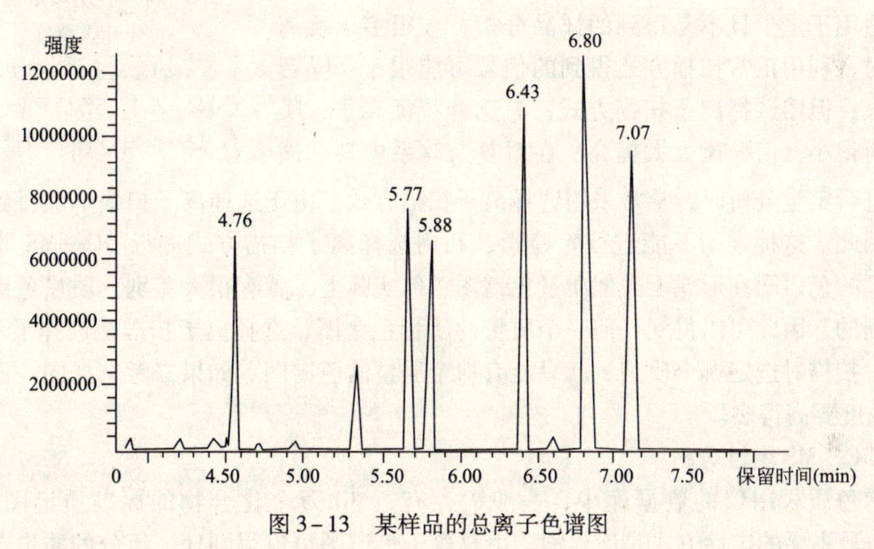

图3-13 某样品的总离子色谱图

（2）质谱图

由总离子色谱图可以得到任何一个组分的质谱图。一般情况下，为了提高信噪比，通常由色谱峰峰顶处得到相应质谱图。但如果两个色谱峰有相互干扰，应尽量选择不发生干扰的位置得到质谱，或通过扣本底消除其他组分的影响。

（3）库检索

得到质谱图后可以通过计算机检索对未知化合物进行定性。检索结果可以给出几个可能的化合物。并以匹配度大小顺序排列出这些化合物的名称、分子式、分子量和结构式等。使用者可以根据检索结果和其他的信息，对未知物进行定性分析。目前的 GC—MS 联用仪有几种数据库。应用最为广泛的有 NIST 库和 Willey 库，前者目前有标准化合物谱图13万张，后者有近30万张。此外还有毒品库，农药库等专用谱库。

（4）质量色谱图(或提取离子色谱图)

总离子色谱图是将每个质谱的所有离子加合得到的。同样，由质谱中任何一个质量的离子也可以得到色谱图，即质量色谱图。质量色谱图是由全扫描质谱中提取一种质量的离子得到的色谱图，因此，又称为提取离子色谱图。假定做质量为 m 的离子的质量色谱图，如果某化合物质谱中不存在这种离子，那么该化合物就不会出现色谱峰。一个混合物样品中可能只有几个甚至一个化合物出峰。利用这一特点可以识别具有某种特征的化合物，也可以通过选择不同质量的离子做质量色谱图，使正常色谱不能分开的两个峰实现分离，以便进行定量分析（见图 3-14）。由于质量色谱图是采用一种质量的离子作色谱图，因此，进行定量分析时也要使用同一离子得到的质量色谱图测定校正因子。

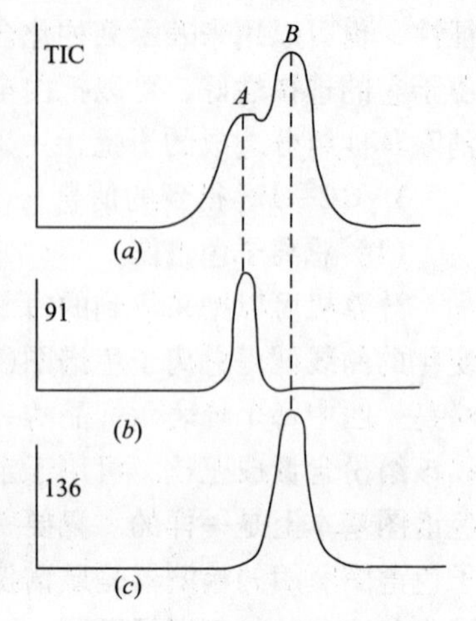

图 3-14 利用质量色谱图分开重叠峰
(a)总离子流色谱图；
(b)以 m/z 91 所作的质量色谱图；
(c)以 m/z 136 所作的质量色谱图

（5）选择离子监测(Select Ion Monitoring SIM)

一般扫描方式是连续改变 Vrf 使不同质荷比的离子顺序通过分析器到达检测器。而选择离子监测则是对选定的离子进行跳跃式扫描。采用这种扫描方式可以提高检测灵敏度，适用于量少且不易得到的样品分析。在很多干扰离子存在时，利用正常扫描方式得到的信号可能很小，噪音可能很大，但用选择离子扫描方式，只选择特征离子，噪音会变得很小，信噪比大大提高。在对复杂体系中某一微量成分进行定量分析时，常常采用选择离子扫描方式。由于选择离子扫描不能得到样品的全谱。因此，这种谱图不能进行库检索，利用选择离子扫描方式进行 GC—MS 联用分析时，得到的色谱图在形式上类似质量色谱图。但实际上二者有很大差别。质量色谱图是全扫描得到的，因此可以得到任何一个质量的质量色谱图；选择离子扫描是选择了一定 m/z 的离子。扫描时选定哪个质量，就只能有那个质量的色谱图。如果二者选择同一质量，用 SIM 灵敏度要高得多。

4. GC—MS 定性分析

目前色质联用仪的数据库中，一般贮存有近 30 万个化合物的标准质谱图。因此，GC—MS 最主要的定性方式是库检索。由总离子色谱图可以得到任一组分的质谱图，由质谱图可以利用计算机在数据库中检索。检索结果，可以给出几种最可能的化合物。包括化合物名称、分子式、分子量、基峰及可靠程度。表 3-4 是由计算机给出的某未知化合物谱图的检索结果。

某未知化合物谱图的检索结果　　表 3-4

Name	Molwt	Formula	Qual
2 - Propenoic acid, 3 - (4 - methoxyphenyl) -	206	$C_{12}H_{14}O_3$	99
2 - Propenoic acid, 3 - (4 - methoxyphenyl) -	206	$C_{12}H_{14}O_3$	98
Ethyl p - methoxycinnamate	206	$C_{12}H_{14}O_3$	89
2 - Propenoic acid, 3 - (3 - methoxyphenyl) -	206	$C_{12}H_{14}O_3$	64
Thiazole, 4 - phenyl -	161	C_9H_7NS	47
Thiazole, 5 - phenyl -	161	C_9H_7NS	47
1 - Penten - 3 - one, 1 - (4 - methoxyphenyl) - 4 - me	204	$C_{13}H_{16}O_2$	43
Indenone, 5 - methylamino - 2, 3 - dihydro -	161	$C_{10}H_{11}NO$	38
2 - (2 - Thienyl) pyridine	161	C_9H_7NS	35
3 - Isobutyl - 4, 5 - dimethyl - 3H - isobenzofuran	218	$C_{14}H_{18}O_2$	35

利用计算机进行库检索是一种快速、方便的定性方法。但是在利用计算机检索时应注意以下几个问题：

（1）数据库中所存质谱图有限，如果未知物是数据库中没有的化合物，检索结果也给出几个相近的化合物。显然，这种结果是错误的。

（2）由于质谱法本身的局限性，一些结构相近的化合物其质谱图也相似。这种情况也可能造成检索结果的不可靠。

（3）由于色谱峰分离不好以及本底和噪音影响，使得到的质谱图质量不高，这样所得到的检索结果也会很差。

因此，在利用数据库检索之前，应首先得到一张很好的质谱图，并利用质量色谱图等技术判断质谱中有没有杂质峰。得到检索结果之后，还应根据未知物的物理、化学性质以及色谱保留值、红外、核磁谱等综合考虑，才能给出定性结果。

5. GC—MS 定量分析

GC—MS 定量分析方法类似于色谱法定量分析。由 GC—MS 得到的总离子色谱图或质量色谱图，其色谱峰面积与相应组分的含量成正比，若对某一组份进行定量测定，可以采用色谱分析法中的归一化法、外标法、内标法等不同方法进行。这时，GC—MS 法可以理解为将质谱仪作为色谱仪的检测器，其余均与色谱法相同。与色谱法定量不同的是，GC—MS 法可以利用总离子色谱图进行定量之外，还可以利用质量色谱图进行定量。这样可以最大限度的去除其他组分干扰。值得注意的是，质量色谱图由于是用一个质量的离子做出的，它的峰面积与总离子色谱图有较大差别，在进行定量分析过程中，峰面积和校正因子等都要使用质量色谱图。

为了提高检测灵敏度和减少其他组分的干扰，在 GC—MS 定量分析中质谱仪经常采用选择离子扫描方式。对于待测组分，可以选择一个或几个特征离子，而相邻组份不存在这些离子。这样得到的色谱图，待测组分就不存在干扰，同时有很高的灵敏度。用选择离子得到的色谱图进行定量分析，具体分析方法与质量色谱图类似。但其灵敏度比利用质量色谱图会高一些，这是 GC—MS 定量分析中常采用的方法。

下篇

技 术 篇

第 4 章　物理化学处理试验

4.1　混凝试验

4.1.1　试验目的

试验目的具体如下：

(1) 了解几种常用混凝剂，掌握其配制方法，能够确定一般天然水体最佳混凝条件(包括投药量、pH 值、水流速度梯度)。

(2) 观察混凝现象，从而加深对混凝理论的理解。

4.1.2　试验原理

凝聚和絮凝是指通过某种方法(如投加化学药剂)使水中胶体粒子和微小悬浮物聚集的过程，是水和废水处理工艺中的一种单元操作，又可统称为混凝。其中凝聚主要指胶体脱稳并生成微小聚集体的过程，絮凝主要指脱稳的胶体或微小悬浮物聚结成大的絮凝体的过程。混凝剂是指为使废水中的胶体颗粒脱稳并形成絮体而投加的化学药剂。而絮凝剂一般为有机物，是指为强化絮凝过程而投加的化学药剂。

凝聚和絮凝均是一种物理化学过程，涉及到水中胶体粒子性质、所投加化学药剂的特性和胶体粒子与化学药剂之间的相互作用。

1. 混凝机理

胶体的混凝机理包括压缩双电层作用、吸附—电中和作用、吸附架桥作用和网捕卷扫作用。由于水处理工程中原水是一个很复杂的分散体系，根据原水水质不同，上述 4 种作用机理可能在同一原水混凝过程中同时发生，也可能仅有其中 1 种、2 种或 3 种机理起作用。无论是哪一种作用机理都需要在新的试验研究基础上不断发展和完善。

絮凝主要指脱稳的胶体或微小悬浮物聚集成大的絮凝体的过程。要使两个完全脱稳的胶体颗粒聚集成大颗粒的絮体，需要给胶体颗粒创造相互碰撞的机会。能够使脱稳的胶体颗粒之间发生碰撞的动力有两个方面，一是颗粒在水中的热运动即布朗运动，二是颗粒受外力(水力或机械力)推动产生的运动，这两种运动对应胶体颗粒的两种絮凝机理，即由布朗运动所引起的胶体颗粒碰撞聚集称为“异向絮凝”机理，由外力推动所引起的胶体颗粒碰撞聚集称为“同向絮凝”机理。

2. 影响混凝效果的主要因素

影响混凝效果的因素较多也很复杂，但总体上可以分为 2 类，一类是客观因素，主要是指所处理的对象即原水所具有的一些特性因素如水温、水的 pH、水中各种化学成分的含量及性质等；另一类是主观因素，即可以通过人为改变的一些混凝条件如投加混凝剂的种类及投加方式、水力条件等。尽管影响混凝效果的因素较复杂，但人们经过长期的研究和实践，对某些主要影响因素有了一定规律性的认识。

1）水温的影响

水温对混凝效果有较大的影响，水温过高或过低都对混凝不利，最适宜的混凝水温为20～30℃之间。水温低时，絮凝体形成缓慢，絮凝颗粒细小，混凝效果较差。水温过高时，混凝效果也会变差，主要由于水温高时混凝剂水解反应速度过快，形成的絮凝体水合作用增强、松散不易沉降。在处理污水时，产生的污泥体积大，含水量高，不易处理。

2）pH 值的影响

pH 值对混凝效果的影响很大，主要从两方面来影响混凝效果。一方面是水的 pH 值直接与水中胶体颗粒的表面电荷和电位有关，不同的 pH 值下胶体颗粒的表面电荷和电位不同，所需要的混凝剂量也不同；另一方面，水的 pH 值对混凝剂的水解反应有显著影响，不同混凝剂的最佳水解反应所需要的 pH 值范围不同，因此，水的 pH 值对混凝效果的影响也因混凝剂种类而异。

3）混凝剂种类与投加量的影响

由于不同种类的混凝剂其水解特性和适用的水质情况不完全相同，因此应根据原水水质情况优化选用适当的混凝剂种类。一般情况下，混凝效果随混凝剂投量的增加而提高，但当混凝剂的用量达到一定值后，混凝效果达到顶峰，再增加混凝剂用量混凝效果反而下降，所以要控制混凝剂的最佳投量。理论上的最佳混凝剂投量是使混凝沉淀后的净水浊度最低，胶体滴定电荷与 ξ 电位值都趋于零。

4）水力条件的影响

水力条件包括水力强度和作用时间两方面的因素。投加混凝剂之后，混凝过程可以分为快速混合与絮凝反应两个阶段。通常快速混合阶段要使投入的混凝剂迅速均匀地分散到原水中，这样混凝剂能均匀地在水中水解聚合并使胶体颗粒脱稳凝集，快速混合要求有快速而剧烈的水力或机械搅拌作用，而且短时间内完成，一般在几秒或 1min 内完成，至多不超过 2min。快速混合完成后，进入絮凝反应阶段，此时要使已脱稳的胶体颗粒通过异向絮凝和同向絮凝的方式逐渐增大成具有良好沉降性能的絮凝体，因此，絮凝反应阶段搅拌强度和水流速度应随着絮凝体的增大而逐渐降低，避免已聚集的絮凝体被打碎而影响混凝沉淀效果。同时，由于絮凝反应是一个絮凝体逐渐增长的慢速过程，如果混凝反应后需要絮凝体增长到足够大的颗粒尺寸通过沉淀去除，需要保证一定的絮凝作用时间。

4.1.3 试验材料及设备

所需材料及设备包括：

(1)六联搅拌机；(2)pH 计；(3)光电浊度仪；(4)1000mL 烧杯、1000mL 量筒、100mL 烧杯；(5)1mL、2mL、5mL、50mL 移液管；(6)混合器；(7)1% 的 $Al_2(SO_4)_3$；(8)1% 的 $FeCl_3$；(9)试验所需的玻璃仪器等。

4.1.4 试验步骤

1. 机械搅拌的步骤

(1) 用 6 个 1000mL 的烧杯取原水，所取水样要均匀，以尽量减少取样浓度上的误差，放入搅拌机平台上。

(2) 测原水浊度、pH 值。

(3) 确定形成矾花作用的混凝剂量，6 个原水水样可分别加入不同数量的混凝剂。

(4) 将不同数量的混凝剂有顺序地加入烧杯后，开启搅拌机。

(5) 快速（300r/min）搅拌30s，中速（150r/min）搅拌5min，慢速（70r/min）搅拌10min。

(6) 搅拌过程中，注意观察并记录“矾花”的形成过程，“矾花”的外观、大小及密实程度等。

(7) 搅拌过程完成后，停机，将水样静止15min，观察并记录矾花沉淀的过程。

(8) 取50mL烧杯中的上清液，立即用浊度仪测定浊度，绘曲线。

2. 人工搅拌的步骤

(1) 用6个1000mL的量筒取原水，水样要求均匀。

(2) 测原水浊度、pH值。

(3) 分别向6个量筒中投加不同数量的混凝剂，用搅拌棒上、下混合，至少15次以上。

(4) 快速搅拌1min，中速搅拌5min，慢速搅拌5min。

(5) 停止后静沉15min，观察“矾花”现象，记录人工搅拌与机械搅拌“矾花”形成过程有哪些不同。

(6) 取样，用浊度仪测定浊度，绘曲线。

3. 最佳pH值试验的步骤

(1) 用6个1000mL的烧杯取原水(水样要均匀)，放入搅拌机平台上，本试验所用原水和机械搅拌试验时相同。

(2) 调整pH值，用移液管依次向6个烧杯中的前3个分别加入2.5mL、1.5mL、0.7mL 10%浓度的盐酸。然后再向后3个烧杯中分别加入0.2mL、0.7mL、1.2mL浓度为10%的氢氧化钠，分别测出6个烧杯中各自的pH值。

(3) 再向6个已调好pH值的烧杯中加入机械搅拌试验所得到的最佳混凝剂量。

(4) 启动搅拌机，快速(300r/min)搅拌30s，中速(150r/min)搅拌5min，慢速(70r/min)搅拌10min。

(5) 搅拌过程完成后，停机，将水样静沉15min。

(6) 取水样测定浊度，并与机械搅拌所得的结果相比较。

试验记录填入表4-1和表4-2中。

混凝试验记录表 **表4-1**

试验组号	混凝剂名称	原水浊度		原水温度		原水pH值	
	$Al_2(SO_4)_2$						
I	水样编号	1	2	3	4	5	6
	投药量(mg)						
	剩余浊度						
	沉淀后的pH值						
备注	快速搅拌						
	中速搅拌						
	慢速搅拌						
	沉淀时间						

续表

试验组号	混凝剂名称	原水浊度		原水温度		原水 pH 值	
	$Al_2(SO_4)_2$						
Ⅱ	混凝剂名称	原水浊度		原水温度		原水 pH 值	
	$FeCl_3$						
	水样编号	1	2	3	4	5	6
	投药量(mg)						
	剩余浊度						
	沉淀后的 pH 值						
备注	快速搅拌						
	中速搅拌						
	慢速搅拌						
	沉淀时间						

混凝现象观察记录表 **表 4-2**

试验编号	观察记录		小结
	水样编号	矾花的形成及沉淀过程的描述	
Ⅰ	1		
	2		
	3		
	4		
	5		
	6		
Ⅱ	1		
	2		
	3		
	4		
	5		
	6		
	7		
	8		

4.1.5 试验结果及分析

试验结果及分析包括：

(1) 绘制混凝曲线。

(2) 根据混凝曲线图确定两种药剂的最佳投药量和最佳适用范围。

(3) 总结分析各种混凝剂的特点、适用条件，主要优缺点。

(4) 在混凝试验中应注意哪些操作方法，对混凝效果有什么影响?

(5) 根据试验结果以及试验中所观察到的现象，简述影响混凝效果的几个主要因素?

(6) 为什么投药量大时，混凝效果不一定好?

4.2　颗粒自由沉淀试验

4.2.1　试验目的

试验目的具体如下：

(1) 通过试验学习颗粒自由沉淀的试验方法。

(2) 进一步了解和掌握颗粒自由沉淀的规律，根据试验结果绘制时间—沉淀率(T—E)，沉速—沉淀率(u—E)和 c_t/c_0—V 的关系曲线。

4.2.2　试验原理

沉淀法是指从液体中借重力作用去除固体颗粒的一种过程。沉淀法是废水处理中用途最广泛的方法之一。这种工艺简单易行，分离效果良好，在各种类型的污水处理系统中，沉淀工艺不可缺少。

沉淀主要应用于以下几个方面：在沉砂池中去除无机杂粒；在初沉池中去除有机悬浮物或其他固体物质；在二沉池中去除生物处理出水中的生物污泥；在混凝后去除絮凝体；在污泥浓缩池中分离污泥中的水分，使得污泥得到浓缩等。

根据液体中固体物的浓度可将沉淀分为 4 种类型：

(1) 自由沉淀

污水中的悬浮固体浓度不高，而且不具有凝聚的性能，在沉淀过程中，固体颗粒不改变形状、尺寸、也不互相粘结，各自独立地完成沉淀过程。颗粒在沉砂池和在初次沉淀池内的初期沉淀即属于此类。

(2) 絮凝沉淀

污水中的悬浮固体浓度也不高，但具有凝聚的性能，在沉淀的过程中，互相粘合，结合成较大的絮凝体，其沉淀速度(简称沉速)是变化的。初次沉淀池的后期沉淀和二次沉淀池的初期沉淀就属于此类。

(3) 成层沉淀(受阻沉淀)

沉淀过程中絮凝的悬浮物形成层状物，呈整体沉淀状，形成较明显的固液界面。活性污泥法二沉池、污泥浓缩池及化学凝聚沉淀属于此类。

(4) 压缩沉淀

压缩时浓度很高，固体颗粒互相接触、互相支撑，在上层颗粒的重力作用下，下层颗粒间隙中的液体被挤出界面，固体颗粒群被浓缩。活性污泥在二次沉淀池的污泥斗中的沉淀和在浓缩池中的浓缩即属于这一过程。

本试验是研究探讨污水中非絮凝性固体颗粒自由沉淀的规律。试验用沉淀管进行，如图 4-1 所示，设水深为 h，在 t 时间能沉到

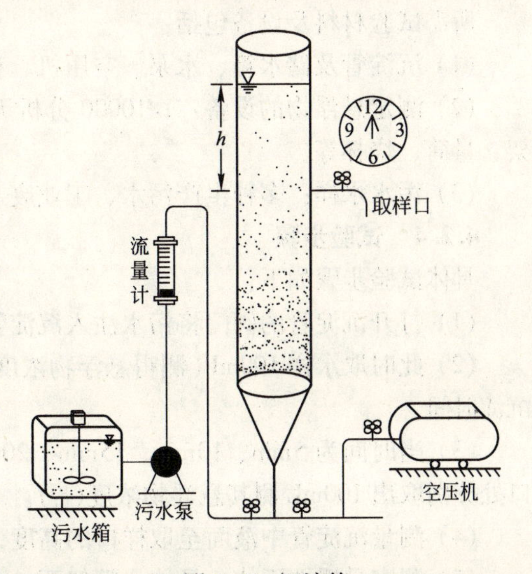

图 4-1　沉淀管

h 深度颗粒的沉速 $u=h/t$。根据某给定的时间 t_0，计算出颗粒的沉速 u_0。凡是沉淀速度大于等于 u_0 的颗粒，在 t_0 时都可全部去除。设原水中悬浮物浓度为 c_0，其沉淀率的计算公式如式(4-1)所示：

$$E=\frac{c_0-c_t}{c_0}\times 100\% \tag{4-1}$$

在时间 t 时，能沉到深度 h 的颗粒沉淀速度 u 的计算公式如式(4-2)所示：

$$u=\frac{h\times 10}{t\times 60} \tag{4-2}$$

式中 u——颗粒沉淀速率，mm/s；

c_0——原水中所含悬浮物的浓度，mg/L；

c_t——经 t 时间后，污水中残存的悬浮物浓度，mg/L；

h——取样口高度，cm；

t——取样时间，min。

时间—沉淀率(T—E)，沉速—沉淀率(u—E)的曲线如图4-2和图4-3所示。

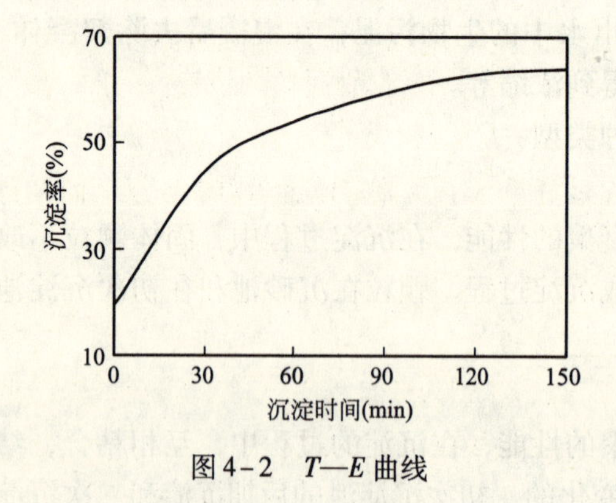

图4-2 T—E 曲线

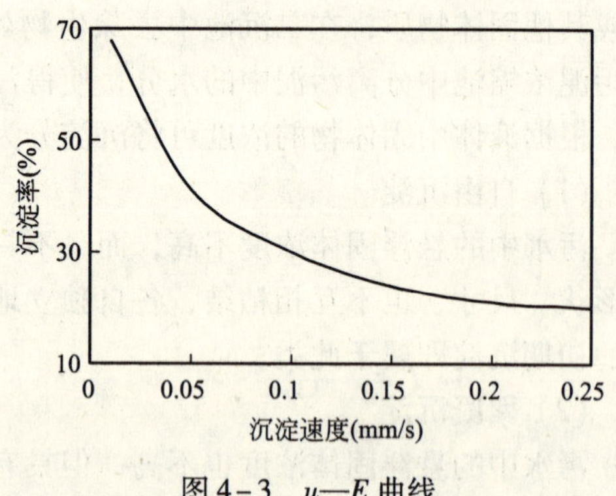

图4-3 u—E 曲线

4.2.3 试验材料及设备

所需试验材料及设备包括：

(1) 沉淀管及储水箱、水泵、空压机、秒表、转子流量计等。

(2) 测定悬浮物的设备：1/10000分析天平、具塞称量瓶、烘箱、滤纸、漏斗、漏斗架、量筒、烧杯等。

(3) 污水水样：多种生产污水、工业废水、也可用软化淤泥或粗硅藻土等配制水样。

4.2.4 试验步骤

具体试验步骤如下：

(1) 打开沉淀管的阀门将污水注入沉淀管中搅拌均匀。

(2) 此时取水样100mL(测得悬浮物浓度为 c_0)记下取样口高度，开动秒表，开始记录沉淀时间。

(3) 当时间为5min、10min、15min、20min、30min、60min、120min时，在同一取样口处分别取出100mL测其悬浮物浓度(c_t)。

(4) 测量沉淀管中液面至取样口的高度，计算时采用二者的平均值。

(5) 测定悬浮性固体，具体步骤如下：

1）首先调烘箱至(105±1)℃，将定量滤纸叠好放入称量瓶中，送入已调好的烘箱(105±1)℃中，打开称量瓶的瓶盖，烘至恒重4/10000的误差。

2）将已恒重好的滤纸从称量瓶中取出放到玻璃漏斗中，过滤水样，并用蒸馏水冲洗干净，使滤纸上得到全部悬浮性固体。

3）将带有悬浮性固体的滤纸移入称量瓶中，重复第一步，称其悬浮性固体的质量。

(6) 悬浮性固体 C 的计算公式如式(4-3)所示：

$$C=\frac{(w_2-w_1)\times1000\times1000}{V} \tag{4-3}$$

式中　C——悬浮性固体，mg/L；

w_1——称量瓶+滤纸重量，g；

w_2——称量瓶+滤纸+悬浮性固体的重量，g；

V——水样体积，100mL。

4.2.5　试验结果及分析

试验结果及分析的具体内容应包括：

(1) 根据取样口距液面平均深度 h 和沉淀时间 t，计算出各种颗粒的沉淀速度 u_t 和沉淀率 E，并绘制时间—沉淀率和沉速—沉淀率的曲线。

(2) 利用上述试验资料，计算出不同时间沉淀管内未被去除的悬浮物的百分比，其计算公式如式(4-4)所示：

$$P=\frac{c_t}{c_0}\times100\% \tag{4-4}$$

(3) 以颗粒沉速 u 为横坐标，以 P 为纵坐标，绘制 $u-P$ 关系曲线。

(4) 自由沉降中颗粒沉速与絮凝沉淀中颗粒沉速有何区别？

(5) 绘制自由沉降沉淀曲线的方法及意义是什么？

试验记录及整理结果填入表4-3中。

试验记录表　　**表4-3**

试验日期：________年________月________日

沉淀柱直径 d =________mm　原水样悬浮性固体 c_0 =________mg/L

取样序号	沉淀时间 t (min)	沉淀高度 h (cm)	取样体积 V (mL)	悬浮性固体浓度 (mg/L)

4.3 过滤及反冲洗试验

4.3.1 试验目的

试验目的具体如下：

(1) 观察过滤及反冲洗现象，加深理解过滤及反冲洗原理。

(2) 了解过滤及反冲洗模型试验设备的组成与构造。

(3) 了解进行过滤及反冲洗模型试验的方法。

(4) 测定滤池工作中的主要技术参数并掌握观测方法。

4.3.2 试验原理

水的过滤是在滤池中进行的。滤池净化的主要作用是接触凝聚作用，水中经过絮凝的杂质截留在滤池之中，或者有接触絮凝作用的滤料表面粘附水中的杂质。在滤池中水的过滤速度定义为水的流量除以过滤面积，如式(4-5)所示：

$$v = Q/A \tag{4-5}$$

式中 v——过滤速度，m/h；

Q——过滤水的流量，m^3/h；

A——过滤面积，m^2。

过滤速度并非是水在滤层空隙中的真实流速，而实际上是滤池的表面负荷，具有速度的单位因次。

以快滤池为例，讨论过滤过程中出水水质和水头损失变化。快滤池的出水浊度在过滤过程是不断变化的。快滤池反冲洗结束后恢复过滤时，出水浊度较高，这部分出水称为初滤水，初滤水的延续时间，称为成熟期。初滤水浊度降至要求值后，便进入有效过滤期。在有效过滤期内，出水浊度一般都能保持在要求值以下。滤层在过滤过程中，逐渐被悬浮物堵塞，滤层的水头损失随之不断增长，当滤层的水头损失达到滤池的过滤作用水头时，或出水浊度达到穿透值时，过滤便告结束，这时需要对滤层进行冲洗，以清除聚集在滤层中的积泥。一般对滤层都是用反向水流自下而上进行冲洗的，即反冲洗。对过滤层进行反冲洗，一般都用滤后水。若滤层冲洗得好，滤层的初期水头损失便较小，可以获得较长的工作周期，是保证滤池经济有效工作的必要条件。特别是，如果滤层长期冲洗不净，污泥淤积其中，还会使滤层固结成块，严重影响过滤效果。

单独用水进行反冲洗是最简便的冲洗方法。生产实践表明，单独用水进行反冲洗，可以获得较好的冲洗效果，从而保证滤池长期正常工作。当然，若能辅以表面冲洗或压缩空气反冲洗效果则更好。

当用水对滤层进行反冲洗时，经滤层单位面积上流过的反冲洗水流量，称为反冲洗强度，可以用式(4-6)表示：

$$q = Q/A \tag{4-6}$$

式中 q——滤层的反冲洗强度，$L/(s \cdot m^2)$；

Q——滤层的反冲洗水流量，L/s；

A——滤层的平面面积，m^2。

过滤及反冲洗试验模型如图4-4所示。模型滤池内装有厚度为L_0的石英砂和无烟煤滤料，滤层下设有承托层。试验时，由滤池下部送入反冲洗水，水由下向上经过承托层和滤层，由池上部排出。当反冲洗强度q增大到某一数值时，滤层开始松动，滤层表面略微有些上升，但滤料颗粒没有运动现象；再继续增大反冲洗强度q，滤层表面继续升高，滤层表面颗料开始轻微跳动；随着反冲洗强度q的继续增大，滤层厚度相应地增大，滤料颗粒由上向下开始紊动；当反冲洗强度q达到某一数值时，滤层全部处于悬浮状态，滤层上部颗粒紊动剧烈，下部颗粒紊动较弱，上、下部的滤料有对流交替现象；当反冲洗强度q再增大时，悬浮滤层继续增厚，滤层表面界面的清晰程度随反冲洗强度q的增大而降低；当反冲洗强度q极度增大时，滤料将被上升水流冲出池外。

在上述滤层的反冲洗过程中，滤层因部分或全部悬浮于上升水流中而使滤层厚度增大的现象，称为滤层的膨胀。滤层增厚的相对比率，称为滤层的膨胀率，见式(4-7)：

$$e = \frac{L - L_0}{L} \times 100\% \qquad (4-7)$$

式中 e——滤层的膨胀率；

L_0——反冲洗前滤层的厚度；

L——反冲洗时滤层的厚度。

试验表明，对应于每一个反冲洗强度q值，都有一个相应的滤层厚度和一个相应的滤层膨胀率e。在对滤层进行反冲洗的过程中，悬浮于水中的滤料相互碰撞摩擦，使附着于滤料颗粒表面的污泥迅速脱落下来，被冲洗水带出池外。这样，经过一定时间的反冲洗，过滤截留于滤层中的污泥便基本被清除干净。目前，生产中采用的反冲洗时间一般为5～15min。

4.3.3 试验材料及设备

所需试验材料及设备包括：

(1)过滤试验装置，见图4-4；(2)浊度仪；(3)钢卷尺；(4)玻璃仪器等。

4.3.4 试验步骤

在试验中要注意控制滤料层上的工作水深应保持基本不变。仔细观察绒粒进入滤料层深度的情况以及绒粒在滤料层中的分布。具体步骤为：

(1) 对照工艺图，了解试验装置及构造。

(2) 测量并记录表4-4中所列的数据。

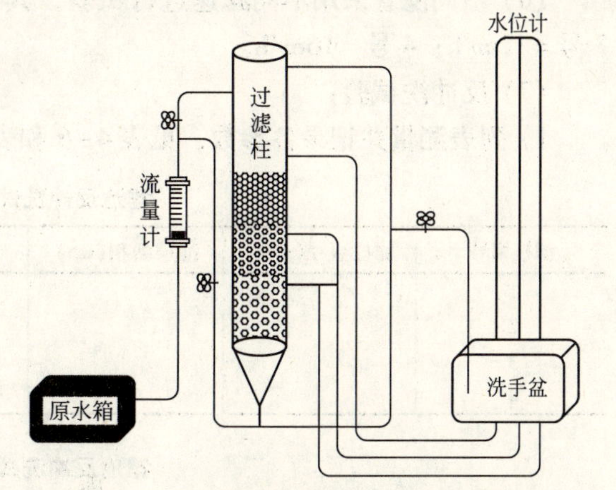

图4-4 过滤及反冲洗试验装置示意图

(3) 配制原水，其浑浊度大致在40～20mg/L范围内，以最佳投药量将混凝剂$Al_2(SO_4)_3$或者$FeCl_3$投入原水箱中，经过搅拌，启泵进行过滤试验。

(4) 列表记录每隔0.5h测定或校对1次的运行参数，见表4-5。

原始条件记录表 **表 4-4**

滤管编号	滤管直径(mm)	滤管面积(m^2)	滤管高度(m)	滤料名称	滤料厚度(m)
1					
2					
3					
4					

过滤试验记录表 **表 4-5**

工作时间(min)							备注
原水浊度(NTU)							
原水投药量(mg/L)							
流量(L/s)							
流速(m/s)							
水头损失(cm)							
工作水深(m)							
绒粒穿入深度(cm)							
滤后水浊度(NTU)							

（5）观察杂质绒粒进入滤层深度的情况。

（6）不同滤管采用不同滤速进行试验，其滤速的分配为：1 号 =5m/h；2 号 =8m/h；3 号 =12m/h；4 号 =16m/h。

（7）反冲洗试验：

1）列表测量并记录各参数，见表 4-6 和表 4-7；

滤池反冲洗试验记录表 **表 4-6**

滤柱编号	滤柱直径(mm)	滤层面积(m^2)	滤料名称	滤料粒径(mm)	滤料厚度(cm)
1					
2					
3					
4					

滤池反冲洗试验记录表 **表 4-7**

试验次数	冲洗流量(L/s)	冲洗时间(min)	冲洗强度 q [L/(s·m^2)]	冲洗水温(℃)	滤层膨胀后厚度(cm)	滤层膨胀率(%)
1						
2						
3						

2）做膨胀率 $e=20\%$、40%、80% 的反冲洗强度 q 的试验；

3）打开反冲洗水泵，调整膨胀度 e，测出反冲洗强度值；

4）测量每个反冲洗强度时应连续测3次，取平均值计算。

试验过程中应注意以下事项：

1）在反冲洗滤柱中的滤料时，不要使进水阀门开启度过大，应缓慢打开以防滤料冲出柱外。

2）在过滤试验前，滤层中应保持一定水位，不要把水放空以免过滤试验时测压管中积有空气。

3）反冲洗时，为了准确地量出砂层厚度，一定要在砂面稳定后再测量，并在每一个反冲洗流量下连续测量3次。

4.3.5 试验结果及分析

试验结果及分析的具体内容应包括：

（1）根据过滤试验结果，归纳4支滤管的水头损失、水质和绒粒分布随工作延续时间的变化，绘制出滤池工作水质曲线见图4-5。

（2）对比4支滤管不同流速与水头损失的变化规律，加深对滤速与水头损失之间关系的理解，并绘出变化曲线，见图4-6。

（3）根据反冲洗试验记录结果，绘制一定温度下的冲洗强度与膨胀率的关系曲线，见图4-7。综合4组不同的曲线进行分析比较。

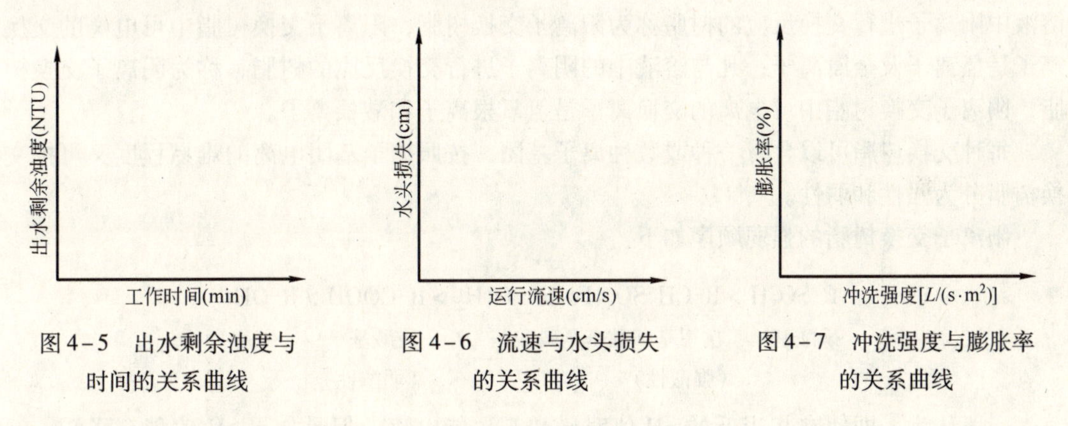

图4-5 出水剩余浊度与时间的关系曲线

图4-6 流速与水头损失的关系曲线

图4-7 冲洗强度与膨胀率的关系曲线

4.4 离子交换试验

离子交换过程被广泛地用来去除水中呈离子态的成分，例如钙、镁等离子的去除，或者选择性地去除水中的重金属。离子交换是一类特殊的固体吸附过程，一般的离子交换剂是一种不溶于水的固体颗粒状物质，它能够从电解质溶液中吸取某种阳离子或阴离子，而把本身所含的另外一种带相同电荷符号的离子等当量地交换下来并释放到溶液中去。若以R代表离子交换剂的固定部分，则其所含的可离解基团与电解质溶液中的离子反应可用如下化学方程式表示。

典型的阳离子交换反应如下：

$$2RNa+(Ca^{2+},\ Mg^{2+},\ Fe^{2+})\longrightarrow R_2(Ca,\ Mg,\ Fe)+2Na^+$$

典型的阴离子交换反应如下：

$$2RCl + [SO_4^{2-}] \longrightarrow R_2[SO_4] + Cl^-$$

离子交换剂包括：无机离子交换剂、磺化煤和有机合成离子交换树脂等。

4.4.1 树脂类型鉴别

1. 试验目的

（1）了解树脂分类方法及主要化学性质；

（2）掌握树脂类型鉴别的方法及原理。

2. 试验原理

（1）有机合成离子交换树脂的结构

离子交换树脂是一类带有活性基团的网状结构高分子化合物。在它的分子结构中，可以分为两个部分：一部分为离子交换树脂的骨架，它是高分子化合物的基体；另一部分是带有可交换离子的活性基团，它化合在高分子骨架上，提供可交换的离子。其中的活性基团也由两部分组成：一部分与骨架牢固结合、不能自由移动，称为固定离子；另一部分是活动部分，遇水可以电离，可与周围水中的其他带同类电荷的离子进行交换反应，称为可交换离子。

（2）有机合成离子交换树脂的分类

根据活性基团（亦称交换基团或官能团）性质不同，离子交换树脂可分为两大类：凡与溶液中阳离子进行交换反应的树脂称为阳离子交换树脂，阳离子交换树脂中可电离的交换离子是氢离子及金属离子；凡与溶液中的阴离子进行交换反应的树脂，称为阴离子交换树脂，阴离子交换树脂中可电离的交换离子是氢氧根离子和酸根离子。

每种交换树脂可以含有一种或数种离子基团，按照离子基团电离的难易程度又可把交换树脂分为强性和弱性。

阳离子交换树脂的强弱顺序如下：

$$R\text{-}SO_3H > R\text{-}CH_2SO_3H > R\text{-}PO_3H_2 > R\text{-}COOH > R\text{-}OH$$

磺酸基　次甲基磺酸基　磷酸基　羧酸基　酚基

（强酸性）　（弱酸性）

一般认为，即使在相当低的 pH 值时磺酸基也能电离。但是如果 pH 值稍有降低，例如在 $pH < 5 \sim 6$ 时，液相中的 H^+ 便明显地抑制羧酸基的电离，使其失去进行离子交换反应的能力。磺酸基的阴离子基团（$R\text{-}SO_3^-$）对多数阳离子都具有相当高的亲合力，这也降低了此类阳离子交换树脂的选择性，同时也增加了再生时对再生剂的消耗。相反，羧酸基的阴离子基团（$R\text{-}COO^-$）对溶液中阳离子的亲合力受阳离子的电荷数和水合半径影响较大，因而大大提高了其对阳离子的选择性，并可明显地降低再生剂的消耗。

阴离子交换树脂的强弱顺序：

$$R \equiv N^+OH^- > R\text{-}NH_3^+OH^- > R = NH_2^+OH^- > R \equiv NH^+OH^-$$

季胺基　伯胺基　仲胺基　叔胺基

（强碱性）　（弱碱性）

强、弱碱性阴离子交换树脂中的强、弱碱性基团的选择性同样也有很大差别，强碱性阴离子交换树脂中的交换基团对溶液中所有阴离子都有不同程度的亲合力；而弱碱性阴离子交换树脂中的交换基团只对溶液中的强酸根离子有交换吸附能力，对碳酸氢根、硫化氢等交换吸附能力微弱，对硅酸、苯酚、硼酸及氰酸等弱酸根则无交换吸附能力，但是对 OH^- 却有很强的交换吸附能力。这就是弱碱性阴离子交换树脂的选择性和再生能力比强碱性阴离子交换树脂要好的原因。

（3）离子交换树脂的化学性质

1）酸碱性

离子交换树脂在水溶液中发生电离，例如：

$$RSO_3H \longrightarrow RSO_3^- + H^+$$

$$R \equiv NHOH \longrightarrow R \equiv NH^+ + OH^-$$

上述反应表明，离子交换树脂在水溶液中能发生电离使其呈酸性或碱性。其中强型离子交换树脂的离子交换能力不受溶液 pH 值的影响，而弱型离子交换树脂的离子交换能力受溶液 pH 值的影响很大。一般，各类型离子交换树脂能有效进行交换电离反应的 pH 值范围如表 4-8 所示。

各类型离子交换树脂有效 pH 值范围　　　　**表 4-8**

树脂类型	强酸性阳离子交换树脂	弱酸性阳离子交换树脂	强碱性阴离子交换树脂	弱碱性阴离子交换树脂
有效 pH 值范围	0 ~ 14	4 ~ 14	0 ~ 14	0 ~ 7

2）选择性

离子交换树脂对各种离子具有不同的亲和力，它可以优先交换溶液中某种离子，这种现象称为离子交换树脂的选择性。一般化合价越大的离子被交换的能力越强；在同价离子中则优先交换原子序数大的离子。选择性也同样会影响离子交换树脂的再生过程。在常温低浓度水溶液中，各类型离子交换树对一些常见离子的选择性顺序为：

① 强酸性阳离子交换树脂 $Fe^{3+} > Al^{3+} > Ca^{2+} > Mg^{2+} > K^+ > Na^+ > H^+$；

② 弱酸性阳离子交换树脂 $H^+ > Fe^{3+} > Al^{3+} > Ca^{2+} > Mg^{2+} > K^+ > Na^+$；

③ 强碱性阴离子交换树脂 $SO_4^{2-} > NO_3^- > Cl^- > OH^- > F^- > HSiO_3^-$；

④ 弱碱性阴离子交换树脂 $OH^- > SO_4^{2-} > NO_3^- > Cl^- > HCO_3^- > HSiO_3^-$。

3）交换容量

离子交换树脂的交换容量是指一定数量的离子交换树脂所具有的可交换离子的数量，通常用单位质量或单位体积的树脂所能交换离子的摩尔数来表示，其中包括全交换容量和工作交换容量。

4）热稳定性

指在受热情况下，离子交换树脂保持理化性能不变的能力。强酸性阳离子交换树脂的最高使用温度是 100 ~ 120℃；当温度高于 150℃时树脂上会发生磺酸基脱落现象。弱酸性阳离子交换树脂的热稳定性相对来说最高，其工作温度甚至可达到 200℃。各种树脂的热稳定性顺序排列如下：

弱酸性 > 强酸性 > 弱碱性 > Ⅰ型强碱性 > Ⅱ型强碱性

3. 试验材料及设备

所需试验材料及设备包括：

(1)1mol/L 的 HCl；(2)10% 的 $CuSO_4$；(3)5mol/L 的 NH_4OH；(4)1mol/L 的 NaOH；(5)0.5% 酚酞、0.1% 甲基红各 50mL；(6)阴、阳树脂；(7)1000mL 容量瓶；(8)1000mL 细口瓶；(9)50mL 滴瓶；(10)30mL 试管；(11)12 孔试管架；(12)蒸馏水瓶

4. 试验步骤

(1) 区分阴树脂与阳树脂的步骤

1) 每人两支试管，取试样树脂两种各 2～3mL，放入 30mL 编号为 1、2 的试管中，弃掉树脂上的附着水。

2) 两试样管中各加入 1mol/L 的 HCl 溶液 5mL，摇动 1～2min，将上部清液倒出，重复操作 2～3 次。

3) 加入纯水清洗，摇动 1～2min，将上清液倒出，重复 2～3 次。

4) 往试管 1、2 中加入 10% 的 $CuSO_4$ 水溶液 5mL，摇动 1～2min，按上述方法充分用水洗 2～3 次。

5) 把试管 1 与试管 2 进行比色，看颜色是否有变化，浅绿色的为阳树脂，不变的为阴树脂。

(2) 区分强酸性阳树脂和弱酸性阳树脂的步骤

1) 经第一步处理后，如树脂变色(浅绿色)，再加入 5mol/L 的 NH_4OH 溶液 2mL，摇动 1～2min，重复 2～3 次。

2) 用纯水充分清洗 2～3 次，如树脂颜色加深(深蓝色)，则为强酸性阳离子交换树脂。如不变色，则为弱酸性阳树脂。

(3) 区分强碱性阴树脂和弱碱性阴树脂的步骤

1) 把经第一步处理后不变色的树脂拿来，加入 1mol/L 的 NaOH 溶液 5mL，摇动 1min，用倾泻法充分清洗后，加 0.1% 酚酞 5 滴，摇动 1～2min。

2) 用纯水清洗 2～3 次。

3) 经此处理后，树脂呈粉红色的，则为强碱性阴树脂。

(4) 经第三步处理后，树脂不变色时，需进一步处理的步骤

1) 加入 1mol/L 的 HCl 溶液 5mL，摇动 1～2min，然后用纯水清洗 2～3 次；加 0.1% 甲基红指示剂 3～5 滴，摇动 2～3min。

2) 用纯水充分清洗后，比色。

3) 经处理后，树脂呈红色，则为弱碱性阴树脂。经处理后，如树脂还不变色，则无离子交换能力，不是树脂。

5. 试验结果及分析

(1) 根据试验现象判断树脂类型。

(2) 说明变色规律及反应原理。

(3) 通过试验说明反应交换时间对鉴别效果的影响。

4.4.2 强酸性阳离子交换树脂全交换容量测定

1. 试验目的

(1) 深入理解树脂全交换容量的概念。

(2) 掌握树脂全交换容量的测定方法及原理。

2. 试验原理

全交换容量(E_t)指单位质量的离子交换树脂中全部离子交换基团的数量，此值决定于离子交换树脂内部组成，是一个固定常数。全交换容量可以通过滴定法测定，也可以通过理论计算得到。例如，对于交联度为10%苯乙烯强酸性阳离子交换树脂，其单元结构为 $-CH(C_6H_4SO_3H)$，分子量为184.2，那么每184.2g树脂中含有1mol可以用于交换的 H^+，其全交换容量为

$$全交换容量=\frac{1\times1000}{184.2}\times(1-10\%)=4.89\text{mmol/g}$$

由于受到运行条件的影响，很难使所有的交换容量都能发挥离子交换作用，所以在实际工作中还会遇到工作交换容量。

本试验中先用盐酸将树脂($R\text{-}SO_3Na$)全部转成 H^+ 型，并将余酸用纯水 H_2O 洗净，此时，单位质量或单位体积树脂内的 H^+ 的毫摩尔数，即为总交换容量 E_t。再用2价离子的溶液(一般用 $CaCl_2$)将全部 H^+ 置换下来，装在1L的容量瓶内，用标准碱液进行中和滴定，可以计算出 H^+ 的总数量。此量除以树脂的质量或体积，即是所求 E_t。

3. 试验材料及设备

所需试验材料及设备包括：

(1)强酸性阳树脂5g(干燥质量)；(2)0.05mol/L标准溶液NaOH；(3)0.1%酚酞指示剂；(4)1mol/L的HCl溶液；(5)0.05mol/L的 $CaCl_2$ 溶液；(6)广泛pH值试纸；(7)锥形瓶；(8)50mL锥形瓶；(9)1000mL容量瓶；(10)25mL指示剂瓶；(11)8~12mm玻璃漏斗；(12)25mL碱滴管；(13)滴定台1套；(14)25~50mL移液管；(15)洗耳球；(16)500~1000mL细口瓶；(17)滤纸。

4. 试验步骤

(1) 精确称取干燥树脂5g，放在漏斗滤纸内，将漏斗插在1L的三角烧瓶内。

(2) 用1mol/L的HCl溶液600mL，缓慢倒入漏斗内进行过滤(或动态交换)，使全部树脂都转成H型。

(3) 用纯水清洗树脂及滤纸，不断用试纸检验，直到滤下液呈中性，pH=6~7为止。

(4) 将漏斗移到另一个用纯水洗过的1L容量瓶内。

(5) 用0.05mol/L的 $CaCl_2$ 溶液600~800mL，缓慢加入漏斗内进行过滤交换，将全部 H^+ 置换到滤下液中，并用试纸不断检查滤液酸度，直到滤下液pH=6~7为止。

(6) 加纯水至1L，充分混合即可，试验流程见图4-8。

(7) 以酚酞为指示剂，用0.05mol/L的NaOH进行中和滴定，并记下所用碱的毫升数 V_1，重复滴定3~5次取平均值。记录内容填入表4-9中。

树脂的总交换容量 E_t(mol/g 干树脂)的计算公式如(4-8)所示，树脂的总交换容量 E_t(mol/g 湿树脂)的计算公式如式(4-9)所示：

$$E_t=\frac{c_1V_1}{1000\times m} \tag{4-8}$$

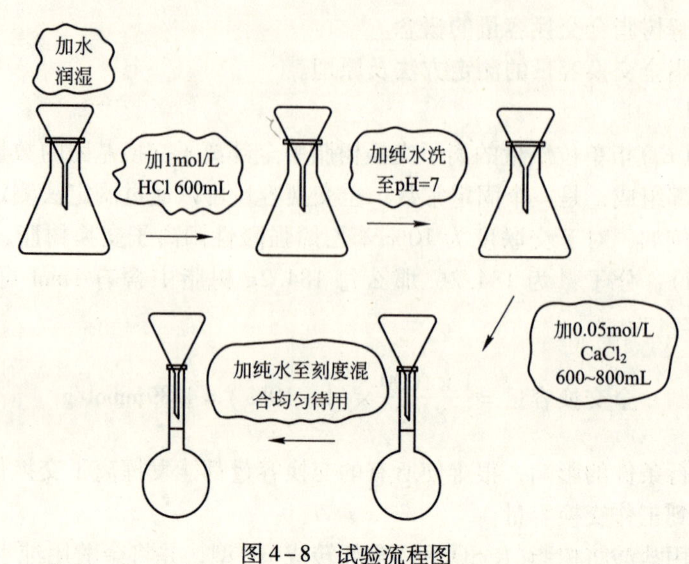

图 4-8 试验流程图

试验记录表 **表 4-9**

树脂(湿)质量(g)	树脂(干)质量(g)	NaOH 用量第 1 次(mL)	NaOH 用量第 2 次(mL)	NaOH 用量第 3 次(mL)	NaOH 用量平均值(mL)

$$E_t = \frac{c_1 V_1}{m_1(1-r) \times 1000} \tag{4-9}$$

式中 V_1——0.05mol/L 的 NaOH 用量，mL；

c_1——NaOH 溶液的浓度，0.05mol/L；

m——树脂(干)质量，g；

m_1——树脂(湿)质量，g；

r——树脂含水率,%。

5. 试验结果及分析

(1) 试验结果 E_t 应在 4.5×10^{-3}mol/g（干）左右，如低于此值，说明用 HCl 转型不彻底，使试验结果偏低。

(2) 如试验结果 E_t 大于 4.5×10^{-3} mol/g(干)时，说明用纯水洗涤滤纸、树脂时余酸没洗干净，导致测定结果偏高。

(3) 每组总结检查本试验的操作过程、方法、结果是否正确？存在什么问题？应该怎样改进？

4.4.3 强酸性阳离子交换树脂工作交换容量测定

1. 试验目的

(1) 掌握不同条件(试验室条件及生产条件)下测定树脂工作交换容量的方法。

(2) 了解不同因素对 E_{op} 的影响。

2. 试验原理

工作交换容量(E_{op})指在一定的工作条件以及水质条件下，一个固定周期中单位体积树脂实现的离子交换容量。这是实际工程运转中所利用的交换容量，与运行条件，如再生方式、原水水质、原水流量以及树脂层厚度等有关。

交换容量可以用质量或体积单位表示，交换容量的质量表示单位(E_m)和体积表示单位(E_v)之间存在如式(4-10)所示的关系：

$$E_v = E_m \times (1 - W) \times \rho_S \tag{4-10}$$

式中 E_v——单位体积湿树脂的交换容量，mmol/mL；

E_m——单位质量干树脂的交换容量，mmol/g；

ρ_S——树脂湿视密度，g/mL；

W——树脂含水率，%。

本试验结合实验室情况进行测定，试验装置如图4-9所示。过滤管为有机玻璃管，下部以石棉网为垫层，上部装有厚度为H的树脂工作层，此树脂为新树脂，以不同硬度的原水定速流过树脂层。开始时树脂层内含有大量的Na^+离子，原水中的硬度离子被树脂所吸附，出水中没有硬度，当树脂层内Na^+被大量用掉，工作前沿线移到树脂层底部时，硬度成分开始泄漏，出水硬度开始上升，最后上升到达允许值。根据此时出水量所去除的硬度及树脂的体积可求得E_{op}。如继续过滤则出水硬度可上升到原水硬度，根据此时所去除的硬度可以求出E_t，可用来校核总交换容量。生产中交换罐树脂层E_{op}的测定方法同上，只要把每周期产水量乘以原水硬度再除以树脂体积即得工作交换容量。

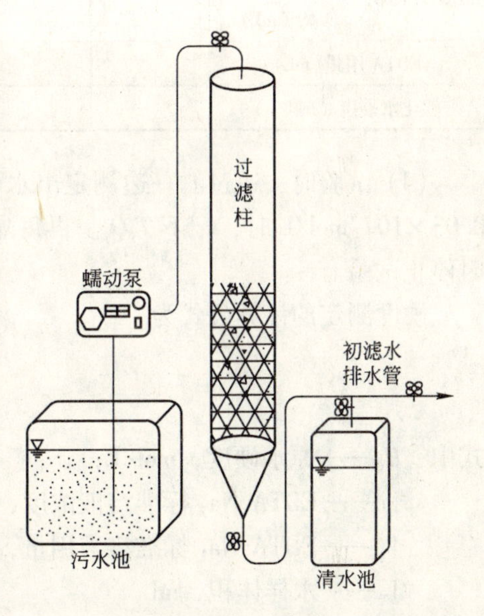

图4-9 过滤柱

影响E_{op}的因素很多，从树脂本身来看，有树脂层的厚度及再生程度；从交换柱来看，有直径大小及布水均匀程度；从原水来看，有原水的滤速及硬度。而再生程度又取决于再生剂的用量、再生液的浓度和纯度，特别是再生液的流动方向等。考虑到试验条件的限制，选出几个影响因素，给出其不同的数值，适当进行组合作为各组试验的原始条件，在测定本组条件下的E_{op}的同时，综合对比分析其他有关各组的试验结果，可以更好地掌握某些主要因素对E_{op}的影响。

3. 试验材料及设备

所需试验材料及设备包括：

(1)EDTA标准溶液(0.01mol/L)；(2)$CaCl_2$溶液[$(15 \sim 17.5) \times 10^{-3}$ mol/L]；(3)pH=10缓冲溶液($NH_4Cl + NH_4OH$)；(4)铬黑T指示剂；(5)工作交换容量的试验装置；(6)酸碱滴定管；(7)20~50mL移液管；(8)洗耳球；(9)20mL量筒；(10)250mL锥形瓶；(11)1000mL三角烧瓶；(12)1000mL烧杯；(13)8~12cm三角漏斗；(14)500mL细口瓶；(15)培养皿、药勺各一个；(16)乳胶管。

4. 试验步骤

（1）在交换柱内装入一定高度的新树脂，要求称量准确。

（2）加入纯水调整旋钮，使树脂层上保持一定水深 H_1，并使液面基本保持不变，滤速调好后旋钮不能再动。

（3）换用原水（硬度为 H_0）继续过滤，通过流量计算，以原水开始流出时为计算时间。每隔 5min 测定一次出水硬度值，记录及计算结果按表 4-10 的要求进行。

软化过滤记录表　　表 4-10

软化时间 T_i（min）		0	5	10	15	20	25	30
软化水流量 Q_i（mL/min）								
EDTA 体积	末（mL）							
	始（mL）							
EDTA 用量（mL）								
软化水硬度（mol/L）								

（4）试验时一边过滤一边测定出水硬度，直到软化水发现有硬度开始泄漏，即 $\Delta H \geqslant 0.03 \times 10^{-3}$ mol/L 时，记下 $T_i Q_i$。再每隔 10min 测定一次出水硬度，直到进出水硬度相等时停止试验。

硬度测定的计算公式为

$$H_0 = \frac{cV_1}{V_2} \tag{4-11}$$

式中 H_0——原水硬度，mol/L；

c——EDTA-Na_2 标准溶液浓度，mol/L；

V_1——EDTA-Na_2 标准溶液用量，mL；

V_2——水样体积，mL。

5. 试验结果及分析

（1）根据记录以时间（或累积流量）为横坐标，以出水硬度为纵坐标，绘制出水硬度变化曲线图。

（2）计算工作交换容量 E_{op}，出水水质合格期内去除的总硬度除以柱内树脂层的体积或干重量，即所求的工作交换容量。

$$E_{op} = \frac{(H_0 - \Delta H) Q_i T_i}{m \times 1000} \tag{4-12}$$

式中 E_{op}——工作交换容量，mol/g；

ΔH——软化水残余硬度，一般小于 0.03×10^{-3} mol /L；

Q_i——软化水流量，mL/min；

T_i——软化时间，min；

m——树脂（干）质量，g。

（3）用近似方法求出交换柱所能去除硬度的全部数值。对新树脂而言，它与 E_t 相等。对再生树脂而言它与树脂的再生程度有关。

（4）通过试验及计算，每组应对其他组试验数据有所了解，并加以对比，找出试验结果不相同的原因及影响E_{op}大小的主要因素与注意事项。

4.5 双向流斜板沉淀池模拟试验

4.5.1 试验目的

试验目的具体如下:

(1) 通过进行双向流斜板沉淀池的模拟试验，进一步加深对其构造和工作原理的认识。

(2) 进一步了解斜板沉淀池运行的影响因素。

(3) 熟悉双向流斜板沉淀池的运行操作方法。

4.5.2 试验原理

自从哈真1904年提出了理想沉淀池理论以后，数十年来，人们为了提高沉淀池的效率，曾做出了种种努力。按照理想沉淀池原理，在保持截留沉速u_0和水平流速v都不变的条件下，减少沉淀池的深度，就能相应地减少沉淀时间和缩短沉淀池的长度。所以该理论又称作“浅池理论”。根据浅层理论，在沉淀池有效容积一定的条件下，增加沉淀面积，可以提高沉淀效率。

斜板沉淀池是把与水平面成一定角度(一般60°左右)的众多斜板放置于沉淀池中构成。水从下向上流动(上向流)，也有从上向下流动(下向流)，或水平方向流动(水平流)，颗粒则沉于斜板底部。当颗粒累积到一定程度时，便自动滑下。在上向流斜板沉淀池中，水由下部沿斜板间隙上流，水中杂质颗粒一面随水以流速v流动，一面以沉速u_0下沉，其运动轨迹直线与斜板表面相交从而沉于板上面，澄清水向上流出斜板，沉泥则沿板面逆向下滑而自动排除，所以每个斜板间隙也是一个单元斜板沉淀池。

双向流斜板沉淀池中具有上向流和下向流两种流态。中间为下向流(同向流)沉淀区，其水流方向与污泥滑动方向相同；两侧为上向流(异向流)沉淀区，其水流方向与污泥滑动方向相反。斜板沉淀池如图4-10所示。

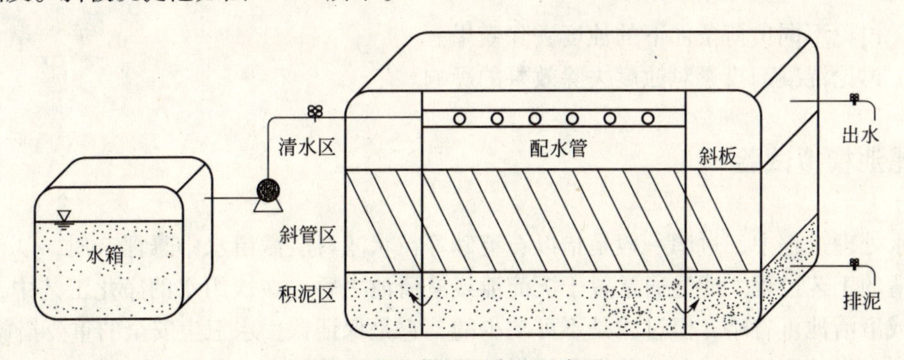

图4-10 斜板沉淀池示意图

在双向流斜板沉淀池中，原水从中间的下向流沉淀区顶部的穿孔管配水流出，经斜板沉淀区后至底部，又从底部向上进入两侧的上向流沉淀区，经出水顶部的溢流堰排出。污泥沉入斜板后滑下进入污泥斗，定期排放污泥。

4.5.3 试验材料及设备

所需试验材料及设备包括:

(1)浊度仪；(2)酸度计；(3)投药设备；(4)温度计；(5)200mL 烧杯 5 个；(6)混凝剂。

4.5.4 试验步骤

试验步骤如下：

(1) 用清水注满沉淀池，检查是否漏水，水泵与闸阀等是否正常完好。

(2) 一切正常后，将经过投药混凝反应后的原水用泵打入沉淀池，先将其流量控制在 400L/h 左右。如果进行自由沉淀的试验，可以直接进水。

(3) 根据 400L/h 流量的试验情况，分别加大和减小进水流量，测定不同负荷下的进水浊度，并计算其去除率。

(4) 定期从污泥斗排泥。

(5) 也可以用不同的原水或混凝剂，以及混凝剂的不同投加量来进行试验，测定其去除率。

4.5.5 试验结果及分析

试验结果及分析包括以下内容：

(1) 试验记录填入表 4-11 中。

试验记录表 表 4-11

序号	原水		投药		浊度		
	水温(℃)	流量(L/h)	名称	投药量(mg/L)	进水(NTU)	出水(NTU)	去除率(%)
1							
2							
3							
4							
5							

(2) 讨论不同负荷条件下的浊度去除效果。

(3) 讨论混凝剂投量对浊度去除效果的影响。

4.6 滤池模拟试验

在水处理过程中，过滤一般是指以石英砂等粒状滤料层截留水中悬浮杂质，从而使水获得澄清的工艺过程。滤池通常置于沉淀池或澄清池之后。在饮用水的净化工艺中，有时沉淀池或澄清池可省略，但过滤是不可缺少的，它是保证饮用水卫生安全的重要措施。

滤池有多种型式，以石英砂作为滤料的普通快滤池使用历史最久。在此基础上，人们从不同的工艺角度发展了其他形式快滤池。为充分发挥滤料层截留杂质能力，出现了滤料粒径循水流方向减小的过滤层及均质滤料层，例如双层、多层及均质滤料滤池，上向流和双向流滤池等。为了减少滤池阀门，出现了虹吸滤池、无阀滤池、移动冲洗罩滤池以及其他水力自动冲洗滤池等。从冲洗方式上，还出现了有别于单纯水冲洗的气水反冲洗滤池。各种形式滤池，过滤原理基本一样，基本工作过程也相同，即过滤和冲洗交替进行。下面以重力无阀滤池和虹吸滤池为例，介绍滤池模拟试验。

4.6.1　重力无阀滤池模拟试验

1. 试验目的

(1) 通过试验观察，加深对无阀滤池工作原理及性能的理解。

(2) 掌握无阀滤池的运转操作及使用方法。

(3) 熟悉各部件的作用、名称及几个主要几何尺寸的设计原理。

2. 试验原理

无阀滤池是一种水力自动控制滤池，图 4-11 为无阀滤池的示意图。当无阀滤池过滤时，水由进水箱 1 通过进水管 2，到达滤池顶部；水流经挡水板 3 均匀地分配到滤层 4 上，进行自上而下的过滤，水中的浊质便被截留在滤层中；滤后水经过承托层 5 和小阻力配水系统 6，进入底部空间，再向上流至上部冲洗水箱中；当冲洗水箱的水位高出出水渠 10 的溢流口时，水即流入清水池。

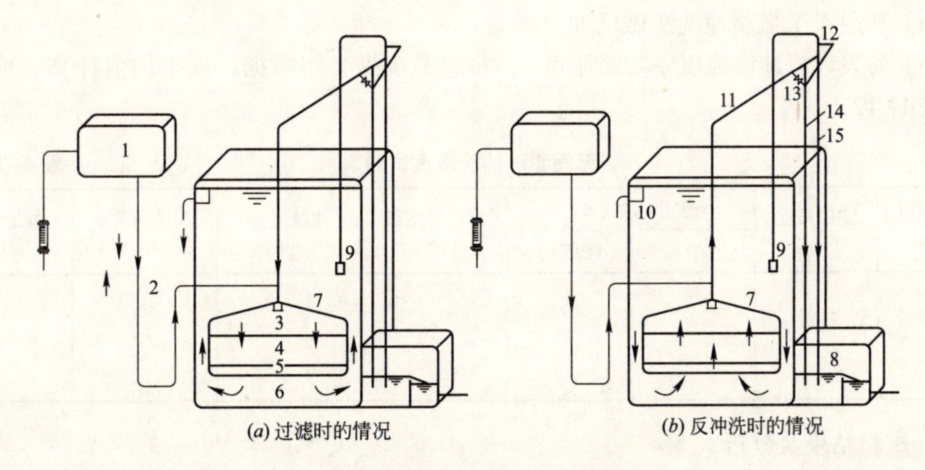

图 4-11　重力无阀滤池的工作原理图

1—进水箱；2—进水管；3—挡板；4—滤料层；5—承托层；6—底部配水区；7—伞形顶盖；8—水封井；9—虹吸破坏斗；10—出水渠；11—虹吸上升管；12—抽气管；13—强制冲洗管；14—虹吸辅助管；15—虹吸下降管

随着过滤时间的延续，滤层中截留下来的杂质愈来愈多，水流通过滤层的水头损失便逐渐增加，从而促使滤前水位(虹吸上升管 11 内的水位)不断上升。当水位高出虹吸辅助管 14 管口时，水便自该管中下流，依靠下降水流在管中形成的真空以及急速水流的挟气作用，抽气管 12 不断将虹吸下降管 15 中的空气抽走，从而使虹吸管的真空度逐渐增大。这时，一方面排水井 8 中的水被吸上至一定高度，另一方面由于在滤层上方造成低压，促使大量水流不再通过滤层向下过滤，而涌向虹吸上升管，并越过顶端沿虹吸下降管落下。当越过顶端下落水的流量超过某一极限值时，管内的水流挟带剩余的空气急速冲出管口，形成连续水流，于是虹吸真正形成。这时，滤层上方的压力急剧下降，促使冲洗水由冲洗水箱经连通管自下而上地冲洗滤层，使滤层膨胀悬浮，滤层中积聚的污泥被冲洗下来，并随着水通过虹吸管不断排入排水井 8。上述滤池的反冲洗一直进行到冲洗水箱的水位下降至虹吸破坏斗 9 的管口以下，这时大量空气经破坏管进入虹吸管，于是虹吸被破坏，滤池冲洗停止。虹吸管内的气压恢复到与外界相同的大气压，滤池的进水也同时恢复了向下过滤的方向，滤后水(包括初滤水)又重新向上流入冲洗水箱。

由于进水通过堰顶溢流跌水进入进水箱，进水流量不受堰后水位的影响，所以无阀滤池是按等滤速变水头过滤方式工作的。

3. 试验材料及设备

所需试验材料及设备包括：

(1)重力式无阀滤池模型；(2)酸度仪；(3)浊度仪；(4)药品；(5)玻璃仪器等。

4. 试验步骤

(1) 对照模型熟悉各部件的作用及操作方法。

(2) 启泵通水，检查设备是否有漏水、漏气之处。

(3) 按滤速 $v=8\sim12$cm/s 进行过滤试验，启泵，调整转子流量计及阀门，使流量 Q 等于计算值。

(4) 运行时观察虹吸上升管的水位变化情况，连续运行 30min 即可停止。

(5) 利用人工强制冲洗法做反冲洗试验。

(6) 列表计算冲洗强度 q 与膨胀度 e，每组最少做 2 组数据，取平均值计算。具体内容见表 4-12。

无阀滤池冲洗强度试验表 **表 4-12**

过滤面积 (m^2)	滤层高度 (cm)	工作水头(m)		冲洗总水量 (m^3)	冲洗历时 (min)	冲洗强度 q [$L/(s\cdot m^2)$]	膨胀度 e (%)
		开始 h_1	终点 h_2				

5. 试验结果及分析

(1) 总结无阀滤池的过滤、反冲洗操作方法及注意事项。

(2) 进水管可以采用气水分离器或 U 形管，它们的主要优缺点是什么？

(3) 反冲洗水箱最低水位标高是否合理，应该怎样解决？

4.6.2 虹吸滤池模拟试验

1. 试验目的

(1) 通过试验加深对虹吸滤池工作原理的理解。

(2) 掌握虹吸滤池的操作使用方法。

2. 试验原理

(1) 虹吸滤池的特点

1) 虹吸滤池系采用真空系统控制进、排水虹吸管，以代替进、排水阀门。

2) 每座滤池由若干格组成；采用中、小阻力配水系统；利用滤池本身的出水及其水头进行冲洗，以代替高位冲洗水箱或水泵。

3) 滤池的总进水量能自动均衡地分配到各单格，当进水量不变时各格均为等速过滤。

4) 滤过水位高于滤层，滤料内不致发生负水头现象。

5) 虹吸滤池平面布置有圆形和矩形两种，也可做成其他形式(如多边形等)。在北方寒冷地区虹吸滤池需加设保温房屋；在南方非保温地区，为了排水的方便，也有将进水、排水虹吸管布置在虹吸滤池外侧。

(2) 构造和工作原理

虹吸滤池是一个由6~8个单元滤池所组成的过滤整体。单元滤池之间存在一种连锁的运行关系。滤池的平面形状可以是圆形、矩形或多边形。圆形和多边形的虹吸滤池施工较复杂，反冲洗时的水力条件也不如矩形滤池好。

虹吸滤池的构造和工作过程可结合图4-12来说明。这是一座圆形虹吸滤池的剖面图，由6个单元滤池构成外环，中心部分为冲洗废水的排水井。

图4-12右半表示过滤的情况。进滤池的水先通过进水槽1流入滤池的环形配水槽2。环形槽内的水借进水虹吸管3的作用流入每个单元滤池的进水槽4，再从进水堰5溢流进布水管6内进入滤池。进水堰起调节单个滤池流量的作用。水在滤池内顺次通过滤层7、配水系统8进入环形集水槽9，再由出水管10流到出水井11内，最后经过出水堰12、清水管13流进清水池。出水堰顶的高度可以改变，滤池内水位与堰顶的高差代表了过滤过程中的水头损失。

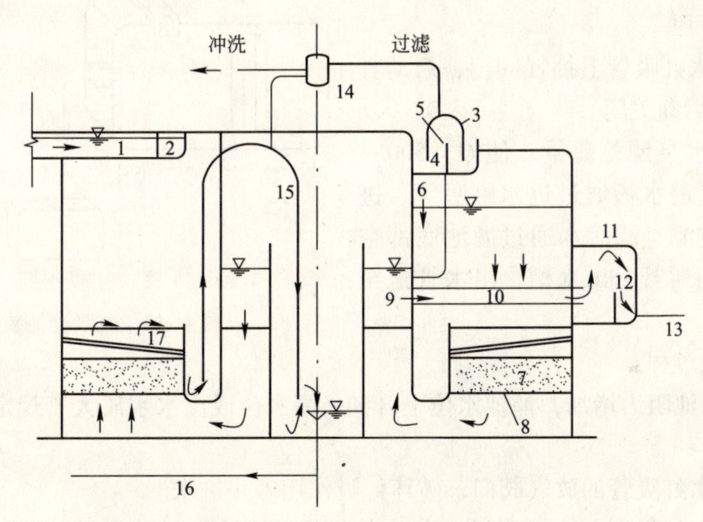

图4-12 虹吸滤池的构造

1—进水槽；2—配水槽；3—进水虹吸管；4—单元滤池进水槽；5—进水堰；6—布水管；7—滤层；8—配水系统；9—集水槽；10—出水管；11—出水井；12—出水堰；13—清水管；14—真空系统；15—冲洗虹吸管；16—冲洗排水管；17—冲洗排水槽

在过滤过程中滤层内截留的悬浮固体量不断增加，水头损失不断增长，由于出水堰12上的水位不变，因此滤池内的水位会不断地上升，当某一个单元滤池内水位上升至规定的高度时，即表明水头损失已达到最大允许值(一般采用1.5~2.0m)，这一单元滤池就需要进行冲洗。

虹吸滤池在过滤时，由于滤后水位永远高于滤层，保持正水头过滤，不会发生负水头现象。每个单元滤池的水位，由于通过滤层的水头损失不同而不同。

虹吸滤池采用小阻力配水系统，因此可借出水堰顶与冲洗排水槽顶间的高差作为反冲洗所需的水头。

图4-12左半表示冲洗的情况。当冲洗某一单元滤池时，首先破坏进水虹吸管3的真空，使配水槽2的水不再进入滤池，滤池仍然继续过滤，因此池内水位下降较快，但是很

快就无显著下降，此时就可以开始冲洗。利用真空罐14抽出冲洗虹吸管15中的空气，使它形成虹吸，并把滤池内的存水通过冲洗虹吸管15抽到池中心下部，再由冲洗排水管16排走。此时滤池内的水位下降，当集水槽9的水位与池内水位形成一定的水位差时，冲洗工作就正式开始。此时其他正在工作的滤池的全部过滤水量，都通过集水槽9进入被冲洗的单元滤池的底部集水空间，供给冲洗水流量。冲洗水的流量与普通快滤池相似。当滤料冲洗干净后，破坏冲洗虹吸管15的真空，冲洗立即停止，然后再启动进水虹吸管3，滤池又可以进行过滤。

3. 试验材料及设备

所需试验材料及设备包括：

(1)虹吸滤池模型一套，见图4-13；(2)浊度仪；(3)pH计；(4)药品；(5)玻璃仪器等。

4. 试验步骤

(1) 过滤过程

1）打开进水虹吸管上抽气阀门，启动真空泵(形成真空后即关闭)。

2）启动原水泵调整流量，使 $Q=500\sim800L/h$，原水自进水槽通过进水虹吸管、进水斗流入滤池过滤，滤后水通过滤池底部空间经连通渠、连通管、出水槽、出水管送至清水池。

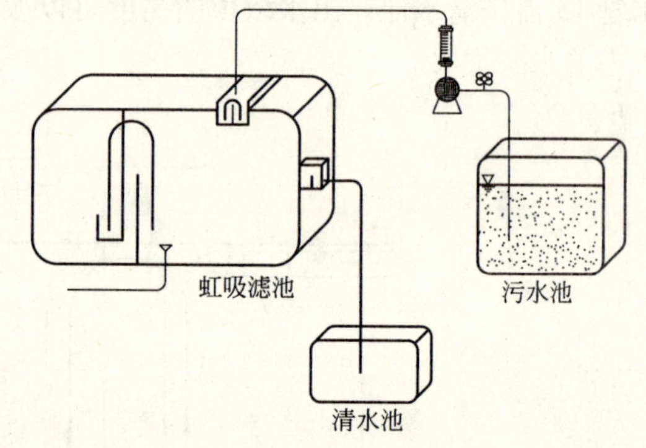

图4-13 虹吸滤池装置图

(2) 反冲洗过程

当某一格滤池阻力增加，滤池水位上升到最高水位或出水水质大于规定标准时，应进行反冲洗。

1）打开进水虹吸管的放气阀门，破坏虹吸作用停止进水。

2）打开排水虹吸管上抽气阀门，启动真空泵开始抽气，形成真空后即可停泵关闭阀门，池内水位迅速下降，冲洗水系统由其余几个滤格供给，经底部空间通向砂层，使砂层得到反冲洗。反冲洗后的水经冲洗排水槽、排水虹吸管、管廊下的排水渠以及排水井、排水管排出。

3）冲洗完毕后，打开排水虹吸管上放气阀门，虹吸破坏，再重复过滤操作过程恢复过滤即可。

5. 试验结果及分析

(1) 测定一格滤池的反冲洗膨胀率与冲洗强度的变化值。

(2) 测出进水虹吸管与排水虹吸管虹吸形成的时间(min)。

(3) 观察反冲洗时水位的变化规律。

(4) 通过试验总结虹吸滤池的主要优缺点及模型存在的问题，并提出改进措施。

4.7 澄清池模拟试验

水中脱稳杂质通过碰撞结合成相当大的絮凝体，然后在沉淀池内下沉。澄清池则将两个过程综合于一个构筑物中完成，主要依靠活性泥渣层达到澄清目的。澄清池形式很多，基本上可分为2大类：泥渣悬浮型澄清池和泥渣循环型澄清池。泥渣悬浮型澄清池又称泥渣过滤型澄清池。它的工作情况是，加药后的原水由下而上通过悬浮状态的泥渣层时，使水中脱稳杂质与高浓度的泥渣颗粒碰撞凝聚并被泥渣层拦截下来。这种作用类似过滤作用，浑水通过悬浮层即获得澄清。由于悬浮层拦截了进水中的杂质，悬浮泥渣颗粒变大，沉速提高。泥渣循环型澄清池则为了充分发挥泥渣接触絮凝作用，使泥渣在池内循环流动。回流量约为设计流量的3～5倍。泥渣循环可借机械抽升或水力抽升造成。前者称机械搅拌澄清池，后者称水力循环澄清池。

4.7.1 水力循环澄清池模拟试验

1. 试验目的

(1) 通过水力循环澄清池模型的模拟试验，进一步了解其构造和工作原理。

(2) 通过观察矾花和悬浮层的形成，进一步明确悬浮层的作用和特点。

(3) 加深理解水力循环澄清池运行的影响因素以及与其他类型澄清池的区别。

(4) 熟悉水力循环澄清池的运行操作方法。

2. 试验原理

水力循环澄清池的构造如图4-14所示。

原水从池底进入，先经喷嘴高速喷入喉管，在喉管下部喇叭口附近造成真空而吸入回流泥渣，原水与回流泥渣在喉管中剧烈混合后，被送入第一絮凝池(反应室)和第二絮凝池(反应室)。从第二絮凝池流出的泥水混合液，在分离室中进行泥水分离。清水向上，泥渣则一部分进入泥渣浓缩室，一部分被吸入喉管重新循环，如此周而复始。原水流量与泥渣回流量之比，一般为1∶2～1∶4。喉管和喇叭口的高低可用池顶的升降阀调节。

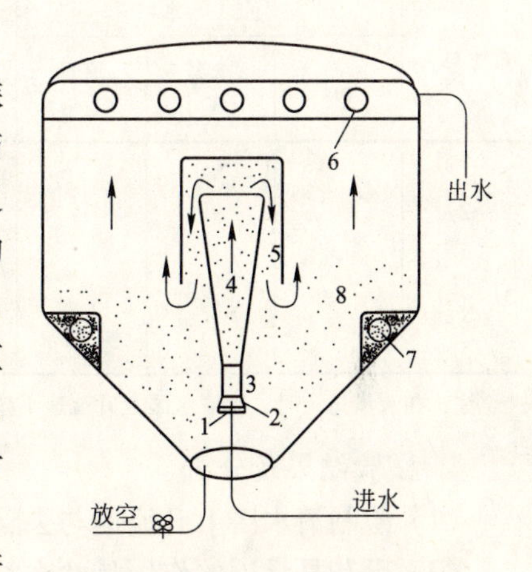

图4-14 水力循环澄清池示意图

1—喷嘴；2—喇叭口；3—喉管；4—第一絮凝池；5—第二絮凝池；6—集水管；7—排泥管；8—分离室

在机械搅拌澄清池中，泥渣回流量还可按要求进行调整控制，加之泥渣回流量大、浓度高，故对原水的水量、水质和水温的变化适应性较强，但需要一套机械设备并增加维修工作，结构较复杂。水力循环澄清池结构较简单，无需机械设备，但泥渣回流量难以控制，且因絮凝室容积较小，絮凝时间较短，回流泥渣接触絮凝作用的发挥受到影响。故水力循环澄清池处理效果较机械加速澄清池差，耗药量较大，对原水水量、水质和水温的变化适应性较差。且因池子直径和高度有一定比例，直径越大，高度也越大，故水力循环澄清池一般适用于中、小型水厂。

3. 试验材料及设备

所需试验材料及设备包括：

(1)水力循环澄清池模型一套；(2)浊度仪；(3)pH计；(4)投药设备；(5)玻璃仪器；(6)混凝剂。

4. 试验步骤

（1）首先熟悉水力循环澄清池的构造与工作原理，检查其各部件是否漏水，水泵与闸阀等是否完好。

（2）在原水中加入较多的混凝剂，若原水浊度较低时，为加速泥渣层的形成，也可加入一些粘土。

（3）待泥渣层形成后，参考混凝试验的最佳投药量结果，向原水中投加混凝剂，搅拌均匀后再重新启泵开始运行。

（4）开始进水流量控制在 800 L/h 左右。

（5）根据 800 L/h 流量的运行情况，分别加大或减小进水流量，测出不同负荷下运行时的进出水浊度，并计算其去除率。

（6）当悬浮泥渣层升高影响正常工作时，从泥渣浓缩室排泥。

（7）也可改变混凝剂的投加量，或调节池顶的升降阀来改变原水流量与泥渣回流量的比值，来寻求最优运行工况，并记录下来，供今后试验参考。

试验记录填入表 4-13 中。

试验记录表 表 4-13

序号	原水			投药		浊度			观察悬浮矾花层的变化情况
	pH	水温（℃）	流量（L/h）	名称	投药量（mg/L）	进水（NTU）	出水（NTU）	去除率（%）	
1									
2									
3									
4									
5									

注：在流量选定时，以清水区上升流速不超过 1.1mm/s 为宜，如上升流速过大，效果不好。

5. 试验结果及分析

（1）绘制清水区上升流速与去除率的关系曲线。

（2）矾花悬浮层的作用是什么？应受哪些条件的影响？

（3）澄清池与沉淀池有哪些不同之处？它们的主要优、缺点有哪些？

4.7.2 脉冲澄清池模拟试验

1. 试验目的

（1）通过模型演示，了解脉冲澄清池的构造及工作原理。

（2）通过观察矾花和悬浮层的形成，进一步明确悬浮层的作用和特点。

（3）掌握脉冲澄清池的运行操作方法及注意事项。

2. 试验原理

脉冲澄清池的特点是澄清池的上升流速发生周期性的变化。当上升流速小时，泥渣悬浮层收缩、浓度增大而使颗粒排列紧密；当上升流速大时，泥渣悬浮层膨胀。悬浮层不断地产生周期性的收缩和膨胀不仅有利于微絮凝颗粒与活性泥渣进行接触絮凝，还可以使悬浮层的浓度分布在全池内趋于均匀并防止颗粒在池底沉积。

图 4-15 为脉冲澄清池的构造示意图。脉冲澄清池主要由竖井、进水区、泥渣悬浮区、清水区、泥渣浓缩等几部分组成。竖井上部与一真空泵相连，下部与池内进水穿孔配

水管相连，上部还有进气管，管上安设空气阀。原水投药后首先连续流入竖井，这时竖井上部空气阀关闭，真空泵工作，在真空泵抽吸下，竖井水位上升，从而使原水进入竖井而不流入配水管。当竖井水位达到最高位置时，真空泵停止工作，并突然打开空气阀，空气进入竖井，使竖井水面以上真空消失，竖井内的原水在水头作用下经进水配水管流入澄清池的底部进水区。进池原水经穿孔配水管分配后，由下向上流经悬浮泥渣层，水中的细小悬浮物与泥渣层中的粗粒絮体充分接触，迅速进行絮凝。絮凝后的水再向上流向清水区进行泥水分离，沉淀后的清水经池上部设置的集水槽收集后，引出池外。这时由于由竖井流入池下部的水流量较大，当上升流速超过泥渣层的拥挤沉降速度时，泥渣层在上升水流顶托下会向上膨胀，即泥渣层上界面会升高。在悬浮泥渣层中设有泥渣浓缩室，被截留于泥渣层中的多余泥渣溢入泥渣浓缩室浓缩脱水，然后排出池外。为了使从进水孔眼中高速流出的原水不要对悬浮泥渣层产生冲击，在进水配水管上部还设有人字形稳流板。当竖井水位降至一定位置时，关闭空气阀，重新启动真空泵，使原水重新全部进入竖井，而停止向池底进水，池内悬浮泥渣层中的上升水流消失，这时泥渣层便开始沉降，即其上界面开始回落。当竖井水位升至最高位置时，真空泵又停止工作，并突然打开空气阀，使竖井内的水再次大量流进池下部，使泥渣层再次膨胀。这样循环往复，泥渣层也周期性地膨胀和沉降，泥渣层上界面不断上、下波动，按这种方式工作的澄清池，被称为脉冲澄清池。脉冲澄清池充水和放水构成一个周期，一个周期的时间约为 60s，其中充水时间约为 50s，放水时间约为 10s。

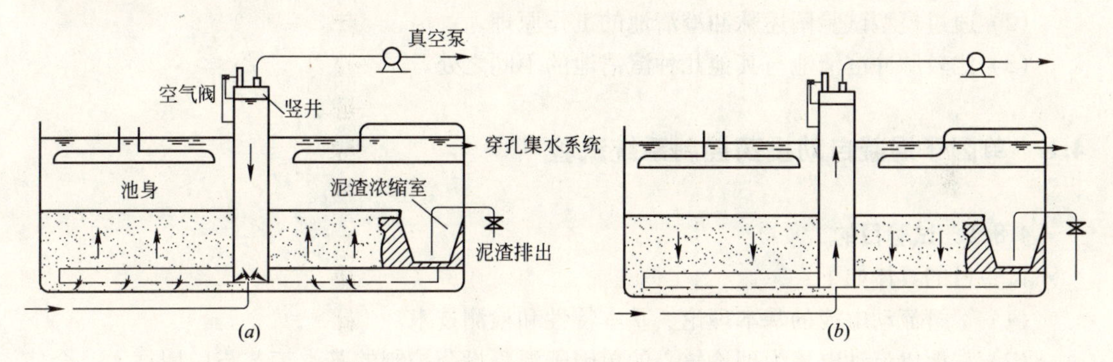

图 4-15　脉冲澄清池工作原理

3. 试验材料及设备

所需试验材料及设备包括：

(1)脉冲澄清池试验模型，见图 4-16；(2)浊度仪；(3)酸度计；(4)投药设备；(5)温度计；(6)200mL 烧杯；(7)混凝剂。

4. 试验步骤

(1) 对照模型熟悉脉冲澄清池的构造及工艺流程。

(2) 开启泵用清水将澄清池试运行 1 次，检查各部件是否正常及各阀门的使用方法。

(3) 参考混凝试验的最佳投药量的结果，向原水箱内投加混凝剂，搅拌均匀后再重新启泵开始运行。

(4) 启泵的同时要调整转子流量计使 $Q=500\text{L/h}$。

(5) 当矾花悬浮层形成并能正常运行时，选几个流量运行。

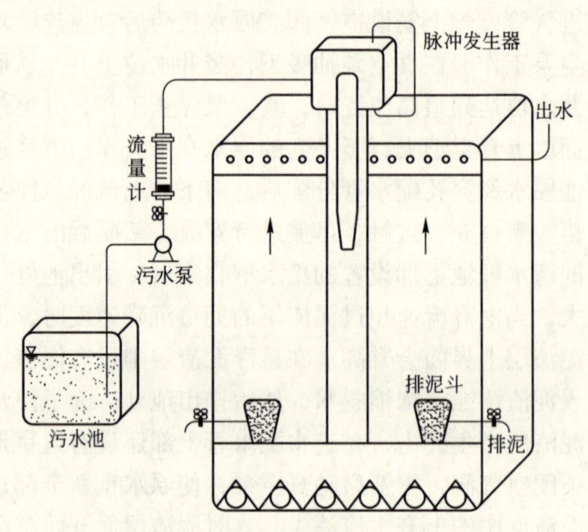

图 4-16 脉冲澄清池示意图

(6) 分别测定出各流量下运行时的进出水浊度，并计算出去除率。

(7) 当排泥斗中泥位升高、或澄清池内泥位升高时，应及时排泥。

5. 试验结果及分析

(1) 试验记录表参考水力循环澄清池模拟试验记录表 4-13。

(2) 通过模型试验阐述脉冲澄清池的工作原理。

(3) 比较脉冲澄清池与其他几种澄清池的不同之处。

4.8 单因子混凝自动投药控制系统试验

4.8.1 试验目的

试验目的具体如下：

(1) 了解流动电流的基本理论、基本特性和检测技术。

(2) 掌握以流动电流为理论核心的单因子混凝投药控制的基本工艺与应用技术，会使用单因子混凝投药控制设备。

4.8.2 试验原理

流动电流即指在外力作用下，流体相对于固体表面流动而产生电位差的现象，进而形成流动电流。流动电流检测(SCD)法原理是从胶体颗粒稳定的本质出发，通过在线测定胶体扩散层中反离子在外力作用下随着流体运动(胶粒固定不动)而产生的电流，此电流与胶体 ξ 电位有正相关关系，而 ξ 电位与投加混凝剂的量有负相关关系。因此，混凝后胶体 ξ 电位变化反映了胶体脱稳程度，混凝后流动电流变化也同样反映了胶体脱稳程度，从而可以通过测定投加混凝剂快速混合后水的流动电流变化情况，判断混凝剂投加量是否适当，然后通过控制执行单元来调节混凝剂投加量。可以看出，流动电流检测法是通过检测胶体凝聚过程中电学特性参数的变化来实现混凝剂的投加控制的。

流动电流混凝剂投加量控制系统主要包括流动电流检测器、控制器和执行装置 3 部分。流动电流检测器是整套系统的核心部分，由检测水样的传感器和信号放大处理器组成。图 4-17 是流动电流传感器结构示意图。

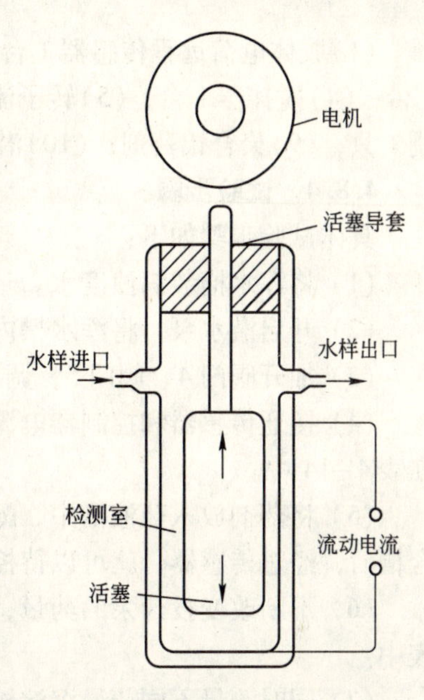

图 4-17　SCD 传感器结构示意图

传感器由圆筒形检测室、可以在圆筒内作往复运动的活塞及一个环形电极组成。当被测水样进入到活塞与圆筒之间的环形空间后，水中胶体颗粒附着于活塞表面和圆筒内壁，形成一层非常薄的胶体颗粒膜，如果活塞静止不动，这层胶体颗粒膜也静止不动，胶体颗粒的双电层中反离子也静止不动，当活塞在电机驱动下作往复运动时，环形空间中的水也作往复流动，其双电层中反离子也一起运动，从而在活塞与圆筒之间的环形空间的壁表面上产生交变电流，此电流即为流动电流，由检测室两端环形电极收集送给信号放大处理器。信号经放大处理后传输给控制器，控制器将检测值与设定值比较后发出改变投药量的信号给执行装置(如计量泵)，最后由执行装置调节混凝剂投加量。设定值通常是在安装调试过程中根据沉淀池出水浊度要求设定的，即当沉淀池出水浊度达到预期要求时，相对应的流动电流检测值便作为控制系统设定值。当原水水质在一定范围内发生变化时，自控系统就围绕设定值进行调控，使沉淀池出水浊度始终保持在预定要求范围。但当原水水质有了大幅度变化或传感器用久而受污染时，应对原先的设定值进行适当调整。

研究表明，影响混凝效果的几种主要因素在一定程度上都反映在流动电流这个参数上，所以不再需要监测任何原水水质参数(原水的浊度、温度、碱度、pH 等)和水量参数(原水流量、药液流量、浓度等)，只需测定和控制这一因子，就可实现混凝剂投加量的准确控制。其不足之处在于对以吸附架桥为主的高分子(特别是非离子型或阴离子型絮凝剂)絮凝过程，控制效果不理想。

4.8.3　试验材料及设备

本试验采用的自动投药装置如图 4-18 所示。所需试验材料及设备包括：

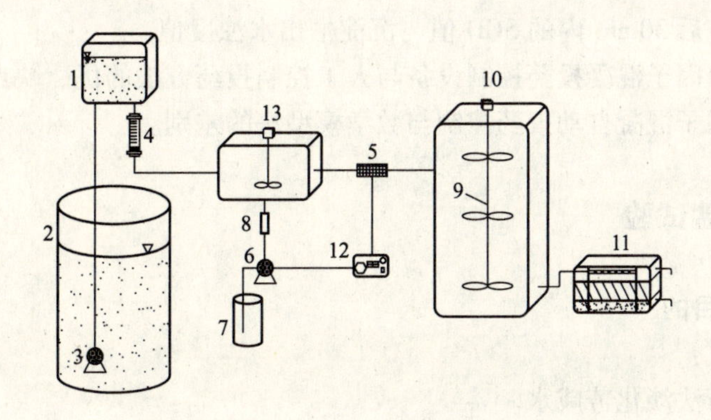

图 4-18　单因子混凝自动投药控制系统

1—浑水恒位水槽；2—浑水槽；3—潜水泵；4—流量计；5—远程胶体电传感器；6—电子脉冲投药泵；7—药液槽；8—均流槽；9—电动搅拌器；10—反应槽；11—斜板沉淀槽；12—测控器；13—混合槽

(1)胶体电荷远程传感器1台；(2)单因子混凝投药控制器1台；(3)电子脉冲投药泵1台；(4)搅拌器1台；(5)转子流量计1台；(6)浊度仪1台；(7)玻璃仪器；(8)清洗毛刷1只；(9)聚合铝药剂；(10)潜水泵1台。

4.8.4 试验步骤

具体试验步骤如下：

(1) 将浑水槽装满浊度水。

(2) 开启潜水泵，将浑水槽内的水抽到上面的浑水恒位水箱里，直至有溢流。

(3) 加开阀门4、阀门5，调节流量计使流量为3～5L/min。

(4) 接通传感器和控制器电源，待开启20min后，读取单因子混凝控制仪读数，记录在表4-14中。

(5) 将药剂放入药液槽中，配一定浓度的药剂，开启电子脉冲投药泵，等药液进入混合槽后，经过传感器，就可以待控制仪稳定后读数。

(6) 不断改变投药泵的药量，分别读取不同药量情况下的流动电流值(SCD值)，填入表中。

(7) 同时测量不同药量沉淀槽的出水浊度，并将结果填入表4-14中。

(8) 使系统进入自动控制状态后，记录流动电流(SCD值)及出水浊度值。

试验记录表　　表4-14

时间(min)	
SCD值	
沉淀槽出水浊度(NTU)	

4.8.5 试验结果及分析

试验结果及分析的具体内容应包括：

(1) 测量浑水槽的浊度。

(2) 测量投药量分别为0、10mg/L、20mg/L、30mg/L、40mg/L时的SCD值和沉淀槽出水浊度值。

(3) 测量自控后30min内的SCD值与沉淀槽出水浊度值。

(4) 比较用单因子混凝投药控制设备与人工控制投药方法的优、缺点。

(5) 比较单因子混凝自动投药控制与数学模型法的差别。

4.9 电渗析除盐试验

4.9.1 试验目的

试验目的如下：

(1) 用电渗析法淡化苦咸水。

(2) 求用电渗析除盐的脱盐率、电流效率。

(3) 掌握电渗析法除盐技术。

4.9.2 试验原理

电渗析(ED)是在直流电场作用下，以电位差为推动力，利用离子交换膜的选择透过性(即阳膜理论上只允许阳离子通过，阴膜理论上只允许阴离通过)，使水中阴、阳离子做定向迁移，从而实现溶液的浓缩、淡化、精制和提纯。

1. 电渗析的基本原理

电渗析过程的原理如图4-19所示，该过程使用带可电离的活性基团膜从水溶液中去除离子。在阴极和阳极之间交替安置一系列阳离子交换膜和阴离子交换膜，并用特制的隔板将两种膜隔开，隔板内有水流通道，当离子原料液(如氯化钠溶液)通过两张膜之间的腔室时，如果不施加直流电，则溶液不发生任何变化；但当施加直流电时，带正电的钠离子会向阴极迁移，带负电氯离子会向阳极迁移。阴离子不能通过带负电的膜，阳离子不能通过带正电的膜，这意味着，在每隔一个腔室中离子浓度会提高，而在与之相邻的腔室中离子浓度下降，从而形成交替排列的稀溶液(淡化水)和浓溶液(浓盐水)。与此同时，在电极和溶液的界面上，通过氧化、还原反应，发生电子与离子之间的转换，即电极反应。在负极(阴极)处形成 H_2 和 OH^-，而在正极(阳极)处形成 Cl_2 和 O_2。发生的电极反应如下：

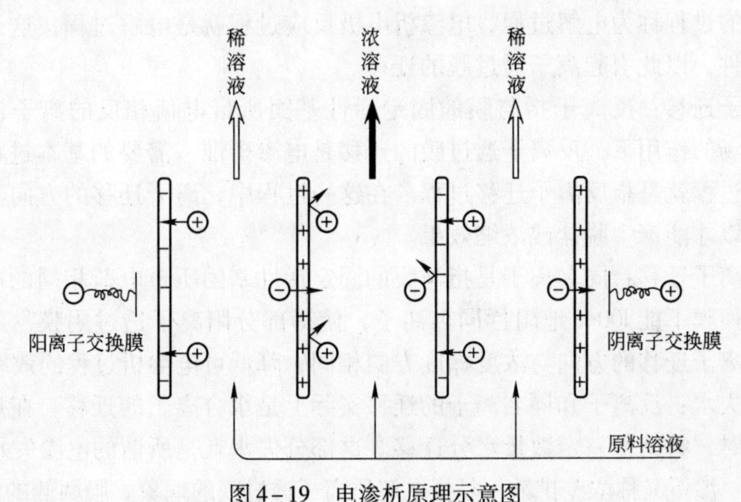

图4-19 电渗析原理示意图

阴极：$2H_2O+2e^- \longrightarrow H_2\uparrow +2OH^-$

阳极：$2Cl^- \longrightarrow Cl_2\uparrow +2e^-$

$H_2O \rightarrow \frac{1}{2}O_2\uparrow +2H^+ +2e^-$

所以，在阴极不断排出氢气，在阳极则不断有氧气或氯气放出。此时，阴极室溶液呈碱性，当水中有 Ca^{2+}、Mg^{2+}、HCO_3^- 等离子时，会生成 $CaCO_3$ 和 $Mg(OH)_2$ 水垢，集结在阴极上，而阳极室则呈酸性，对电极造成强烈的腐蚀。在电渗析过程中，电能的消耗主要用来克服电流通过溶液、膜时所受到的阻力以及进行电极反应。

2. 电渗析过程

在电渗析过程中除了阴、阳离子在直流电的作用下发生电迁移和电极反应外，同时将有许多其他过程伴随发生(如图4-20)，这是由电解质溶液的性质、膜的性能与运转条件所引起的，主要有：

(1) 电解过程：电解质溶液在电场作用下，其阴离子向阳极方向迁移，在阳极界面上发生氧化反应；阳离子向阴极方向迁移，在阴极界面上发生还原反应。使原来的电解质分

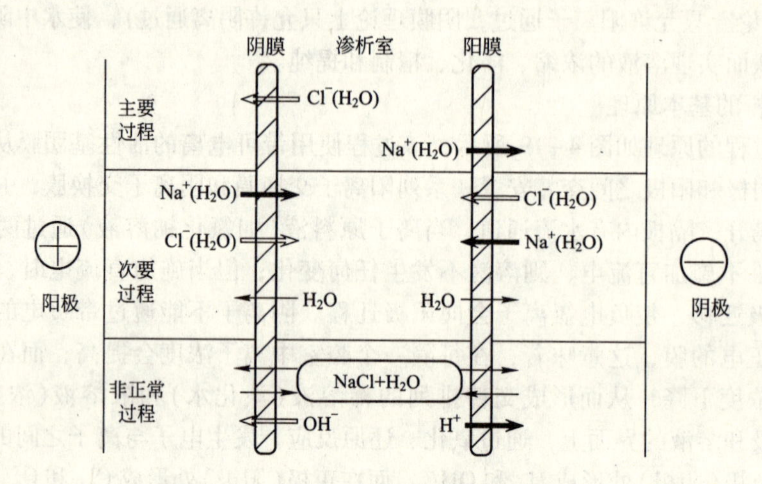

图 4-20　电渗析运行时发生的各个过程

解为其他物质的过程称为电解过程，电渗析电极反应过程就是电解过程，这是电渗析工作必不可少的条件，以此引起离子透过膜的迁移。

（2）反离子迁移：反离子指与膜的固定活性基团所带电荷相反的离子，也称平衡离子。在直流电场的作用下，反离子透过膜的迁移是电渗析惟一需要的基本过程。一般简单定义的电渗析过程就是指反离子迁移过程。在这一过程中，离子迁移的方向与浓度梯度的方向相反，所以才能产生脱盐或浓缩效果。

（3）同名离子迁移：同名离子是指与膜的固定活性基团所带电荷相同的离子。由于许多原因离子交换膜不能 100% 地阻拦同名离子，使得部分阳离子透过阴膜，部分阴离子透过阳膜。同名离子迁移的方向与浓度梯度方向相同，降低可电渗析过程的效率。

（4）电渗失水：反离子和同名离子的迁移实际上是水合离子的迁移。在反离子和同名离子迁移的同时，将携带一定数量水分迁移。这部分失水就是所谓的电渗失水。

（5）渗析：渗析又称浓差扩散，是指电解质离子透过膜的现象。膜两侧的浓度差是渗析的推动力。渗析方向与浓度梯度一致，因此也降低电渗析过程的效率，同时也伴有水的流失。

（6）渗透：渗透是指在渗透压的作用下水透过膜的现象。

（7）渗漏：当膜的两侧存在压力差时，溶液由压力大的一侧向压力小的一侧渗透的现象。它是一个物理过程，一般来说应该可以避免。

（8）极化：极化现象在电渗析过程中是一个非常重要的问题。简言之，极化是指在一定电压下迫使膜液界面上的水离解为 H^+ 与 OH^- 的现象。将中性水离解为 H^+ 与 OH^- 以后，会透过膜迁移，引起浓、淡水液流的中性紊乱，带来若干难以处理的问题。一般要求电渗析装置不宜在极化状态下运行。

上述过程可以分为主要过程、次要过程和非正常过程。电渗析运行时，同时发生着多种复杂过程，除了反离子迁移是电渗析的主要过程外，其他过程均会影响电渗析的除盐或浓缩效率，增加电耗。因此，在生产中必须选择理想的离子交换膜和最佳的操作条件，以消除或改善这些不良因素的影响。

3. 试验装置

如图 4-21 所示，电渗析装置是由许多只允许阳离子通过的阳离子交换膜 K 和只允许阴离子通过的阴离子交换膜A组成的。这两种膜交错地平行排列在两正负电极板之间。最初，在所有隔室内，阳离子与阴离子的浓度都均匀一致，且成电的平衡状态。当加上电压以后，在直流电场的作用下，淡室内的全部阳离子趋向阴极，在通过阳膜之后，被浓室的阴膜所阻挡，也被留在浓室中。而淡室中的全部阴离子趋向阳极，在通过阴膜之后，被浓室的阳膜所阻挡，也被留在浓室中。于是淡室中的电解质浓度逐渐下降，而浓室中的电解质浓度则逐渐上升。以NaCl为例，当NaCl溶液进入淡水室以后，Na^+离子则通过阳膜进入右侧浓室；而Cl^-离子则通过阴膜进入左侧浓室。如此，淡室中的盐水逐渐变淡，而浓室中的盐水则逐渐变浓。

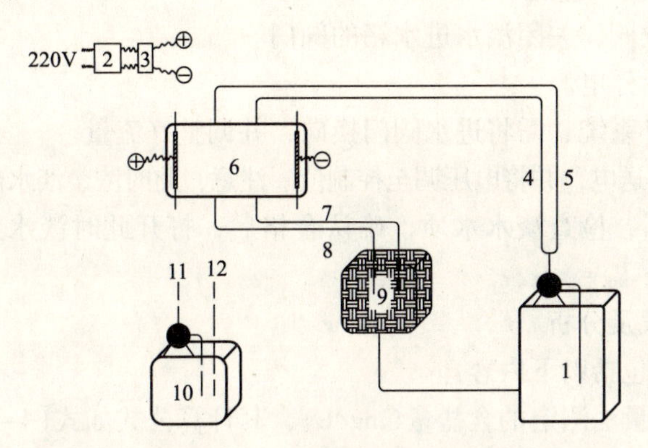

图4-21 电渗析装置示意图

1—循环水箱；2—调压箱；3—整流器；4—进淡水室；5—进浓水室；6—电渗析器；7—淡水室出水；8—浓水室出水；9—出水贮水池；10—极水池；11—极水进水；12—极水循环

4.9.3 试验材料及设备

所需试验材料及设备包括：

(1)电渗析试验装置，见图4-21；(2)电导仪；(3)整流器；(4)计量操作；(5)酸槽(PVC)；(6)泵；(7)原水水槽。

电渗析器是本试验的主要仪器，其他均为辅助设备。

4.9.4 试验步骤

具体步骤如下：

(1) 做好电渗析器运行前的准备工作。具体要求有以下几点：

1）用原水浸泡阴、阳膜，使膜充分伸胀(一般泡48h以上)，待尺寸稳定后洗净膜面杂质。

2）清洗隔板及其他部件。

3）电渗析器安装。

(2) 开始运转，包括以下步骤：

1）打开电渗析进水流量计前的排放阀，打开水泵的回流阀；关闭流量计前的淡、浓、极水阀，打开淡水出口放空阀。

2）开动水泵。

3）同步缓缓地开启流量计前的浓、淡、极水阀，关闭水泵回流阀，关闭流量计前的排放阀，调节流量，并保证压力均衡。

4）待流量稳定后，开启整流器使之在某相运行，调到相应的控制电压值。

5）测定淡水进出口水质，待水质合格后，打开淡水池阀门，然后关闭淡水出口排水阀。

6）每隔10min用质量法测淡水进出口的含盐量。

（3）停止运转，包括以下步骤：

1）打开淡水出口放空阀，并关闭淡水进水池的阀门。

2）将电压调至零，切断整流器电源。

3）打开水泵回流阀，打开流量计前的排放阀，同步关闭流量计前的浓、淡、极水阀门。

4）停泵。

5）关闭流量计前的排放阀，关闭水泵回流阀。

（4）手动倒换电极，包括以下步骤：

1）打开淡水排放阀，关闭淡水进水箱的阀门。

2）将电压调零后停电。

3）对于浓水循环系统，需将进水阀门换向，并调整好流量。

4）将整流器换相送电，并将电压调至控制值。注意，此时浓、淡水出水正好与原先相反。

5）过3~5min后，检查淡水水质，确认合格后，打开此时淡水进水管阀门，关闭此时淡水出水口排放阀门。

4.9.5 试验结果及分析

试验结果及分析包括以下内容：

（1）计算每次质量法测定的含盐量(mg/L)，其计算公式如式(4-13)所示：

$$含盐量 = \frac{W - W_0}{V} \times 10^6 \tag{4-13}$$

式中 W——蒸发皿及残渣的总质量，g；

W_0——蒸发皿的质量，g；

V——水样体积，mL。

（2）由测定的进、出口含盐量，求脱盐率，其计算公式如式(4-14)所示：

$$脱盐率 = \frac{C_1 - C_2}{C_1} \times 100\% \tag{4-14}$$

式中 C_1——进口含盐量，mg/L；

C_2——出口含盐量，mg/L。

（3）求电流效率，其计算公式如式(4-15)所示：

$$电流效率\ \eta = \frac{q(C_1 - C_2)F}{1000I} \times 100\% \tag{4-15}$$

式中 q——1个淡水室(相当于一对膜)的出水量，L/s；

C_1、C_2——符号意义同前；

F——法拉第常数，$F = 96500C/mol$；

I——电渗析器的实际操作电流，A。

4.10 加压溶气气浮试验

4.10.1 试验目的

试验目的具体如下：

(1) 掌握气浮净水方法的原理。

(2) 了解气浮工艺流程及运行操作。

4.10.2　试验原理

气浮法是固—液或液—液分离的一种方法。它是通过某种方式产生大量的微气泡，使其与废水中密度接近于水的固体或液体微粒粘附，形成密度小于水的气浮体，在浮力的作用下，上浮至水面，进行固—液或液—液分离。

气浮法按水中气泡产生的的方法可分为布气气浮法、溶气气浮法和电解气浮法等3种。由于布气气浮法一般气泡直径较大，气浮效果较差，而电解气浮气泡直径虽不大但耗电较大，因此在目前应用气浮法的工程中，溶气气浮法最多。

根据气泡析出时所处压力的不同，溶气气浮又可分为：加压溶气气负和溶气真空气浮2种类型。前者，空气在加压条件下溶于水中，再使压力降至常压，把溶解的过饱和空气以微气泡的形式释放出来；后者是空气在常压或加压条件下溶入水中，而在负压条件下析出。加压溶气气浮是国内外最常用的一种气浮方法，是含乳化油废水的处理不可缺少的工艺之一。

加压溶气气浮工艺由空气饱和设备、空气释放设备和气浮池等组成。其基本工艺流程有全溶气流程、部分溶气流程和回流加压溶气流程3种，如图4-22、图4-23和图4-24所示。

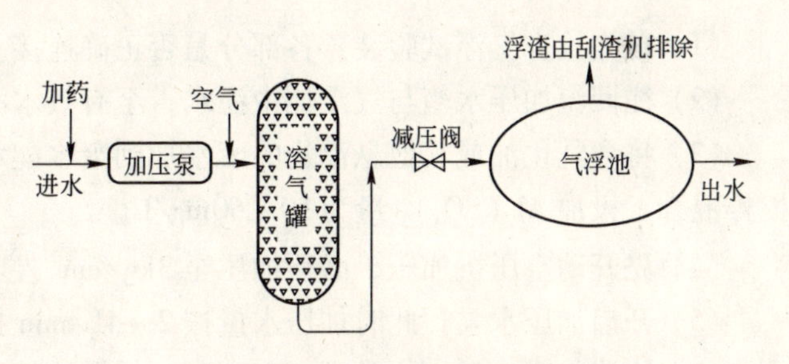

图4-22　全溶气方式流程

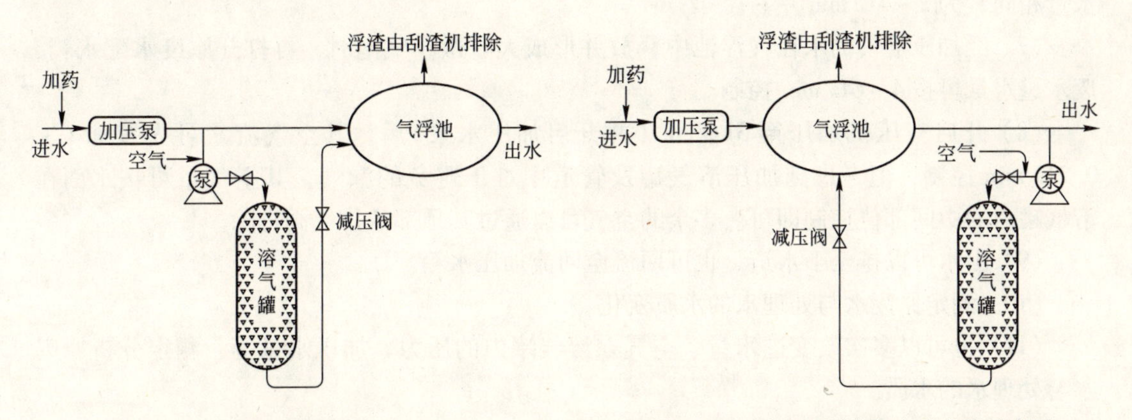

图4-23　部分溶气方式流程　　　　图4-24　回流加压溶气方式流程示意图

4.10.3　试验材料及设备

所需试验材料及设备如下：

(1)加压溶气气浮池模型一套，见图4-25；(2)空压机；(3)加压泵；(4)流量计；(5)止回阀、减压阀；(6)水箱；(7)混凝剂［$Al_2(SO_4)_3$］；(8)分析废水出水的各种仪器；(9)化学药品。

4.10.4　试验步骤

具体试验步骤如下：

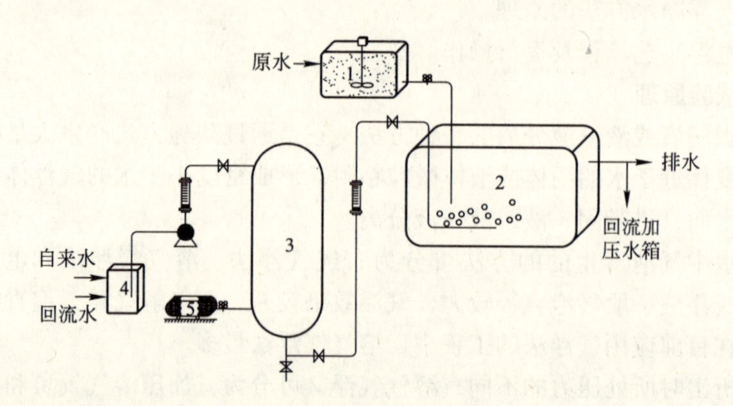

图 4-25 加压溶气气浮试验装置图

1—配水箱；2—气浮池；3—溶气罐；4—回流加压水箱；5—空压机

（1）首先检查气浮试验装置各部分是否正确连接。

（2）往回流加压水箱与气浮池中注水，至有效水深的90%高度。

（3）将含乳化油或其他悬浮物的废水加到废水配水箱中，并投 $Al_2(SO_4)_3$ 等混凝剂后搅拌混合，投加 $Al_2(SO_4)_3$ 量为 50~60mg/L。

（4）先开动空压机加压，必须加压至 3kg/cm^2 左右，最好不低于 3kg/cm^2。

（5）开启加压水泵，此时加压水量按 2~4L/min 控制。

（6）待溶气罐中的水位升至一定高度，缓慢地打开溶气罐底部的闸阀，其流量与加压水量相同，为 2~4L/min 左右。

（7）经加压溶气的水在气浮池中释放并形成大量微小气泡时，再打开原废水配水箱、废水进水量可按 4~6L/min 控制。

（8）开启空压机加压至 3kg/cm^2（并开启加压水泵）后，其空气流量可先按 0.1~0.2L/min 控制，但考虑到加压溶气罐及管道中难于避免的漏气，其空气量可按水面在溶气罐内的中间部位控制即可。多余的空气可以通过其顶部的排气阀排除。

（9）出水可以排至下水道、也可回流至回流加压水箱。

（10）测定原废水与处理水的水质变化。

（11）也可以多次改变进水量、空气在溶气罐内的压力、加压水量等，测定分析原废水与处理水的水质。

4.10.5 试验结果及分析

试验结果及分析的具体内容应包括：

（1）根据试验设备尺寸与有效容积，以及水和空气的流量，分别计算溶气时间、气浮时间、气水比等参数。

（2）观察试验装置运行是否正常，气浮池内的气泡是否很微小。若不正常，是什么原因？如何解决？

（3）计算不同运行条件下，废水中污染物（也可以用悬浮物来表示）的去除率，以其去除率为纵坐标，以某一运行参数（如溶气罐的压力、进水流量及气浮时间等）为横坐标，画出污染物去除率与某运行参数之间的定量关系曲线。

4.11　吹脱试验

4.11.1　试验目的

试验目的具体如下：

(1) 观察吹脱装置的运行。

(2) 了解废水中有毒、有害气体的转移情况。

(3) 掌握气液比对吹脱的主要影响。

4.11.2　试验原理

吹脱、汽提法用于脱除水中溶解气体和某些挥发性物质，即将气体(载气)通入水中，使之相互充分接触，使水中溶解气体和挥发性溶质穿过气液界面，向气相转移，从而达到脱除目标物的目的。常用空气或水蒸气作载气，前者称为吹脱，后者称为汽提。

1. 吹脱设备

吹脱法一般采用吹脱池(也称曝气池)和吹脱塔两类设备，前者占地面积较大，而且易污染周围环境，所以有毒气体的吹脱都采用塔式设备。

自然吹脱池依靠水面与空气自然接触而脱除溶解性气体，它适用于溶解气体极易挥发，水温较高，风速较大，有开阔地段和不产生二次污染的场合。填料吹脱塔的主要特征是在塔内装填一定高度的填料层，原水从塔顶喷下，沿填料表面呈薄膜状向下流动。空气从塔底鼓入，呈连续相由下而上同水逆流接触。塔内水相和气相组成沿塔高连续变化。

2. 影响吹脱的主要因素

影响吹脱的因素很多，主要有：

(1) 温度：在一定压力下，气体在水中的溶解度随温度升高而降低，因此，升温对吹脱有利。

(2) 气液比：空气量过小，气液两相接触不够；空气量过大，不仅不经济，还会发生液泛，即水被气流带出，破坏了操作。最好使气液比接近液泛极限(超过此极限的气流量将产生液泛)，这时传质效率最高。

(3) pH：在不同pH值条件下，气体的存在状态不同。水中H_2S和HCN的含量与pH值的关系见表4-15。因为只有以游离的气体形式存在才能被吹脱，所以对含S^{2-}和CN^-的废水应在酸性条件下进行吹脱。

游离H_2S、HCN与pH值的关系　　**表4-15**

pH值	5	6	7	8	9	10
游离H_2S(%)	100	95	64	15	2	0
游离HCN(%)		99.7	99.3	99.3	58.1	12.2

(4) 油类物质：水中油类物质会阻碍水中挥发物质向大气扩散，而且会阻塞填料，影响吹脱，应在预处理中除去。

4.11.3　试验材料及设备

所需试验材料及设备包括：

(1)吹脱模型1套，见图4-26；(2)酸度计；(3)空压机；(4)取样所需的玻璃仪器及药品等。

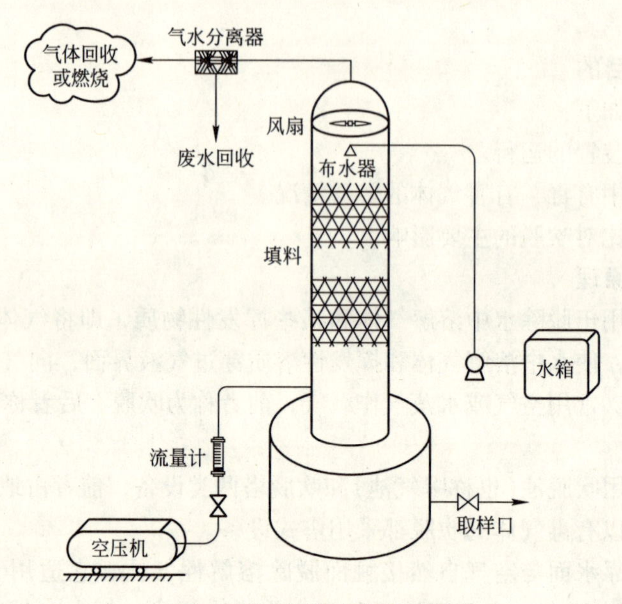

图4-26 吹脱试验装置图

4.11.4 试验步骤

具体试验步骤如下：

(1) 将 NH_3 按一定比例与自来水混合后放置到储水箱中并测量pH值。

(2) 将排气管置于稀酸溶液中(配制一定浓度的稀 H_2SO_4 或HCl)。

(3) 开动空压机、泵、进、出水阀门。

(4) 测定出水中的pH值和吸收液中酸的浓度。

(5) 调整空气量，测定水中的pH值随时间的变化，并观察空气量达界限值时的现象。

4.11.5 试验结果及分析

试验结果及分析的具体内容包括：

(1) 试验记录及整理结果填入表4-16中。

试验记录表　　表4-16

项目 \ 次数		1	2	3	4	5
1	空气量					
	出水pH值					
	进水pH值					
2	空气量					
	出水pH值					
	进水pH值					
3	空气量					
	出水pH值					
	进水pH值					

（2）通过观察 pH 值的变化和曝气量变化的吹脱现象，找出空气量和进水量的关系，它们是否存在界限值？

4.12　废水荷电胶体电泳和 ξ 电位测试试验

4.12.1　试验目的

试验目的具体如下：

（1）观察废水中胶体的带电性质。

（2）计算胶体电泳的速度（u），cm/s。

（3）推求荷电胶体的 ξ 电位。

4.12.2　试验原理

1．胶体的双电层结构

根据 Stern 模型（图 4－27），胶体颗粒表面电荷构成双电层内层，而在与胶体表面邻近的一两个分子厚的区域内，反离子由于受到胶体表面电荷强烈的静电吸引而与胶体紧密吸附在一起，这一固定吸附层也称为 Stern 层。其余的反离子则扩散地分布于 Stern 层之外，形成双电层的扩散部分，即扩散层。Stern 层与扩散层中的反离子处于动态平衡，溶液内部离子浓度或价数增大时，必定有更多的反离子进入 Stern 层，使 Stern 层与扩散层中的反离子达到新的平衡。Stern 层内所有反离子电性中心构成一平面，称为 Stern 平面。在 Stern 层内，除了受静电吸引而紧密与胶体颗粒表面结合的反离子以外，还有一定数量的溶剂分子也与胶体颗粒表面紧密结合。胶体颗粒在分散介质中移动时，Stern 层随胶体颗粒一起移动，而扩散层中的大部分反离子脱开胶粒不随胶粒移动，在胶粒与扩散层之间形成了一个滑动界面，称为滑动面。

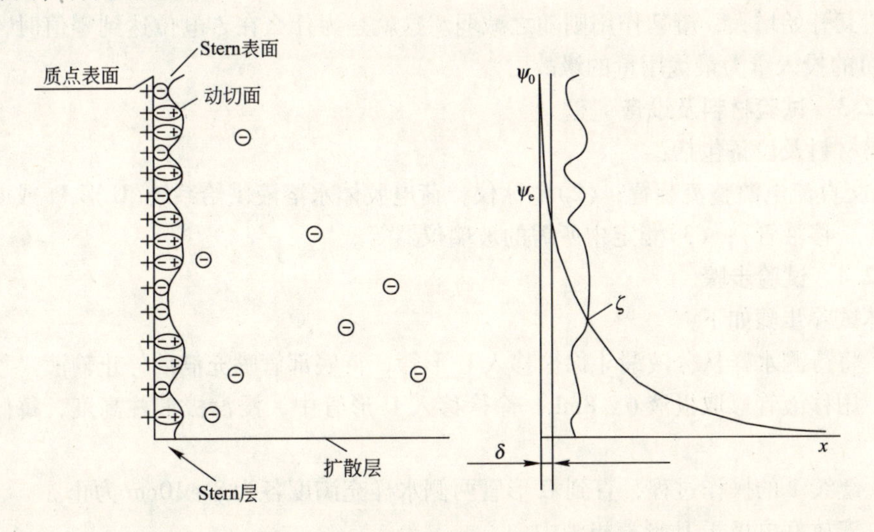

图 4－27　胶体双电层的 Stern 模型

双电层内层（荷电胶体颗粒表面）与外层（溶液内部）之间的电位差称为胶团的总电位，用 ψ_0 表示，也称 ψ_0 电位。Stern 平面上相对于溶液内部的电位差称为 Stern 电位，用 ψ_s 表示。胶粒在移动时滑动面上相对于溶液内部的电位差称为 ξ 电位，在水处理的混凝研究中具有重要意义。由 Stern 模型分析可知，从数值上比较，$\psi_0 > \psi_s > \xi$。

Stern 模型赋予了 ξ 电位较明确的物理意义，较好地解释了电动现象，也可较好地说明电解质溶液浓度和价数对 ξ 电位的影响。

2. 胶体的电泳

将两个电极插入到电解质溶液中，通以直流电源所产生的电流则使溶液中正、负离子发生相对移动。如果把电极插入胶体溶液中，也可以观察到类似的现象，即产生胶体移动。有些溶胶胶粒向阳极移动，有些溶胶胶粒向阴极移动。在外电场作用下，胶体粒子在介质中作定向移动的现象，称电泳。利用双电层和 ξ 电位的概念，可以解释电泳和电渗现象。

目前 ψ_0 和 ψ_s 电位绝对值都很难测得，因此 ψ 也很难知道，而 ξ 电位可用专门的 ξ 电位测定仪测得，还可以用测定胶体颗粒的电泳速度或扩散层反离子溶液的电渗速度，通过公式(4-16)计算得到：

$$\xi = \frac{K\pi\eta u}{DE} \tag{4-16}$$

式中 K——与胶体颗粒形状有关的常数，球形颗粒为 6，棒形颗粒为 4；

η——液体的粘滞系数(绝对黏度)；

u——相对于液体的胶粒移动速度，cm/s；

D——液体的介电常数；

E——电场，V/m。

由公式可知，ξ 电位同 u 有关，ξ 电位的正负由胶核所吸附的离子的电荷符号决定，胶核表面吸附正离子，ξ 电位为正值，胶核表面吸附负离子，ξ 电位为负值。

在胶体溶液中加入电解质时，电泳速度降低，随着电解离子浓度的继续增加，ξ 电位的绝对值又开始增大，凝絮作用则随之减弱。这就是为什么在 ξ 电位达到零值时，聚沉剂(电解质)的投入量为最优用量的缘故。

4.12.3 试验材料及设备

所需材料及设备包括：

(1)交直流电源整流装置；(2)电泳仪，荷电胶体水溶液供给系统(U 形 Pt 或 Cr 电极、分液漏斗、移液管)；(3)测定中所需的玻璃仪器等。

4.12.4 试验步骤

具体试验步骤如下：

(1) 将待测水样从分液漏斗徐徐移入 U 形管，待底部管嘴充满后停止输液。

(2) 用移液管移取极液 6~8mL，徐徐移入 U 形管中，浸没极液柱高度，每侧约 3cm 左右。

(3) 继续 1 的操作过程，直到 U 形管两侧水样充满度各为 8~10cm 为止。

(4) 安放好电极于 U 形浸极液中。

(5) 准确记录浸极水与荷电胶体水样的界面部位，测量两界面间的总长度(极距)。

(6) 合闸通电，观察界面移动方向，记录电泳延时(取 20~30min)和电压数(100~150V)。

(7) 计量界面迁移距离。

4.12.5 试验结果及分析

试验结果及分析的内容包括：

（1）将测试记录整理结果填入表4-17中。

（2）计算电泳速度和ξ电位值。

电泳速度 $$u=\frac{界面移距}{电泳延时}\quad (cm/s) \tag{4-17}$$

ξ电位值 $$\xi=\frac{4\pi\eta u}{DE} \tag{4-18}$$

式中 E——电压/极距，V/cm。

试验记录表 表4-17

项目	电极		电压(V)	电流(A)	极距(cm)	极深(cm)	温度(℃)	延时(min)
	Pt	Cr						
数据								
项目	黏滞系数		电压梯度(V/cm)	介电常数(D)	界面移距(cm)	界面移向(+、-)	电泳速度(cm/s)	电动电位(mV)
数据								

第5章 生物处理试验

5.1 曝气系统试验

曝气是采取一定的技术措施，通过曝气装置所产生的作用，使空气中的氧转移到混合液中去，并使混合液处于悬浮状态。

曝气的主要作用：

（1）充氧，向活性污泥微生物提供足够的溶解氧，以满足其在代谢过程中所需的氧量。

（2）搅动、混合，使活性污泥在曝气池内处于搅动的悬浮状态，能够与污水充分接触。

现在通行的曝气法有：鼓风曝气、机械曝气和两者联合的鼓风－机械曝气。鼓风曝气是将由鼓风机送出的压缩空气通过一系列的管道系统送到安装在曝气池池底的空气扩散装置（曝气装置），空气从那里以微小气泡的形式逸出，并在混合液中扩散，使气泡中的氧转移到混合液中去；而气泡在混合液中的强烈扩散、搅动，使混合液处于剧烈混合、搅拌状态。机械曝气则是利用安装在水面上、下的叶轮高速转动，剧烈地搅动水面，产生水跃，使液面与空气接触的表面不断更新，将空气中的氧转移到混合液中。

5.1.1 氧总转移系数的测定

1. 试验目的

（1）加深理解曝气充氧机理及影响因素；

（2）测定曝气设备（扩散器）氧总转移系数 K_{La} 值。

2. 试验原理

（1）菲克（Fick）定律

通过曝气，空气中的氧从气相传递到混合液的液相，这既是一个传质过程，也是一个物质扩散过程。扩散过程的推动力是物质在界面两侧的浓度差。物质的分子从浓度较高的一侧向着较低的一侧扩散、转移。

扩散过程的基本规律可以用菲克（Fick）定律加以概括，即：

$$v_d = -D_L \frac{dC}{dX} \tag{5-1}$$

式中 v_d——物质的扩散速率，在单位时间内单位断面上通过的物质数量，$kg/(m^2 \cdot h)$；

D_L——扩散系数，表示物质在某种介质中的扩散能力，主要决定于扩散物质和介质的特性及温度，m^2/h；

C——物质浓度，kg/m^3；

X——扩散过程的长度，m；

dC/dX——浓度梯度，即单位长度内的浓度变化值。

式(5-1)表明，物质的扩散速率与浓度梯度呈正比关系。

(2) 双膜理论

曝气过程中，氧分子通过气、液界面由气相转移到液相，在界面的两侧存在着气膜和液膜。在污水生物处理中，有关气体分子通过气膜和液膜的传递理论，一般都以刘易斯(Lewis)和怀特曼(Whitman)于1923年建立的"双膜理论"为基础。双膜理论的主要论点是(见图5-1)：

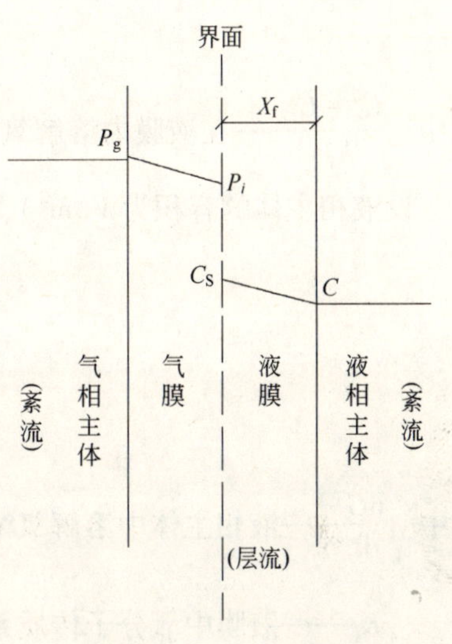

图5-1　双膜理论模型

1) 气、液两相接触的界面两侧存在着处于层流状态的气膜和液膜，在其外侧则分别为气相主体和液相主体，两个主体均处于紊流状态，气体分子以分子扩散方式从气相主体通过气膜与液膜而进入液相主体。

2) 由于气、液两相的主体均处于紊流状态，其中物质浓度基本上是均匀的，不存在浓度差，也不存在传质阻力，气体分子从气相主体传递到液相主体，阻力仅存在于气、液两层层流膜中。

3) 在气膜中存在着氧的分压梯度，在液膜中存在着氧的浓度梯度，它们是氧转移的推动力。

4) 氧难溶于水，因此，氧转移决定性的阻力又集中在液膜上。氧分子通过液膜是氧转移过程的控制步骤，通过液膜的转移速率是氧转移过程的控制速率。

以 M 表示在单位时间 t 内通过界面扩散的物质数量；以 A 表示界面面积，则式(5-2)成立：

$$v_d = \frac{1}{A}\frac{dM}{dt} \tag{5-2}$$

式中　v_d——氧的扩散速率，$kgO_2/m^2 \cdot h$；

$\frac{dM}{dt}$——氧传递速率，kgO_2/h；

A——气、液两相接触界面面积，m^2。

代入式(5-1)，得式(5-3)、式(5-4)：

$$\frac{1}{A}\frac{dM}{dt} = -D_L\frac{dC}{dX} \tag{5-3}$$

$$\frac{dM}{dt} = -D_L A\frac{dC}{dX} \tag{5-4}$$

式中　D_L——氧分子在液膜中的扩散系数，m^2/h。

在气膜中，气相主体与界面之间的氧分压差值 $P_g - P_i$ 很低，一般可以认为 $P_g \approx P_i$。这样，界面处的溶解氧浓度值 C_s 是在氧分压为 P_g 条件下的溶解氧的饱和浓度值。如果气相主体中的气压为一个大气压。则 P_g 就是一个大气压中的氧分压(约为一个大气压的1/5)。

设液膜厚度为 X_f(此值极低)，则在液膜中溶解氧浓度的梯度如式(5-5)所示：

$$-\frac{dC}{dX}=\frac{C_s-C}{X_f} \tag{5-5}$$

代入式(5-4)，得：

$$\frac{dM}{dt}=D_L A\frac{C_s-C}{X_f} \tag{5-6}$$

式中 $\frac{C_s-C}{X_f}$——在液膜内溶解氧的浓度梯度，$kgO_2/(m^3 \cdot m)$。

设液相主体的容积为 $V(m^3)$，并用其除以式(5-6)则得：

$$\frac{1}{V}\frac{dM}{dt}=\frac{D_L A}{X_f V}(C_s-C) \tag{5-7}$$

即：

$$\frac{dC}{dt}=K_L\frac{A}{V}(C_s-C) \tag{5-8}$$

式中 $\frac{dC}{dt}$——液相主体中溶解氧浓度变化速率(或氧转移速率)，$KgO_2/(m^3 \cdot h)$；

K_L——液膜中氧分子传质系数，$K_L=\frac{D_L}{X_f}$，m/h。

由于 A 值难测，采用总转移系数 K_{La} 代替 $K_L\frac{A}{V}$，因此，式(5-8)改写为式(5-9)：

$$\frac{dC}{dt}=K_{La}(C_s-C) \tag{5-9}$$

式中 K_{La}——氧总转移系数，h^{-1}。此值表示在曝气过程中氧的总传递特性，当传递过程中阻力大时，则 K_{La} 值低，反之则 K_{La} 值高。

K_{La} 的倒数 $1/K_{La}$ 的单位为小时(h)，它所表示的是曝气池中溶解氧浓度从 C 提高到 C_s 所需要的时间。当 K_{La} 值低时 $1/K_{La}$ 值高，使混合液内溶解氧浓度从 C 提高到 C_s 所需时间长，说明氧传递速率慢，反之，则氧的传递速率快，所需时间短。

这样，为了提高 $\frac{dC}{dt}$ 值，可从多方面考虑：最重要的因素是增大曝气量来增大气液接触面积；还可减小气泡尺度，改为微孔曝气更好；加强液相主体的紊流程度，降低液膜厚度，加速气、液界面的更新；增加曝气池深度来增大气液接触时间和面积，从而提高 K_{La} 值。此外，还可提高气相中的氧分压，如采用纯氧曝气、避免水温过高等来提高 C_s 值。

(3) 氧总转移系数 K_{La} 值的确定

氧总转移系数 K_{La} 是计算氧转移速率的基本参数，也是评价空气扩散装置供氧能力的重要参数，通过试验求定。

水中溶解氧的变化率或转移速率见公式(5-9)。

将(5-9)式积分整理后，得到式 (5-10)：

$$\lg\left(\frac{C_s-C_0}{C_s-C_t}\right)=\frac{K_{La}}{2.303}t \tag{5-10}$$

式中 C_0——反应器内初始溶解氧的浓度，mg/L；

C_t——曝气某时刻 t 时的溶解氧浓度，mg/L；

C_s——饱和溶解氧浓度，mg/L；

t——曝气时间，h。

由式(5-10)可见，$\lg\left(\dfrac{C_s-C_0}{C_s-C_t}\right)$与$t$之间存在着线性关系，直线斜率即为$\dfrac{K_{La}}{2.303}$。

(4) 试验方法

该试验是采用非稳态测试方法，即注满所需水后，将待曝气之水以亚硫酸钠为脱氧剂，氯化钴为催化剂，脱氧至零后开始曝气，液体中溶解氧的浓度渐逐提高。液体中溶解氧的浓度C是时间t的函数，曝气后每隔一定时间t取曝气水样，测水中的溶解氧浓度C_t，从而利用上式计算K_{La}；或以$\lg\left(\dfrac{c_s-c_o}{c_s-c_t}\right)$为纵坐标，以时间$t$为横坐标绘图，所得直线斜率为$K_{La}/2.303$。

3. 试验材料及设备

(1)曝气筒，ϕ12cm，高2.0m；(2)扩散器(穿孔管或扩散板)；(3)转子流量计；(4)秒表、压力表、真空表；(5)空压机、贮气罐；(6)溶解氧测定仪(或用碘量法)。

4. 试验步骤

(1) 关闭所有开关，向曝气池内注入清水(自来水)至$H=1.9$m，曝气10min至饱和，取水样测溶解氧的饱和值C_s，并计算池内氧的总量(G)。其计算式见式(5-11)：

$$G=C_s\cdot V,\quad V=\pi d^2\cdot H/4 \tag{5-11}$$

(2) 计算投药量，其步骤为：

1) 脱氧剂采用结晶或无水亚硫酸钠，其反应式如式(5-12)所示：

$$2Na_2SO_3+O_2\xrightarrow{CoCl_2}2Na_2SO_4 \tag{5-12}$$

$$\frac{O_2}{2Na_2SO_3}=\frac{32}{252}=\frac{1}{8}$$

投药量$g=1.5\times8G$(mg)，1.5为安全系数。

2) 催化剂采用氯化钴($CoCl_2$)，投加浓度0.1mg/L，总量为$0.1\times V$(mg)。将所称药剂用温水溶解，由筒顶倒入进行小量曝气20s，使其混合反应10min后取水样测溶解氧DO。

(3) 当水样脱氧至零后，开始正常曝气，计时每隔$n$min取样1次，也可3min、5min、7min、9min、11min、13min、15min取样在现场测定DO值(溶解氧测定仪，碘量法均可)。直至DO为95%的饱和值为止。

(4) 同时计量空气流量(必须稳定)、温度、压力、水温等。

(5) 观察气泡现象。

5. 试验结果及分析

(1) 将试验记录及测定结果填入表5-1和表5-2。

试验记录表 表5-1

扩散器形式	曝气筒直径(m)	水深(m)	水温(℃)	气量(m^3/h)	气温(℃)	气压(mmHg)
穿孔板						

水中溶解氧测定记录表 表 5-2

瓶号	t (min)	滴定药量 (mL)	溶解氧 (mg/L)	瓶号	t (min)	滴定药量 (mL)	溶解氧 (mg/L)

(2) 计算氧总转移系数 $K_{La(20)}$

$K_{La(20)}$的计算首先是根据试验记录，或溶解氧测定记录仪的记录和式(5-10)，以 $\lg\left(\frac{c_s - c_o}{c_s - c_t}\right)$为纵坐标，以时间 t 为横坐标绘图，计算 $K_{La(T)}$。

因清水充氧试验给出的是标准状态下氧总转移系数 $K_{La(20)}$，即清水(本试验用的是自来水)在 1atm，20℃下的充氧性能，而试验过程中曝气充氧的条件并非是 1atm，20℃，但这些条件都对充氧性能有影响，故引入了温度修正系数。本试验的饱和溶解氧采用的是实测值，即曝气池内的溶解氧达到稳定时的数值，因此不需要做饱和溶解氧的修正。

温度修正系数 K 如式(5-13)所示：

$$K = 1.024^{20-T} \tag{5-13}$$

修正后的氧总转移系数如式(5-14)所示：

$$K_{La(20)} = K \cdot K_{La(T)} = 1.024^{20-T} \times K_{La(T)} \tag{5-14}$$

式中 $K_{La(T)}$——水温为 T℃时的氧总转移系数，h^{-1}；

$K_{La(20)}$——水温为 20℃时的氧总转移系数，h^{-1}；

T——实际温度，℃；

1.024——温度系数。

此为经验式，它考虑了水温对水的粘滞性和饱和溶解氧值的影响。根据上式计算 $K_{La(20)}$。

5.1.2 曝气器对氧转移效率的影响

1. 试验目的

(1) 了解不同空气扩散装置的工作原理及特点。

(2) 加深对不同空气扩散装置技术性能指标的理解。

(3) 空气扩散装置技术性能指标的计算。

2. 试验原理

空气扩散装置一般也称曝气装置、曝气头或曝气器，是活性污泥系统很重要的设备之一。当前广泛应用于活性污泥系统的空气扩散装置分为鼓风曝气和机械曝气两大类。

表示空气扩散装置技术性能的主要指标有：

(1) 动力效率(E_P)：每消耗 1kW·h 电能转移到混合液中的氧量，以 $kgO_2/(kW \cdot h)$计；

(2) 氧的利用率(E_A)或称氧的转移效率：通过鼓风曝气转移到混合液中的氧量占总供氧量的百分比(%)；

(3) 充氧能力(E_L)：通过机械曝气装置的转动，在单位时间内转移到单位体积混合液中的氧量，以 kgO_2/h 计。它一般表示一台机械曝气设备的充氧能力。

鼓风曝气系统由鼓风机、空气扩散装置和空气输送管道所组成。鼓风机将空气通过管道输送到安装在曝气池底部的空气扩散装置，在扩散装置出口处形成不同尺寸的气泡，气泡经过上升和随水循环流动，最后在液面处破裂。在这一过程中，空气中的氧转移到混合液中。鼓风曝气系统的空气扩散装置主要分为：微气泡、中气泡、大气泡、水力剪切、水力冲击及空气升液等类型。大气泡型曝气装置因氧利用率过低，现已极少采用。

机械曝气装置安装在曝气池水面上下，在动力的驱动下进行转动，通过下列3个作用使空气中的氧转移到污水中去：曝气装置(曝气器)转动，水面上的污水不断地以水幕状由曝气器周边抛向四周，形成水跃，液面呈剧烈的搅动状，使空气卷入；具有提升液体的作用，使混合液连续地上、下循环流动，气、液接触界面不断更新，不断地使空气中的氧向液体内转移；曝气器转动，其后侧形成负压区，能吸入部分空气。按传动轴的安装方向，机械曝气器可分为竖轴(纵轴)式机械曝气器和卧轴(横轴)式机械曝气器2类。

本试验主要针对鼓风曝气装置，包括以下几种：

(1) 微气泡空气扩散装置——膜片式微孔空气扩散器

膜片式微孔空气扩散器也称为多孔性空气扩散装置，使用较多的是用多孔性材料如陶粒、粗瓷等掺以适当的如酚醛树脂一类的胶粘剂，在高温下烧结成为扩散板、扩散管及扩散罩的形式。扩散管采用的管径为60~100mm，长度多为500~600mm。常以组装形式安装，以8~12根管组装成一个管组(图5-2)，便于安装、维修。这一类扩散装置的主要性能特点是产生微小气泡，气、液接触面大，氧利用率较高。其缺点是压力损失较大，易堵塞，送入的空气应预先通过过滤净化等。

膜片式微孔空气扩散器在膜片上开有按同心圆形式布置的孔眼。鼓风时，空气通过底座上的通气孔，进入膜片与底座之间，使膜片微微鼓起，孔眼张开，空气从孔眼逸出，达到空气扩散的目的。供气停止，压力消失，在膜片的弹性作用下，孔眼自动闭合，并且由于水压的作用，膜片压实在底座之上，见图5-3。曝气池中的混合液不能倒流，不会使孔眼堵塞。这种空气扩散器可扩散出直径为1.5~3.0mm的气泡。其动力效率和氧的利用率也较高。

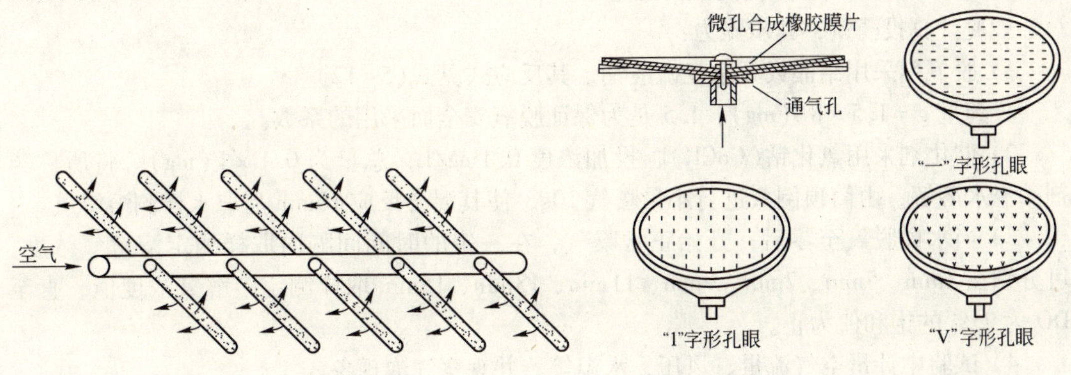

图5-2 扩散管组安装　　图5-3 膜片式微孔空气扩散器

为了便于维护管理，开发了提升式微孔空气扩散器。在运行过程中，随时或定期将扩散器提出水面，加以清理。

（2）中气泡空气扩散装置——网状膜空气扩散装置

网状膜空气扩散装置由主体、螺盖、网状膜、分配器和密封圈所组成。主体骨架用工程塑料注塑成型，网状膜则由聚酯纤维制成。该装置由底部进气，经分配器第一次切割并均匀分配到气室，然后通过网状膜进行二次分割，形成微小气泡扩散到混合液中。这种装置的特点是不易堵塞、布气均匀、构造简单、便于维护管理，氧的利用率较高。

（3）水力剪切式空气扩散装置——倒盆式空气扩散装置

利用装置本身的构造特征，产生水力剪切作用，在空气从装置吹出之前，将大气泡切割成小气泡。在我国通用的属于此种类型的空气扩散装置有：倒盆式扩散装置和固定螺旋式扩散装置等。

倒盆式空气扩散装置由塑料壳体、橡胶板、塑料螺杆及压盖等组成。空气由上部进气管进入，由壳体和橡胶板间的缝隙向周边喷出，在水力剪切的作用下，空气泡被剪切成小气泡。停止供气，借助橡胶板的回弹力，使缝隙自行封口，防止混合液倒灌。

各种鼓风曝气装置在曝气池中的布置如图5-4所示。

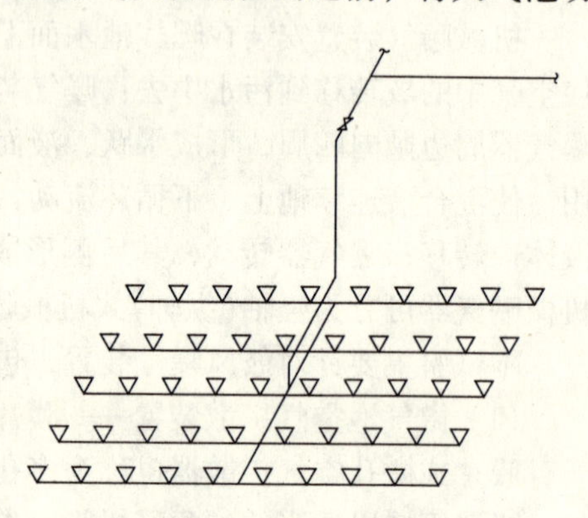
图5-4　鼓风曝气装置布置图

3. 试验材料及设备

(1)清水充氧试验装置；(2)膜片式微孔空气扩散器、扩散管、网状膜空气扩散装置、倒盆式空气扩散装置；(3)转子流量计；(4)秒表、压力表、真空表；(5)空压机、贮气罐；(6)溶解氧测定仪(或用碘量法)。

4. 试验步骤

在分别安装膜片式微孔空气扩散器、网状膜空气扩散装置和倒盆式空气扩散装置的清水充氧试验装置内，按以下步骤进行操作。

（1）关闭所有阀门，向曝气池内注入清水(自来水)，曝气10min至饱和，取水样测溶解氧的饱和值 C_s，并计算池内氧的总量 G。

（2）计算投药量，其步骤为：

1）脱氧剂采用结晶或无水亚硫酸钠，其反应式见式(5-12)。

投药量 $g=1.5\times 8G$(mg)，1.5是为保证脱氧安全而采用的系数。

2）催化剂采用氯化钴($CoCl_2$)，投加浓度0.1mg/L，总量为 $0.1\times V$(mg)。将所称药剂用温水溶解，由筒顶倒入进行小量曝气20s，使其混合反应10min后取水样测溶解氧。

3）当水样脱氧至零后，开始正常曝气，在一定的时间间隔内取样测定溶解氧浓度，可分别在3min、5min、7min、9min、11min、13min、15min取样测定溶解氧浓度值，直至DO为95%的饱和值为止。

4）试验中计量空气流量、风压、水温等，并观察气泡现象。

5. 试验结果及分析

对安装膜片式微孔空气扩散器、网状膜空气扩散装置和倒盆式空气扩散装置的清水充氧试验系统分别计算氧总转移系数 $K_{La(20)}$、充氧能力 E_L、动力效率 E_p、氧的利用率 E_A。

(1) 氧总转移系数 $K_{La(20)}$

试验数据记录表及计算方法见5.1.1。

(2) 充氧能力 E_L

充氧能力是反映曝气设备在单位时间内向单位液体中充入的氧量，E_L [$kgO_2/(h \cdot m^3)$] 可用式(5-15)计算：

$$E_L = K_{La(20)} \cdot C_s \tag{5-15}$$

式中 $K_{La(20)}$——水温为20℃，标准状态下的氧总转移系数，h^{-1}；

C_s——1atm，20℃时的氧饱和值，$C_s = 9.17mg/L$。

(3) 动力效率 E_p [$kg/(kW \cdot h)$]

动力效率将曝气供氧与消耗的动力联系在一起，是一个经济评价指标，它的高低影响到活性污泥处理厂的运行费用，可用式(5-16)计算：

$$E_p = \frac{E_L \cdot V}{N} \tag{5-16}$$

式中 N——理论功率，即不计管路损失，不计风机和电机的效率，只计算曝气充氧所耗有用功；

V——曝气池有效体积，m^3。

$$N = \frac{Q_b H_b}{102 \times 3.6} \tag{5-17}$$

根据转子流量计说明书，修正后的气体实际流量用式(5-18)计算：

$$Q_b = Q_{b0} \sqrt{\frac{P_{b0} \cdot T_b}{P_b \cdot T_{b0}}} \tag{5-18}$$

式中 H_b——风压，m；

Q_b——修正后的气体实际流量，m^3/h；

Q_{b0}——仪表的刻度流量，m^3/h；

P_{b0}——标定时气体的绝对压力，0.1MPa；

T_{b0}——标定时气体的绝对温度，293k；

P_b——被测气体的实际绝对压力，MPa；

T_b——被测气体的实际绝对温度，$(273 + t)$k。

由于供风时计量条件与所用转子流量计标定时的条件相差较大，而要进行如上修正。

(4) 氧的利用率 E_A

$$E_A = \frac{E_L \cdot V}{Q \times 0.28} \times 100\% \tag{5-19}$$

$$Q = \frac{Q_b \cdot P_b \cdot T_a}{T_b \cdot P_a} \tag{5-20}$$

式中 Q——标准状态下(1atm、293k时)的气量；

P_a——1atm；

T_a——293k。

标准状态下$1m^3$空气中所含氧的重量为$0.28kg/m^3$。

5.2 完全混合式活性污泥法处理系统的控制和运行

5.2.1 试验目的

试验目的如下：

（1）通过观察完全混合式活性污泥法处理系统的运行，加深对该处理系统的特点和运行规律的认识。

（2）通过对模型试验系统的调试和控制，初步培养进行小型模拟试验的基本技能。

（3）熟悉和了解活性污泥法处理系统的控制方法，进一步理解污泥负荷、污泥龄、溶解氧浓度等控制参数及在实际运行中的作用和意义。

5.2.2 试验原理

活性污泥法是污水处理最主要的方法之一。从国内外的污水处理现状来看，95%以上的城市污水都采用活性污泥法来处理。随着科学技术的进步和发展，活性污泥法亦有了很大的进展，并创造了不少可行的、先进的工艺流程。这些流程的基本原理是一致的。但是，在基本流程的基础上前进了一大步。

1. 完全混合式活性污泥法的原理

完全混合活性污泥法(completely mixed activated sludge，简写 CMAS)是在传统方法基础上发展起来的，因为传统活性污泥法提供的微生物的生活环境不够稳定，以致引起了运行管理上的困难。后来，经改革提出了多点进水法，使得池中食料的投配沿池长较为均匀，供氧与需氧吻合。如果在多点进水法中，进一步增多进水点，同时相应增多回流污泥入流点，那么曝气池中混合液不均匀的情况将大大改变。污水与回流污泥进入曝气池后，立即与池内混合液充分混合，池内混合液水质与处理水相同。这种运行方式称为完全混合式活性污泥法。完全混合活性污泥法的主要特征是应用完全混合式曝气池(见图5-5)。

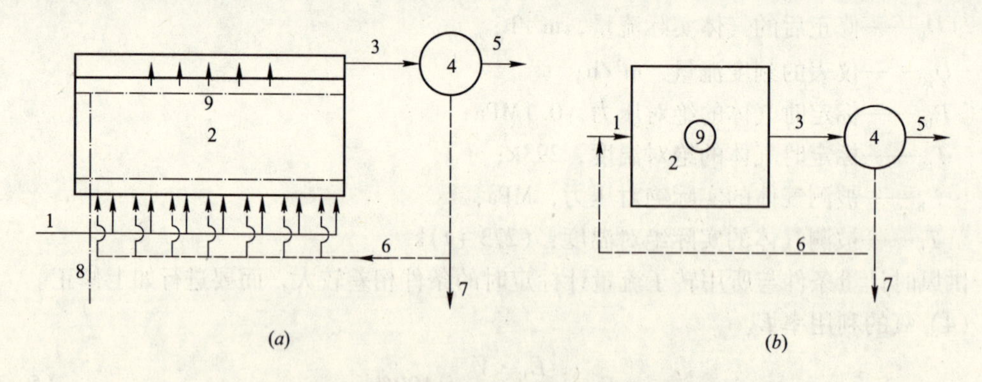

图5-5 完全混合活性污泥法系统

(*a*)采用鼓风曝气装置的完全混合曝气池；(*b*)采用表面机械曝气器的完全混合曝气池

1—预处理后的污水；2—完全混合曝气池；3—混合液；4—二次沉淀池；5—处理水；6—回流污泥系统；7—剩余污泥；8—供气系统；9——曝气系统与空气扩散装置

进入曝气池的污水很快即被池内已存在的混合液所稀释和均化，原污水在水质、水量方面的变化，对活性污泥产生的影响将降到极小的程度，因此，这种工艺对冲击负荷有较强的适应能力，适用于处理工业废水，特别是浓度较高的有机废水。污水在曝气池内分布均匀，各部位的水质相同，微生物群体的组成和数量几乎一致，各部位有机物降解工况相同，因此，通过对 F/M 值的调整，可将整个曝气池的工况控制在良好的状态。

完全混合式活性污泥法系统存在的主要问题是：在曝气池混合液内，各部位的有机物浓度相同，活性污泥微生物质与量相同，在这种情况下，微生物对有机物降解的推动力低，由于这个原因活性污泥易于产生污泥膨胀。此外，在相同 F/M 的情况下，其处理水底物浓度大于采用推流式曝气池的活性污泥法系统。

2. 完全混合式活性污泥法的运行控制

在正常运行过程中需要对活性污泥系统采取控制措施，使系统内的活性污泥保持较高的活性及稳定合理的数量，从而达到所需的处理水水质。常用的工艺控制参数包括：曝气量的调节、污泥回流系统的控制、剩余污泥排放系统的控制、污泥负荷率和容积负荷率、水力停留时间和污泥龄。

(1) 供气量(曝气量)的调节

供气电耗占整个废水处理厂电耗的大部分(50% ~60%)，因此，应极其慎重地对待这一参数。对供气量的控制可分为定供气量控制、与流入污水量成比例控制、DO 控制、最优供气量控制。曝气池出口处的溶解氧浓度即使在夏季也应当控制在 1.5 ~2mg/L 左右；其次要满足混合液混合搅拌的要求，搅拌程度应通过测定曝气池表面、中间和池底各点的污泥浓度是否均匀而定。当采用定供气量控制时，一般情况下，每天早晚各调节 1 次供气量。对大型废水处理厂(水质、水量相对稳定)应当根据曝气池中的 DO 浓度每周调节 1 次。

(2) 回流污泥量的调节

调节回流污泥量的目的是使曝气池内的悬浮固体(MLSS)浓度保持相对稳定。污泥回流量的控制方法有：定回流污泥量控制、与进水量成比例控制(即保持回流比 R 恒定)、定 MLSS 浓度控制、定 F/M 控制等。

保持污泥回流比 R 的相对稳定，是活性污泥法处理系统的一种重要运行方法。污泥回流比(R)是指从二沉池返回到曝气池的回流污泥量 Q_R 与污水流量 Q 之比，常用%表示。

$$R=\frac{Q_R}{Q} \tag{5-21}$$

(3) 剩余污泥排放量的调节

曝气池内的活性污泥不断增长，MLSS 值在增高，SV 值也上升。因此，为了保证在曝气池内保持比较稳定的 MLSS 值，应当将增长的污泥量作为剩余污泥量而排出，排放的剩余污泥应大致等于污泥增长量，过大或过小，都能使曝气池内的 MLSS 值变动。

每日排出系统外的活性污泥量，包括作为剩余污泥排出的和随处理水流出的，其表示式为：

$$\Delta X=Q_wX_r+(Q-Q_w)X_e \tag{5-22}$$

式中 Q_w——作为剩余污泥排放的污泥量，m^3/d；

X_r——剩余污泥浓度，kg/m^3；

X_e——排放的处理水中悬浮固体浓度，kg/m^3。

(4) BOD 污泥负荷率与 BOD 容积负荷率

BOD 污泥负荷率(N_s)和 BOD 容积负荷率(N_v)具有很高的工程应用价值，特别是 BOD 污泥负荷率，因源于 F/M 比值，具有一定的理论意义。

BOD 污泥负荷率是影响有机物降解和活性污泥增长的重要因素。采用较高的 BOD 污泥负荷率，将加快有机物的降解速率与活性污泥增长速率，降低曝气池的容积，在经济上比较适宜，但处理水水质未必能够达到预定的要求。采用较低的 BOD 污泥负荷率，有机物的降解速率和活性污泥的增长速率，都将降低，曝气池的容积加大，基建费用有所增高，但处理水的水质可提高。选定适宜的 BOD 污泥负荷率具有一定的技术经济意义。

(5) 水力停留时间

曝气时间(t)是指污水进入曝气池后，在曝气池中的平均停留时间，也称水力停留时间(HRT)或停留时间，常以小时(h)计。

$$t=\frac{V}{Q} \tag{5-23}$$

实际上，通过曝气池的流量应是入流的污水和回流污泥的总量，所以，有人又称用上式所得的时间为名义停留时间；而称包括回流污泥量得到的时间为实际停留时间。但是，从平均停留时间意义上来说，实际停留时间和名义停留时间的数值是相等的。

(6) 污泥龄

在工程上习称污泥龄(sludge age)，又称固体平均停留时间(SRT)、生物固体平均停留时间(BSRT)、细胞平均停留时间(MCRT)。它指在曝气池内，微生物从其生成到排出的平均停留时间，也就是曝气池内的微生物全部更新一次所需要的时间。从工程上来说，在稳定条件下，就是曝气池内活性污泥总量与每日排放的剩余污泥量之比。即：

$$\theta_c=\frac{VX}{\Delta X} \tag{5-24}$$

式中 θ_c——污泥龄(生物固体平均停留时间)，d；

ΔX——曝气池内每日增长的活性污泥量，即应排出系统外的活性污泥量，kg/d。

在活性污泥反应器内，微生物在连续增殖，不断有新的微生物细胞生成，又不断有一部分微生物老化，活性衰退。为了使反应器内经常保持具有高度活性的活性污泥和保持恒定的生物量，每天都应从系统中排出相当于增长量的活性污泥量。

污泥龄是活性污泥法处理系统设计和运行的重要参数，在理论上也有重要意义。这一参数还能够说明活性污泥微生物的状况，世代时间长于污泥龄的微生物在曝气池内不可能繁衍成优势种属，如硝化菌在 20℃时，其世代时间为 3d，当 $\theta_c<3$d 时，硝化菌就不可能在曝气池内大量增殖，不能成为优势种属，不能在曝气池内产生硝化反应。

5.2.3 试验材料及设备

所需试验材料及设备包括：

(1)活性污泥处理小型设备 4 套；采用合建式曝气池系统，材料为有机玻璃(见图 5-6)。(2)供气系统包括：空压机、贮气罐、减压阀、转子流量计、

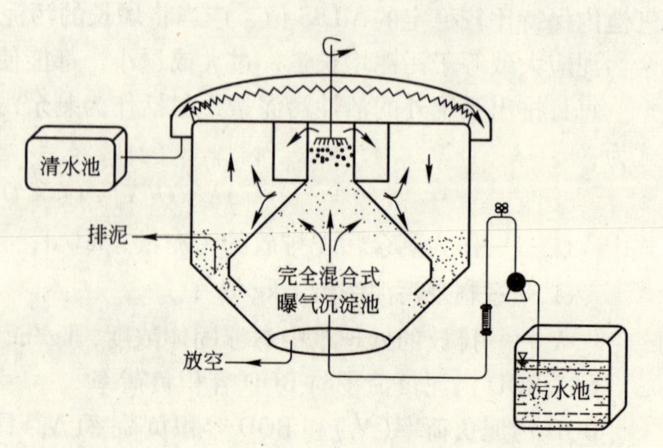

图 5-6 完全混合式活性污泥法试验装置图

输送管路。(3)配水系统包括：集水池、配水箱、小型泵、配水管、排水管。(4)温度控制仪、加热器。(5)溶解氧测定仪。(6)测定分析所需用的药品及仪器。

5.2.4 试验步骤

步骤如下：

(1) 活性污泥的培养和驯化，可以采用生产和人工配制的合成污水先进行闷曝，然后采用连续培养驯化，有条件可以从正在运行的活性污泥法处理厂接种污泥。

(2) 每套试验装置的污泥浓度或进水流量可以控制在不同的范围。

(以上工作由指导教师来完成)

(3) 认真观察曝气池中的气水混合、二沉池中的絮凝沉淀以及污泥从二沉池向曝气池的回流等情况。

(4) 若曝气池中气水液的混合不充分，可通过流量计加大曝气量；若二沉池中的沉淀状态不佳，可通过调节回流污泥的挡板，来减小回流污泥量；若回流液污泥不畅，则可提高挡板来增大回流缝的高度。

(5) 进行以下项目的测定并记录于表5-3。

试验记录表 表5-3

项目	1	2	项目	1	2
曝气池容积(m^3)			进水COD(mg/L)		
水温(℃)			出水COD(mg/L)		
pH			SVI		
进水流量(L/h)			MLSS(mg/L)		
溶解氧浓度(mg/L)			SV%		
生物相观察					

1) 进水流量(可用容积法计量)。

2) 进出水的COD(或BOD)浓度，出水的悬浮物(SS)浓度。

3) 曝气池的混合液浓度。

4) 曝气池内的溶解氧浓度。

5) 每日排放的污泥浓度 X_{ω} 和污泥流量 Q_{ω}。

(6) 对试验模型系统进行控制(每套系统的具体控制数值由教师确定)。

1) 溶解氧 DO=1.0~2.5mg/L。

2) COD—污泥负荷 N_s=0.1~0.4kg COD/(kg MLSS·d)。

3) 污泥龄 θ_c=2~10d。

(7) 继续观察曝气池和二沉池的运行情况，其中包括曝气池的混合状态、二沉池沉淀污泥的絮凝和沉淀情况、回流污泥是否畅通等，发现问题时要及时进行调节和控制。

在试验过程中应注意以下事项：

1) 由于试验模型设备规模小，必须准确地测定流量、容积等数据，以免引起较大的误差。

2) 防止进水管路和空气管路的堵塞，注意调节回流污泥挡板，时刻保证污泥回流畅通。

3) 排放的污泥量可用容积法计算，其浓度则要在排放完毕后搅拌均匀再测定。

4）正确使用和掌握溶解氧测定仪和其他仪器。

5.2.5、试验结果及分析

1. 根据试验测定的结果，计算在一定条件下(污泥负荷、污泥龄及溶解氧浓度等)的COD去除率。

2. 通过本试验系统的观测和控制，阐述完全混合式活性污泥法的优缺点。

3. 控制曝气池中溶解氧浓度对处理系统的运行有何影响?

4. 控制COD—污泥负荷对处理系统的运行有何影响?

5.3 曝气池中环境因素监测和菌胶团中生物相观察

5.3.1 试验目的

试验目的如下：

（1）通过观察和测定曝气池中的环境因素，如水温、pH、溶解氧浓度、营养物等，进一步认识环境因素对生物群体生长代谢的影响。

（2）通过显微镜直接观察活性污泥菌胶团，掌握用直观的方法来判别菌胶团的性质、状态以及是否有丝状菌过渡生长繁殖。

（3）通过外部形态特征识别原生动物的种类，并通过原生动物间接判断活性污泥状态和污水处理效果。

5.3.2 试验原理

1. 影响活性污泥法运行的环境因素

和所有的生物相同，活性污泥微生物只有在适宜的环境条件下才能存活，它的生理活动才能正常地进行，活性污泥处理技术就是人为地为微生物创造良好的生活环境，使微生物对有机物质降解的生理功能得到强化。

能够影响微生物生理活动的因素较多，主要的因素如下：

(1) 营养物质

活性污泥微生物在其生命活动中，必须不断地从其周围环境的污水中摄取所需要的一定比例的营养物质，包括：碳、氮、磷、无机盐类及某些生长素等。对活性污泥微生物来说，污水中营养物质的平衡一般以BOD_5: N: P的关系来表示。对于生活污水，微生物对氮和磷的需求量可按BOD_5: N: P = 100: 5:1考虑，其具体数量还与污泥负荷和污泥龄有关。

(2) 溶解氧

活性污泥法是需氧的代谢过程，供氧多少一般用混合液中溶解氧的浓度控制。根据活性污泥法大量的运行经验数据，若使曝气池内的微生物保持正常的生理活动，曝气池混合液的溶解氧浓度一般宜保持在不低于2mg/L的程度(以曝气池出口处为准)。在曝气池内的局部区域，如在进口区，有机物相对集中，浓度高，耗氧速率高，溶解氧浓度很难保持在2mg/L，会有所降低，但不宜低于1mg/L。在曝气池内溶解氧也不宜过高，溶解氧过高，过量耗能，将会增加处理成本。

(3) 温度

温度对微生物生理活动的影响主要反映在对酶活性的影响。温度适宜，能够促进、强化微生物的生理活动，温度不适宜，能够减弱甚至破坏微生物的生理活动。微生物的最适温度是指在这一温度条件下，微生物的生理活动旺盛，表现在增殖方面则是裂殖速率快，世代时间短。活性污泥微生物多属嗜温菌，其适宜温度介于15～30℃之间。为安全计，一般认为活性污泥处理厂能运行的最高与最低的温度值分别在35℃和10℃。

（4）pH

微生物的生理活动与环境的酸碱度（氢离子浓度）密切相关，只有在适宜的酸碱度条件下，微生物才能进行正常的生理活动。不同种属的微生物都有各自适宜的pH值范围。实践经验表明，活性污泥微生物最适宜的pH值范围是6.5～8.5。但活性污泥微生物经驯化后，对酸碱度的适应范围可进一步扩大。当污水（特别是工业废水）的pH值过高或过低时，应考虑设调节池，使污水的pH值调节到适宜范围后再进入曝气池。

（5）有毒物质（抑制物质）

对微生物有毒害作用或抑制作用的物质很多，如重金属、氰化物、H_2S等无机物质和酚、醇、醛、染料等有机化合物。但是，有毒物质对微生物的毒害作用，有一个量的概念，即只有当有毒物质在环境中达到某一浓度时，毒害与抑制作用才显露出来，这一浓度称之为有毒物质极限允许浓度。污水中的各种有毒物质只要低于此极限值，微生物的生理功能不受影响。通过对微生物的培养和驯化，有可能承受浓度更高的有毒物质，甚至可培养驯化出以有毒物质作为营养的微生物。

2. 好氧活性污泥的微生物组成及作用

（1）好氧活性污泥的微生物组成

好氧活性污泥是由多种多样的好氧微生物和兼性厌氧微生物（兼有少量的厌氧微生物）与污（废）水中有机的和无机固体物混凝交织在一起，形成的絮状体或称绒粒。

好氧活性污泥（绒粒）的结构和功能的中心是能起絮凝作用的细菌形成的细菌团块，称菌胶团。在其上生长着其他微生物，如酵母菌、霉菌、放线菌、藻类、原生动物和某些微型后生动物（轮虫及线虫等）。曝气池内的活性污泥在不同的营养、供氧、温度及pH等条件下，形成由最适宜增殖的絮凝细菌为中心，与多种多样的其他微生物集居所组成的一个生态系。活性污泥中的细菌多数是革兰氏阴性菌，如动胶菌属（*Zoogloea*）和丛毛单胞菌属（*Comamonas*），它们可占70%，还有其他的革兰氏阴性菌和革兰氏阳性菌。构成正常活性污泥的主要细菌和其他微生物如表5-4所示；活性污泥中常见的微生物如图5-7所示。

构成正常活性污泥的主要细菌和其他微生物 表5-4

细菌名称		细菌名称	
动胶团属	（*Zoogloea*）（优势菌）	短杆菌属	（*Brevibacterium*）
丛毛单胞菌属	（*Comamonas*）（优势菌）	固氮菌属	（*Azotobacter*）
产碱杆菌属	（*Alcaligenes*）（较多）	浮游球衣菌	（*Sphaerotilus natans*）（少量）
微球菌	（*Micrococcus*）（较多）	微丝菌属	（*Microthtix*）（少量）
棒状杆菌属	（*Corynebacterium*）	大肠埃希氏属	（*Escherichia coli*）
黄杆菌属	（*Flavobacterium*）	产气杆菌属	（*Aerobacter*）
无色杆菌属	（*Achromobacter*）	诺卡氏菌属	（*Nocardia*）
芽孢杆菌属	（*Bacillus*）	节杆菌属	（*Arthrobacter*）
假单胞菌属	（*Pseudomonas*）（较多）	螺菌属	（*Spirillum*）
亚硝化单胞菌属	（*Nitrosomonas*）	酵母菌	（*Yeast*）

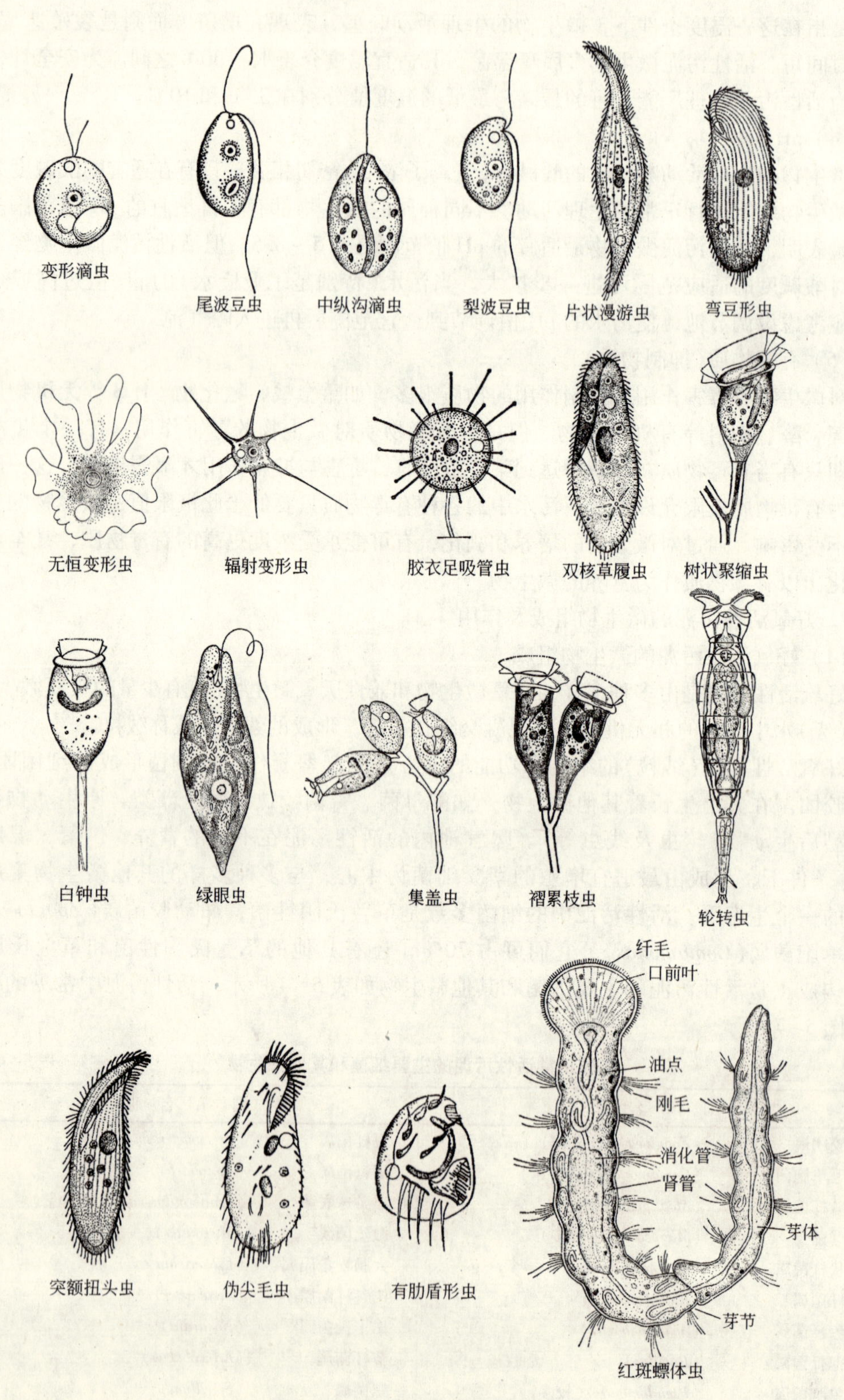

图 5-7　活性污泥中常见微生物

(2) 菌胶团的作用

菌胶团是活性污泥(绒粒)的结构和功能的中心，表现在数量上占绝对优势(丝状膨胀的活性污泥除外)，是活性污泥的基本组分。它的作用表现在：

1) 有很强的生物吸附能力和氧化分解有机物的能力。

2) 菌胶团对有机物的吸附和分解，为原生动物和微型后生动物提供了良好的生存环境。

3) 为原生动物、微型后生动物提供附着场所。

4) 具有指示作用：通过菌胶团的颜色、透明度、数量、颗粒大小及结构的松紧程度可衡量好氧活性污泥的性能。

(3) 原生动物及微型后生动物的作用

原生动物和微型后生动物在污(废)水生物处理中起到3方面作用。

1) 指示作用

原生动物及微型后生动物出现的先后次序是(图5-8)：细菌→植物性鞭毛虫→肉足类(变形虫)→动物性鞭毛虫→游泳型纤毛虫、吸管虫→固着型纤毛虫→轮虫。

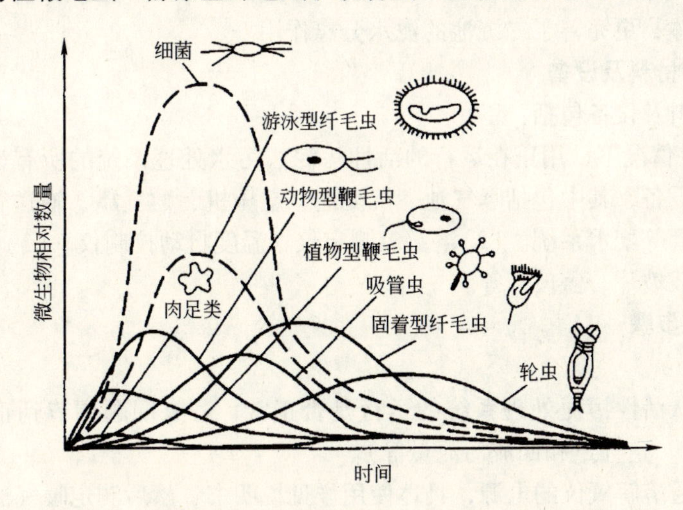

图5-8 水体自净和有机废水净化过程中微生物演变的过程

原生动物及微型后生动物的指示作用表现为3个方面：

① 可根据上述原生动物和微型后生动物的演替，根据它们的活动规律判断水质和污(废)水处理程度。还可判断活性污泥培养成熟程度。原生动物、微型后生动物与活性污泥培养成熟程度的关系如下表5-5。

原生动物和微型后生动物在活性污泥培养过程中的指示作用　　表5-5

活性污泥培养初期	活性污泥培养中期	活性污泥培养成熟期
鞭毛虫、变形虫	游泳型纤毛虫、鞭毛虫	钟虫等固着型纤毛虫、楯纤虫、轮虫

② 根据原生动物种类判断活性污泥和处理水质的好与坏。如固着型纤毛虫的钟虫属、累枝虫属、盖纤虫属、聚缩虫属、独缩虫属、楯纤虫属、吸管虫属、漫游虫属、内管虫属、轮虫等出现，说明活性污泥正常，出水水质好。当豆形虫属、草履虫属、四膜虫属、尾滴虫属、眼虫属等出现，说明活性污泥结构松散，出水水质差。线虫出现说明缺氧。

③ 根据原生动物消长的规律性初步判断污(废)水净化程度，或根据原生动物的个体形态、生长状况的变化预报进水水质和运行条件正常与否。一旦发现原生动物形态、生长状况异常，就可及时分析是哪方面的问题，及时予以解决。

2）净化作用

1mL正常好氧活性污泥的混合液中有5000～20000个原生动物，70%～80%是纤毛虫，起重要作用，轮虫则有100～200个。有的废水中轮虫优势生长繁殖，1mL混合液中达到500～1000个。原生动物的营养类型多样，腐生性营养的鞭毛虫通过渗透作用吸收污(废)水中溶解性有机物。大多数原生动物是动物性营养，它们吞食有机颗粒和游离细菌及其他微小的生物，对净化水质起积极作用。

3）促进絮凝和沉淀作用

污、废水生物处理中主要靠细菌起净化作用和絮凝作用。然而有的细菌需要一定浓度的原生动物存在，由原生动物分泌一定的黏液协同和促使细菌发生絮凝作用。另外，钟虫等固着型原生动物的尾柄周围也分泌黏性物质，许多尾柄交织粘集在一起和细菌凝聚成大的絮体。由此看出原生动物能促使细菌发生絮凝作用。固着型纤毛虫本身有沉降性能，加上和细菌形成絮体，更完善了二沉池的泥水分离作用。

5.3.3 试验材料及设备

所需试验材料及设备包括：

(1)条件允许情况下，用正在运行的活性污泥法污水处理系统的所有设备和器具，或者采用小型试验设备，其中包括曝气池、沉淀池、空压机、贮气罐、输送管路等供气系统及集水箱、配水管等配水系统。(2)溶解氧测定仪、温度自动控制仪。(3)酸度计。(4)普通光学显微镜及载玻片、盖玻片等。

5.3.4 试验步骤

步骤如下：

(1) 首先确认活性污泥处理系统的运行是否正常，若有问题调节到正常运行的状况(可检查进水流量、空气量和回流污泥量等)。

(2) 预先接通溶解氧仪的电源，具体使用详见说明书，然后测定曝气池的溶解氧。

(3) 用酸度计测定曝气池混合液的pH值。

(4) 测定曝气池内的温度。

(5) 调试显微镜(详见显微镜的使用和维护方法)。

(6) 从曝气池中取少许混合液，沉淀后取其一滴加到干净的载玻片的中央，小心地用洗净的盖玻片盖上，加盖玻片时应使其中央接触到水滴后才放下，以避免在片内形成气泡，影响观察。

(7) 把载玻片放在显微镜的载物台上，把要观察的标本放到圆孔的正中央，转动调节器，对准焦距，进行观察。

(8) 观察菌胶团的形状和结构，有无丝状菌繁殖；观察原生动物的种类、形态特征和运动方式等。

5.3.5 试验结果及分析

1. 记录系统运行状况，包括水温、进水pH值、进水流量、空气量、回流污泥量、SVI、SV%、MLSS等。

2. 根据显微镜观察结果，描述活性污泥菌胶团形态、颜色。画出所见的原生动物，菌胶团等微生物的形态草图。活性污泥中常见微生物如图5-7所示。

3. 根据活性污泥中菌胶团形态、原生动物和微型后生动物的种类和数量讨论系统运行状态。

5.4 污泥沉降比(SV%)和污泥容积指数(SVI)的测定

5.4.1 试验目的

试验目的如下：

(1) 掌握污泥沉降比和污泥指数这两个表征活性污泥沉淀性能指标的测定和计算方法，减小测定误差。

(2) 进一步明确污泥沉降比、污泥指数和污泥浓度三者之间的关系以及它们对活性污泥法处理系统的设计和运行控制的指导意义。

(3) 加深对活性污泥絮凝沉淀的特点和规律的认识。

5.4.2 试验原理

活性污泥法系统处理污水的正常运行，关键在于活性污泥的性能是否正常。反映活性污泥性能的指标除了生物量和生物活性外，在工程实际运行中，经常观察活性污泥的沉降、浓缩情况。正常的活性污泥其沉降、浓缩性能良好，在二沉池中，混合液的泥、水分离就有保证，使得活性污泥系统运行正常，出水水质良好。反之，说明污泥难于沉淀分离，并使回流污泥浓度降低，甚至出现污泥膨胀，导致污泥流失等后果，使得处理水质恶化。

1. 活性污泥的沉降过程

如果从正常运行的曝气池中，取出混合液置于量筒中，可以观察到如下沉降过程：起始，混合液搅拌均匀，静置一段时间后可以看到污泥颗粒开始絮凝沉降，并出现泥、水分界面，界面以上出现清水区。随着沉淀时间的延长，界面不断下移，可观察到界面以下的整个泥层以整体的形式缓缓下沉。这种沉降称为成层沉降，也称拥挤沉降，泥层中的污泥颗粒的相对位置保持不变。与此同时，量筒底部的泥层，随着界面的下沉，泥颗粒之间的距离逐渐缩小，泥层逐渐变浓，上下层污泥颗粒终于相接。随着沉淀时间的延续，上层污泥颗粒挤压下层颗粒使泥层浓缩。泥层浓缩又称为污泥浓缩。最后，整个泥层浓缩成一个浓度很高的浓缩污泥，出现在量筒的底部，此时量筒中整个泥层沉降、浓缩终止，相应的沉淀时间为浓缩终了时间。

在活性污泥法中，二次沉淀是活性污泥系统的重要组成部分，它用以澄清混合液并浓缩回流污泥，其运行状态如何，直接影响处理系统的出水质量和回流污泥的浓度。实践表明，出水的BOD浓度中相当一部分是由于出水中悬浮物引起的，而对于二沉池的运行，除了其构造上的原因之外，影响其运行的主要因素是混合液(活性污泥)的沉降情况。

2. 活性污泥沉降性能的评价指标

如上所述，活性污泥的沉降要经历絮凝沉淀、成层沉淀和压缩等全部过程，最后能够形成浓度很高的浓缩污泥层。正常的活性污泥在30min内即可完成絮凝沉淀和成层沉淀过程，并进入压缩。压缩(浓缩)的进程比较缓慢，需时较长。

根据活性污泥在沉降-浓缩方面所具有的上述特性，建立了以活性污泥静置沉淀

30min 为基础的两项指标以表示其沉降－浓缩性能。

（1）污泥沉降比（settling velocity），简写为 SV。

又称 30min 沉降率。混合液在量筒内静置 30min 后所形成沉淀污泥的容积占原混合液容积的百分率，以% 表示。如图 5－9 所示，污泥沉降比是 25%。

污泥沉降比在一定条件下能够反映曝气池运行过程的活性污泥量，可用以控制、调节剩余污泥的排放量，还能通过它及时地发现污泥膨胀等异常现象的发生。污泥沉降比的测定方法简单易行，是评定活性污泥数量和质量的重要指标，也是活性污泥法处理系统重要的运行参数。

（2）污泥容积指数（sludge volume index），简写为 SVI。

污泥容积指数简称污泥指数。本项指标的物理意义是从曝气池出口处取出的混合液，经过 30min 静沉后，每克干污泥形成的沉淀污泥所占有的容积，以 mL 计。其计算式为：

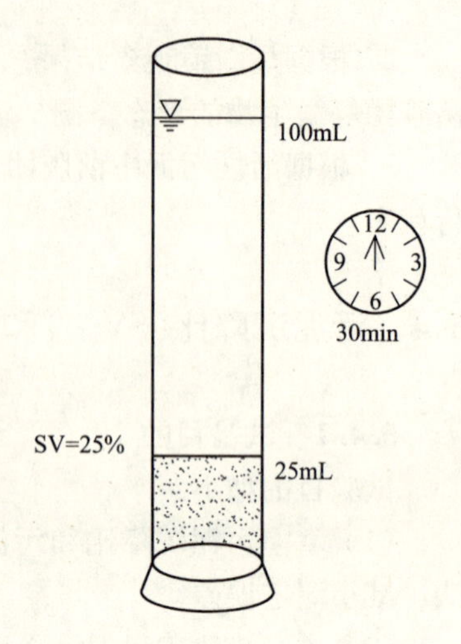

图 5－9　SV% 和 SVI 的检测

$$SVI = \frac{\text{混合液(1L)30min 静沉形成的活性污泥容积(mL)}}{\text{混合液(1L)中悬浮固体干重(g)}} = \frac{SV(mL/L)}{MLSS(g/L)} \quad (5-25)$$

式中　SVI——污泥指数，一般为 mL/g，习惯上，只称数字而把单位略去。

SVI 值能够反映活性污泥的凝聚、沉降性能，对生活污水及城市污水，此值以介于 70～100 之间为宜。SVI 值过低，说明泥粒细小，无机质含量高，缺乏活性；过高，说明污泥的沉降性能不好，并且已有产生污泥膨胀的可能。由于 SVI 值的测定受到所用容器直径，污泥初始浓度和搅拌等情况的影响，因此有人建议采用稀释污泥指数做为测定指标，用 DSVI 表示。DSVI 是指将污泥稀释至 1500mg/L 测得的污泥指数。

5.4.3　试验材料及设备

所需试验材料及设备包括：

（1）活性污泥法处理系统（模型系统），包括曝气池和二次沉淀池。（2）活性污泥法处理系统所需要的设备。（3）过滤器、烘箱、天平、称量瓶等。（4）虹吸管、吸球等提取污泥的器具。（5）100mL 量筒、定时钟等。

5.4.4　试验步骤

步骤如下：

（1）将干净的 100mL 量筒用蒸馏水冲洗后，甩干。

（2）将虹吸管吸入口放在曝气池的出口处（即曝气池的混合液流入二沉池的出口处），用吸球将曝气池的混合液吸出，并形成虹吸。

（3）通过虹吸管将混合液置于 100mL 量筒中，至 100mL 刻度处。并从此时开始计算沉淀时间。

（4）将装有污泥的 100mL 量筒放在静止处，观察活性污泥絮凝、沉淀的过程和特点，并且在第 1min、3min、5min、10min、15min、20min、30min 分别记录污泥界面以下的污泥容积。

（5）第 30min 时的污泥容积即为污泥沉降比（SV）。

（6）将经 30min 沉淀的污泥和上清液一同倒入过滤器中，过滤、烘干，测定其污泥干重。

(7) 根据称量的污泥干重计算混合液污泥浓度。

5.4.5 试验结果及分析

1. 根据测定污泥沉降比(SV)和污泥浓度(MLSS)，计算污泥指数(SVI)。

2. 通过所得到的污泥沉降比和污泥指数，评价该活性污泥法处理系统中活性污泥的沉降性能，是否有污泥膨胀的倾向或已经发生膨胀？

3. 污泥沉降比和污泥指数二者有什么区别和联系？

4. 准确地绘出100mL量筒中污泥界面下的容积随沉淀时间的变化曲线，如图5-10所示。

5. 活性污泥的絮凝沉淀有什么特点和规律？

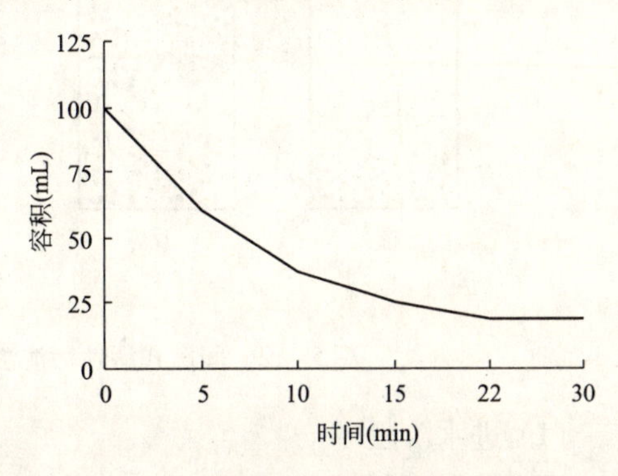

图5-10 污泥界面下的容积随时间的变化

5.5 SBR法计算机自动控制系统试验

5.5.1 试验目的

试验目的如下：

(1) 通过SBR法计算机自动控制系统模型试验，了解和掌握SBR法计算机自动控制系统的构造、原理。

(2) 通过模型演示试验，理解和掌握SBR法的特征。

5.5.2 试验原理

1. 间歇式活性污泥法工作原理

间歇式活性污泥法(sequencing batch reactor，简称SBR)又称序批式活性污泥法，常用于处理生活污水的三池SBR系统如图5-11所示。SBR工艺的运行工况是以间歇操作为主要特征。按运行次序，一个运行周期可分为5个阶段(如图5-12)，即：①进水；②反应；③沉淀；④排水；⑤闲置。

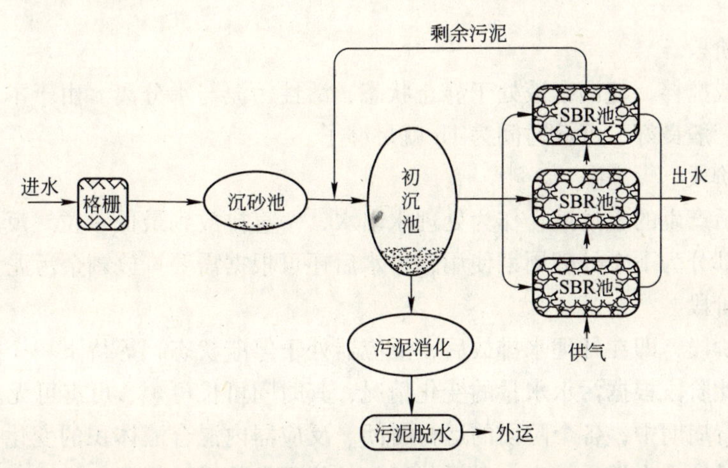

图5-11 处理生活污水的三池SBR系统

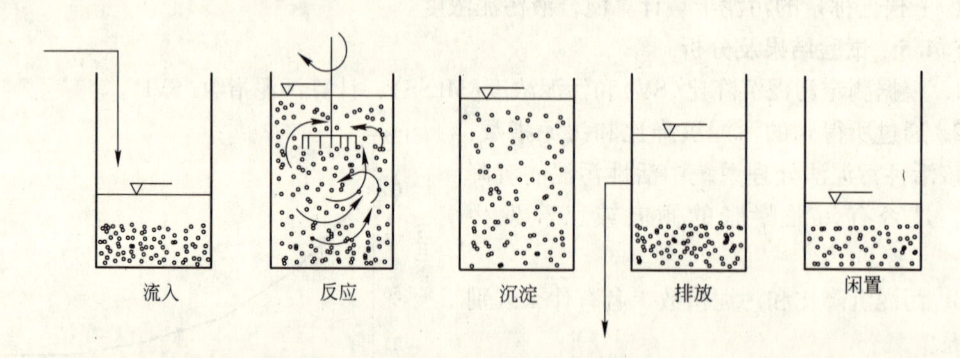

图 5-12 间歇式活性污泥法曝气池运行操作 5 个工序示意图

(1) 进水阶段

进水阶段可根据是否曝气分为限制曝气、非限制曝气和半限制曝气 3 种。限制曝气是指在进水时不曝气，并尽量缩短进水时间，因为进水历时越短，进水结束后或反应开始时混合液基质浓度将越高，整个反应过程中基质浓度梯度大，可以增大反应期内的反应速度。这种限制曝气方式适合于处理无毒性的污水。非限制曝气是在进水的同时进行曝气。因此，在进水期便可降解一部分基质，避免反应初期基质在混合液中过度的累积，对反应过程造成抑制。这种非限制曝气方式适合于处理有毒且基质浓度较高的污水。半限制曝气是在进水的后半期进行曝气，是介于限制曝气和非限制曝气之间的一种运行方式。

(2) 反应阶段

反应阶段包括曝气与搅拌混合。由于 SBR 法在时间上的灵活控制，为其实现脱氮除磷提供了有利的条件。它不仅很容易实现好氧、缺氧与厌氧状态交替的环境条件，而且很容易在好氧条件下增大曝气量、反应时间与污泥龄，来强化有机物的降解、硝化反应和除磷菌过量摄取磷过程的顺利完成；也可以在缺氧条件下方便地投加原污水(或甲醇等)或提高污泥浓度等方式，使反硝化过程更快地完成，反硝化后最好再进行曝气，以便吹脱产生的氮气和进一步去除投加的有机物，还可以在进水阶段通过搅拌维持厌氧状态，促进除磷菌充分释放磷。

(3) 沉淀阶段

停止曝气或搅拌，使混合液处于静止状态，活性污泥与水分离。由于本工序是静止沉淀，沉淀效果一般良好，沉淀时间为 1h 就足够了。

(4) 排水阶段

经过沉淀后产生的上清液，作为处理水出水，一直排放到最低水位。反应池底部沉降的活性污泥大部分为下个处理周期使用，排水后还可根据需要排放剩余污泥。

(5) 闲置阶段

也称待机阶段，即在处理水排放后，反应器处于停滞状态，等待下一个操作运行周期开始的阶段。此阶段根据污水水量的变化情况，其时间可长可短、可有可无。

在一个运行周期中，各个阶段的运行时间、反应器内混合液体积的变化以及运行状态等都可以根据具体污水性质、出水质量与运行功能要求等灵活掌握。

2. 间歇式活性污泥法处理系统的工艺特征

SBR工艺之所以能够日益受到重视，并广泛应用，是由于其运行方式的特殊性，使其具有一系列连续流系统无法比拟的优点。

(1) 工艺流程简单、基建与运行费用低

SBR系统的主体工艺设备是一座间歇式曝气池，与传统的连续流系统相比，无须二沉池和污泥回流设备，一般也不需调节池。许多情况下，还可省去初沉池。这样SBR系统的基建费用往往较低。SBR法无须污泥回流设备，节省设备费和常规运行费用。此外，SBR法反应效率高，达到同样出水水质所需曝气时间较短。反应初期溶解氧浓度低，氧转移效率高，节省曝气费用。

(2) 生化反应推动力大、速率快、效率高

SBR法反应器中底物浓度在时间上是一理想推流过程，底物浓度梯度大，生化反应推动力大，克服了连续流完全混合式曝气池中底物浓度低，反应推动力小和推流式曝气池中水流反混严重，实际上接近完全混合流态的缺点。

(3) 有效防止污泥膨胀

SBR法底物浓度梯度大，反应初期底物浓度较高，有利于絮体细菌增殖并占优势，可抑制专性好氧丝状菌的过分增殖。此外，SBR法中好氧、缺氧状态交替出现，也可抑制丝状菌生长。

(4) 操作灵活多样

SBR法不仅工艺流程简单，而且根据水质、水量的变化，通过各种控制手段，以各种方式灵活运行，如改变进水方式、调整运行顺序、改变曝气强度及周期内各阶段分配比等来实现不同的功能。例如在反应阶段采用好氧、缺氧交替状态来脱氮、除磷，而不必像连续流系统建造专门的A/O，A/A/O工艺。

(5) 耐冲击负荷能力较强

SBR法虽然对于时间来说是理想推流过程，但就反应器中的混合状态来说，仍属于典型的完全混合式，也具有完全混合曝气所具有的优点，一个SBR反应池在充水时相当于一个均化池，在不降低出水水质的情况下，可以承受高峰流量和有机物浓度上的冲击负荷。此外，由于无须考虑污泥回流费用，可在反应器内保持较高的污泥浓度，这也在一定程度上提高了它的耐冲击负荷能力。

(6) 沉淀效果好

沉淀过程中没有进出水水流的干扰，可避免短流和异重流的出现，是理想的静止沉淀，固液分离效果好，具有污泥浓度高、沉淀时间短、出水悬浮物浓度低等优点。

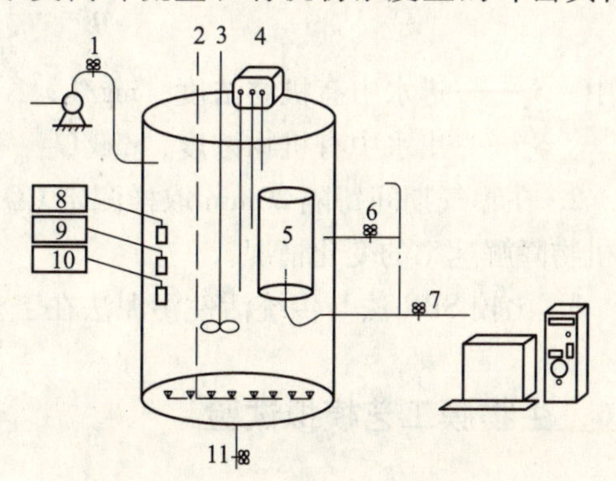

图5-13 SBR计算机自动控制系统

1—进水阀门；2—曝气管；3—搅拌器；4—水位继电器；5—滗水器；6、7—电磁阀；8、9、10—pH、DO、ORP测定探头；11—放空管：其中1~10均为计算机控制

5.5.3 试验材料与设备

所需试验材料及设备如下：

(1)SBR计算机自动控制系统1套，如图5-13所示；(2)水泵；(3)空气压缩机；(4)水箱；(5)溶解氧测定仪；(6)COD测定

仪及相关药剂。

5.5.4 试验步骤

步骤如下：

（1）打开计算机，进入SBR计算机自动控制系统程序界面，设置SBR各阶段的运行控制时间，并填入表5-6中，启动控制程序。

SBR法试验纪录 表5-6

进水时间（h）	曝气时间（h）	静沉时间（h）	滗水时间（h）	闲置时间（h）	进水COD（mg/L）	出水COD（mg/L）

（2）开启水泵，将原水送入反应器，直到达到所要求的最高水位。该水位由水位继电器控制。水位继电器触杆的升降可控制反应器内的最高水位。

（3）水泵关闭，气阀打开，贮气罐内的压缩空气进入反应器，开始曝气，此即反应阶段。此阶段反应时间由自控系统根据设定值控制。曝气时间的长短可以自由设定，当然亦可以由其他的运行参数来控制，例如，当溶解氧达到某一数值认为反应可以结束时，即可关闭气阀。

（4）达到设定的曝气时间后，曝气停止，反应器内的混和液开始静沉。静置时间可任意设定，其目的是使混和液中的污泥充分沉淀。

（5）达到设定的静沉时间后，阀6自动开启，滗水器开始工作，使排水管中充满上清液，排水管的进水口没于水面下。阀6关闭，排水管上的阀7自动打开，排出反应器的上清液。

（6）排水至最低水位后，滗水器停止工作，阀7关闭。反应器处于闲置状态。至此SBR工艺的一个运行周期结束，进入下一周期的准备状态。

5.5.5 试验结果及分析

1. 依据公式（5-26），计算在给定条件下SBR法的有机物去除率η：

$$\eta = \frac{S_a - S_e}{S_a} \times 100\% \tag{5-26}$$

式中 S_a——进水中有机物浓度，mg/L；

S_e——出水中有机物浓度，mg/L。

2. 在曝气期间每隔20min取样测定COD浓度，绘制COD浓度随时间变化曲线，分析有机物降解速率的变化情况。

3. 比较SBR法与传统活性污泥法在工艺原理、运行控制上的异同点？

5.6 生物膜工艺模拟试验

生物膜法和活性污泥法一样，都是利用微生物去除废水中有机物的方法。两者是平行发展起来的污水好氧处理工艺。但活性污泥法中的微生物在曝气池内以活性污泥的形式呈悬浮状态，属于悬浮生长系统。而生物膜法中的微生物附着生长在填料或载体上，形成膜状的活性污泥，属于附着生长系统或固定膜工艺。生物膜法的实质是使细菌类微生物和原生动物、后生动物类的微型动物附着在滤料或某些载体上生长繁育，并在其上形成膜状生物污泥—生物膜。污水与生物膜接触，污水中的有机污染物作为营养物质，为生物膜上的微生物所摄取，微生物自身得到繁衍增殖，污水得到净化。

5.6.1 生物转盘试验

1. 试验目的

（1）通过生物转盘模型试验，了解和掌握生物转盘的构造、原理。

（2）通过模型演示试验，初步理解和掌握生物转盘处理系统的特征。

2. 试验原理

生物转盘(Rotating Biological Contactor)又称浸没式生物滤池，它由许多平行排列浸没在一个水槽(氧化槽)中的塑料圆盘(盘片)所组成。生物转盘初期用于生活污水处理，后推广到城市污水处理和有机性工业废水的处理。处理规模也从几百人口当量发展到数万人口当量。转盘构造和设备也日益完善。

（1）生物转盘的构造特征

生物转盘由盘片、接触反应槽、转轴及驱动装置组成(参见图5-14)。盘片串联成组，中心贯以转轴，转轴两端安设在半圆型接触反应槽两端的支座上。转盘面积的40%左右浸没在槽内的污水中，转轴高出槽内水面10~25cm。

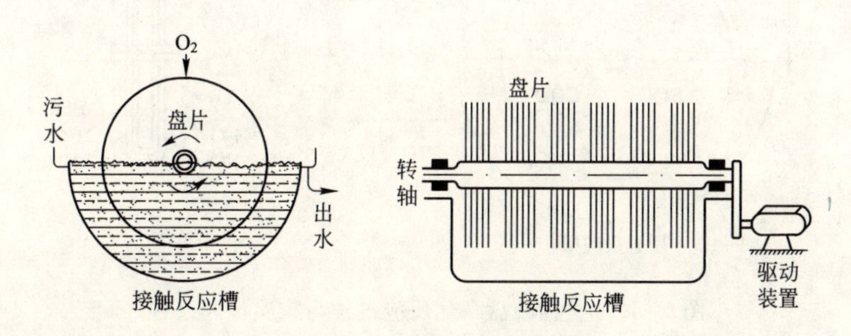

图5-14 生物转盘构造图

1）盘片

盘片是生物转盘的主要部件，应具有轻质高强，耐腐蚀、耐老化，易于挂膜、不变形，比表面积大，易于取材、便于加工安装等性质。

2）接触反应槽

盘片浸没于接触反应槽污水中的深度不小于盘片直径的35%。接触反应槽应呈与盘材外形基本吻合的半圆形，槽的构造形式与建造方法随设备规模大小、修建场地条件不同而异。接触反应槽的各部位尺寸和长度，应根据转盘直径和轴长决定，盘片边缘与槽内面应留有不小于100mm的间距。槽底应考虑设有放空管，槽的两侧面设有进出水设备，多采用锯齿形溢流堰。对多级生物转盘，接触反应槽分为若干格，格与格之间设导流槽。

3）转轴

转轴是支承盘片并带动其旋转的重要部件。转轴两端安装固定在接触反应槽两端的支座上。

4）驱动装置

驱动装置包括动力设备、减速装置以及传动链条等。对大型转盘，一般一台转盘设一套驱动装置，对于中、小型转盘，可由一套驱动装置带动3~4级转盘转动。转盘的转动速度是重要的运行参数，综合考虑各项因素，必须选定适宜的设计参数。

（2）生物转盘的净化机理

生物转盘以较低的线速度在接触反应槽内转动。接触反应槽内充满污水，转盘交替地与空气和污水相接触。经过一段时间后，在转盘上附着一层栖息着大量微生物的生物膜。微生物的种属组成逐渐稳定，污水中的有机污染物为生物膜所吸附降解。转盘转动离开水面与空气接触，生物膜上的固着水层从空气中吸收氧，并将其传递到生物膜和污水中，使槽内污水中的溶解氧含量达到一定的浓度。在转盘上附着的生物膜与污水以及空气之间，除有机物（BOD、COD）与 O_2 的传递外，还进行着其他物质，如 CO_2、NH_3 等的传递（参见图5-15）。

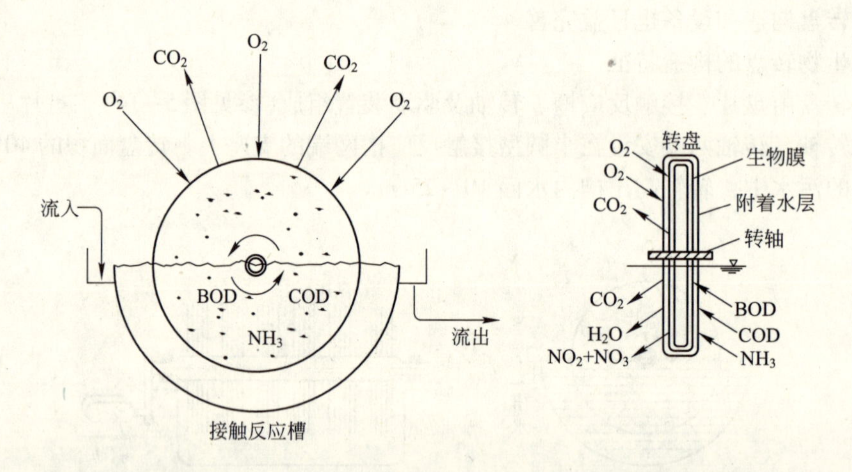

图5-15 生物转盘净化反应过程与物质传递过程

在处理过程中，盘片上的生物膜不断地生长、增厚；过剩的生物膜靠盘片在废水中旋转时产生的剪切力剥落下来，剥落的破碎生物膜在二次沉淀池内部截留。

（3）生物转盘系统的工艺特征

生物转盘与活性污泥法及生物滤池相比具有的优点：不会发生如生物滤池中滤料的堵塞现象；生物相分级，在每级转盘上生长着适应于流入该级污水性质的微生物；污泥龄长，在转盘上能够增殖世代时间长的微生物，如硝化菌等，因此，生物转盘具有硝化、反硝化的功能。废水与生物膜的接触时间比滤池长，耐冲击负荷能力强。生物膜上的微生物食物链较长，接触反应槽不需要曝气，因此动力消耗低，这是本法最突出的特征之一。

但是，生物转盘也有其缺点：盘材较贵，投资大。从造价考虑，生物转盘仅适用于小水量低浓度的废水处理。无通风设备，转盘的供氧依靠盘面的生物膜接触大气，废水中挥发性物质将会产生污染。生物转盘最好作为第二级生物处理装置。生物转盘的性能受环境气温及其他因素影响较大，所以，北方设置生物转盘时，一般置于室内，并采取一定的保温措施。建于室外的生物转盘都应加设雨棚，防止雨水淋洗，使生物膜脱落。总的来看，生物转盘的应用受到很多限制。

3. 试验材料及设备

(1) 生物转盘模型一套(参见图5-16)

(2) 液体流量计、pH计

(3) COD测定仪

(4) 测COD所需化学试剂、玻璃器皿等

4. 试验步骤

(1) 打开进水泵及进水阀门，接通驱动装置电源，使生物转盘开始运转。

(2) 每隔30min分别取样测定原水、各个接触反应槽内及出水的COD浓度、原水pH值、出水的SS浓度。

(3) 改变生物转盘转速后重复上述测量步骤。

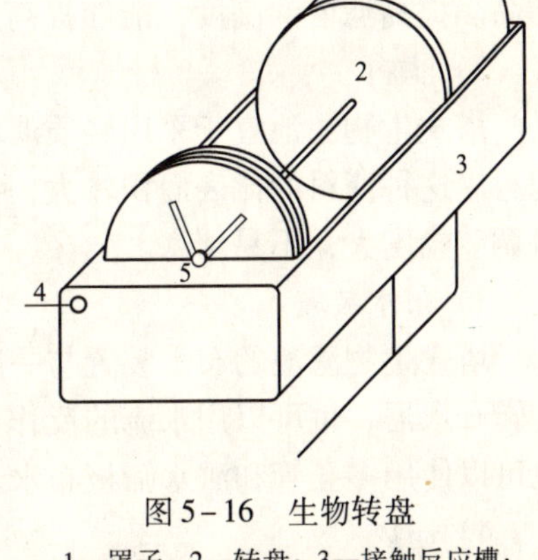

图5-16 生物转盘

1—罩子；2—转盘；3—接触反应槽；4—进水；5—驱动装置

5. 试验结果及分析

(1) 记录生物转盘在不同转速条件下的运行情况，包括原水、各个接触反应槽内及出水的COD浓度、出水的SS浓度。

(2) 分析转盘转速对系统运行效果的影响。

5.6.2 塔式生物滤池

1. 试验目的

(1) 通过塔式生物滤池模型试验，了解和掌握塔式生物滤池的构造、原理。

(2) 通过模型演示试验，理解和掌握塔式生物滤池的特征。

2. 试验原理

塔式生物滤池是近30年来在生物滤池的基础上，参照化学工业中的填料洗涤塔方式发展而来的一种新型高负荷生物滤池。该滤池池身高，有抽风作用，可以克服滤料孔隙小所造成的通风不良问题。正是由于它的直径小，高度大，形状如塔，因此称为塔式生物滤池，简称“塔滤”。

(1) 构造特征

图5-17为塔式生物滤池的构造示意图。塔式生物滤池一般高达8~24m，直径1~3.5m，径高比介于1:6~1:8左右，呈塔状。在平面上塔式生物滤池多呈圆形。在构造上由塔身、滤料、布水系统、通风和排水装置所组成。

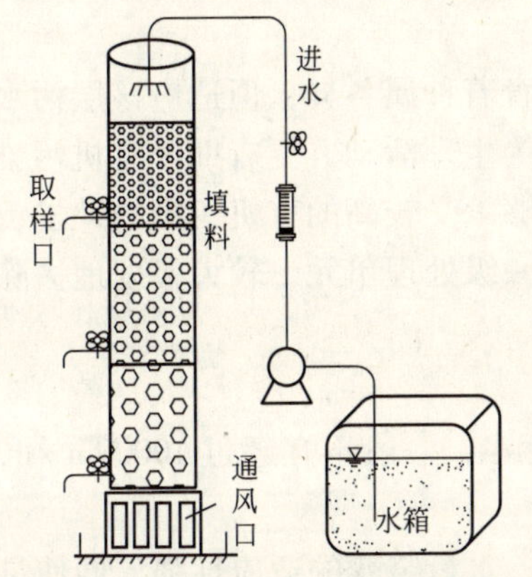

图5-17 塔式生物滤池示意图

1) 塔身

塔身主要起围挡滤料的作用。塔身一般沿塔高分层建造，在分层处设格栅，格栅承托在塔身上，而其本身又承托着滤料。滤料荷重分层负担，每层高度以不大于2.5m为宜，以免将滤料压碎，每层都应设检修口，以便更换滤料。同时，也应设测温孔和观察孔，用以测量池内温度、观察塔内滤料上生物膜的生长情况和滤料表面布水均匀程度，并取样分析测定。塔顶上缘应高出最上层滤料表面0.5m左右，以免风吹影响污水的均匀分布。

塔的高度在一定程度上能够影响塔式滤池对污水的

处理效果。试验与运行的资料表明，在负荷一定的条件下，滤塔的高度增高，处理效果亦增高。提高滤塔的高度，能够提高进水有机污染物的浓度。

2）滤料

塔式生物滤池宜于采用轻质滤料。在我国使用比较多的是用环氧树脂固化的玻璃蜂窝滤料。这种滤料的比表面积较大，结构比较均匀，有利于空气流通与污水的均匀配布，流量调节幅度大，不易堵塞。

3）布水装置

塔式生物滤池的布水装置与一般的生物滤池相同，对大、中型塔滤多采用电机驱动的旋转布水器，也可以用水流的反作用力驱动。对小型滤塔则多采用固定式喷嘴布水系统，也可以使用多孔管和溅水筛板布水。

4）通风

塔式生物滤池一般都采用自然通风，塔底有一定高度的空间，并且周围留有通风孔，这种如塔形的构造，使滤池内部形成较强的拔风状态，通风良好。但如果自然通风供氧不足，出现厌氧状态，可考虑采用机械通风。特别是当处理工业废水，吹脱有害气体时，也可采用人工机械通风。当采用机械通风时，在滤池上部和下部装设吸气或鼓风的风机，此时要注意空气在滤池表面上的均匀分布，并防止冬天寒冷季节池温降低，影响效果。

（2）工艺特征

塔式生物滤池内部通风情况良好，污水从上向下滴落，水流紊动强烈，污水、空气、滤料上的生物膜三者接触充分，充氧效果良好，污染物质传质速度快，这些现象都非常有助于有机污染物质的降解，是塔式生物滤池的独特优势。这一优势使塔式生物滤池具有以下各项主要工艺特征。

1）高负荷率

塔式生物滤池的水力负荷率可达80~200m^3(废水)/[m^2(滤池)·d]，为一般高负荷生物滤池的2~10倍，BOD容积负荷率达0.5~2.5kg(BOD_5)/[m^3(滤料)·d]，比高负荷生物滤池高2~3倍。高有机物负荷率使生物膜生长迅速，高水力负荷率又使生物膜受到强烈的水力冲刷，从而使生物膜不断脱落、更新，因此塔式生物滤池内的生物膜能够经常保持较好的活性。但是，生物膜生长过快，易于产生滤料的堵塞现象。对此，应将进水的BOD_5值控制在500mg/L以下，否则需采取处理水回流稀释措施。

2）滤层内部的分层

塔滤滤层内部存在着明显的分层现象，在各层生长繁育着种属各异，但适应该层污水特征的微生物种群，这种情况有助于微生物的增殖、代谢等生理活动，更有助于有机污染物的降解、去除。由于塔滤具有这种分层的特征，使其能够承受较高的有机污染物冲击负荷。因此，塔滤常用作高浓度工业废水二级生物处理的第一级处理单元，较大幅度地去除有机污染物，以保证第二级处理单元保持良好的净化效果。

（3）适用条件与优缺点

塔式生物滤池适用于处理水量小的生活污水和城市污水，一般不宜超过10000m^3/d，也可用于处理各种有机工业废水。

塔式生物滤池的优点是可大大缩小占地面积，对水质、水量突变的适应性强，即使是受冲击负荷影响后，一般也只是上层滤料的生物膜受影响，因此能较快地恢复正常工作。

塔式生物滤池在地形平坦处需要的污水抽升费用较大，并且由于滤池过高使得运行管理也不太方便，这是其主要的不足之处。

3. 试验材料及设备

(1) 塔式生物滤池模型1套

(2) 液体流量计、pH计

(3) COD测定仪

(4) 测COD所需化学试剂、玻璃器皿等

4. 试验步骤

(1) 打开进水泵及进水阀门，使塔式生物滤池正常运行。

(2) 每隔30min分别取样测定原水、塔式生物滤池不同塔身高度处及出水的COD浓度、原水pH值、出水的SS浓度。

(3) 加大进水流量后重复上述测量步骤。

5. 试验结果及分析

(1) 记录塔式生物滤池在不同进水流量条件下的运行情况，包括原水、不同塔身高度处及出水的COD浓度、出水的SS浓度。

(2) 绘制COD浓度沿塔身高度变化曲线。

(3) 分析影响塔式生物滤池处理效果的主要因素。

5.7 膜生物反应器(MBR)试验

5.7.1 试验目的

试验目的如下：

(1) 通过膜生物反应器模拟试验，了解和掌握膜生物反应器的构造、原理。

(2) 通过对试验数据的分析，深入理解膜生物反应器运行效果的影响因素及运行控制条件。

5.7.2 试验原理

膜生物反应器是由膜分离技术与污水处理工程中的生物反应器相结合组成的反应器系统(Membrane Biological Reactor，简称MBR)。它综合了膜分离技术与生物处理技术的优点，以超、微滤膜组件代替传统生物处理系统的二沉池以实现泥水分离，被超滤、微滤膜截留下来的活性污泥混合液中的微生物絮体和相对较大分子质量的有机物又重新回流至生物反应器内，使生物反应器内获得高浓度的生物量，延长了微生物的平均停留时间，提高了微生物对有机物的氧化速率。膜生物反应器的出水水质很好，尤其对悬浮固体的去除率更高，甚至可达到深度处理出水的要求。

1. 膜生物反应器的组成

膜生物反应器主要由膜组件和生物反应器两部分构成，如图5-18所示。大量的微生物(活性污泥)在生物反应器内与基质充分接触，通过氧化分解作用进行新陈代谢以维持自身生长、繁殖，同时使有机污染物充分降解。在膜两侧压力差(称操作压力)的作用下，膜组件通过机械筛分、截留和过滤等过程对废水和污泥混合液进行固液分离，大分子物质等被浓缩后返回生物反应器内。

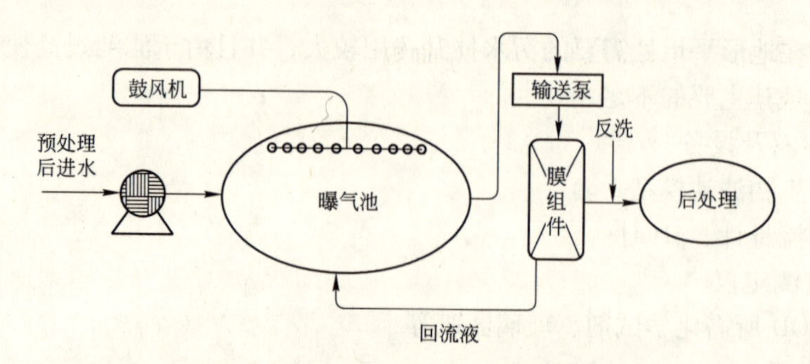

图 5－18　分置式膜生物反应器流程示意图

2. 膜生物反应器的分类

膜分离活性污泥法由生物反应器和膜分离装置组成，根据膜分离装置和生物反应器装置的不同可以有多种分类形式：

（1）根据膜组件的位置，可分为分置式和一体式两种，如图 5－18 和图 5－19 所示。分置式膜生物反应器是由相对独立的生物反应器与膜组件通过外加输送泵及相应管线相连而构成。这种反应器的特点是生物反应器与膜组件相对独立，彼此之间干扰较小，运行稳定可靠，易于清洗、更换及增设膜组件。但需要循环泵提供较大的膜面流速，动力消耗大。一体式膜生物反应器是将无外壳的膜组件浸没在生物反应器中，微生物在曝气池中降解有机物，通过负压抽吸，混合液中的水由膜表面进入中空纤维(图 5－20)而排出反应器。这种反应器的特点是体积小、整体性强、工作压力小、无水循环、节能。但堵塞后较难清洗，通常只能间歇运行。目前这种系统使用较为普遍，但一般只能用于好氧处理。

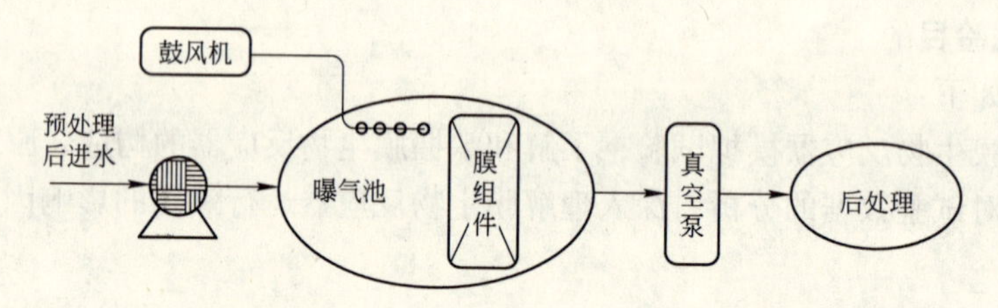

图 5－19　一体式膜生物反应器流程示意图

（2）根据生物反应器供氧与否，可分为好氧型膜生物反应器和厌氧型膜生物反应器。

（3）根据操作压力提供方式的不同，可以分为有压式和负压抽吸式膜生物反应器，前者能耗较高，后者能耗低。

（4）根据膜组件形式，可分为管式、板框式、螺旋式、中空纤维式等膜生物反应器，其中以管式和中空纤维式最为常见。

（5）根据膜孔径大小来分，主要有微滤膜、超滤膜和纳滤膜生物反应器 3 类，以微滤和超滤膜生物反应器较为普遍。

（6）根据膜的材质可分为有机膜和无机膜生物反

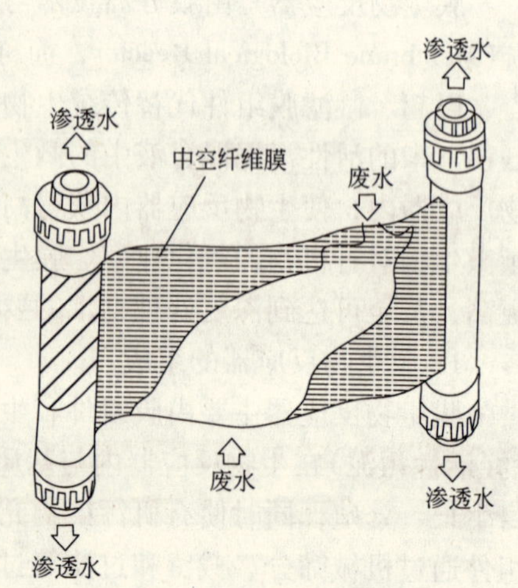

图 5－20　中空纤维膜组件

应器两种。有机膜价格低廉、通量小、寿命短、堵塞后清洗困难；无机膜通量大、寿命长、堵塞后较易清洗，但制造成本相对较高。

总的来说，分置式膜生物反应器中的膜组件以管式、平板式较多；而在一体式膜生物反应器中，大多采用中空纤维式。

3. 膜的分离性能参数

膜过滤过程中通常希望膜具有良好的机械性能、高的膜通量和高的选择性。而后两个要求实际上是相互矛盾的，因为高的选择性通常只能通过较小的孔径获得，而较小的孔径必然引起较大的水力阻力和较低的膜通量。表征膜的分离性能的参数主要有两个。一个参数是各种物质透过膜的速率的比值，即分离因素，通常用截留率来表示。它的大小表示了该体系分离的难易程度。截留率有表观截留率和本征截留率之分，它们的表达式如式(5-27)、式(5-28)所示。

表观截留率：

$$R = 1 - C_p / C_b \tag{5-27}$$

本征截留率：

$$R' = 1 - C_p / C_m \tag{5-28}$$

式中 C_b——溶质在膜的料液侧的主体溶液中的浓度，mg/L；

C_m——溶质在料液侧的膜表面上的浓度，mg/L；

C_p——溶质在渗透产物侧的浓度，mg/L。

另一个参数是物质透过膜的速率，或称膜通量，即单位面积膜上单位时间内透过的渗透物的量。其定义式见式(5-29)：

$$J = V / (S \cdot t) \tag{5-29}$$

式中 J——膜的通量，$m^3/(m^2 \cdot s)$；

V——透过液的体积，m^3；

S——膜的有效面积，m^2；

t——运行时间，s。

在膜分离过程中推动力和膜本身的特性是决定膜通量和膜的选择性的基本因素。尤其是膜本身孔径的大小决定了膜可能分离的粒子的大小范围：从小颗粒到不同大小的分子。

4. 膜生物反应器的特征

膜生物反应器作为一种新型的生物处理方法，与传统的生物处理方法相比具有更好的处理性能和效果，主要表现在以下几个方面：对污染物去除效率高，出水水质稳定，出水中基本没有悬浮物；基本实现了污泥龄和水力停留时间的分离，设计与运行操作更灵活；膜的机械截留作用避免了微生物的流失，可以保持高的污泥浓度，有效地提高了有机物的容积负荷，降低了污泥负荷，减少了占地面积；SRT 可以很长，允许世代周期长的微生物充分生长，有利于某些难降解有机物的生物降解，也有利于培养硝化细菌，提高硝化能力；剩余污泥量少，可减少污泥处置费用；结构紧凑，易于一体化自动控制，运行管理方便。

膜生物反应器工艺虽然整体上比普通活性污泥法有很大的进步，但也存在一些缺点，主要有：经过一定时间的运行，操作压力会越来越高，膜通透能力也会下降，堵塞问题不可避免。因此，膜生物反应器工艺的操作周期不会很长。膜堵塞后，目前尚没有简单有效的清洗技术可用来恢复其通透能力。因此，可以说膜堵塞和膜污染问题是阻碍膜生物反应器进一步推广应用的瓶颈。膜生物反应器工艺往往需要较高的膜面流速来减轻因浓差极化而形成的凝胶层阻力的影响，因此能耗较高。膜的制造成本还较高，特别是无机膜的制造成本更高。

5.7.3 试验材料及设备

所需试验材料及设备如下：

(1)分置式膜生物反应器和一体式膜生物反应器试验装置各1套，如图5-21所示；(2)水箱；(3)水泵；(4)空气压缩机；(5)水和气体转子流量计；(6)时间继电器、电磁阀；(7)100mL量筒、秒表；(8)DO仪；(9)污泥浓度计或天平、烘箱；(10)COD测定仪及相关药剂。

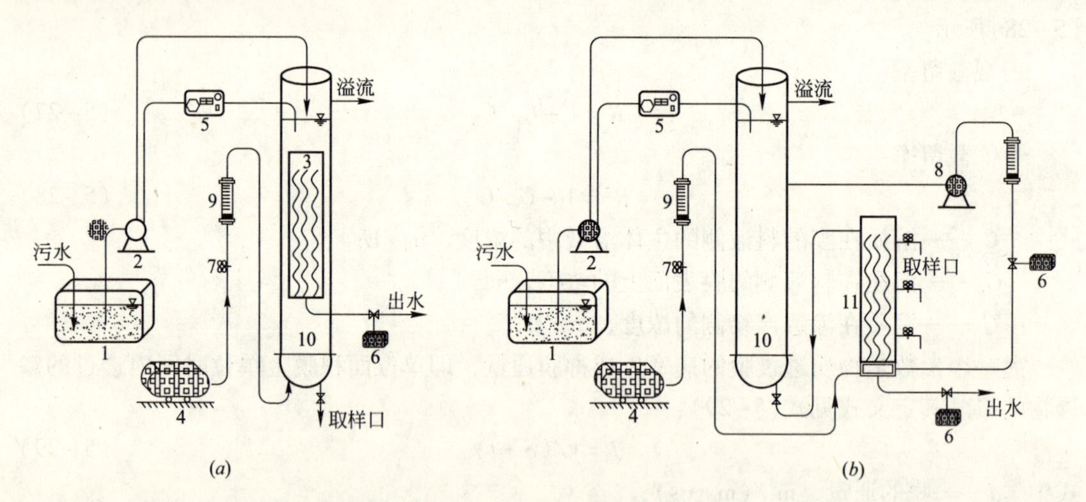

图5-21 膜生物反应器试验装置

(a)常规一体式MBR；(b)旋流式MBR

1—调节水箱；2—进水泵；3—膜组件；4—空压机；5—液位自控仪；6—流量自控装置；7—减压阀；8—循环水泵；9—气体流量计；10—生物反应器；11—膜分离器

5.7.4 试验步骤

步骤如下：

(1) 测定清水中膜的透水量：用容积法测定不同时间膜的透水量。

(2) 活性污泥的培养与驯化，污泥达到一定浓度后即可开始试验。

(3) 根据一定的气水比、循环流量比和污泥负荷运行条件，测定分置式和一体式膜生物反应器在不同时间膜的透水量及COD和MISS值。

(4) 改变循环水流量和污泥回流量，当运行稳定后，测定分置式膜生物反应器膜的透水量、COD和MISS值。

(5) 改变气水比，当运行稳定后，测定一体式膜生物反应器膜的透水量、COD值和MLSS。

5.7.5 试验结果与分析

1. 将试验结果填入表5-7。

MBR 试验数据 表5-7

时间(min)	进水 COD(mg/L)	一体式 MBR		分置式 MBR	
		透水量(mL/s)	出水 COD(mg/L)	透水量(mL/s)	出水 COD(mg/L)
备注		气水比: MLSS = g/L DO = mg/L		循环流量比: MLSS = g/L DO = mg/L	

2. 根据表5-7中的试验数据绘制透水量与时间的关系曲线。

3. 根据表5-7中的试验数据绘制COD去除率与时间的关系曲线。

5.8 城市污水处理全流程模拟试验

5.8.1 试验目的

试验目的如下:

(1) 通过污水处理动态仿真系统教学软件的演示和操作，熟悉城市污水二级生物处理系统的典型工艺流程和各构筑物的结构特点。

(2) 利用城市污水二级生物处理全流程试验模型进行生活小区实际污水的处理试验，加深理解各处理构筑物的功能和处理效果，掌握城市污水处理厂运行控制的基本规律和方法。

5.8.2 试验原理

1. 污水处理动态仿真系统教学软件

活性污泥法在污水生物处理进程中一直发挥着巨大的作用，近几十年来，有关生物处理专家和技术工作者就活性污泥的反应机理、降解功能、运行方式、工艺系统等方面进行了大量的研究工作，使活性污泥处理系统在净化功能和工艺系统方面取得了显著的进展。

在净化功能方面，改变过去以去除有机污染物为主要功能的传统模式。在工艺系统方面，开创了多种旨在提高充氧能力、增加混合液污泥浓度、强化活性污泥微生物的代谢功能的高效活性污泥法处理系统。随着专业技术的发展，新工艺、新方法层出不穷，不可能在课堂教学中一一实践。借助于污水处理动态仿真系统教学软件，将目前国内外普遍采用的、先进的污水处理工艺流程以动态运行的形式表现出来。

污水处理动态仿真系统教学软件不仅包括了广泛采用的传统活性污泥法、完全混合式活性污泥法工艺，还包括了近年来在构造和工艺方面有较大发展、并在实际运行中已证实效果显著的AB法、ORBAL氧化沟、CARROUSEL氧化沟和CASS工艺(图5-22)。既有全流程的动态演示，包括格栅、沉砂池、初沉池、曝气池、二沉池、一级消化和二级消化(图5-23)；又有单体构筑物的局部演示，而且可以动态的表示其中水的流态、流向。有时即使在污水处理厂现场参观，由于各构筑物正处于运行状态，也无法看到构筑物的内部结构。因此，该软件能以专业化的设计标准体现各个构筑物的功能和结构，可用于课堂教学、指导课程设计、毕业设计等，也可由学生自主实践，充分发挥其交互性特点，使学生对水处理技术的认识和掌握更加生动化、具体化和完整化。

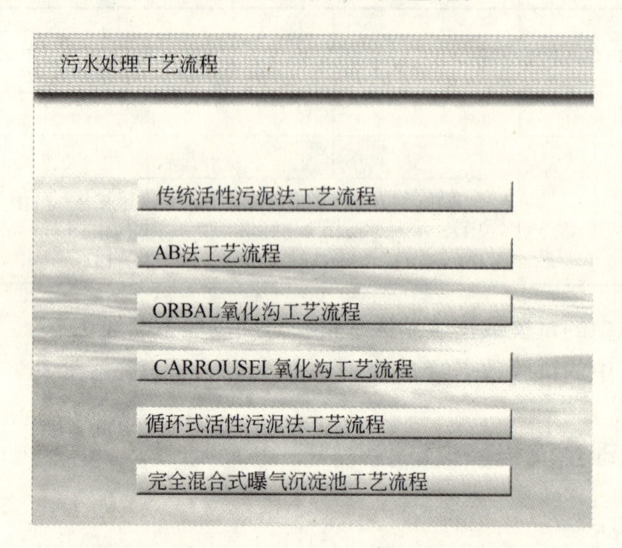

图 5-22　污水处理动态仿真系统工艺流程

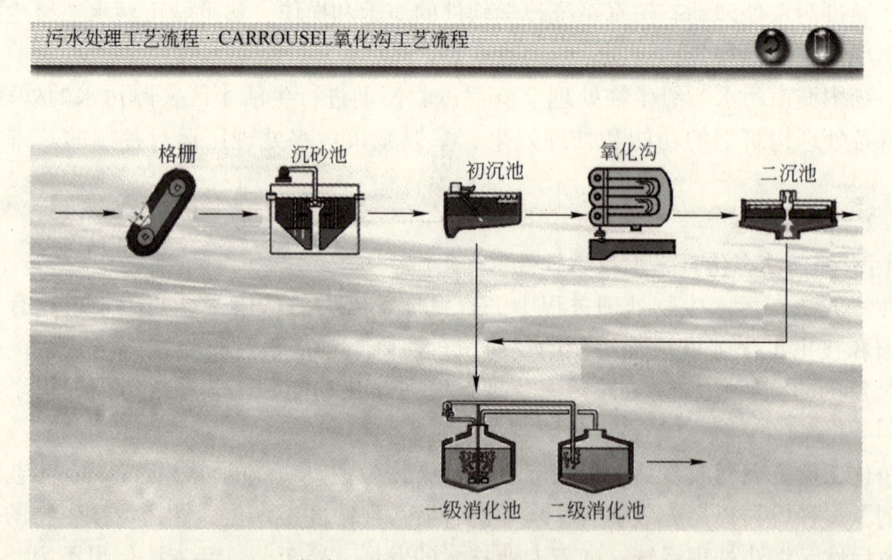

图 5-23　仿真系统 Carrousel 氧化沟工艺流程演示

2. 城市污水处理工艺系统

现代污水处理技术，按处理程度划分，可分为一级、二级和深度处理。

(1) 城市污水一级处理系统

城市污水一级处理作用是去除污水中的固体污染物质，从大块垃圾到粒径为数毫米的悬浮物。系统主要由格栅、沉砂池和沉淀池组成，有时也采用筛网、微滤机和预曝气池。

污水进入沉砂池前，应经格栅处理，栅条间隙为 16～25mm（机械清除）或 25～40mm（人工清除），实际也应视污水中浮渣量成分、含量及保护对象来确定。污水中的无机杂质颗粒(砂粒)应在沉砂池中加以去除。沉砂池主要是为去除粒径为0.2mm以上的砂粒，去除率要求达到80%。城市污水处理厂一般采用曝气沉砂池，工业污水处理厂(站)一般采用平流沉砂池和旋流除砂器。

沉淀池是城市污水一级处理的主要构筑物，去除污水中可沉降悬浮性固体颗粒和少量漂浮物。平流式、竖流式、幅流式及斜板(管)沉淀池均被用作初次沉淀池，城市污水处理多用平流式和幅流式，工业污水处理则多用竖流式、平流式与斜板(管)沉淀池。沉淀池的功能见表5-8。设计的表面负荷及水力停留时间应与污水水质相协调，当以无机悬浮物为主时，可选较高表面负荷和较短停留时间。当污水中悬浮性有机物较多，且欲减轻后续生物处理的负荷，可选较小表面负荷和较长沉淀时间。初沉池必要时可设超越排放管，以使污水直接进入后续生物处理设施。

沉淀池去除能力 **表5-8**

指 标	去 除 效 果	运 行 条 件
BOD_5	去除率为10%～30%，根据悬浮物的去除率而定	停留时间1.5～2.5h 表面负荷1～2$m^3/(m^2 \cdot h)$
SS	去除率为35%～60%，与污水的SS浓度有关： SS>300mg/L，去除率≥50% SS<300mg/L，去除率<50%	

城市污水一级处理典型流程如图5-24所示。

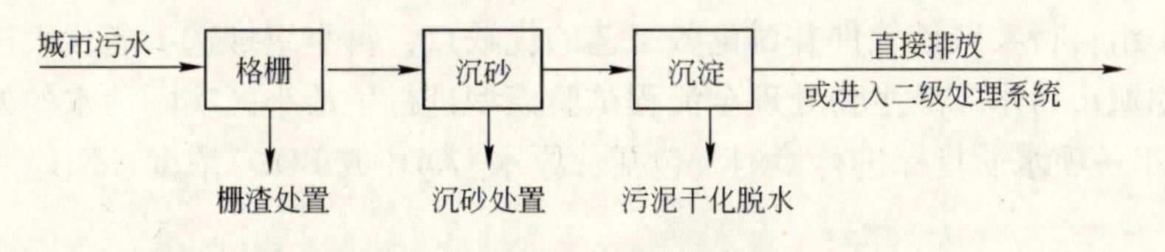

图5-24 污水一级处理典型流程

(2)城市污水二级处理系统

二级处理系统是城市污水处理厂的核心，它的主要作用是去除污水中呈胶体和溶解状态的有机污染物(以BOD或COD表示)。通过二级处理，污水的BOD_5、SS去除率达85%～95%，出水水质均可降至20～30mg/L，一般可达到排放水体和灌溉农田的要求。各种类型的生物处理技术，如活性污泥法、生物膜法以及自然生物处理技术，只要运行正常，都能够取得良好的处理效果。对于某种污水，采用哪几种处理方法组成系统，要根据污水的水质、水量，回收其中有用物质的可能性、经济性，受纳水体的具体条件，并结合调查研究与经济技术比较后决定，必要时还需进行试验。传统二级处理典型流程见图5-25。

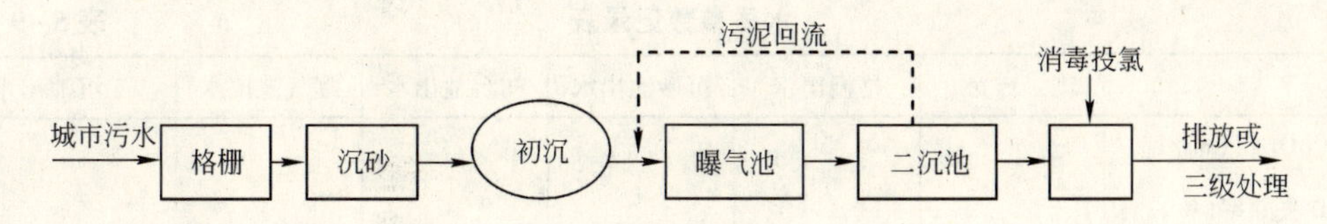

图5-25 活性污泥法典型工艺流程图

污水处理由格栅、沉砂池、初次沉淀池、曝气池和二次沉淀池组成。曝气池是污水生物处理的关键设备，根据需要通过改变进水方式运行，曝气池可以按标准活性污泥法、生物吸附再生法和分步流入法等运行。完全混合式、推流式、循环廊道式曝气池均有较多的应用，其中完全混合式曝气池多用于处理工业废水，且更容易出现泡沫、污泥膨胀等问题，而后两者更多地用于处理城市污水。曝气池多采用鼓风曝气供氧，中、微孔曝气装置对氧的利用率较高，是常用的曝气器。

二次沉淀池作用在于泥水分离和浓缩回流污泥。在处理水量大时一般采用圆形幅流式，处理水量小时采用圆形或方形竖流式。二级处理出水，经消毒处理后排放或进行深度处理。为了进一步减少向天然水体排放的污染物量，特别是为了污水再生回用，有时需对二级处理出水再进行进一步的深度处理。

5.8.3 试验材料及设备

所需试验材料及设备包括：

(1)污水处理动态仿真系统教学软件。(2)城市污水二级生物处理全流程试验模型：格栅、沉砂池、初沉池、曝气池、二沉池。流程如图 5-27 所示。(3)温度控制仪、加热器。(4)溶解氧测定仪。(5)pH 测定仪。(6)测定 COD，SS，SVI，SV%，MLSS，NH_4^+ -N 等水质指标所需药品及仪器。

5.8.4 试验步骤

步骤如下：

(1) 由指导教师演示污水处理动态仿真系统教学软件并讲解各工艺流程及单体构筑物的结构与功能特点。

(2) 分小组自行实践该软件并讨论各工艺的优缺点，每小组推选 1 名代表进行讲解。

(3) 利用城市污水二级生物处理全流程试验模型进行生活小区实际污水的处理试验。

1) 对原水各项水质指标进行检测，包括：原水 COD(或 BOD)浓度、NH_4^+ -N、水温、pH 值、SS。

2) 确定试验系统主要考察的控制参数，包括进水流量、曝气池内溶解氧浓度、曝气池内 MLSS、曝气池内 COD——污泥负荷、污泥回流量、剩余污泥排放量、污泥龄等。

3) 检查处理系统的水、气、泥各管路连接情况，保证系统运行正常。

4) 针对选定的控制参数，赋予每一参数具体的量化指标，并按该控制参数对系统进行调试，使系统在指定的控制参数下稳定运行，考察系统的整体运行状况。

5.8.5 试验结果及分析

1. 按表 5-9 和表 5-10 记录试验结果。该表给出了试验过程中需要检测的各项水质指标和运行参数，表格的形式可根据具体试验需要适当调整或绘制试验结果曲线图。

水质参数记录表　　表 5-9

	原　水	格栅出水	沉砂池出水	初沉池出水	曝气池出水	二沉池出水
COD(BOD_5)(mg/L)						
COD 去除率(%)						
SS(mg/L)						
NH_4^+ -N(mg/L)						

运行参数记录表　　表5-10

	进水流量 (L/h)	曝气池 DO(mg/L)	曝气池 MLSS (mg/L)	污泥回流比 (%)及 MLSS (mg/L)	COD-污泥负荷(kgCOD/(kg·d))	污泥龄 (d)
一						
二						
三						

2. 根据试验结果，分析讨论该系统对COD，SS和氨氮的去除效果，各单体构筑物所发挥的作用。

3. 该工艺流程在实际城市污水处理厂运行时可人为调控的运行参数有哪些？如何影响污水处理厂的运行效果？

第6章　水处理技术研究型试验

6.1　SBR法深度脱氮工艺及其过程控制

6.1.1　概述

SBR法具有工艺简单、均化水质，费用低、运行管理灵活、耐冲击负荷、占地面积少和不易发生污泥膨胀等优点，但其最大的缺点是操作复杂、难以管理，因此，只有实现SBR法的智能控制才能充分发挥该工艺的优点。目前国内已经应用的SBR工艺都是采用传统的时间程序控制，根据SBR法的5个运行阶段即进水、反应、沉淀、排放、闲置所需时间进行预先设定后实施的自动控制。但是工业废水的水质水量随时间变化很大，有时有机物浓度相差几倍甚至十几倍，如果按某一相同的反应时间控制SBR法运行，当进水浓度高时，出水水质不合格，当进水浓度低时，反应时间过长，既浪费了能耗又易于发生污泥膨胀。这种传统控制方法的缺点在于不能根据废水水质实际变化情况及时调整某些运行参数，从而难于实现自适应的自动控制。当SBR工艺过程实现智能控制以后，就可根据进水污染物浓度灵活地改变与调节反应时间。通过ORP、DO浓度和pH值等的实时变化，准确地把握硝化、反硝化和除磷等生化反应过程进行的程度，及时地采取相应措施，并使控制系统具有初步的自适应、自组织与自学习功能。由此可大大提高SBR工艺过程的计算机自动控制水平，这对于确保出水水质达标，节能降耗具有重要意义。

通过本试验深入理解污水生物脱氮原理；SBR工艺的特征及过程控制的基本原理；过程控制对实现短程脱氮的意义；掌握脉冲式SBR法深度脱氮工艺运行操作过程；理解并掌握脉冲式SBR法的过程控制原理及控制方式。

6.1.2　试验基础理论

1. 污水生物脱氮

污水生物处理中氮的转化包括同化、氨化、硝化和反硝化作用。

（1）同化作用

污水生物处理过程中，一部分氮（氨氮或有机氮）被同化成微生物细胞的组分。按细胞干重计算，微生物细胞中氮的含量约为12.5%。微生物的内源呼吸和溶菌作用会使一部分细胞中的氮又以有机氮和氨氮的形式回到污水中，存在于微生物细胞及内源呼吸残留物中的氮可以在二次沉淀池中以剩余活性污泥的形式得以去除。

（2）氨化作用

有机氮化合物在氨化菌的作用下，分解、转化为氨氮，这一过程称为“氨化反应”。氨化菌为异养菌，一般氨化过程与微生物去除有机物同时进行，有机物去除结束时，已经完成氨化过程。

(3) 硝化作用

硝化作用实际上是由种类非常有限的自养微生物完成的，该过程分2步：氨氮首先由氨氧化菌(Ammonia Oxidizing Bacteria 简称 AOB)，也称亚硝化菌氧化为亚硝酸氮，继而亚硝酸氮再由亚硝酸盐氧化菌(Nitrite Oxidizing Bacteria 简称 NOB)氧化为硝酸氮。这两种细菌统称为硝化细菌。

氨氮的细菌氧化过程如式(6-1)、式(6-2)和式(6-3)所示。

$$NH_4^+ + 1.5O_2 \longrightarrow NO_2^- + H_2O + 2H^+ \tag{6-1}$$

亚硝酸氮的细菌氧化过程为：

$$NO_2^- + 0.5O_2 \longrightarrow NO_3^- \tag{6-2}$$

总反应为：

$$NH_4^+ + 2O_2 \longrightarrow NO_3^- + H_2O + 2H^+ \tag{6-3}$$

硝化菌多为化能自养型、革兰氏染色阴性、不生芽孢的短杆状细菌和球菌，广泛存在于土壤中，这类细菌以 CO_2 为碳源，从无机物的氧化中获得能量。硝化细菌的主要特征是生长速率低，这主要是由于氨氮和亚硝酸氮氧化过程产能低所致。硝化细菌生长缓慢是生物硝化处理系统的主要问题。

(4) 反硝化作用

反硝化作用是由一群异养型微生物完成的生物化学过程。在缺氧(不存在分子态游离溶解氧)条件下，将亚硝酸氮和硝酸氮还原成气态氮(N_2)或 N_2O、NO。参与这一生化反应的是反硝化细菌，这类细菌属兼性菌，在自然界中几乎无处不在。污水处理系统中的反硝化细菌有变形杆菌、假单胞杆菌、小球菌等等。这类细菌在有分子氧存在的条件下，利用分子氧进行好氧呼吸，氧化分解有机物。在无分子氧，但存在硝酸氮和亚硝酸氮时，将硝酸根和亚硝酸根作为电子受体。生物反硝化可以用式(6-4)、式(6-5)反应方程式表示：

$$NO_2^- + 3H(\text{电子供体-有机物}) \longrightarrow 0.5N_2\uparrow + H_2O + OH^- \tag{6-4}$$

$$NO_3^- + 5H(\text{电子供体-有机物}) \longrightarrow 0.5N_2\uparrow + 2H_2O + OH^- \tag{6-5}$$

污水生物脱氮最主要的过程是硝化、反硝化作用。

2. 短程硝化反硝化脱氮

短程硝化-反硝化生物脱氮(shortcut nitrification-denitrification)，也称为不完全生物脱氮。如图6-1所示，该工艺将硝化过程控制在 NO_2^- 而终止，随后进行反硝化脱氮。因为

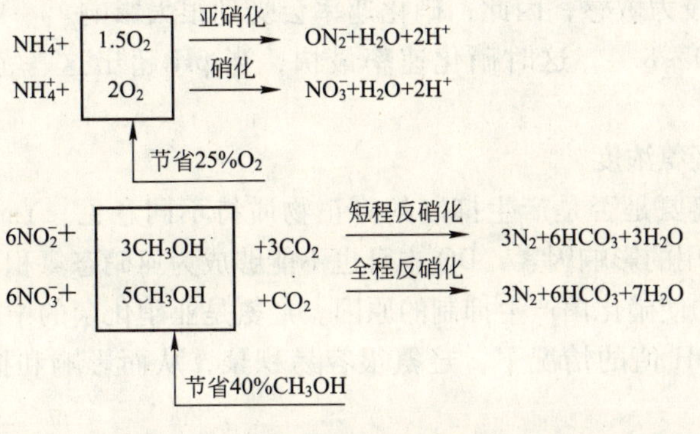

NH_4^++ $1.5O_2$ 亚硝化 → $ON_2^-+H_2O+2H^+$

NH_4^++ $2O_2$ 硝化 → $NO_3^-+H_2O+2H^+$

节省25%O_2

$6NO_2^-$+ $3CH_3OH$ +$3CO_2$ 短程反硝化 → $3N_2+6HCO_3+3H_2O$

$6NO_3^-$+ $5CH_3OH$ +CO_2 全程反硝化 → $3N_2+6HCO_3+7H_2O$

节省40%CH_3OH

图6-1 短程硝化与全程硝化的对比

这种工艺可以避免在硝化过程中亚硝酸盐氧化成硝酸盐及在反硝化过程中硝酸盐再还原成亚硝酸盐这两个步骤，从而节省了25%的氧气和40%的有机碳。除此之外，该工艺还具有减少污泥生成量、反应器容积小及占地面积小等优点，因此受到国内外污水处理专家的重视，并成为污水生物脱氮领域研究的热点。

实现短程脱氮的主要环节是实现短程硝化，即在硝化阶段实现亚硝酸盐的积累。但是，由于影响亚硝酸盐积累的因素众多，如果控制不好，NO_2^- 极易被氧化成 NO_3^-。因此，研究有效的控制途径和因素，实现并维持稳定的 NO_2^- 积累，是当前短程研究开发的重要目标。短程硝化反硝化的控制主要通过以下因素来实现：

（1）控制温度

硝化反应在4～45℃内均可进行，适宜温度为20～35℃，一般低于15℃硝化速率明显降低。低温对硝化产物及两类硝化菌活性影响也不同，12～14℃下活性污泥中硝酸菌活性受到抑制，出现亚硝酸盐积累。15～30℃时硝化过程形成的亚硝酸盐可完全被氧化成硝酸盐，没有亚硝酸积累。而温度继续升高，当30℃时，又会出现亚硝酸盐积累。荷兰 Delft 技术大学于1997年开发的SHARON工艺就是通过控制温度和污泥停留时间来实现短程硝化反硝化的生物脱氮工艺。

（2）控制溶解氧(DO)浓度

溶解氧是影响硝化过程的重要因素之一，不少研究结果表明低DO浓度下容易发生亚硝酸盐积累。亚硝酸菌的氧饱和常数一般为0.2～0.4mg/L，而硝酸菌的氧饱和常数为1.2～1.5mg/L。因此，低DO下亚硝酸盐大量积累的主要原因是由于亚硝酸菌对溶解氧的亲和力要比硝酸菌强，使低DO下亚硝酸菌增殖速率加快，补偿了由于低溶解氧造成的代谢活性下降，使硝化过程中氨氮的氧化没有受到明显影响。比利时 Gent 微生物生态实验室研究开发的OLAND(Oxygen Limited Autotrophic Nitrification Denitrification)工艺的技术关键就是控制溶解氧DO浓度，使硝化过程仅进行到氨氮氧化为亚硝酸盐阶段。

（3）控制pH值和游离氨(FA, free ammonia)浓度

pH值是影响硝化作用的重要环境因素之一，当pH值在中性或微碱性时，硝化过程迅速进行。在酸性条件下，当 $pH<6.0$ 时，硝化作用速率减慢，$pH<5.0$ 时，硝化作用速率接近于0。若在微碱性环境中继续升高pH，虽然 NH_4^+ 转化为 NO_2^- 和 NO_3^- 的过程仍然非常迅速，但从 NH_4^+ 和 NH_3 互相转化的平衡关系中知道，NH_3 浓度会迅速增加，又因为硝化菌对氨极为敏感，因此，硝化速率会受到很大影响。一般认为，亚硝化菌的最佳pH范围为8.0～8.4，这时硝化速率最快，当pH超出这一范围时，硝化速率将降低。

（4）控制游离羟氨浓度

有研究者对游离氨是否是产生抑制的真正物质持不同意见。Yang 和 Alleman 得出结论，FA不是这种作用的影响因素，DO本身也不能够成为亚硝态氮积聚的主导因素。他们发现羟氨才是真正的使硝化菌产生抑制的原因。羟氨是亚硝化菌的中间反应产物，在高游离氨、缺少氧和高pH值的情况下，羟氨很容易积聚，从而影响和抑制了硝化菌的生化机能。

（5）控制有毒物质及抑制剂

短程硝化反硝化的实现也可以通过化学物质的抑制。产生抑制作用的物质大致有3种：无机氮化合物、毒性物质和消毒剂。无机氮化合物，如前文提及的游离氨和羟氨。有毒物质主要指重金属类物质和氢化物等。水处理中的消毒剂大都为氧化剂，利用氧化作用破坏生物分子中的酶，达到杀死细菌的目的。在适量的消毒剂作用下，就会对较敏感的细菌产生选择性抑制作用。

3. SBR工艺过程控制的基本思想

对SBR工艺进行控制的主要目标就是在保证出水水质的前提下，尽可能地节省运行费用，选择能够在线检测、响应时间短、精度较高的氧化还原电位(ORP)、溶解氧(DO)浓度和pH等作为该工艺处理过程的被控制变量。这些变量与SBR工艺去除有机物及脱氮过程存在良好的相关性，图6-2和图6-3分别给出了DO、ORP和pH在SBR法去除有机物和脱氮过程的典型变化规律。

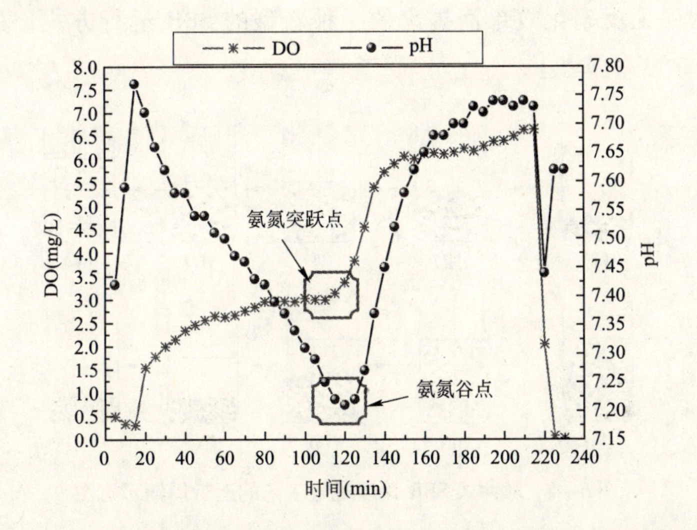

图6-2　SBR法去除有机物及硝化过程中典型的DO、pH变化规律

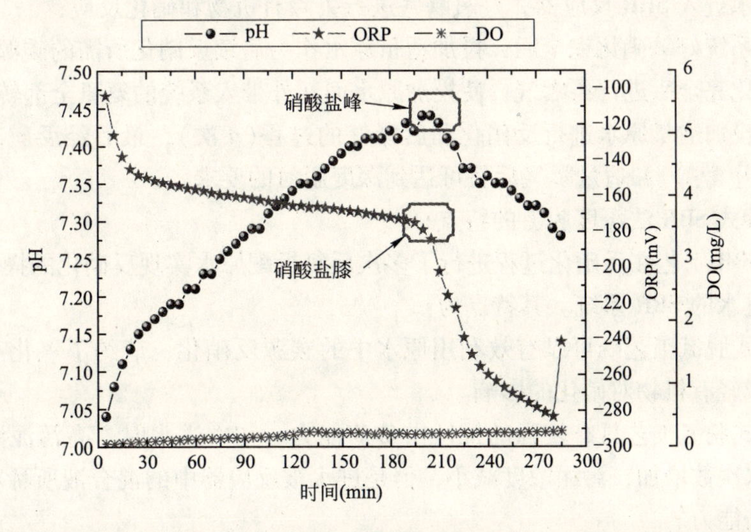

图6-3　SBR法反硝化过程中典型的ORP、pH变化规律

如图6-2所示在SBR法去除有机物过程中，当有机物降解结束时，DO会出现一个小的跃升，DO并没有上升至很高的水平，随后进入硝化阶段。在SBR法硝化过程中，硝化结束时在DO曲线上会出现“氨氮突跃点”(ammonia break point)，而在pH曲线上会出现“氨氮谷点”(ammonia valley)。如图6-3所示在SBR法反硝化过程中，反硝化结束时在ORP曲线上会出现“硝酸盐膝”(nitrate knee)，而在pH曲线上会出现“硝酸盐峰”(nitrate apex)。

通过对SBR法反应过程中DO、ORP和pH变化规律的分析可知，通过监测DO、ORP和pH的特征点可以实现去除有机物、硝化和反硝化的过程控制。

4. 脉冲式SBR法深度脱氮工艺

(1) 脉冲式SBR法深度脱氮工艺运行操作原理

脉冲式SBR法深度脱氮工艺是针对传统前置反硝化连续流脱氮工艺虽然能获得较高的硝化率，却无法保证反硝化效果而提出的一种新型的SBR运行方式，其运行周期如图6-4所示。

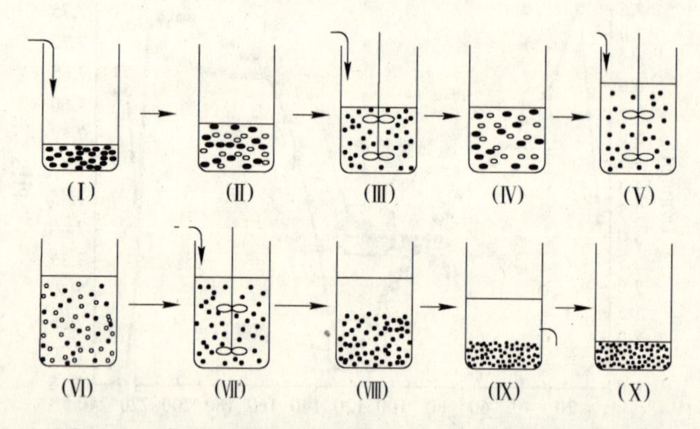

图6-4　脉冲式SBR深度脱氮工艺的运行周期示意图

具体操作过程为：

1) 原污水进入SBR反应器，好氧曝气进行去除有机物和硝化反应；

2) SBR系统好氧硝化完全后，投加适量原水作为后续反硝化所需的碳源；

3) 反硝化完全后进行再曝气，使投加原水而额外带入系统的氨氮全部转化为硝态氮；

4) 重复投加适量原水进行反硝化和后曝气的过程(n次)，最后经反应末端投加适量的外碳源(如甲醇等)和适量曝气后就可达到深度脱氮的要求。

(2) 脉冲式SBR法深度脱氮的特点

脉冲式SBR工艺在反硝化过程进行了多次反复投配原水实现反硝化的操作步骤，实质是一种分段进水的SBR系统。其特点为：

1) 脉冲式脱氮工艺既可以有效利用原水中的碳源反硝化，节约了氧化有机物所需的氧气，又能减轻有机物对硝化的影响。

2) 脉冲式脱氮工艺具有较强的抗冲击负荷能力。初次进水时，高污泥浓度抗冲击负荷，随着进水次数增加，污泥浓度减小，但是进水被反应器中的混合液所稀释，同样具有较强的抗冲击能力。

3) 脉冲式脱氮工艺由于是在SBR工艺基础上进行的运行方式改进，所以具有SBR工艺的所有优点，最突出的特点是脱氮效果好，反硝化结束时硝态氮小于0.5mg/L，TN小于1mg/L，这是连续流工艺无法实现的。

4）脉冲式脱氮工艺高脱氮效率的同时还具有经济可行性，随着加原水反硝化次数的增加，所需投加外碳源反硝化的费用减小，与其他工艺的处理成本相比具有很大的优势。

6.1.3 试验材料与方法

1. 试验装置

如图6-5所示，试验装置的主体为有机玻璃制成的SBR反应器。上部为圆柱形，底部呈圆锥体，高500mm，直径20cm，总有效容积14L。在反应器侧壁上的垂直方向设置一排间距10cm的取样口，用以取样和排水。底部设有排泥管。以黏砂块作为微孔曝气器，采用鼓风曝气，转子流量计调节曝气量。反应器由温度控制仪控制反应器内温度，温度传感器在线监测反应器内水温的变化。用Multi 340i型便携式多功能pH、DO测定仪在线测定反应过程中的pH值和溶解氧。SBR工艺运行过程中采用限制性曝气，瞬时进水，曝气(去除有机物和硝化反应)和缺氧搅拌(反硝化)的时间根据在线检测pH、DO值的变化来确定。

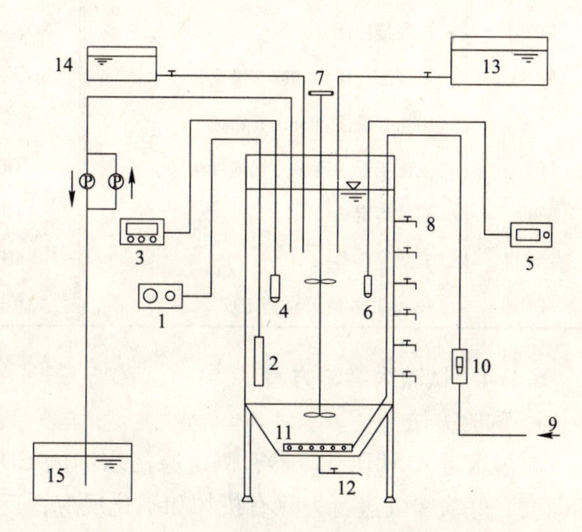

图6-5 SBR试验系统与控制示意图

1—温度控制仪；2—温度传感器；3—pH测定仪；4—pH传感器；5—DO测定仪；6—DO、ORP传感器；7—搅拌器；8—取样口；9—压缩空气；10—转子流量计；11—曝气器；12—排泥管；13—废水储存箱；14—药液存放罐；15—污泥储存箱

2. 主要设备和仪器

主要设备和仪器见表6-1。

主要仪器和设备表 表6-1

仪器和设备名称	型　号	仪器和设备名称	型　号
电磁式空气压缩机	ACO-380	溶解氧仪	WTW Multi 340i
温度控制仪	WMZK-01	pH计	WTW Multi 340i
气体流量计	LZB	悬浮物/界面分析仪	711型(便携式)
电动搅拌器	JJ-1	COD快速测定仪	5B-3型
稳压器	QTY	分光光度计	UNICO WFJ2100
电热恒温干燥箱	HH-S11-600	蠕动泵	BT-300M　BT-100M
精密天平	METTLER TOLEDO	生化恒温培养箱	LRH-250A
TOC测定仪	德国耶拿multi N/C 3100	离子色谱	瑞士万通761
马弗炉	SXZ-4-10	生物显微镜	OLYMPUS BX52
压力蒸汽灭菌锅	YXQ-280SOD	电导仪	WTW Multi 340i

3. 分析项目及检测方法

分析项目及方法见表6-2。

分析项目和方法 表6-2

分析项目	分析方法	分析项目	分析方法
COD	重铬酸钾法	NH_4^+-N	纳氏试剂分光光度法
BOD_5	稀释接种法	NO_3^--N	麝香草酚分光光度法；离子色谱
MLSS	重量法：104℃烘6h恒重	NO_2^--N	N-(1-奈基)-乙二胺光度法；离子色谱法
SV%	100mL量筒30min沉降法	TN	过硫酸钾—紫外分光光度法
PO_4^{3-}	氯化亚锡-还原分光光度法	TOC	TOC测定仪
碱度	酸碱滴定法	TP	氯化亚锡—还原分光光度法
生物相	显微镜观察法	pH	Multi 340i型精密酸度计
DO	Multi 340i溶解氧测定仪	ORP	HANNA pH211型精密酸度计

6.1.4 试验内容与方案

1. 试验方法

原污水进入SBR反应器，测定原污水中的COD、NH_4^+-N、NO_2^--N、NO_3^--N、TN和碱度，好氧曝气进行去除有机物和硝化反应，反应过程中根据DO、pH值的变化点来指示硝化反应的终点。硝化结束后取样测定COD、NH_4^+-N、NO_2^--N、NO_3^--N、TN和碱度，来观察反应过程中COD、NH_4^+-N的去除情况，根据NO_2^--N、NO_3^--N的值评估硝化效果，并通过以上数据验证控制规律及控制策略的准确性。SBR系统好氧硝化完全后，投加适量原水作为后续反硝化所需的碳源，并根据pH的变化点来指示反硝化过程的终点。取样测定COD、NH_4^+-N、NO_2^--N、NO_3^--N、TN和碱度，同硝化阶段的分析，由以上数据可观察系统的反硝化效果、反硝化过程控制规律及控制策略的准确性。反硝化完全后进行再曝气，使投加原水而额外带入系统的氨氮全部转化为硝态氮。重复进行投加适量原水进行反硝化和后曝气的过程(n次)，最后经反应末端投加适量的外碳源(如甲醇等)和适量曝气后就可实现深度脱氮的要求。重复的试验过程中仍需逐时取样测定COD、NH_4^+-N、NO_2^--N、NO_3^--N、MLSS和碱度等指标。

2. 试验步骤

(1) 进水：首先打开进水阀门，启动进水泵将待处理的废水注入SBR反应器，可以采用液位计控制水位，当达到指定液位时，液位计将信号传送至模糊控制系统，停止进水泵。在混合液中取样测定COD、NH_4^+-N、NO_2^--N、NO_3^--N、TN和碱度。也可以通过模糊控制系统设定进水时间，满足时间条件后关闭进水泵和进水阀门，进入第(2)道工序。

(2) 曝气：打开进气阀门，启动鼓风机，调节至适量的曝气量对反应系统进行曝气。由鼓风机提供的压缩空气由进气管进入曝气器，以微小气泡的形式向活性污泥混合液高效供氧，并且使污水和活性污泥充分接触。整个过程由模糊控制系统实施控制，主要根据反应池内所安置的DO、ORP和pH传感器在反应过程中所表现出的特征点来间接获取反应进程的信息，再通过数据采集卡实时将所获得的数据信息传输到计算机进行处理，最终达到对曝气时间的控制。当模糊控制器得到表征硝化完成的信号后，关闭鼓风机及进气阀，停止曝气。然后系统进入第(3)道工序。

从曝气开始至曝气结束每个小时取样测定COD、NH_4^+-N、NO_2^--N、NO_3^--N、TN和碱度。

(3) 加原污水搅拌：根据工序(2)获得的数据由模糊控制器预测反应体系内的硝态氮产生量，计算第二次加入污水的量，从而得到第二次的进水时间或液位。在模糊控制系统的调节下打开进水泵和进水阀门，同时边进水边开启潜水搅拌器，当达到预定水量后关闭进水阀门和进水泵。系统在搅拌过程中进入缺氧反硝化脱氮，反硝化进程由ORP、pH在线传感器监控，并通过数据采集卡实时将所获得的数据信息传输到计算机进行处理，最终达到对搅拌时间的控制。当模糊控制器得到表征反硝化完成的信号后，关闭搅拌器，系统进入第(4)道工序。

从搅拌开始至搅拌结束取样测定COD、NH_4^+-N、NO_2^--N、NO_3^--N、TN和碱度。

(4) 再曝气：启动鼓风机，开启进气阀，对反应系统进行曝气，使工序(3)中由加入原污水而带入系统的氨氮转化为硝态氮。与工序(2)相同，曝气时间由模糊控制系统控制，操作步骤同工序(2)，硝化完成后进入第(5)道工序。

从曝气开始至曝气结束每个小时取样测定COD、NH_4^+-N、NO_2^--N、NO_3^--N、TN和碱度。

(5) 重复加原污水反硝化及后曝气：重复投加适量原污水进行反硝化和后曝气的过程，重复的次数根据原污水水质及出水要求预先设定好，一般为2~3次，操作步骤同(3)、(4)。

(6) 投加外碳源反硝化：根据模糊控制系统所预测的最终硝态氮产生量，计算得出外加碳源的投量，开启碳源投加计量泵。投加的碳源刚好满足反硝化要求，投加碳源的同时开启潜水搅拌器。反硝化进程由ORP、pH在线传感器监控，与前面步骤类似，反硝化结束后，关闭搅拌器，进入第(7)道工序。

(7) 沉淀：当搅拌工序结束时，如图6-4所示，静止沉淀阶段开始(第(7)道工序)，由模糊控制系统中的时间控制器根据预先设定的时间控制沉淀时间。此时进水阀门、进气阀门、排水阀门和排泥阀门均关闭。

(8) 排水：沉淀工序结束后，排水工序启动(第(8)道工序)。在模糊控制系统调节下，无动力式滗水器开始工作，将处理后水经出水管排到反应器外，排水时间由无动力式滗水器控制。

(9) 闲置：排水结束到下一个周期开始定义为闲置期(第(9)道工序)。根据需要，设定闲置时间，在模糊控制系统调节下，整个反应系统内的所有阀门、继电器和计量泵均关闭，反应池既不进水也不排水，处于待机状态。

(10) 该工艺由模糊控制系统控制顺次重复进水、曝气、搅拌、沉淀、排水和闲置6个工序，使整个系统始终处于好氧、缺氧、厌氧交替的状态，间歇进水和出水，并在每个周期结束时经由排泥管和排泥阀定期排放剩余的活性污泥。

6.1.5 试验结果与分析

1. 试验记录

(1) 填写试验记录表6-3。

试验记录表 **表6-3**

曝气量＝__ m^3/h；温度＝ ℃；SV＝ %

体积(L)	状态	时间(min)	COD(mg/L)	NH_4^+-N(mg/L)	NO_2^--N(mg/L)	NO_3^--N(mg/L)	TN(mg/L)	碱度	MLSS(mg/L)
	原水								
	好氧阶段Ⅰ								
		氨氮去除率(%)							
	缺氧阶段Ⅰ								
		NO_X^--N去除率(%)							
	好氧阶段Ⅱ								
		氨氮去除率(%)							
	缺氧阶段Ⅱ								
		NO_X^--N去除率(%)							
	好氧阶段Ⅲ								
		氨氮去除率(%)							
	缺氧阶段Ⅲ								
总氮去除率(%)									

（2）将在线传感器仪表中储存的数据导出，绘制该参数随时间变化的曲线，观察特征点出现的位置。在线参数变化曲线图例如图6-6。

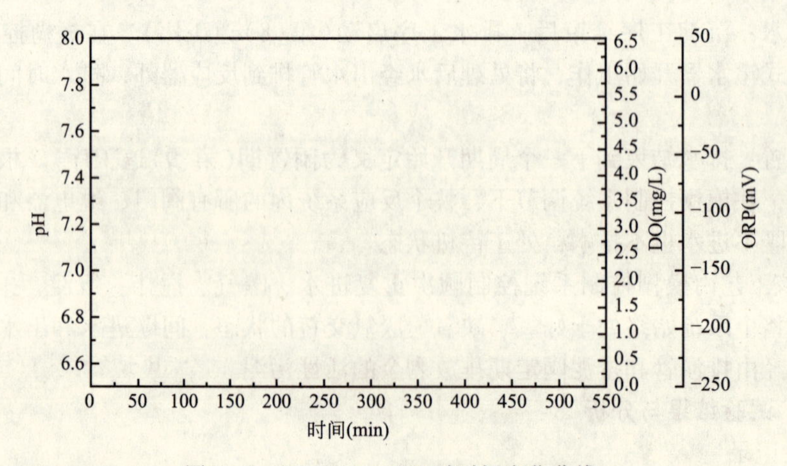

图6-6 DO，pH，ORP随时间变化曲线

(3) 整理试验过程中监测的污染物浓度的数据，绘制污染物随时间变化的曲线。污染物随时间变化曲线图例如图6-7所示。

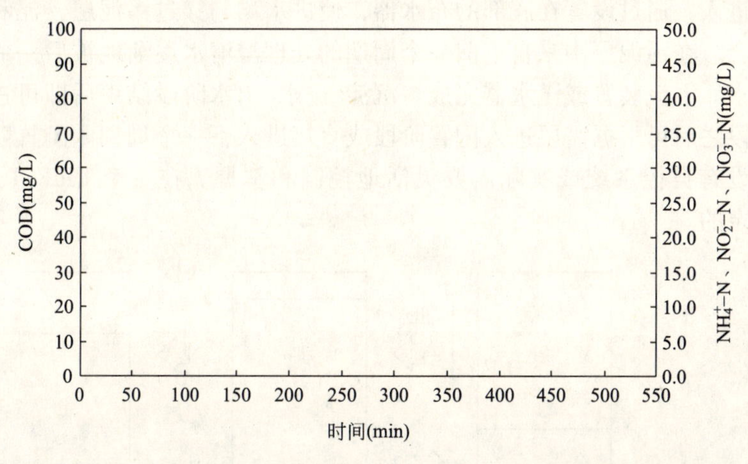

图6-7 COD，NH_4^+-N、NO_2^--N、NO_3^--N随时间变化曲线

2. 找出在线参数与污染物浓度变化规律之间的对应关系。

3. 比较每一阶段硝化和反硝化的时间，分析每一阶段的硝化速率和反硝化速率的影响因素。

4. 如何确定每次进水的体积和进水的次数，怎样分配进水量和进水体积才是最经济合理的?

5. 如何确定最后一次外加碳源的投量，在保证出水水质的基础上，采用什么办法能使外加碳源的投量最少?

6. 分析采用基于DO，ORP，pH参数变化的控制策略对实现短程硝化的影响。

6.2 UniFed SBR生物除磷脱氮工艺

6.2.1 概述

UniFed SBR工艺是源于澳大利亚的一项专利技术，是不同于传统活性污泥法和间歇式活性污泥法的一种新型污水处理工艺。

该方法的工作要点是：在单一的SBR池中，废水由反应器底部直接引入，与此同时进行沉淀和排水两个阶段，废水通过反应器底部的布水管均匀地进入沉淀污泥层；进水/排水/沉淀阶段可在同一个时间内完成，使得反应器底部按时间顺序依次形成了良好的缺氧和厌氧环境，既能有效地进行反硝化脱氮，又能进行厌氧释磷。在单一的SBR池中的每个周期，可以取得生物脱氮除磷工艺所需的特定条件。该工艺已被命名为UniFed SBR工艺，并已申请了国际专利(国际专利号为：5525231)。UniFed SBR工艺是一种不需要池的物理分区或污泥回流(循环)，通过新颖的进水系统设计和革新的SBR运行策略，仅在单一的SBR池中就能实现很高的脱氮和除磷效率的新工艺。

6.2.2 试验基础理论

1. UniFed SBR工艺原理及特点

UniFed SBR 工艺的具体运行过程(见图 6-8)为：在前一周期曝气阶段结束后，开始污泥沉淀阶段时，可同时开始下一周期的进水和排水过程。废水进入反应器的方式是从反应器底部缓慢进入，通过设置在底部的布水器，使进水均匀穿过污泥层，泥和水不产生任何大的机械混合。在污泥层中来自于前一个周期的处理澄清水逐渐地被后一周期进入的废水所代替，出水靠溢流装置或滗水器完成。沉淀/进水/出水阶段结束后即可进入好氧曝气阶段。曝气阶段之后可根据需要进入闲置阶段或直接进入下一个周期。闲置阶段的有无可根据系统是否设有自控系统或实际需要灵活地控制和掌握。在一个 UniFed 运行周期中，水位始终是恒定的。

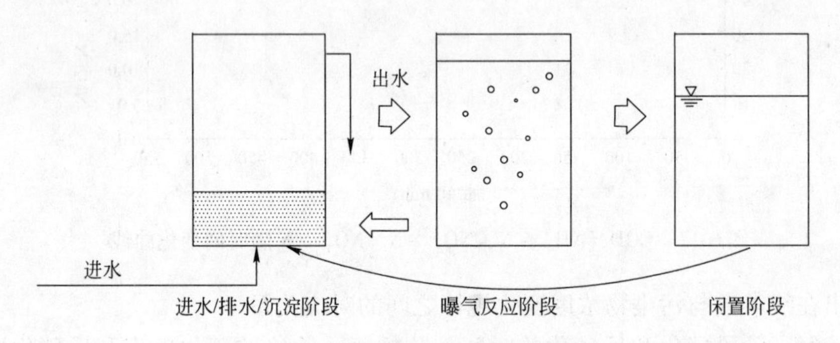

图 6-8 UniFed SBR 工艺流程示意图

与传统 SBR 工艺不同，UniFed SBR 工艺在其进水方式和运行方式上具有其独一无二的特点，并使其在生物除磷脱氮方面也不同于普通 SBR 工艺，其工艺特点具体如下：

(1) 一个典型的 UniFed SBR 周期包括 3 个阶段：进水/排水/沉淀阶段、曝气反应阶段、闲置阶段。

(2) 在污泥沉淀和浓缩阶段将进水由池底引入，均匀缓慢地布水至沉淀污泥层，进水时间较长，一般为 1 ~2h。

(3) 采用进水顶出水的排水方式，在反应器顶部设置锯齿型溢流堰排水。

(4) 由于进水/排水/沉淀 3 个过程同时进行，节约了工作时间，使整个周期缩短。

(5) 进水/排水/沉淀阶段结束后，进入曝气反应阶段；曝气结束后可进入闲置阶段或开始下一周期。

(6) 反应器始终处于恒水位状态，大大提高了反应器容积利用率。

2. 污水生物脱氮除磷原理

污水生物脱氮原理见 6. 1. 2。

污水生物除磷技术来源于微生物超量吸磷现象的发现。在厌氧环境中(无分子氧和硝态氮)，兼性菌通过发酵作用将溶解性 BOD 转化为乙酸盐等低分子挥发性有机物(VFAs)，聚磷菌(PAOs)吸收了这些来自原污水的 VFAs 并将其运送到细胞内，同化成胞内碳能源储存物 PHB/PHV，所需能量来源于聚磷的水解及细胞内糖的酵解，并导致磷酸盐的释放，此过程称为“厌氧释磷”。进入好氧状态后，这些聚磷菌(PAOs)的活力得到恢复，并以聚磷的形式捕集超过生长需要的磷量。通过 PHB/PHV 的氧化分解产生能量用于磷的吸收和聚磷的合成，能量以聚磷酸高能键的形式存储。磷酸盐从液相中去除，产生的富磷污泥通过剩余污泥排放，使磷从系统中去除，此过程称为“好氧吸磷”。只有通过创造厌氧和好氧环境，才能将污水中的磷有效的去除。生物除磷代谢模型如图 6-9 所示。

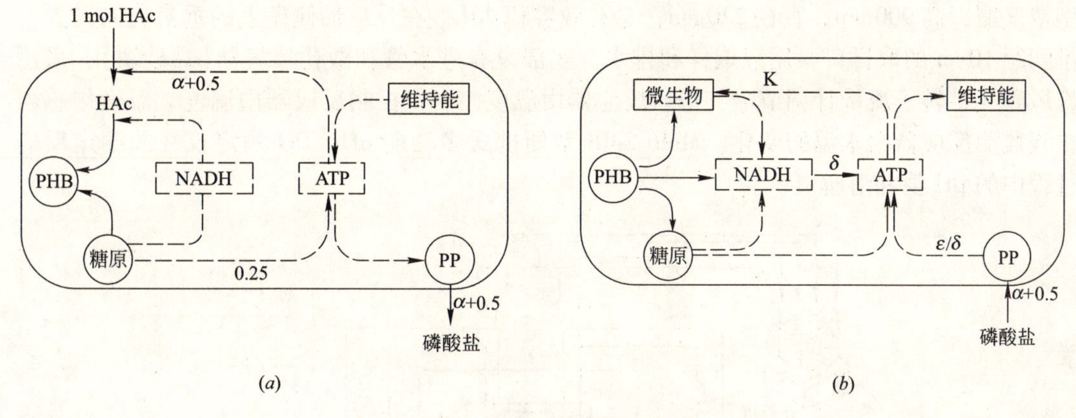

图6-9 除磷微生物代谢模型

(a)厌氧条件；(b)好氧条件

3. UniFed SBR 工艺在除磷脱氮方面的特点

(1) 在进水/排水/沉淀阶段，由于不曝气，池中形成缺氧环境，前一周期在污泥层中的硝酸盐/亚硝酸盐(NO_x^-)利用后一周期不断流入进水中的COD迅速发生反硝化，或者利用被污泥絮体捕获的、缓慢降解的COD进行反硝化。

(2) 池子底部污泥层中的NO_x^-经反硝化后，池底可形成严格厌氧环境，厌氧放磷对成功的生物除磷是至关重要的，进水中的溶解性COD是厌氧放磷阶段所需COD的主要来源。池中来自前一周期的大部分水在上清液中，上清液中虽然含有对除磷工艺有害的NO_x^-，但由于不与污泥接触，所以不会影响池底已形成的厌氧环境。

(3) 在进水/排水/沉淀阶段，先后发生了缺氧反硝化作用和厌氧放磷，这两个过程均要消耗进水中的易降解COD。在后续曝气阶段，COD得到进一步降解，还发生了硝化作用和好氧吸磷。

(4) 由于反应池中的大部分生物体(活性污泥)浓缩于池子的底部，同时进水也从底部进入池中，因此所有的进水及其所含的COD都能与生物体密切接触。在每一个循环中，进水被稀释得很少，使大部分生物体与高浓度COD相接触，由此使底部成为很强的“选择区”或“接触区”，这还往往导致污泥沉降性能的改善，并能有效和彻底地完成SBR的运行全过程。

(5) 在反应池底部产生了高的F/M值，可使絮凝性细菌对有机物快速生物吸附。缓慢生物降解的颗粒COD在厌氧条件下通过厌氧发酵产生更多的易生物降解COD，易生物降解COD的存在对聚磷菌内碳源的积累是有利的，这些积存下来的内碳源被用于在曝气阶段磷酸盐的过量吸收，因此促进磷的去除。

(6) 进水/出水/沉淀阶段同时进行，使得SBR的循环运行更加高效，这是因为一些重要的生化反应都在同一时间内完成，因此也节约了沉淀和出水阶段的“非生产”时间。

由于上述特点，UniFed SBR 工艺不仅反应器结构简单，无需物理分区及回流，基建费用低，而且可以达到污水的深度除磷脱氮目的，是具有应用前景的污水生物处理工艺。

6.2.3 试验材料与方法

1. 试验装置

如图6-10所示，试验装置的主体为有机玻璃制成的立方体SBR反应器。上部为锯齿型空气堰，高900mm，直径220mm，总有效容积40L。在反应器侧壁上的垂直方向设置一排间距10cm的取样口，用以取样和排水。底部设有进水管和微孔曝气器(黏砂块)，采用鼓风曝气，转子流量计调节曝气量。反应器由温度控制仪控制反应器内温度，温度传感器在线监测反应器内水温的变化。Multi 340i型便携式多功能pH、DO测定仪在线测定反应过程中的pH值和溶解氧。

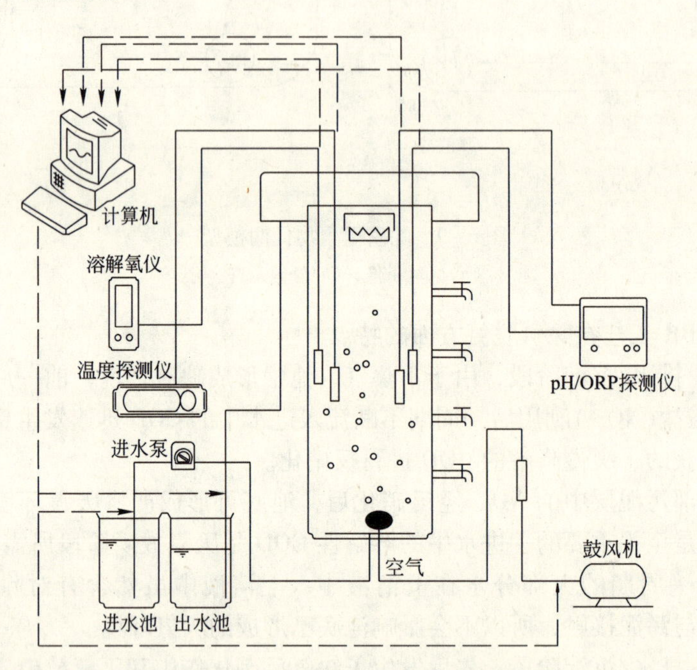

图6-10 UniFed SBR工艺试验装置

2. 分析项目及检测方法

分析项目及方法见表6-2。

6.2.4 试验内容与方案

1. 试验方法

取原污水，测定COD、NH_4^+、NO_2^-、NO_3^-、PO_4^{3-}及碱度，考察进水水质。原污水由反应器的底部进入污泥层，穿过污泥层并将反应器上清液通过空气堰顶出，在此过程中污泥层、污水和上清液形成明显分层，进水维持2h。进入曝气反应阶段，调节气体流量计至合适的曝气量，从曝气开始至反应结束，每隔20min从反应器侧面取样口取样，同样测定COD、NH_4^+、NO_2^-、NO_3^-、PO_4^{3-}指标，观察并分析这些数据的变化趋势。在这个过程中，利用DO、pH和ORP在线测定仪检测水中3种参数的变化，可根据三条曲线的变化点来判断反应的终点。

2. 试验步骤

(1) 进水/排水/沉淀：开启进水蠕动泵，将原水缓缓由反应器底部打入，调节适宜的进水流速，防止扰动污泥层以致影响出水水质，根据设定的排水比来控制进水时间。进水结束关闭蠕动泵，或者通过自动控制系统设定进水时间，使其自动打开蠕动泵和关闭排水阀，此过程取原水样，待测。

(2) 曝气：开启气体流量计，并调节至适宜曝气量，控制其在一定的范围至反应结束。从曝气开始至反应结束，每隔 20min 从反应器侧面的取样口取样。此过程发生 COD 的降解、好氧硝化及吸磷反应，曝气终点可由 DO、pH 和 ORP 曲线的变化点判断，关闭进气阀，停止曝气。

（3）闲置：此步骤可以根据试验条件设定时间，在此过程中整个反应系统中的阀门、流量计及继电器均关闭，反应器不进水也不出水，处于待机状态，也可直接进入进水阶段，使反应器连续运行。

（4）整个反应按照时间控制系统所设定的时间重复进行进水/排水/沉淀阶段、曝气反应阶段和闲置阶段，使整个系统依次形成缺氧、厌氧和好氧环境，并在反应闲置阶段进行剩余污泥的排放。

6.2.5 试验结果与讨论

1. 试验记录

（1）填写试验记录表(见表 6-4)。

试验记录表 表 6-4

	时间(min)	COD(mg/L)	NH_4-N(mg/L)	NO_2-N(mg/L)	NO_3-N(mg/L)	PO_4^{3-}(mg/L)
进水/排水/沉淀阶段						
	排水比 =					
曝气阶段						
曝气量(m^3/h) =						
	TN 去除率 = %		PO_4^{3-} 去除率 = %		释磷速率 = 吸磷速率 =	
	MLSS = g/L		SV = %		T = ℃	

（2）将在线传感器仪表中储存的数据导出，绘制出该参数随时间的变化曲线，观察曲线的变化趋势。在线参数变化曲线图参考图 6-6。

（3）整理试验过程中监测的污染物浓度的数据，绘制污染物随时间变化的曲线。污染物随时间变化曲线参考图 6-7。

2. 结果与讨论

（1）观察在线检测参数 DO、pH 和 ORP 的变化趋势，说明其和污染物浓度变化之间的对应关系；

（2）影响此工艺除磷脱氮效率的因素有哪些，举例说明；

（3）试分析普通 SBR 法与 UniFed SBR 法在除磷脱氮方面有何异同?

（4）设想如何改变现有的运行工况能够提高 UniFed SBR 法的除磷脱氮效率，说明理由。

6.3 Orbal 氧化沟工艺生物脱氮试验

6.3.1 概述

氧化沟(Oxidation Ditches，OD)作为活性污泥法的一种改型，是荷兰的 A. Pasveer 博士于 20 世纪 50 年代提出的一种污水生物处理技术。其曝气池一般为环形沟渠状，平面为椭圆或圆形，总长可达几十米，甚至百米以上，污水和活性污泥的混合液在池中循环流动，所以氧化沟又称循环曝气池。图 6-11 为基于氧化沟生物处理单元的污水处理流程。

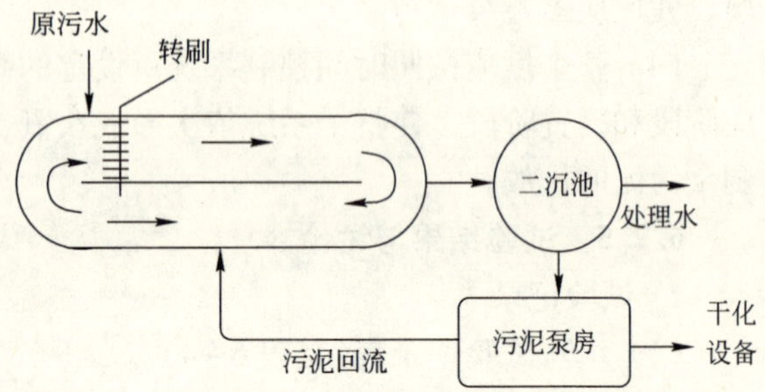

图 6-11 以氧化沟为生物处理单元的污水处理流程

作为活性污泥法处理系统的发展，氧化沟具有以下工艺特点：

(1) 由于有机性悬浮物能够在沟内达到好氧稳定的程度，所以可以考虑不设初沉池。

(2) 还可以考虑将氧化沟与二沉池合建，省去污泥回流装置。

(3) 氧化沟有机负荷低，类似于活性污泥法的延时曝气系统。它对污水水质、水量的变化具有较强的适应性；且生物固体停留时间长，适于存活、繁殖世代时间长、增殖速度慢的微生物；污泥产率低，不需要再进行消化处理。

氧化沟的系统种类较多，其系统流程各有其特点。目前国内外应用比较广泛的几种形式主要有 Carrousel 氧化沟、交替工作氧化沟、Orbal 氧化沟和一体化氧化沟等。

6.3.2 试验基础理论

1. Orbal 氧化沟

本文介绍的 Orbal 氧化沟由南非的 Huisman 提出，后由 Envirex 公司改进并加以推广。它又称同心沟型氧化沟，其池型为圆形或椭圆形三渠道氧化沟系统(如图 6-12 所示)。外、中、内三个沟道的容积占总容积的百分比分别为 50%、33%、17%。该系统中有若干个多孔曝气圆盘的水平旋转装置，用以进行传氧、混合和推流。污水从最外环的沟渠流入，依次进入下一级沟渠，最后从中心沟渠流出进入二沉池。溶解氧浓度从外沟到内沟依次增高，形成了较大的溶解氧浓度梯度。例如，溶解氧的浓度可以呈 0mg/L、1mg/L、2mg/L(外、中、内)的梯度分布。这样，既有利于充氧效果的提高，又使氧化沟具有脱氮

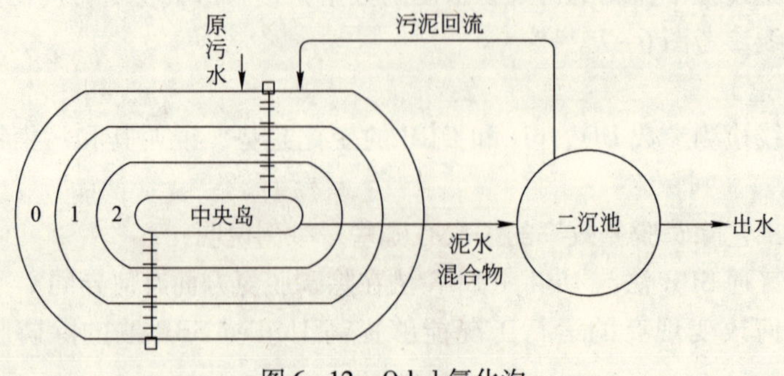

图 6-12 Orbal 氧化沟

除磷的功能。

2. Orbal 氧化沟的同步硝化反硝化现象

传统的硝化/反硝化理论是通过构造分离的缺氧/好氧区以达到脱氮目的。然而，通过试验现已证实硝化反硝化可以在一个反应器内实现，不用分区，即同步硝化反硝化(SND)脱氮。对其机理现在主要有3种解释：

(1) 宏观缺/厌氧环境。例如由于充氧装置的充氧不均和反应器的构造等原因，造成反应器内混合形态的缺/厌氧状态。

(2) 微观缺/厌氧环境。在菌胶团或生物膜内部形成缺/厌氧的环境。

(3) 生物化学作用。部分新菌种可能对SND起作用，包括起反硝化作用的自养硝化菌和起硝化作用的异养菌。传统的硝化理论认为，硝化作用是由自养型硝化菌将氨氧化为 NO_2^- 及 NO_3^- 的过程，与异养型细菌相比，硝化细菌的产率低，比增长速率低，世代周期长。在活性污泥系统中异养菌与硝化菌竞争溶解氧，使硝化菌的生长受抑制。活性污泥中的硝化菌的比例与污水的C/N有关，C/N越大，硝化菌比例越小，硝化速率越低，这样的传统理论不能圆满解释有些试验现象。故而人们推断：只有存在异养硝化菌，才能使硝化速率随进水C/N提高而增加。此外，在一些试验中发现有异养微生物能完成硝化反应。与自养型硝化菌相比，异养型硝化菌生长快，产量高，需要的DO浓度低，能忍受更酸的环境。

由于Orbal 氧化沟内混合液流态介于完全混合式与推流式之间，且各渠道内溶解氧呈梯度分布，能够形成上述的宏观和微观环境，并能进行菌种选择，故Orbal 氧化沟是比较理想的SND研究对象。

6.3.3 试验材料与方法

1. Orbal 氧化沟试验装置

如图6-13所示，Orbal 氧化沟试验装置主要包括进水水箱($0.6m \times 0.7m \times 0.8m = 0.33m^3$)，Orbal 氧化沟($0.46m^3$)，二沉池($0.1m^3$)3大部分。进水是从化粪池取用的生活污水，首先注入进水水箱，通过蠕动泵将污水从水箱中提升至Orbal 氧化沟的外沟。根据试验需要在沟内相应位置设曝气推流装置。污水在沟中经过一定的水力停留时间后，达到一定的处理效果，处理后的废水通过蠕动泵提升至二沉池，进行泥水分离，上清液经溢流堰出水。二沉池中的污泥经蠕动泵回流至氧化沟外沟，多余的污泥经排泥口排出。根据试验方案的设定，部分运行操作会有所改变。

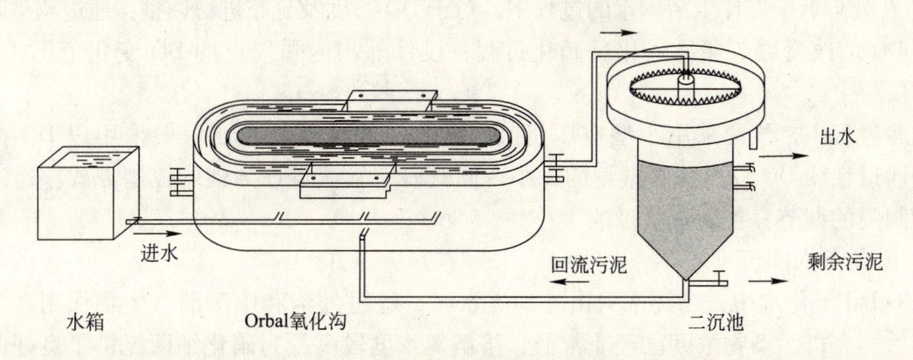

图6-13 Orbal 氧化沟试验模型

2. 分析项目及检测方法

参见表6-2。

6.3.4 试验内容与方案

1. Orbal氧化沟模型启动及稳定

反应器接种城市污水处理厂浓缩池未脱水污泥，进行3周左右的驯化培养，使之适应试验所用的水质。

维持反应器内污泥浓度为3500~5000mg/L；水力停留时间16.5h；污泥龄控制在30d；外沟，中沟和内沟的平均溶解氧浓度分别为0~0.5mg/L，0.5~1.5mg/L和1.5~2.5mg/L。连续进水，当系统出水指标相对稳定，污泥性状稳定后，认为驯化完成，开始进行分组试验。

2. Orbal氧化沟的系统性能研究

（1）总体性能

在驯化完成后，首先进行模型的整体性能研究，考察在设计条件下，系统的总体性能，包括有机物去除，硝化，反硝化以及污泥稳定性等。

（2）SND途径生物脱氮的控制参数研究

1）溶解氧对于同时硝化反硝化的影响

由于溶解氧扩散的限制，在微生物絮体内产生溶解氧(DO)梯度。微生物絮体外层溶解氧较高，以好氧菌、硝化菌为主；深入絮体内部，由于氧传递受到阻力及外部氧大量消耗，形成缺氧区，反硝化菌占优势。这样絮体由外向内(如图6-14所示)，形成好氧—缺氧的微环境，这是产生同时硝化反硝化的主要原因。而缺氧微环境的形成有赖于溶解氧浓度的高低及絮体结构。DO梯度必须控制在一定范围内才能较好地进行同时硝化反硝化。外层的好氧区DO浓度不足，则有机物氧化及硝化反应受影响，而硝化不充分，也难以进行彻底的反硝化。另一方面，好氧区DO浓度又不宜过高，以便在微生物絮体内形成缺氧微环境，同时也避免絮体吸附的有机物过度消耗，影响反硝化碳源的需要。

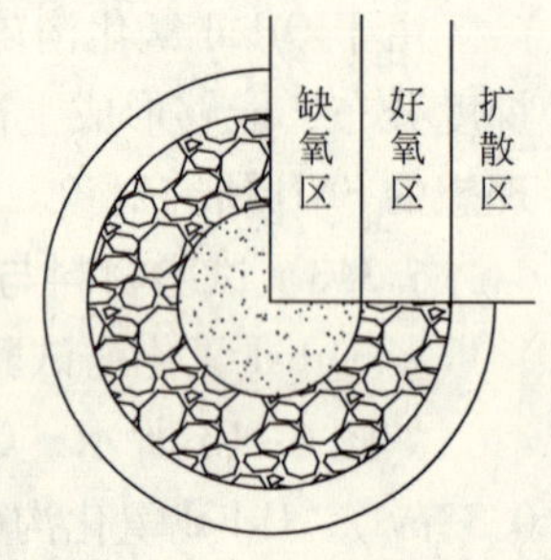

图6-14 同时硝化反硝化絮体结构示意

① 试验通过对外沟的供氧加以限制，以便允许硝化/反硝化同时在此发生，考察处理系统的脱氮性能。

② 在处理低碳氮比生活污水的过程中，对于DO浓度及分布进行调整：通过调整曝气点附近的DO值改变曝气量，强化反硝化过程；设计外沟内曝气点的DO变化范围为0.1~0.8mg/L。

试验过程中，气源采用小型空压机鼓风曝气，曝气量的控制一般采用以DO控制为主，即通过在线DO仪反映曝气量的大小，同时以空气流量计为辅的控制方式。通过空气管路的阀门的调节，控制曝气量的大小。

2）硝化液内回流

在Orbal氧化沟中，当污水只由外沟进水时，经过外沟和中沟的微生物作用，污水到达内沟后，有机污染物浓度已经非常低，溶解氧浓度较高，为硝化细菌提供了良好的生存繁殖环境。此时，在外沟和中沟没有硝化完全的氨氮基本被转化为硝态氮，水中NO_3^--N

浓度高。如果将内沟出水部分回流至外沟，在同时硝化反硝化的作用下，即可实现强化脱氮。

在完全硝化的条件下，理论上总氮的去除率与回流比之间的关系如式(6-6)所示：

$$\eta = R/(1+R) \tag{6-6}$$

回流比越小，$NO_3^- - N$ 进入二沉池的机会越大，氮的去除效率越低，并导致部分 $NO_3^- - N$ 随出水流出。在二沉池中发生反硝化将造成泥水分离困难。反之，当提高回流比时，能使脱氮效率有所提高。但同时由于回流比的提高，能耗也相应增加。故应根据出水水质确定回流比，对于城市生活污水，回流比一般取值在1~3之间。

通过蠕动泵将内沟的硝化液按一定的回流比回流至外沟，对不同回流比下的脱氮情况进行研究。

3）外加碳源和分段进水到中沟

在反硝化中，由方程式(6-7)：

$$5C_{有机物} + 4NO_3^- + 2H_2O = 2N_2 + 5CO_2 + 4OH^- \tag{6-7}$$

可以计算出反硝化过程中的理论C/N值。如果碳源以 BOD_5 计，则反硝化的理论 BOD_5/N 值为2.86，当 BOD_5/N 大于3时，基本可以满足反硝化细菌对有机碳源的要求。如果废水的 BOD_5/COD 值假定为0.45，则理论COD/N值大于6.4时，才可能满足反硝化细菌对有机碳源的要求。由于实际生活污水的C/N较低，反硝化会出现碳源不足的情况，故要投加一定的外碳源。有的工程投加甲醇补充碳源，因为甲醇对人体有害，可改用乙醇作碳源。

试验拟定研究投加乙酸盐作碳源和分段进水的脱氮效果。

① 乙酸盐作碳源。通过计算，向进水水箱中一次性人为投加适量乙酸盐，搅拌混合均匀，以达到逐步提高碳氮比，考察C/N变化对于反硝化的影响。

② 分段进水。水箱中的污水通过蠕动泵分别进入到外沟和内沟。调节适当的进水流量，通过在中沟创造缺氧环境强化反硝化作用，考察该进水条件下对总氮去除的影响。

(3) 前置缺氧区对于碳源储存的影响，以及对于系统脱氮性能的影响

如前所述，以 $NO_3^- - N$ 为电子受体进行反硝化时，反硝化细菌需要相应量的有机基质作为电子供体。在氧化沟进水之前设置缺氧区，既可以充分利用原水中的有机污染物作碳源，节省外加碳源投加量，强化同时硝化反硝化作用；同时又可以对微生物进行选择，提高脱氮效率。

试验拟定将内沟完全硝化后的混合液按一定的回流比回流至前置缺氧池，进水与混合液中的 $NO_3^- - N$ 在该区进行反硝化，混合液重力自流到氧化沟。设计水力停留时间1~4小时。

(4) 考察低溶解氧对于污泥性状的影响

传统观点认为，低DO条件会促进丝状菌生长，破坏污泥絮体的沉降性能，使胞外多聚物的产生量减少，对絮体形成过程有消极影响。同时，微生物硝化活性有明显降低。近年来，人们对低DO条件下微生物的活动情况有了一些新的认识。比如：DO为0.5mg/L时，好氧性细菌的呼吸速率并不受影响；亚硝化菌不仅不受到抑制，在数量上还有明显增加。在实际污水处理中，有人发现DO长期控制在0.5~1.0mg/L的水平，COD和氨氮的氧化并没有受到明显影响。另外，在低DO条件下氧的传递效率得到提高；污泥产率会下

降（微生物利用 NO_3^- 比利用氧时的生长速率要慢很多）。

试验主要考察低溶解氧对于污泥性状的影响。当系统达到较高负荷并进入全程硝化状态（亚硝氮比率小于10%）后，在保持进水浓度为一定的条件下，逐渐减小外沟空气供给量。运行一段时间后，根据DO值与出水中 NH_3^+-N、NO_x^--N 之间存在的关系对曝气量进行调整。

（5）活性污泥丝状菌微膨胀状态下对于生物脱氮的影响

试验拟通过控制污泥负荷和混合液中溶解氧浓度，使污泥处于为微膨胀状态，在不影响污泥沉淀性能的前提下，对污泥的脱氮性能进行研究。

6.3.5 试验结果与分析

1. 总结Orbal氧化沟处理不同进水水质时的性能参数。

2. 分析DO、硝化液内回流、外加碳源和分段进水到中沟等参数及控制措施对实现同时硝化反硝化生物脱氮的的影响。

3. 分析前置缺氧区对于碳源储存的影响，以及对于系统脱氮性能的影响。

4. 考察低溶解氧对于污泥性状的影响。

5. 分析活性污泥丝状菌微膨胀状态对生物脱氮的影响。

6.4 改进型Carrousel氧化沟脱氮除磷试验

6.4.1 概述

传统氧化沟的推流是利用机械曝气设备（如转刷、转碟或倒伞型表曝机等）实现的，此时曝气设备是起充氧和推流的双重作用，因此在实际运转操作中很难分别独立控制充氧量和混合液流速，从而保证较好的处理效果和防止底部积泥。

针对转刷或者转碟氧化沟的种种不足，不少工程设计研究人员推出了兼有传统氧化沟和传统推流式工艺特点的改进型Carrousel氧化沟工艺，该工艺利用鼓风曝气和水下推进器相结合的运行方式，即采用鼓风曝气充氧，水下推进器搅拌推流的方式，充氧及搅拌由两个完全独立的设备完成，分别控制流速及溶解氧，并能够高效简单地运行操作，同时也达到节能的目的。

6.4.2 试验基础理论

1. Carrousel氧化沟工艺特点

（1）微孔曝气氧化沟采用深水微孔曝气和水下推流相结合的曝气系统，有利于分别控制曝气量和水流速度。

（2）该系统水力学特性好，混合搅拌充分，能维持沟内混合液流速在0.3m/s以上，防止污泥沉降，使污泥与原水充分混合，从而进行彻底碳化、硝化反应。同时便于创造出宏观的缺氧区，提高系统的反硝化效果。

（3）池体有效水深可大大增加，减少了占地面积，并可提高整个处理系统的耐低温能力。

（4）充氧能力强，氧转移和利用效率高，从而可有效降低能耗。

（5）与表曝设备相比产生的臭味相对较少。

（6）曝气装置采用可提升式安装形式，检修和维护方便。

2. Carrousel氧化沟工艺设计参数

改进型 Carrousel 氧化沟属活性污泥法的一种变形，它通常以较低的负荷、延时曝气的模式进行运行。其出水水质好，只产生少量的已好氧稳定的污泥。氧化沟的运行方式比较灵活，既可以按延时曝气方式运行，也可以普通活性污泥法的方式运行。氧化沟典型设计数据如下：

（1）MLSS：2000～6000mg/L；

（2）有机物污泥负荷：0.05～0.15kgBOD_5/(kgMLSS·d)；

（3）有机物体积负荷：0.15～0.30kgBOD_5/(m^3·d)；

（4）HRT：10～24h；

（5）SRT：10～30d。

6.4.3 试验材料与方法

1. 试验装置

本试验装置由前置选择池和厌氧池的改进型 Carrousel 氧化沟和沉淀池组成，模型均为有机玻璃制成，试验装置立体图和平面图分别如图6-15和图6-16所示。

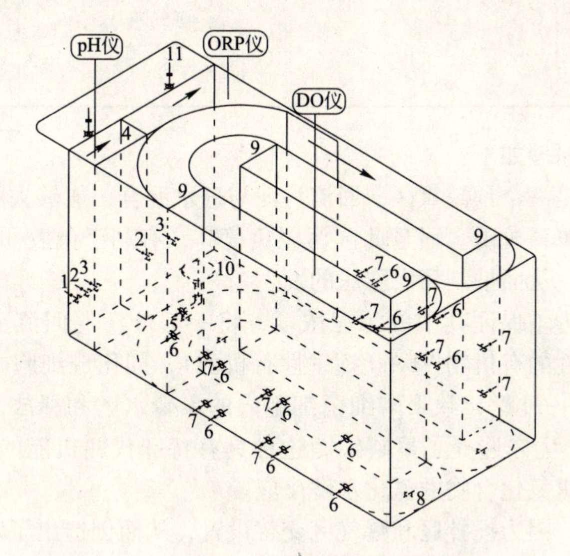

图6-15　改进型 Carrousel 氧化沟试验装置立体图

1—进水管；2—回流污泥管；3—采样管；4—插板1；5—出水管；6—外沟采样管；7—内沟采样管；8—泄空管；9—插板2；10—出水堰口；11—搅拌器支架

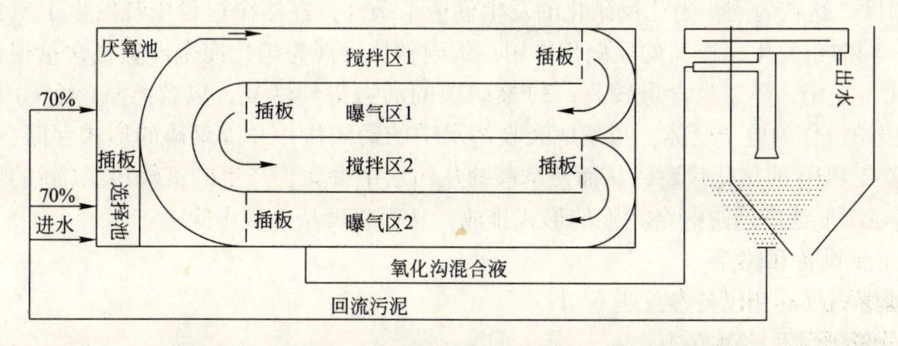

图6-16　改进型 Carrousel 氧化沟工艺试验装置示意图

该系统的工艺流程：进水连同部分回流污泥用蠕动泵打入选择池中，其余回流污泥打入厌氧池。混合液从厌氧池的狭缝自流进入氧化沟。曝气区利用粘性砂头进行微孔曝气，转子流量计控制曝气量。非曝气区采用搅拌器搅拌推流以防止污泥下沉。实际工程中氧化沟廊道很长，平均流速为0.3m/s。但是试验模型较小，不能实现0.3m/s的水流速度，只能通过保证同样的水力停留时间来模拟实际工程效果。因此，为了实现沿程溶解氧梯度，曝气区和搅拌区用插板分割，插板上留有2个直径为25mm的孔，从而既可以保证氧化沟的完全混合特点，又实现了其推流的特征。模型中安装了DO、ORP及pH探头连续检测氧化沟各区，主要是出水端的溶解氧、氧化还原电位及酸碱度值。氧化沟出水口设在曝气区2段，反应后的混合液自流进入二次沉淀池进行泥水分离。

反应器各部分工艺参数如表6-5所示。

改进型 Carrousel 氧化沟工艺的技术参数　　表6-5

反应工序	有效容积(L)	反应工序	有效容积(L)
选择池	4.5~6	曝气区1	38~53
厌氧池	17~19	曝气区2	48~63
搅拌区1	52~67	沉淀池	100~150
搅拌区2	38~53		

反应器各区功能原理如下：

(1) 选择池也就是一个预缺氧区，回流污泥与进水混合，能够去除其中的溶解氧和硝酸盐，以利于后续厌氧释放磷。而且此区污泥负荷高，有利于菌胶团细菌成为优势菌种，防止丝状菌过量繁殖，从而抑制污泥膨胀的发生。

(2) 在厌氧区，为了保证其中的污泥浓度，将一部分污泥回流至其中。在厌氧环境中，聚磷菌吸收溶解性的有机物VFAs(挥发性有机酸)，同化成细胞内的能量储存物PHB(聚β羟基丁酸)。这一过程导致聚磷细菌细胞内的聚磷水解和释放，因此，厌氧池就像一个“生物选择器”，优先选择了聚磷细菌这种具有特殊代谢机能的微生物。除此之外，在厌氧池中也进行有机氮化合物的氨化水解反应。

(3) 在氧化沟内，因为搅拌区和曝气区交替设置，从而创造出了宏观的缺氧和好氧交替的条件，在沟内主要发生以下3种作用：1)活性污泥中的好氧微生物，利用氧气将混合液中可生化降解的有机物氧化分解，去除BOD，达到脱碳的目的；2)沟内既存在宏观缺氧环境，而且也存在微观缺氧环境，所以在空间上DO存在梯度，而且微生物絮体内外也存在DO梯度，这就为同步硝化反硝化的发生创造了条件，在这个过程中既发生了氨氮的硝化作用，同时也发生硝态氮的反硝化作用；沟内整体表现为硝化完全即氨氮含量很低，但是反硝化不完全，硝态氮含量较高；3)聚磷菌的活力得到恢复，以游离氧(氧气)和化合态氧(硝态氮)作为电子受体，过量地吸收污水中的磷酸盐，并以聚磷的形式存储在体内，其能量来自PHB的氧化代谢，从而使磷酸盐从污水中去除，产生的富磷污泥(新的聚磷菌细胞)将在沉淀池中通过剩余污泥的形式排放，从而将磷从系统中除去。

2. 主要设备和仪器

试验所用仪器和设备参见表6-1。

3. 分析项目及检测方法

试验理化分析项目与检测方法参见表6-2。

6.4.4 试验内容与方案

1. 对有机物(COD)的去除研究

主要以生活污水或者人工配水为处理对象，考察改进型Carrousel氧化沟对污水中有机物的去除效果。

2. 对总氮(TN)的去除研究

主要以生活污水或者人工配水为处理对象，考察该工艺的硝化效果、总氮的去除效果，着重对氧化沟内同步硝化反硝化的现象进行观察和分析研究。

3. 对总磷(TP)的去除研究

考察系统内各反应区TP浓度的变化，探讨厌氧池放磷现象和氧化沟内好氧和缺氧吸磷现象。

4. 该工艺的影响因素分析

在系统稳定的基础上，探讨COD/TN、溶解氧(DO)、污泥浓度(MLSS)、水温、污泥回流比及其分配的比例、前置区停留时间等因素对系统脱氮除磷效果的影响，从而找出对系统影响较大的因素。

(1) 探讨COD/TN对脱氮除磷的影响

在废水生物脱氮除磷过程中，有机碳源既是细菌代谢必须的物质和能量来源，又是反硝化、厌氧放磷过程得以有效进行的必备条件。对于同步硝化反硝化体系，由于有氧环境与缺氧环境的一体化以及硝化反硝化反应的同时发生，使得有机碳源对整个反应体系的影响尤为重要。

目前国内很多的城市污水处理厂都面临着进水COD/TN较低造成反硝化及厌氧放磷过程中碳源不足的问题。而且由于氧化沟循环量通常是进水量的几十倍甚至上百倍，反应器进水到沟道内即被稀释，造成沟内利用内碳源同步反硝化的能力降低，因此提高进水COD/TN不仅可以提高前置区的外源反硝化，而且能够提高细胞内PHB的含量，为后续同步硝化反硝化和好氧吸磷提供更多的电子供体。

试验可以通过在原水中投加乙酸钠、甲醇或者淀粉等有机物，调整进水COD/TN为3.0、4.0、5.0、6.0等几个梯度，考察不同COD/TN对系统脱氮除磷的影响，从而找出系统运行最佳的COD/TN。

(2) 调整曝气量，改变DO，考察DO对系统脱氮的影响

活性污泥法中，曝气主要起供氧和扰动混合的作用，曝气提供的氧被微生物用来氧化有机物并合成细胞。反应器中的溶解氧(DO)浓度是重要的运行参数，曝气池中DO偏低，好氧微生物不能正常生长和代谢；DO过高，不仅能耗增加，而且细菌的活力也会降低。一般要求曝气池中DO不低于2mg/L的水平，但在实践中常常会出现曝气强度过高的情况。因而有必要通过有效手段将DO控制在适当的水平，既不影响微生物的正常生长和有机物的去除，同时又避免耗能过多。传统观点认为，低DO条件会促进丝状菌生长，破坏污泥絮体的沉降性能；同时，微生物硝化活性有明显降低。近年来，人们对低DO条件下微生物的活性有了一些新的认识。

通过改变曝气量，调节不同的DO浓度来考察DO变化对系统脱氮的影响。

(3) 调整MLSS，考察污泥浓度对系统脱氮除磷影响

对脱氮而言，MLSS是重要的影响因素，氧化沟工艺通常在延时曝气条件下使用，污

泥浓度较高，基本上维持在4000～6000mg/L，正因为较高的污泥浓度，更容易出现缺氧的微环境，因而具有同步硝化反硝化的潜能。

对除磷而言，MLSS的影响也较大，从聚磷菌的数量来说，MLSS越高，聚磷菌的含量越多，在生物除磷过程所发挥的作用越大，越有利于除磷。但是，从另一个方面来说，MLSS越高，在进水底物浓度变化不大的情况下，有机负荷(N_s)会越低，又会导致总磷去除率下降。这是因为低负荷运行导致的好氧延时曝气使细胞内的储存物质(特别是PHB)发生变化，PHB将被部分或全部消耗掉。而细胞内的糖原(Glycogen)在好氧条件下的转化因受PHB数量减少的影响而降低，由于糖原的减少进而影响到厌氧条件下磷的释放及对挥发性脂肪酸的吸收，PHB的合成亦进一步减少。总之由于生物除磷在好氧条件下的吸磷速率和吸磷量受细胞内PHB含量的影响，PHB的减少导致磷吸收速率和吸磷量的下降，使聚磷菌无法有效地吸收细胞外的磷酸盐合成聚磷，周而复始导致生物除磷能力下降。

考察MLSS从2300～6600mg/L的变化过程中系统脱氮除磷效果。

(4) 进行连续流间歇曝气试验，设置4种不同曝气/停气周期，考察间歇曝气周期对系统营养物质去除的影响

当原水的C/N太低时，系统因为缺少碳源而产生反硝化能力下降，同时由于原水COD较低，因此在缺氧区和厌氧区合成的内碳源(PHB)较少，这样在后续的氧化沟内发生SND的效率就较低。在这样的情况下，系统的TN往往不能达标排放。鉴于此，设计了连续流间歇曝气试验，这样在非曝气阶段(停气阶段)原水直接进入氧化沟内，系统可以利用原水中的外碳源进行同步反硝化，进而提高脱氮效率。这种试验运行方式是将连续流工艺和SBR法相结合的试验方式。通过设计不同的曝气/停气时间周期(所采用的曝气时间/停气时间可以分别为1.5h/1.5h、1h/2h、2h/2h、1.5h/2.5h，标定为阶段Ⅰ、Ⅱ、Ⅲ、Ⅳ，总循环周期(t_c)分别为3h、3h、4h、4h、曝气率(f_a)分别为0.5、0.33、0.5、0.38。)探讨间歇曝气周期对改进型Carrousel氧化沟工艺脱氮除磷的影响。

5. 反应器各区DO、pH和ORP变化规律

DO是反应系统曝气量水平的参数，控制曝气区的DO浓度尤为重要，因为DO是影响氧化沟同步硝化反硝化的重要因素。因此在实际运行中可以通过在线检测出水端DO浓度来控制曝气量的大小，一方面可以节约能耗，另一方面可以实现良好的脱氮效果。

许多文献已经证实脱氮过程中曝气结束时ORP值(铂/AgCl电极)接近+200mV，投加大量铁盐时ORP值(铂/AgCl电极)接近-130mV，硫化氢产生时ORP值(铂/AgCl电极)的范围大致在-300～-250mV。ORP值与活性污泥法中的生物化学反应释放的能量有关，因此ORP值随电子受体(氧、硝酸盐和硫酸盐等)及反应物和产物的浓度而增减，然而这种变化与浓度不成比例，而与浓度的对数成比例。大量试验和实际运行考察表明，ORP与NO_x、磷以及氨氮之间存在良好的相关关系。ORP值的变化规律可用于优化硝化和反硝化周期以保证脱氮，对有机物浓度变化做出响应。

pH值反映的是物质的酸碱性，在污水处理中，硝化作用消耗碱度，pH值下降，而反硝化产生碱度，pH值上升。但在氧化沟内缺氧和好氧区交替设置，而且流速较快，所以pH值变化较小。

6.4.5 试验结果与分析

1. 整理上述试验过程中的试验数据。

2. 分析Carrousel氧化沟工艺对有机物、总氮、总磷的去除效果。

3. 分析碳氮比(COD/TN)、溶解氧(DO)、污泥浓度(MLSS)、间歇曝气周期对系统营养物质去除的影响。

4. 总结反应器各区DO、pH和ORP变化规律，解释参数变化与生化反应过程的相关关系。

6.5 双污泥反硝化除磷脱氮工艺试验

6.5.1 概述

氮、磷过量排放引起的水体富营养化已经成为世界范围的水质问题之一。近年来，水环境污染和水体富营养化的问题日益严重，而氮、磷是引起水体富营养化的主要因素。随着公众环境意识的提高和国内外对氮、磷排放的限制标准越来越严格，当前控制水体富营养化，防止水体污染的最根本途径就是对污染源进行治理，控制污染物的排放量，使污水处理厂出水中的氮、磷含量必须达到一定的标准。污水排放标准的日趋严格是目前世界各国普遍的发展趋势，以控制富营养化为目的的氮、磷脱除已成为各国污水处理领域不可缺少的环节。研究开发经济、高效的去除氮、磷的污水处理技术已成为水污染控制工程领域的研究重点和热点。我国最新颁布的污水排放标准(GB 18918—2002)要求所有排污单位最后出水氮磷的含量据受纳水体的等级分别为TP小于1mg/L，氨氮小于5mg/L，总氮小于15mg/L(一级标准)。由此可见，如何提高我国的污水脱氮除磷技术是每一位水处理工作者面临的新挑战。

6.5.2 试验基础理论

1. 单污泥系统同时脱氮除磷的矛盾

在传统的单污泥脱氮除磷工艺中，同时存在着分解有机物的异养菌群、反硝化菌群和硝化菌群、聚磷菌群，处理过程中存在着微生物群体的动态平衡关系。由于生理差别较大的功能性菌群处在同一污泥系统内，不可避免地产生了各个过程之间的矛盾关系，相互的最优生存环境得不到优化，从而制约了工艺的高效性和稳定性。很多革新工艺的出现正是针对这些主要矛盾而展开，提高污染物同时去除的高效性。以传统除磷脱氮理论为基础的污水处理工艺存在的问题如下：

(1) 污泥龄问题

硝化菌的突出特点是繁殖速度慢，世代时间较长。而聚磷菌多为短世代的微生物，而且生物除磷的惟一渠道是排除剩余污泥。为了保证系统的除磷效果就不得不维持较高的污泥排放量，系统的泥龄也不得不相应地降低。显然硝化菌和聚磷菌在污泥龄上存在着矛盾。若污泥龄太高，不利于磷的去除；污泥龄太低，硝化菌无法存活。

(2) 碳源问题

在脱氮除磷系统中，碳源大致上消耗于释磷、反硝化和异养菌正常代谢等方面。其中释磷和反硝化的反应速率与进水碳源的数量关系很大。一般来说，城市污水中所含的易降解COD的数量是十分有限的。所以在城市污水生物脱氮除磷系统的释磷和反硝化之间，存在着因碳源不足而引发的竞争性矛盾。

(3) 硝酸盐问题

在常规 A^2/O 工艺中，由于厌氧区在前，回流污泥不可避免地将一部分硝酸盐带入该区。硝酸盐的存在严重影响了聚磷菌的释磷效率，尤其当进水中 VFA 较少，污泥的含磷量又不高时，硝酸盐的存在甚至会导致聚磷菌直接吸磷。所以在常规 A^2/O 工艺框架下，如何避免硝酸盐进入厌氧区干扰释磷一度成为研究热点。

(4) 剩余污泥量大

2. 反硝化除磷脱氮机理

与传统的除磷脱氮机理相比较，反硝化除磷脱氮工艺包括 3 个主要的反应过程：(1)反硝化聚磷菌在厌氧条件下的放磷反应；(2)硝化菌在好氧条件下的硝化反应；(3)反硝化聚磷菌在缺氧条件下进行同时反硝化和吸磷反应。下面主要介绍缺氧反硝化除磷机理。

反硝化除磷脱氮机理和传统除磷脱氮机理的不同之处在于反硝化和吸磷过程的差异。

在传统的好氧吸磷过程中，好氧条件下，聚磷菌利用氧化分解体内储存的多聚物 PHA 产生的能量完成自身的繁殖和代谢作用，ADP 获得这个能量，用来合成 ATP；同时，聚磷菌超量吸收混合液中的磷酸盐，合成聚磷及糖原等有机物质，储存在细胞体内。这个过程中可观察到的是磷从污水混合液被吸收到聚磷菌细胞内，即磷从液态(污水与污泥的混合物)向固态(微生物细胞)的转移。其反应方程式可以表示为式(6-8)：

$$ADP + H_3PO_4 + 能量 \longrightarrow ATP + H_2O \tag{6-8}$$

反硝化反应是将硝化过程中产生的硝酸盐或者亚硝酸盐还原为氮气的过程。反硝化菌是一类化能异养兼性缺氧型微生物，其反应需在缺氧的条件下进行。反硝化反应过程中，反硝化菌需要有机碳源作为电子供体，利用的 NO_3^- 中的氧进行缺氧呼吸。其反应过程可表示为式(6-9)：

$$5C(有机碳) + 2H_2O + 4NO_3^- \xrightarrow{反硝化菌} 2N_2 + 4OH^- + 5CO_2 \tag{6-9}$$

而在反硝化除磷脱氮理论中，在缺氧条件下，反硝化聚磷菌以 NO_3^- 作为电子受体，以其在厌氧条件下吸附有机物合成的内源多聚物 PHA 为间接电子供体，利用降解储存在胞内的 PHA 产生能量 ATP，大部分供给自身细胞的合成(糖原的合成)和维持细菌的生命活动，另一部分则用于过量摄取污水中的无机磷酸盐，并以聚磷的形式储存在细胞体内；同时 NO_3^- 被还原为 N_2，从污水中逸出。如此在厌氧/缺氧的交替运行条件下，通过反硝化聚磷菌的新陈代谢作用即可同时实现反硝化和除磷过程。

3. 反硝化除磷脱氮工艺

(1) 双污泥连续流反硝化除磷脱氮工艺

Dephanox 工艺是典型的双污泥连续流反硝化除磷脱氮工艺，其流程图如图 6-17。

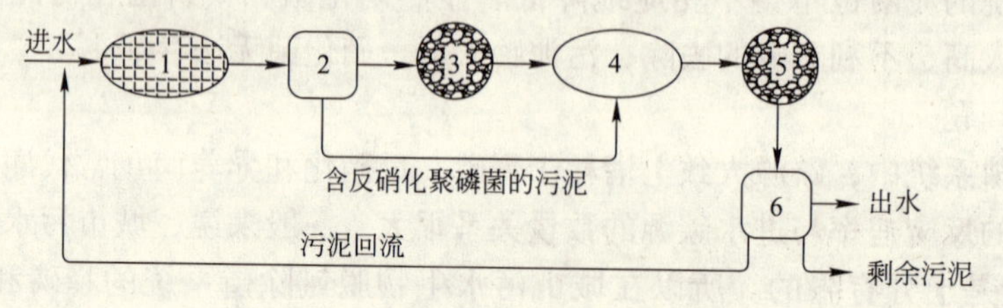

图 6-17 Dephanox 工艺流程图

1—厌氧放磷；2—快速沉淀；3—好氧硝化；4—缺氧吸磷；5—后曝气池；6—最终沉淀

双污泥系统就是硝化菌独立于反硝化聚磷菌而单独在固定膜生物反应器内生长。该工艺解决了聚磷菌和反硝化菌竞争有机碳源的问题，同时也解决了活性污泥系统培养硝化菌需要较长污泥龄这一不利条件。在 Dephanox 工艺中，含反硝化聚磷菌的回流污泥首先在厌氧池完成放磷，并且在细胞内储存大量的多聚物 PHA。混合液经快速沉淀池分离后，富含反硝化聚磷菌的污泥超越好氧池回流到缺氧池，富含氨氮和磷酸盐的上清液直接进入固定膜生物反应器，进行好氧硝化。产生的硝化液流入缺氧池，与回流的反硝化聚磷菌污泥接触、完全混合，完成过量吸磷和反硝化反应。由于反硝化聚磷菌并没有经过好氧池，所以其体内的多聚物几乎全用于缺氧池中的反硝化吸磷作用，而没有在好氧阶段被消耗。当系统出现硝酸盐不足时，可通过曝气池短暂曝气来好氧除去剩余的磷，从而达到彻底除磷的目的；同时通过后曝气使反硝化聚磷菌体内的 PHA 消耗完全，以便在厌氧段能更有效地合成新的 PHA。可见，Dephanox 双污泥系统可实现利用最少的 COD 消耗量，获得最大的脱氮除磷效率。

（2）间歇式（SBR）双污泥反硝化除磷脱氮工艺

间歇式（SBR）双污泥反硝化除磷脱氮工艺由一套厌氧/缺氧－SBR 反应器和一套好氧硝化－SBR 反应器组成，如图 6－18 所示。厌氧/缺氧－SBR 反应器的主要功能是用来强化适合于反硝化聚磷菌生长的厌氧/缺氧环境，筛选优势菌种，以去除 COD 以及反硝化除磷脱氮。好氧硝化－SBR 反应器主要作用是培养硝化菌，以提供给厌氧/缺氧 SBR 足量的硝化液。这两个反应器的活性污泥是完全分开的，只将各自沉淀后的上清液相互交换。

厌氧/缺氧 SBR 经厌氧反应后，将富含氨氮的上清液流至好氧硝化 SBR，在此经好氧硝化后，将硝化液又回流至厌氧/缺氧 SBR，完成反硝化和除磷过程。

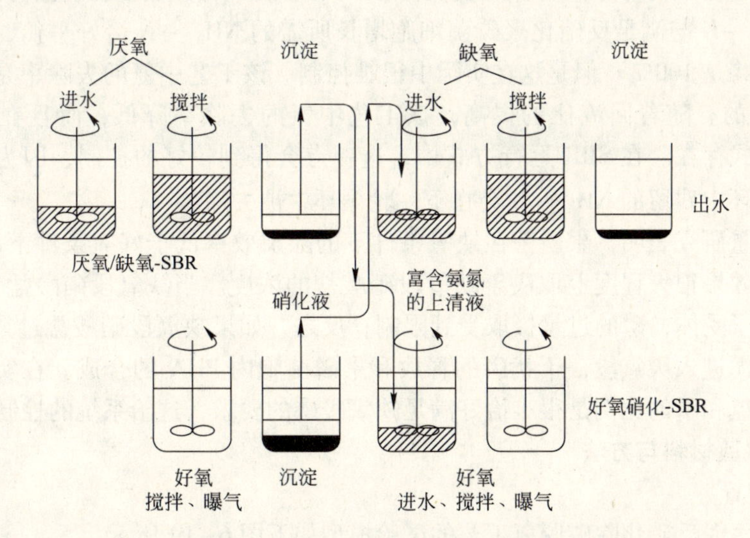

图 6－18　间歇式（SBR）双污泥反硝化除磷脱氮工艺示意图

4. 反硝化除磷脱氮工艺的特点

（1）反硝化除磷脱氮工艺的优点

与常规污水处理工艺相比，按上图 6－17 和图 6－18 中不同功能段顺序排列和选择的反硝化除磷脱氮双污泥工艺具备了以下优越性：

1）COD 耗量少：由于该工艺中反硝化和吸磷过程是同时进行的，微生物以其胞内的内源碳—多聚物 PHA 作为电子供体进行反硝化脱氮和同时除磷；另外，由于反硝化聚磷菌污泥直接超越好氧硝化段，进入缺氧反硝化段，减少了微生物经过好氧段时有机物的好氧降解。因此，从理论上来讲，该工艺较传统工艺节省了50%的 COD 量。

2）聚磷菌的吸磷过程以 NO_3^- –N 作为电子受体在缺氧条件下完成，与传统的好氧吸磷相比较，可以节省曝气供氧量，减少了曝气的动力消耗（约为传统工艺中好氧吸磷曝气量的70%）。

3）双污泥系统中硝化菌呈生物膜固着生长，反硝化聚磷菌悬浮生长于另一污泥系统中。两种菌群的分离解决了传统工艺中聚磷菌和硝化菌污泥龄长短不一的矛盾，使其都可在各自最佳的环境中生长，这更有利于除磷、脱氮系统的稳定和高效，可控制性也得到了提高。

4）无需大量污泥回流的前提下就能使出水保持较低的硝酸盐浓度，因为该工艺为后置式反硝化，硝化液全部直接流入缺氧反硝化池，省掉了回流步骤，节省了动力消耗。

5）聚磷菌在厌氧和缺氧条件下"压抑"生长，污泥产率较好氧吸磷条件下低，污泥产量有所降低，减少后续的污泥处理费用。

（2）反硝化除磷脱氮工艺的缺点

首先，该工艺的关键瓶颈是超越污泥流中残存的 NH_4^+ –N。在厌氧段后的快速沉淀池内，反硝化除磷污泥与上清液分离，在上清液富含大量的 NH_4^+ –N 和释放的磷。上清液中的所有 NH_4^+ –N 在好氧硝化池都被硝化成 NO_3^- –N，而反硝化除磷污泥流中的 NH_4^+ –N 随污泥回流到厌氧池。反硝化除磷污泥流中的残存 NH_4^+ –N 量在缺氧池会有所降低，主要是因为好氧池硝化液的稀释作用和用于缺氧池中反硝化聚磷菌细胞的同化作用。如果缺氧段残存的 NH_4^+ –N 与满足反硝化聚磷菌细胞增长所需的 NH_4^+ –N 恰好平衡，那么污水中总氮的去除率将是100%。但是这在实际中很难控制。该工艺中氮的去除率是由超越污泥的回流比决定的。随着回流比的提高，该工艺中氮的去除率降低，而且在出水中是以 NH_4^+ –N 的形式存在。在 SBR 运行方式中，这一点会得到较好的控制，因为污泥无需回流，上一个循环中残留的 NH_4^+ –N 会在下一轮循环中被去除。

其次，大量研究表明，聚磷菌在缺氧条件下的除磷效率低于好氧条件下的除磷效率。而且磷的去除效果很大程度上取决于缺氧段硝酸盐的浓度。当缺氧段硝酸盐量不充足时，没有足够的电子受体，磷的过量摄取受到限制；反之，如果缺氧段硝酸盐过量时，硝酸盐又会随回流污泥进入厌氧段，干扰磷的释放和聚磷菌胞内 PHA 的合成。在实际应用过程中，进水中的氮和磷的比例是很难恰好满足缺氧吸磷的要求，这给系统的控制带来困难。

6.5.3 试验材料与方法

1. 试验装置

连续流双污泥反硝化除磷脱氮工艺的试验模型如下图6–19所示。

该模型的各部分体积：厌氧池6.0L，中沉池7.2L，生物膜硝化池13L，缺氧池10L，后置快速曝气池2.4L，终沉池4.9L。

模型试验采用生物膜法和活性污泥法相结合的双污泥反硝化除磷脱氮工艺，试验装置中各反应器均由有机玻璃制成，呈环绕型置于一个平面上，结构紧凑。整套系统通过水的重力流来运转。为便于取样，各反应池侧壁上每隔一定的间距设了多个取样口。

连续流双污泥反硝化除磷脱氮工艺的具体流程为：

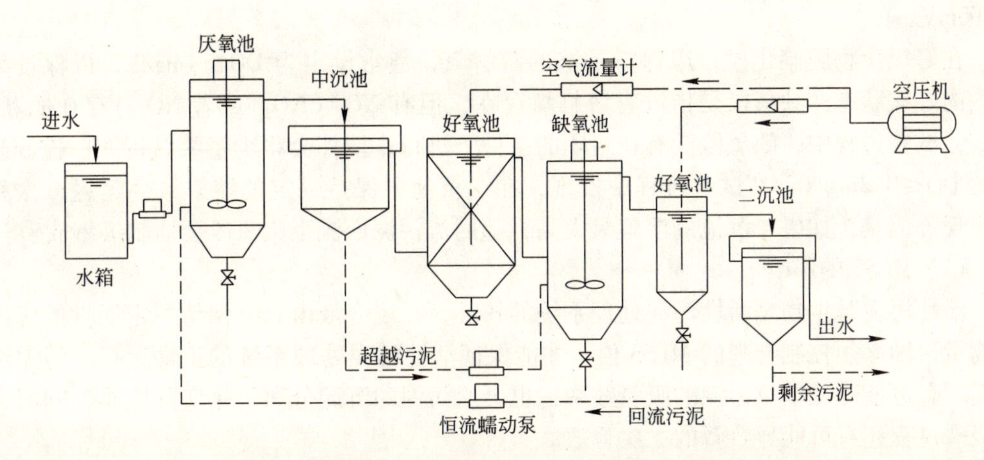

图 6-19　连续流双污泥反硝化除磷脱氮工艺流程图

(1) 原污水先进入厌氧池，反硝化聚磷菌在此吸收大量的有机底物(尤其是挥发性脂肪酸 VFA)，分解体内的肝糖(糖原)获得还原酶 $NADH_2$，水解体内的聚磷以获得所需的能量，合成内源多聚物质 PHA(PHB/PHV——聚 β 羟基丁酸/戊酸)并贮存在体内，同时释放出大量的溶解性磷酸盐于混合液中。

(2) 随后泥水混合液经中间沉淀池快速分离后，富含氨氮和溶解性磷酸盐的上清液流向好氧生物膜硝化池，进行硝化反应，同时部分未被厌氧池中微生物吸收的有机物在硝化池中被硝化菌用于同化吸收和进行好氧降解。

(3) 中间沉池中沉淀的富含反硝化聚磷菌的污泥超越了好氧生物膜硝化池，直接进入缺氧池，反硝化聚磷菌以体内储存的 PHA 为电子供体，以硝化池提供硝化液中的 NO_3^- 作为电子受体，完成反硝化脱氮和过量吸磷作用。

(4) 后置快速曝气池的设计主要是用于吸收剩余的磷——如果缺氧池中，聚磷菌以硝态氮作为第一电子受体对磷的吸收不完全，在后置快速曝气池中聚磷菌就可以以氧作为第二电子受体将剩余的磷吸收完全。此外，在快速后曝气池中聚磷菌体内的 PHA 能够被完全氧化，从而实现自身的完全再生，缺氧反硝化过程中产生的氮气也被吹脱从系统中逸出。

(5) 混合液在二沉池中经泥水分离后，处理水排出系统，部分活性污泥回流至厌氧池，剩余污泥定期排放。

2. 主要设备和仪器

试验所用仪器和设备参见表 6-1。

3. 分析项目及检测方法

试验理化分析项目与检测方法参见表 6-2。

6.5.4　试验内容与方案

1. 反硝化除磷脱氮工艺运行过程中的影响因素研究

(1) 溶解氧的影响

在反硝化除磷工艺中，控制释磷的厌氧条件极为重要。厌氧段的溶解氧浓度($DO < 0.2mg/L$)常通过氧化还原电位(ORP) 来度量。当 ORP 值为正值时聚磷菌不释磷，而当 ORP 值为负值时，绝对值越高则其释磷能力就越强。一般认为应把 ORP 值控制在 -200 ~

−300mV。

在好氧生物膜硝化段，应保持足够的溶解氧，通常设定为DO≥4mg/L，以保证生物膜内的好氧状态。缺氧段是指没有溶解氧存在，但有NO_x^-（NO_2^- 或者 NO_3^-）存在的状态。在实际试验过程中，缺氧段没有在封闭的条件下进行，搅拌会将少量氧气带入，控制缺氧段的DO≤0.2mg/L。在试验过程中发现，在二沉池中保持一定的溶解氧会延迟二次释磷的出现。但是，如果二沉池的溶解氧太高，随回流污泥回流至厌氧段会抑制厌氧放磷。

（2）MLSS的影响

活性污泥微生物是活性污泥处理系统的核心，在混合液内只有保持一定活性的污泥微生物量，即必须控制合理的MLSS值，才能保证活性污泥处理系统的正常运行。污泥浓度过高，有可能降低单位污泥的吸磷效率，也会给污泥的沉淀分离带来实际困难，同时在缺氧吸磷过程还有可能导致磷的二次释放。

（3）pH值的影响

生物除磷的适宜pH值范围大致是6.0~8.0。pH值在一定范围内的升高会引起吸磷量的少量增加，pH值的降低则有可能引起释磷量的大量增加。但是资料表明，pH降低引起的磷的释放，不是聚磷菌本身对pH值变化的生理生化响应，而往往是一种纯化学的酸溶效应。当pH大于8时会发生磷酸盐的沉淀。通过对缺氧吸磷过程控制pH和不控制pH两种条件下的对比试验研究pH值对缺氧吸磷的影响。

（4）厌氧池水力停留时间(HRT)的影响

磷在厌氧状态下的释放效果，除了和污水中有机碳源的类型有关外，还与污水的停留时间有关。通常，提高厌氧段停留时间，则磷的厌氧释放比较彻底，但这有可能使工程造价增加。另一方面还有可能发生磷的无效释放。因此，确定合适的厌氧段停留时间，对于保证除磷效率是很重要的。在处理生活污水时，将厌氧段的停留时间设计为2~3h，基本能够保证污泥放磷的充分性。

（5）污泥龄(生物固体平均停留时间SRT)的影响

在双污泥反硝化除磷脱氮工艺系统中，由于硝化段利用生物膜，克服了硝化菌对长污泥龄的要求。因此，系统对SRT的要求不用考虑硝化菌的SRT，而只需考虑反硝化聚磷微生物的SRT。双污泥反硝化除磷脱氮工艺的污泥龄不能过短，一般为14d左右。如果SRT较短，反应器中的聚磷菌容易被淘汰。另一方面，SRT过长会出现磷的“自溶”现象。综合考虑各因素可知，反硝化除磷系统的最佳SRT值与温度变化范围、工艺组合方式和工艺运行要求等有关，应通过试验来获得。

（6）C/P值的控制

反硝化除磷系统首先要求提供给厌氧段足够的可降解COD。在厌氧段，可利用的COD越充足，合成的PHA越多；当COD消耗完以后，聚磷菌的释磷过程也就随之结束，即溶液中有上升趋势P的浓度变化曲线会出现一个平台。Kerrn-Jespersen(1994)的研究表明：缺氧条件下的吸磷率、反硝化率是聚磷菌体内PHA储量的函数；乙酸的消耗量(PHA量)与缺氧段的反硝化率及吸磷率存在一定的线性关系；缺氧条件下的吸磷率是PHA的一阶方程。从这些函数关系可见，厌氧段提供的COD充足与否直接关系着缺氧段反硝化和吸磷的能力强弱。

当进水C/N值较高时，一方面NO_3^-−N量不足将导致吸磷不完全而使出水的磷含量偏高；另一方面有可能使厌氧段的乙酸投量超过了反硝化聚磷菌合成PHA所需要的碳源量，过剩碳源在后续缺氧段被反硝化菌用于反硝化而未进行吸磷。进水C/N值较低时则会因NO_3^-－N过量而造成反硝化不彻底。Kuba(1996年)在考察A_2NSBR工艺的运行特征时发现其最佳C/N值为3.4，此时除磷率几乎达到100%。当C/N值高于此值时(硝酸盐量不足)，可在缺氧段后引入一个短时曝气(以O_2作为电子受体)将残留的磷去除；当C/N值低于此值时可通过外加碳源来去除过量的硝酸盐。

(7) 硝态氮浓度的影响

好氧生物膜硝化池的主要产物——NO_3^-－N在反硝化除磷工艺中作为反硝化聚磷菌缺氧吸磷的电子受体。在厌氧段只要存在NO_3^-－N，反硝化菌就能优先利用碳源进行反硝化反应，从而抑制了聚磷菌的释磷及其体内PHA的合成。另一方面，反硝化聚磷菌在缺氧段对磷的吸收量与缺氧段硝酸盐(电子受体)的浓度有很大的关系。在碳源(电子供体)充足的前提下，硝酸盐氮浓度的大小是决定吸磷能否完全的限制性因素。

如果系统的硝化效果不佳，硝化出水的NO_3^-－N浓度低，会导致电子受体不足而出现缺氧吸磷不完全，剩余的磷会在后置好氧曝气池中被吸磷菌以氧气作为电子受体而去除。如果系统提供的NO_3^-－N浓度过高，而厌氧段释放的磷相对不足，会导致缺氧反硝化不完全，出水硝态氮增加。这会给运行带来不利影响。首先，随回流污泥进入厌氧池的硝态氮会抑制放磷。其次，二沉池中会发生内源反硝化，使污泥上浮，严重时导致污泥流失。

因此，在实际运行过程中，应该将系统的N/P比调节在一定的范围内，以保证系统的正常运行。

2. 污水除磷的研究

(1) 在厌氧/缺氧交替运行的条件下进行生物除磷(反硝化除磷)的研究；

(2) 在厌氧/好氧交替运行的条件下进行传统好氧吸磷的研究。

3. 污水脱氮的研究

(1) 在厌氧/好氧生物膜/缺氧交替运行的条件下进行反硝化除磷脱氮的研究——以硝酸盐氮为电子受体；

(2) 在厌氧/好氧生物膜/缺氧交替运行的条件下进行反硝化除磷脱氮的研究——以亚硝酸盐氮为电子受体；

(3) 进行传统的好氧/缺氧脱氮研究；

(4) 生物膜同时硝化反硝化的研究。

4. 有机物去除的研究

考察污水中的有机物在不同功能段的消耗情况。

6.5.5　试验结果与分析

1. 将上述试验结果进行分析整理。

2. 什么是反硝化除磷？简述反硝化除磷的机理，并论述与传统除磷方法的异同点。

3. 与传统的脱氮除磷工艺相比较，反硝化除磷工艺的优点和缺点是什么？

4. 反硝化除磷工艺在运行过程中有哪些重要影响因素？逐一论述并说明控制对策。

5. 怎样才能更好地控制反硝化除磷的处理效果？

6.6 MUCT 处理含盐废水的反硝化除磷脱氮试验

6.6.1 概述

南非开普敦大学(University of Cape Town)工艺，简称 UCT 工艺，是最早应用于生物脱氮除磷的工艺之一。该工艺是针对普通除磷工艺中回流到厌氧区的污泥带有硝酸根离子，影响生物厌氧放磷能力而开发的。这种工艺在厌氧和好氧区之间增加一缺氧区，目的是使吸磷后的污泥先进行反硝化脱氮，以免好氧区的硝酸盐直接进入厌氧区而影响聚磷菌的放磷。其优点在于保证厌氧区是真正厌氧状态，从而提高了系统的除磷能力。由于工艺可承受进水 TKN/COD 值小于 0.08，当进水 TKN/COD 较高时，缺氧区无法实现完全的脱氮，仍有部分硝酸盐进入厌氧区。1990 年，开普敦大学在 UCT 基础上又提出了改进的 UCT 工艺(MUCT)，进一步解决回流污泥中的硝酸盐对厌氧放磷的影响。具体做法是将 UCT 工艺的缺氧段分为两大部分：前一个接受二沉池回流污泥，后一个接受好氧区硝化混合液，进一步减少了硝酸盐进入厌氧区的可能，这是目前最广泛的流程。MUCT(Modified University of Cape Town)工艺是传统 UCT 的改良，其广泛地用以同时去除污水中的有机物、氮和磷。

6.6.2 试验基础理论

1. MUCT 工艺流程

(1) UCT 工艺流程

传统的 UCT 工艺(见图 6-20)，采用两股混合液回流，在传统的好氧池混合液回流的基础上，又增加了由缺氧池至厌氧池的混合液回流，由于缺氧池中的反硝化作用已大大降低了池内 NO_3^- - N 的浓度，这样就可以避免缺氧池回流液携带的 NO_3^- - N 浓度过高而破坏厌氧池的厌氧状态，影响除磷效果。

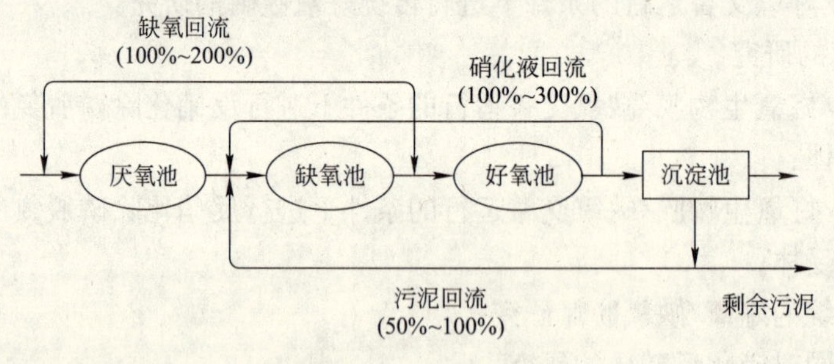

图 6-20 UCT 工艺

(2) MUCT 工艺流程

MUCT 工艺主要由厌氧段、缺氧段、好氧段和二沉池 4 部分组成。为了避免缺氧池和好氧池两股回流液由于短流造成的交叉干扰，MUCT(见图 6-21)又将缺氧段一分为二，提高除磷效果。在厌氧段主要发生的是厌氧反硝化聚磷菌(DPB)在厌氧状态大量释放磷，并储存碳源物质的放磷反应。在缺氧段一方面在缺氧条件下，DPB 将 NO_3 - N 转变成 N_2 时从污水中吸磷，同时完成反硝化；另一方面是反硝化菌以硝酸盐氮为电子受体，以有机物为电子供体进行厌氧呼吸，将硝酸根还原为氮气的反硝化阶段。缺氧阶段可使废水中的磷和硝酸盐氮的浓度大大降低。进入好氧段后，一方面水中剩余的磷由聚磷菌(PAO)继续吸收，另一方面在亚硝酸菌和硝酸菌的共同作用下进行硝化作用，将水中的氨转化为硝酸盐氮。

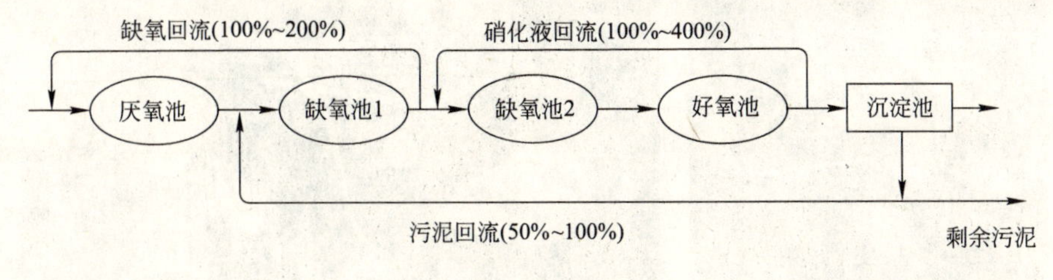

图6-21 MUCT工艺

MUCT的另一大特点就是它的回流工艺，共有3大部分回流。一是二沉池的回流污泥直接回流到第一个缺氧段。这样不仅补充了污泥损失，更重要的是大大减少了进入厌氧区的硝酸盐浓度，使厌氧放磷更加充分；第二部分回流是由好氧段到第二缺氧段的回流，硝化液大量回流到第二个缺氧池，同时也强化了后继的反硝化除磷；第三部分是由第一缺氧段到厌氧段的回流，由于此时缺氧段含有较少的硝酸盐，回流后即可以保证厌氧段的厌氧环境又补充了污泥损失。

2. MUCT工艺的优点

(1) 防止硝酸盐对厌氧放磷的影响

MUCT工艺改良之处在于将缺氧段分为两大部分：只用于还原回流污泥中硝酸盐的第一缺氧段和用于对硝化段混合液回流进行反硝化的第二缺氧段。硝化液回流量对第一缺氧池中的硝酸盐浓度没有影响，因此不需对硝化液回流进行严格控制。但该工艺的代价为TKN/COD所允许的最大比值从UCT工艺的0.14降为0.11。

(2) 反硝化除磷的实现

MUCT的优越性体现在其可以利用反硝化聚磷菌实现反硝化除磷。反硝化除磷作用主要发生的缺氧段，反硝化聚磷菌以硝酸盐作为电子受体大量吸收水中的磷酸盐。吸磷反应在后继的好氧段由普通聚磷菌进一步强化。在好氧段，可降解的有机物被生物去除的同时发生硝化反应。和普通营养物去除工艺相比，该工艺具有能耗小、污泥产量低和占地小的优点。作为反硝化除磷工艺，可以降低对氧和碳的耗量，MUCT具有可持续发展工艺的优点。近年来，随着对氮磷排放的要求日益严格，很多欧洲水厂都采用这种工艺对原有的处理工艺进行升级。

6.6.3 试验材料与方法

1. 试验装置

MUCT处理系统工艺的流程由一个合建式MUCT反应器和一个竖流沉淀池组成(图6-22)。合建式反应器分为3个推流式廊道，总有效容积为105L。沿池长方向设置若干成对的竖向插槽，配以相应大小的插板，可以将整个反应器沿池长方向分成若干个区域，在每个插板上开一个直径为25mm的圆孔，安放时使相邻圆孔上下交错以防止发生短流。在反应器顶部布置环状曝气干管，并设置若干个小阀门，由橡胶管连接烧结砂头作为微孔曝气器，气量由转子流量计测量。根据厌氧，缺氧段所占比例，选择安放若干搅拌器用于保持泥水混合均匀。在距池底20cm的高度上设置若干取样口。为了监测各池内的电化学参数变化，及时反馈处理的信息，WTW五参数(ORP、pH、DO、电导、温度)监测装置作为监测设备。

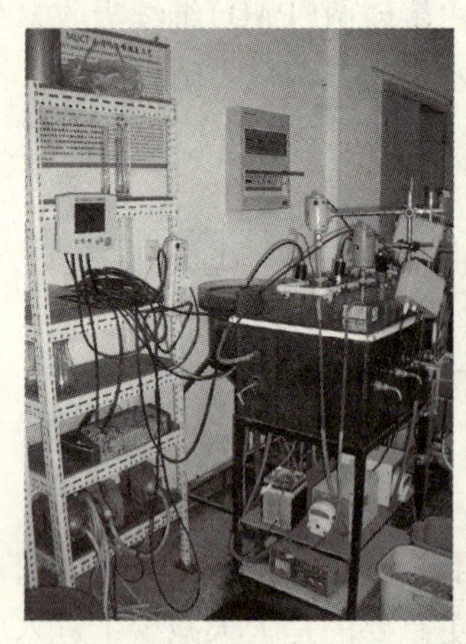
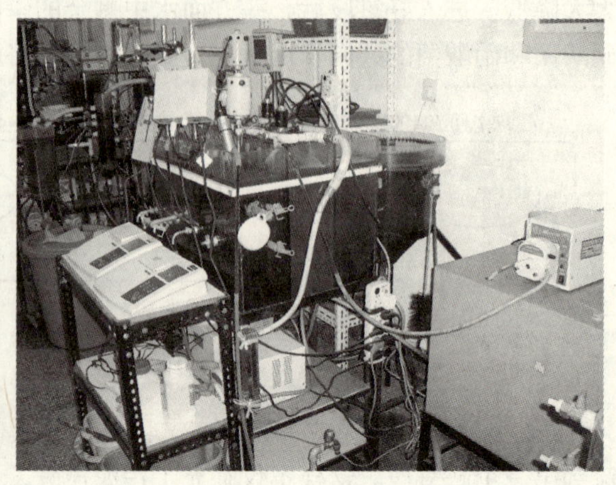

图 6-22　MUCT 试验装置照片

图 6-23 出示了 MUCT 工艺流程。含盐废水（由城市生活污水与粗盐混合而成）被水泵提升至贮水箱，在进水蠕动泵的提升和控制下，原水进入一体化设备，顺次流经厌氧池（1）、缺氧 1 池（2）、缺氧 2 池（3）、好氧 1 池（4）、好氧 2 池（5）和脱氧池（6），最后进入到二沉池。该工艺设有 3 个回流：Q_A 为缺氧 1 池到厌氧池的回流，Q_B 为脱氧池到缺氧 2 池的回流，Q_C 为到缺氧 1 池的污泥回流。厌氧池为放磷提供了良好的环境。污泥回流到缺氧 1 池实现了该池保持尽可能小的硝酸盐浓度。将缺氧 1 池的混合液回流到厌氧段实现了对厌氧环境的最小影响，同时保证了厌氧段的污泥浓度。脱氧池体积虽然很小，但是将从好氧 2 池出水中的高溶解氧耗尽，从而保证硝化混合液回流不会因为溶解氧对反硝化产生影响，为缺氧吸磷创造条件。

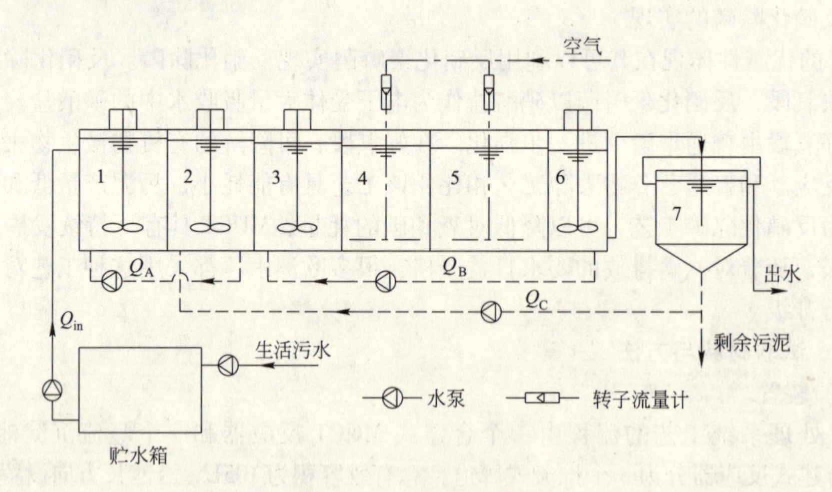

图 6-23　MUCT 工艺图

1—厌氧池；2—缺氧 1 池；3—缺氧 2 池；4—好氧 1 池；5—好氧 2 池；6—脱氧池；7—沉淀池

2. 主要设备和仪器

试验所用仪器和设备参见表 6-1。

3. 分析项目及检测方法

试验理化分析项目与检测方法参见表 6-2。

反应器各部分尺寸见表6-6。

MUCT技术参数 表6-6

反应器	有效体积(L)	反应器	有效体积(L)
厌氧池	23.1	缺氧1池	11.9
缺氧2池	17.2	好氧1池	17.8
好氧2池	27.0	脱氧池	8.0
沉淀池	42.0	贮水箱	157.5

6.6.4 试验内容与方案

以MUCT为主反应器进行生活污水营养物去除效能的试验研究，并在此基础上考察反硝化除磷的影响因素和系统内的生物群落的结构，进而优化反应器实现最优的处理效果。

1. MUCT处理效果影响因素的试验研究

(1) 进水有机物浓度影响的试验

试验在其他条件固定不变的基础上，调整进水C/P，研究进水有机物浓度对处理效果的影响。这种研究可以定量得出不同C/P条件下的厌氧放磷量、缺氧吸磷量、好氧吸磷量，以及除磷和脱氮的效率，从而确定最佳C/P范围。

(2) 硝化液回流比影响的试验

系统内硝化液的回流比决定了进入缺氧区硝酸盐底物的量，从而影响反硝化聚磷行为。由于在缺氧段同时存在普通反硝化菌和反硝化聚磷菌，这两类微生物均以硝酸盐作为电子受体，因此对硝酸盐争夺的成败直接影响到反硝化聚磷菌在缺氧段吸磷能力。试验在不同进水C/P下，研究硝化液回流比对缺氧吸磷的影响。针对低、高两组C/P比条件，研究不同回流比条件下的MUCT处理效果，并定量回流比对系统的影响。

(3) 厌氧段硝酸盐浓度影响的试验

硝酸盐不仅影响缺氧磷的吸收，同时也影响厌氧磷的释放。这也是PAOs与反硝化菌竞争的结果。在厌氧区PAOs与反硝化菌竞争表现为对易降解有机酸的争夺。当厌氧段引入硝酸盐后，普通反硝化菌同时具备电子受体与供体，进行反硝化，消耗了大部分甚至全部低级脂肪酸，造成PAOs无法合成PHB而中止放磷。由于在MUCT系统内，进入厌氧的硝酸盐是通过缺氧至厌氧的回流实现的，研究通过改变缺氧至厌氧的回流比调整厌氧区硝酸盐浓度分别为1mg/L、3mg/L和5mg/L左右，研究3个硝酸盐负荷条件下的系统运行。确定厌氧区硝酸盐浓度对厌氧放磷的具体影响，并定量其相关关系。

(4) 进水中总氮浓度影响的试验

在MUCT内，脱氮主要是靠反硝化除磷菌在缺氧区实现的。因此，在这样的一个单污泥系统内，氮的去除和磷的去除紧密联系起来。如果系统能保持高的厌氧放磷量，那就意味着可以大大促进缺氧吸磷。缺氧吸磷的电子受体为硝酸盐，所以在一定程度上保证缺氧吸磷量就意味着保证了系统的脱氮能力。但是，如果系统的脱氮能力恶化将直接危害除磷的能力。而实际上，MUCT系统处理效果恶化多数都是因为系统的脱氮能力恶化造成的。原因在于，如果系统的反硝化能力受到阻碍，沉淀池内的上清液中将含有大量的硝酸盐。由于沉淀池的污泥直接回流到缺氧1段，造成缺氧1段硝酸盐浓度的积累。而高浓度的硝酸盐又将通过缺氧1段至厌氧段的回流进入到厌氧段，导致厌氧段的硝酸盐浓度的升高。当厌氧段硝酸盐达到一定浓度后，厌氧放磷将不断减少甚至发生缺氧吸磷，直接导致系统除磷的崩溃。

在保证系统一定反硝化能力的条件下，系统的除磷效果就和进水总氮直接相关。试验可以测试不同进水C/N条件下磷的去除情况，包括厌氧放磷量、缺氧吸磷量和好氧吸磷量变化趋势，探究系统可以承受的最小C/N比。

(5) 水力停留时间影响的试验

在MUCT内，保证C/P和C/N不变的条件下，另一个影响处理效果的因素为水力停留时间。试验在确定的C/P和C/N范围内测试不同水力停留时间对厌氧放磷、缺氧吸磷和系统整体处理效果的影响。这样的研究可以实现最佳水力停留时间控制，保证出水水质，降低能耗和减少占地。

(6) 温度影响的试验

温度是影响微生物活性的重要环境条件之一。在温度低于一定值时，细胞膜呈现凝胶状态，营养物质的跨膜运输受阻，细胞因“饥饿”而停止生长。随着温度的升高，细胞生化反应加快，细菌生长速率加快。试验可以通过一系列的温度控制，研究不同温度下的系统脱氮除磷效果。

2. MUCT处理效能的试验研究

根据上述影响因素的研究，选取最优运行控制参数，对反应器的整体运行效果进行优化。不断调整影响因素，将其控制在最佳的范围内，从而形成综合的操作条件。在这样的操作控制下，研究MUCT对各种污染物去除的最优效果，确定MUCT对生活污水处理的最大效能。

3. MUCT生物种群分析的试验

(1) 生物手段确定种群结构

在MUCT强化生物除磷的单污泥系统内，PAOs、硝化菌群和反硝化菌群没有被分离。因此，处理效率不仅仅是工艺问题，也是微生物生态结构问题。在系统处理效果良好和效果恶化时，通过采用分子生物学手段或传统的培养方法对生物种群的构成和动态变化进行调查。

(2) 通过试验计算反硝化聚磷菌在除磷菌中所占比例

很多研究发现PAOs中的一个分支可以在缺氧环境下吸磷。现在普遍的假设认为，生物除磷种群至少包含两类种群。一类为反硝化聚磷菌，能够利用氧或者硝酸盐作为电子受体吸磷；另一类为好氧聚磷菌，只能利用氧进行吸磷。反硝化聚磷菌对除磷的贡献可以通过计算缺氧吸磷速率和好氧吸磷速率的比例求得。这样计算是基于反硝化聚磷菌在好氧和缺氧条件下吸磷速率基本相同，而好氧聚磷菌在缺氧环境下无法吸磷的事实。

在此研究中，磷的缺氧和好氧吸收速率的测定使用同一厌氧段污泥分别在两个单独的序批反应器内进行。当厌氧放磷结束后，悬浮污泥被分成两部分，分别置于两个容积相同的SBR反应器内。其中一个以氧作为电子受体在好氧环境下运行，另一个投加硝酸盐作为电子受体在缺氧环境下运行。在这2个反应器内分别测定好氧和缺氧条件下吸磷速率，计算反硝化聚磷菌在除磷菌中所占比例，从而对除磷系统内微生物的大致组成有一定的了解。

6.6.5　试验结果与分析

1. 可供参考的部分研究结果

在以上试验的设计中，针对生活污水，研究了MUCT的处理潜能与工艺的优化参数。具体结果总结在表6-7。

淡水MUCT优化参数范围　　表6-7

项　目	范围	项　目	范围
C/P	50~80	C/N	5~9
厌氧HRT(h)	2~4	缺氧HRT(h)	5~8
好氧HRT(h)	5~9	硝化液回流比	1.0~1.8
污泥回流比	0.8~1.2	缺氧至厌氧回流比	0.6~1.0
非好氧区体积占的比例(%)	50~70	厌氧区硝酸盐浓度(mg/L)	<1
好氧区溶解氧浓度(mg/L)	1.1~2.0	SRT(d)	12~15

试验将所有参数调整到最优范围内，系统在这样的参数条件下运行良好。典型周期的具体反应参数为：C/P=72，C/N=6.4，厌氧HRT=3.5h，缺氧HRT=7.5h，好氧HRT=8.2h，非好氧区体积占的比例为57%，硝化液回流比=1.5，污泥回流比=1.2，缺氧至厌氧回流比=0.9，SRT=15d。在这样的参数下，氨氮和总磷去除率几乎为100%，COD去除率为94%，总氮去除率为76%。总氮的去除主要发生在缺氧段，伴随着磷的大量吸收。77%的COD去除是在厌氧段发生的，同时伴随着磷的大量释放。这样的效率表明系统内的反硝化除磷菌在发挥作用。

2. 试验分析

MUCT由于其工艺较复杂，因此影响工艺的因素较多。在这样一个复杂的单污泥同时脱氮除磷系统内，很难成功实现稳定的处理效果。通过系统分析研究MUCT影响因素及其相关关系，明确MUCT的运行管理和优化的基本知识。试验中可以针对以下问题进行分析探讨：

（1）造成系统处理能力恶化的原因有哪些？为什么在试验中会出现脱氮很好，但是除磷恶化的现象？

（2）调整回流比的本质作用是什么？缺氧1段到厌氧段回流比会对系统处理效果产生怎样的影响？

（3）实现最大反硝化除磷能力的影响因素有哪些？具体的作用体现在哪些方面？

（4）厌氧、好氧和缺氧水力停留时间过长有哪些不利影响？

（5）为什么在不同C/P条件下，不同的回流比对系统的处理效果表现不一致？

（6）如何对反硝化聚磷菌在总除磷菌中所占的比例做定量分析？

6.7　厌氧——交替好氧/缺氧(Anaerobic-Aerobic/Anoxic)一体化生物脱氮除磷工艺

6.7.1　概述

交替式活性污泥工艺(AAA)是连续流活性污泥法与SBR法相结合的工艺。从运行模式上来说，这是一种介于严格的连续流和间歇式活性污泥法之间的工艺，水连续地进出反应器，在一个完整的周期内，通过切换曝气的停启在同一个反应器中交替地进行硝化和反硝化反应以达到污水脱氮的目的。

AAA工艺具有流程简单、基建投资低、运行方式灵活多变、节能、化学药剂投加量少、产泥少等优点，便于对现有污水厂进行升级改造。但是该工艺的不足也在于需要不断对反应器进行切换曝气以实现交替好氧/缺氧环境，难于控制管理。因此只有实现AAA工艺的自动化控制才能充分发挥该工艺的优势。

6.7.2 试验基础理论

1. AAA交替式活性污泥法工艺的特点

以时间顺序运行的AAA活性污泥法的显著特点是：

(1) 硝化、反硝化过程在同一反应池内完成，降低回流的能耗，流程简单，减少了基建投资。采用该工艺在污水处理厂改造时，原有设施可不作改动，只需定时供气、停气，或数组曝气池通过阀门的切换交替轮流供气，即可达到去除COD、BOD、SS等常规指标并增加脱氮除磷功能的目的，所以，利用AAA活性污泥法改造原有污水厂切实可行。

(2) AAA工艺的总氮去除率可达到70%～90%。除了具有其他单污泥系统的优点外，硝化过程中消耗的碱度能得到部分的补偿，获得比较稳定的pH环境，节约了化学药剂的投加量；此外，充分利用了原水中有机碳源，节省了外碳源投加量；剩余污泥产量少；AAA工艺还能够节省大量曝气能耗，在曝气开始阶段DO有较高的转移速率。对出水氮含量要求不是非常严格的情况下，AAA工艺可以作为一种有效的脱氮工艺。

(3) 从工艺控制的角度看，同其他连续流活性污泥法工艺相比，AAA工艺具有一定的优势。在好氧/缺氧反应器中，混合液中的氨氮、硝态氮和磷在生化反应中的动力学特性为计算其相应的反应速率提供了丰富的信息，并以此来建立动力学控制模型。由于工艺运行本身较高的灵活性，通过改变好氧/缺氧反应器的进水流量和曝气时间，可以方便地调节硝化/反硝化的反应时间和每个周期的负荷。但同SBR法相比，该工艺存在一个明显的不足就是工艺负荷不能过高。

2. AAA交替式活性污泥法工艺脱氮除磷的控制策略

AAA工艺运行过程的优化控制有以下几个控制策略：

(1) 最直接的方法就是依靠在线氨氮分析仪，来指示硝化反应的终点，并以此来决定好氧曝气阶段的停止和缺氧反应的开始；利用在线NO_3^-分析仪来确定反硝化的终点并重新开始曝气。

(2) 以动力学模型为基础的控制策略。在生产性试验研究所得数据的基础上，进行稳态或非稳态假设，通过动力学推导建立了大量的反应动力学模型，来预测氨氮和硝态氮浓度以控制好氧和缺氧反应过程。

(3) NADH生物传感器。利用在线NADH生物传感器的信号来监控污水生物处理系统中的微生物活动。

(4) 利用DO、ORP和pH曲线上的特征点进行在线实时控制。

由于DO、ORP和pH在线监测仪器较为低廉的价格和较低维护费用，简单实用，目前在国内外已经得到了广泛的应用。许多研究者的研究结果表明，在生物去除有机物和脱氮除磷过程中，可用好氧段DO曲线上的“平台”指示有机物的去除；用DO曲线上的

“DO 肘”（DO elbow）和 pH 曲线上的“氨谷”（ammonia valley）指示硝化反应的结束；用缺氧段 pH 曲线上的“硝酸盐峰”（nitrate apex）和 ORP 曲线上的“硝酸盐膝”（nitrate knee）确定反硝化的终点。

6.7.3 试验材料与方法

1. 试验装置

试验装置主体为 A－A/A 工艺反应器，全部由有机玻璃制成。其平面图和剖面图分别如图 6－24 和图 6－25 所示。

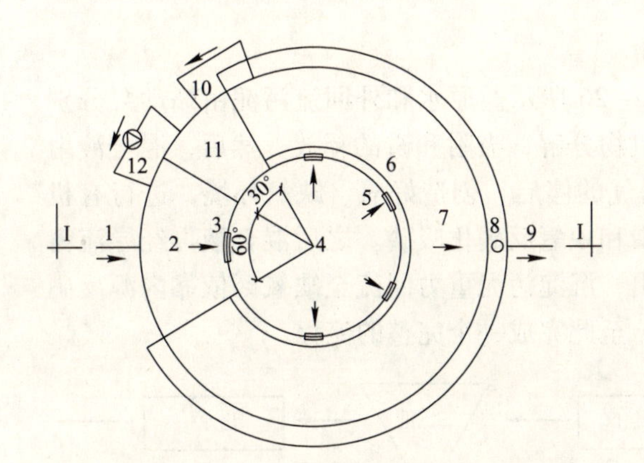

图 6－24 A－A/A 一体化工艺试验装置图

1—进水管；2—厌氧区；3—导流窗；4—交替好氧/缺氧区；5—导流窗；6—外导流板；7—沉淀区；8—出水堰；9—出水管；10—外回流管；11—缺氧区；12—回流泵

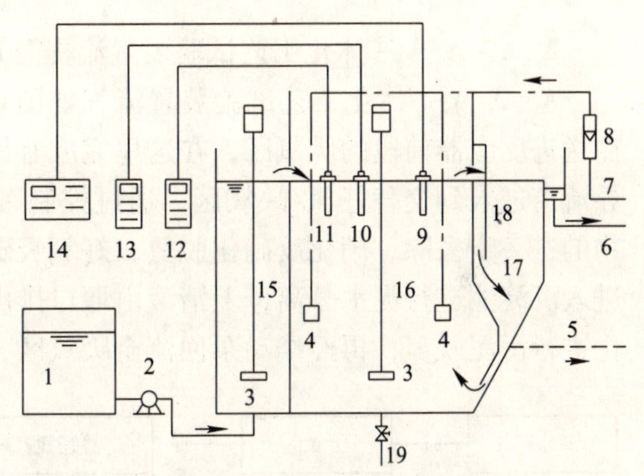

图 6－25 A－A/A 一体化试验系统 I－I 剖面及控制示意图

1—原水水箱；2—进水泵；3—搅拌器；4—曝气器；5—污泥回流管；6—出水管；7—压缩空气；8—气体转子流量计；9—pH 传感器；10—ORP 传感器；11—DO 传感器；12—DO 测定仪；13—ORP 测定仪；14—pH 测定仪；15—厌氧区；16—交替好氧/缺氧区；17—沉淀区；18—外导流板；19—泄水管

为保证该工艺在整个反应周期内都能实现生物脱氮除磷的功能，在传统 AAA 工艺的基础上对试验装置进行了改造，除了主体部分的交替好氧/缺氧区和沉淀区外，又分别增设了一个厌氧区和缺氧区。该装置改造后各区分布呈独特的同心圆结构，空间布置极为紧凑。因除磷而设的外回流，除缺氧区至厌氧区段需设一回流泵外，由沉淀池至缺氧区仅靠水位差就可以实现重力回流。除此之外，其他各区之间不设管道系统，相邻各区通过调节反应器器壁上的导流窗来实现互通，流程极短。各区之间甚至能够进行功能互换，操作方式极为灵活多变，使得利用同一反应器实现多种工艺流程成为可能。

该装置上部为圆柱形，底部除沉淀区部分为使污泥回流顺畅设计成半圆台形外，另外两区厌氧区和缺氧区仍是柱体。反应器高 600mm、直径 600mm、总有效体积为 105L。底部在沉淀区及交替好氧缺氧区分别设有排泥管；以黏砂块为微孔曝气器，采用鼓风曝气，设转子流量计计量气量；反应器内各区设有加热器，由温度控制仪在线检测水温变化；WTW Multi 340i 型的 DO、ORP 和 pH 测定仪在线测定反应过程中的 DO 浓度、ORP 和 pH 值的变化，并根据反应进程分时段取样检测各分析指标。

反应器的主要技术参数如表 6－8 所示。

A－A/A 一体化试验系统反应器的主要技术参数　表 6－8

主要技术参数	数　值	主要技术参数	数　值
总体积	105L	进水流量	77～108L/d
厌氧区体积	15L	HRT	8～10h
交替好氧/缺氧区体积	32L	SRT	15～20d
沉淀区体积	50L	温度范围	16～22℃
缺氧区体积	8L		

2. A－A/A 一体化工艺试验装置流程简介

A－A/A 一体化工艺试验装置流程如图 6－26 所示。原水和外回流污泥由蠕动泵分别输送进反应器前段的厌氧区，在这里完成有机物分解、吸附和磷的释放。然后，混合液由导流窗进入到交替好氧/缺氧区，通过控制曝气的停启，创造好氧、缺氧环境，进行有机物的进一步去除、硝化反硝化脱氮、好氧吸磷和缺氧反硝化吸磷。之后混合液再经导流窗进入沉淀池进行泥水分离，上清液由堰口排出，沉淀污泥重力回流至缺氧区依靠内源反硝化进行污泥脱氮，再经蠕动泵回流至厌氧区，至此完成一个完整的流程。

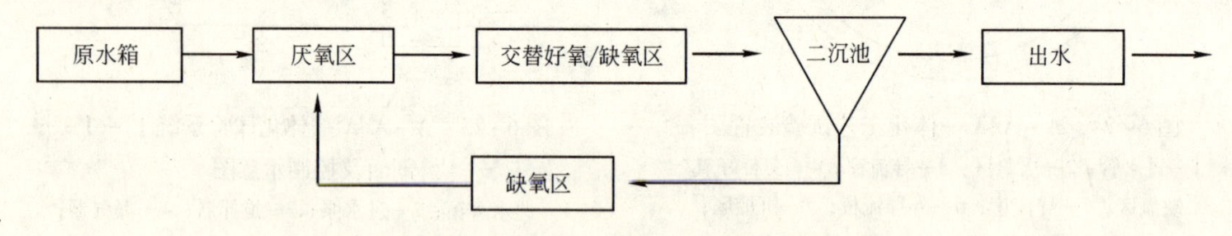

图 6－26　A－A/A 一体化工艺试验装置流程

值得一提的是，该反应器的交替曝气区和污泥沉淀区采取合建式曝气池的构造，污泥循环存在两种不同的方式。在曝气阶段，泥水混合液在曝气提升的作用下，由导流窗经导流区进入沉淀区，泥水分离后的沉降污泥再经底部的污泥回流缝回流至曝气池内，形成一个顺时针方向的污泥循环；在搅拌阶段，在曝气池内搅拌器旋转搅拌的抽吸作用下，沉淀池内的污泥反方向经导流区进入曝气池内，曝气池底部的泥水混合液再经回流缝进入到沉淀区完成泥水分离，形成一个逆时针方向的污泥循环。这两种动态的、不断交替的污泥循环方式使得整个污泥在较短的时间内就会循环一遍，不但不会干扰沉淀区的泥水分离，而且还避免了因污泥停留时间过长，污泥反硝化所引起的污泥上浮。出水清澈，经实测，在运转正常的情况下，出水浊度一般在 3～6 之间。试验所用主要仪器和设备参见表 6－1。

3. 分析项目与方法

参见表 6－2。

6.7.4　试验内容与方案

1. A－A/A 一体化工艺脱氮过程的实时控制

在定时控制好氧、缺氧时间基础上，考察反应器内 DO、ORP 和 pH 的变化规律与系统内有机物去除和硝化反硝化的相关性，从而探索优化 A－A/A 工艺的有效途径及其实时控制策略。并验证 DO、ORP 和 pH 各参数变化曲线上的特征控制点的稳定性和准确性，进而建立一套可靠的实时控制策略。然后，将该策略应用于 A－A/A 工艺系统中，评价其在系统冲击负荷存在的情况下的适用性，并对运用不同控制策略的系统性能进行比较和分析。

2. A－A/A一体化工艺短程生物脱氮的实现与过程控制

试验可采取2种方法实现与稳定A－A/A工艺连续流交替好氧/缺氧短程硝化反硝化：低溶解氧和常溶解氧控制。采取两种控制模式即固定时间控制模式和实时控制模式。试验共分4个阶段：(1)首先在定时控制的模式下进行低溶解氧下的污泥驯化，DO控制在0.5mg/L左右，稳定实现短程生物脱氮后，再解除溶解氧限制；(2)在正常溶解氧及定时控制模式下，进行短程生物脱氮的培养驯化；(3)待试验效果稳定后，再在定时控制的基础上对工艺运行进行优化控制，即实时控制，并建立一套行之有效的实时控制策略；(4)最后对实现短程生物脱氮的低溶解氧下的定时模式、常溶解氧下的定时控制模式和常溶解氧下的实时控制模式进行比较，做出科学的评价。要求整个试验过程中获得的试验数据均在相同的试验条件下运行数个周期后取得。

试验初始污泥浓度MLSS控制在4000mg/L左右，经过一段时间的培养，将试验污泥浓度控制在5000mg/L左右。温度为常温，控制在21℃左右。控制污泥龄在15～20d。并根据试验的不同阶段在原水中投加外碳源，外加碳源可采用工业用无水乙醇。

3. 反硝化聚磷菌的培养

试验首先采取定时控制的模式实现反硝化聚磷菌的培养驯化，稳定的实现反硝化除磷。由于生活污水的C/N比较低，硝化产生的大量硝态氮去除较差，回流至厌氧区后，对厌氧释磷产生抑制作用，厌氧区厌氧环境不充分，放磷较差，导致合成PHB不充足，这就影响了后续的好氧和缺氧吸磷的效果。为避免这种状况发生，提高原水的C/N比，系统首端的厌氧区内的硝态氮被大量去除，聚磷菌释磷能力增强，后续好氧缺氧吸磷的能力逐渐加强，经过厌氧/好氧、厌氧/缺氧环境的不断强化，聚磷菌的反硝化能力也逐渐提高。当除磷率达到60%以上时，可以认为已完成对A－A/A系统脱氮除磷活性污泥的培养驯化过程。系统在定时控制模式下进入稳定运行状态。

然后采用实时控制模式对反硝化除磷进行稳定与维持，与定时控制模式下的反硝化除磷效果进行比较。

6.7.5　试验结果与分析

1. 根据试验数据，分析不同运行模式下A－A/A系统去除有机物、脱氮除磷的总体性能。

2. 总结DO、ORP和pH在脱氮过程中与反应器中NH_4^+、NO_2^-、NO_3^-转化及其去除程度的相关性，进而建立脱氮除磷过程的实时控制策略。

3. 考察应用实时控制策略的系统在冲击负荷下的表现，并与应用定时控制策略的系统性能进行比较和分析。

4. 总结A－A/A工艺实现短程硝化反硝化的有效控制措施及其影响稳定运行的关键因素。

5. 比较分析A－A/A工艺实现短程硝化反硝化后在以下3种运行模式下的稳定状态：低溶解氧下的定时模式、常溶解氧下的定时控制模式和常溶解氧下的实时控制模式。

6. 总结A－A/A工艺实现反硝化除磷的快速启动措施及维持稳定运行的控制方法。

6.8 连续流分段进水生物除磷脱氮工艺试验

6.8.1 概述

目前的生物脱氮除磷处理工艺，例如 A^2/O、MUCT 和改良 Bardenpho 工艺，厌氧和好氧区必须顺序排列用以去除氮磷，且需要把硝化液回流到缺氧区以增强总氮的去除率，这种方法必然需要额外的能量以进行硝化液内回流，且缺氧区需要投加外碳源以完成反硝化。另外，由于好氧区自养菌的生长消耗碱度，需投加额外的碱性物质以中和 pH 值。因此，这些工艺的运行成本在一定程度上有所提高。针对这些营养物去除工艺中的缺点，人们提出了分段进水生物除磷脱氮工艺。目前，分段进水生物脱氮除磷工艺作为一种高效的生物脱氮除磷工艺被广泛研究和应用。

6.8.2 试验基础理论

1. 工艺原理

（1）分段进水生物脱氮工艺原理

分段进水生物脱氮工艺的原理图如图 6-27 所示(以 4 段式为例)。此系统由 4 段组成，每一段包括一个缺氧区和一个好氧区。回流污泥回流至系统首端。第一段的缺氧区主要对回流污泥中的硝态氮进行反硝化，同时，进入该区的污水为反硝化提供碳源。然后，混合污水流入第一段的好氧区进行硝化反应，反应后的混合污水流入到第二段的缺氧区进行反硝化，同时，第二段缺氧区进入的污水为反硝化提供碳源，混合污水进入到第二段的好氧区进行硝化反应，以后各段以此类推。系统通常不设置内回流设施。因最后一段进入的污水只发生了硝化反应，没有反硝化的条件，出水必然含有一定的硝态氮，因此，对出水总氮有严格要求的污水处理工程，可以考虑最后一段不投加污水，只投加碳源，并在最后的好氧区加大曝气量，以去除碳有机物。

（2）同时具有脱氮除磷功能的分段进水工艺

具有除磷功能的分段进水工艺是将分段进水技术与 UCT 或 VIP 工艺结合起来，在分段进水的每一段均设有厌氧/缺氧/好氧区，污水分别流入各段的厌氧区与从下游抽回的硝化液相混合，这一混合液流经缺氧区再流入好氧区。好氧区发生硝化作用，强化除磷和有机物(CBOD)的去除。缺氧区发生反硝化作用和一些 CBOD 的去除。厌氧区发生磷的生物释放(生物强化除磷的前提)和一些 CBOD(VFAs)的去除(工艺原理如图 6-28 所示)。

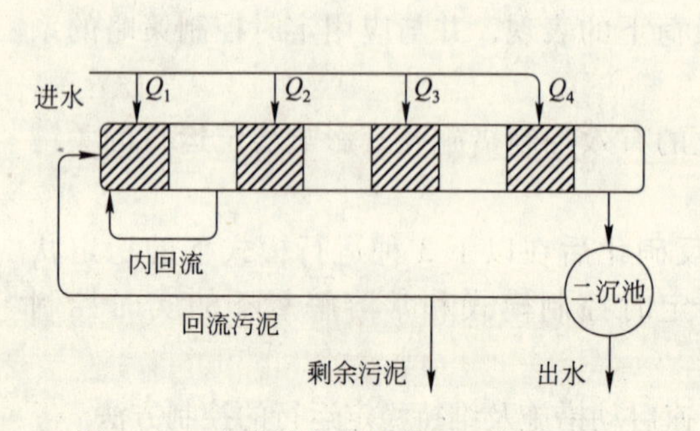

图 6-27 分段进水生物脱氮工艺原理图

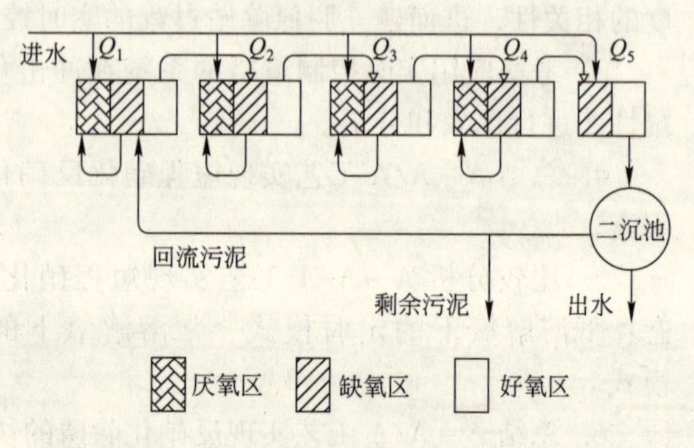

图 6-28 分段进水生物除磷脱氮工艺原理图

2. 分段进水生物脱氮除磷工艺特点

(1) 工艺优点

1) 在只进行脱氮的工艺系统中，多段缺氧/好氧区顺序排列，无需设置硝化液内回流设施，而在具有同时脱氮除磷功能的分段进水工艺中，也只需一套内回流设施，节省了内回流所需的能量，运行成本降低。

2) 由于污水分散进入各段，其总的稀释作用被推迟，因而前面各段的MLSS高于后面几段，对于一个到终沉池的已知MLSS浓度，分段进水生物营养物去除工艺(BNR)比常规法具有较多的污泥储量和较长的固体停留时间(SRT)，从而增加了池容的处理能力。

3) 缺氧区进水，可以充分利用原水中的可快速生物降解COD，为反硝化提供碳源，从而节省外碳源投加量；另外，缺氧区进水，反硝化消耗大量的碳有机物，使得进入好氧区的碳有机物明显降低，异养菌的生长受到限制，利于自养硝化菌的生长。

4) 分段进水生物脱氮工艺和传统脱氮工艺相比，N的去除效率较高；一定条件下，如原水C/N比合适的情况下，最后一段不加污水，只投加碳源，氮的去除率可达99%。

5) 运行操作比较灵活。

(2) 工艺局限性

1) 原水多点投配，与只首端进水的传统推流工艺相比，其更加趋向于完全混合，分段越多，这种现象越明显。

2) 缺氧、好氧区交替存在，从好氧区流入到缺氧区的混合液不可避免的会携带部分溶解氧(DO)，携带的DO必然消耗缺氧区进水中的可快速降解COD，对低C/N比的生活污水来说，使得反硝化碳源不足的问题更加严重。

3) 对具有除磷功能的分段进水工艺来说，由于缺氧/好氧区不断交替，聚磷菌很难富集，也很难成为优势菌种。

4) 缺氧、好氧反应区交替频繁，反硝化菌和硝化菌没有固定的生长环境，不利于其生长。

3. 分段进水生物脱氮工艺中氮的理论去除效率

假设各段反应完全的情况下，对分段进水生物脱氮工艺的最后一段进行氮的物料平衡，见式(6-10)：

$$(1+R)\cdot Q\cdot S_{NO_3,\ eff}=A\cdot Q\cdot S_{TKN,\ inf} \tag{6-10}$$

式中　Q——入流污水总量；

$S_{NO_3,eff}$——出水硝态氮浓度，mg/L；

$S_{TKN,\ inf}$——进水总凯氏氮浓度，mg/L；

A——最后一段的入流量与总的进水量之比，%；

R——污泥回流比，%。

因此，氮的理论去除率为：

$$\Gamma=1-(Q\cdot S_{NO_3,eff})/(Q\cdot S_{TKN,inf})=(1-A/(1+R))\times 100\% \tag{6-11}$$

当各段进水流量相等的情况下，上式可以表示为式(6-12)：

$$\Gamma=\left(1-\frac{1}{n(1+R)}\right)\times 100\% \tag{6-12}$$

式中　n——反应器的段数。

4. 分段进水生物除磷脱氮工艺运行控制的主要参数

以分段进水生物脱氮工艺，即多段 A/O(缺氧/好氧)顺序排列的系统为例，阐述在分段进水生物脱氮工艺的试验研究中，需特别注意的几个工艺影响参数。

(1) 进水的流量分配

进水流量分配是系统结构设置及脱氮除磷效果的重要影响因素。不同的流量分配使得各段缺氧区和好氧区的设置及系统的处理效果不同。适当的进水流量分配比可导致最小的水力停留时间(HRT)。流量分配比的确定应根据具体的水质及环境条件。如第一段的缺氧区只需对回流污泥中的硝态氮进行反硝化，因此，可以适当减少第一段进水流量并缩小缺氧区的体积，而第二段的缺氧区的进水量则决定第一段产生的硝态氮的去除效果，并决定第二段好氧区的体积设置。

(2) 溶解氧

分段进水生物脱氮工艺中，由于工艺结构的特点，缺氧区和好氧区的交替较为频繁。因此，由好氧区到缺氧区的溶解氧携带问题是必须考虑的重要问题之一。在满足硝化反应完成和剩余碳有机物去除的情况下，最大程度上降低曝气量可使得由好氧区到缺氧区 DO 的携带量明显减少，从而为反硝化提供良好的缺氧环境并减少缺氧区可快速降解有机碳源的消耗。另外，控制较低的 DO 浓度有利于同步硝化反硝化等现象的发生，从而提高系统的脱氮效果。

(3) C/N 比

原水 C/N 是影响分段进水生物脱氮工艺 TN 去除效率及外碳源投加量的重要因素。对于分段进水工艺，原水分别在缺氧区进入反应器，为缺氧区的反硝化提供碳源。对于高 C/N 比的污水而言，缺氧区进水为反硝化提供了充足碳源，条件合适的情况下，反硝化会彻底完成，而剩余的碳水化合物会在接下来的好氧区去除，系统的 TN 去除率完全取决于其他的环境因素。但对低 C/N 的污水而言，原水提供的碳源不足以使反硝化进行完全，使得每一段都有剩余的硝态氮产生，并不断的累积到后段。

(4) 污泥回流比

分段进水生物脱氮工艺中，回流污泥通常回流到系统首端。污泥回流比的大小对 TN 去除率及系统平均 MLSS 具有一定的影响。

一方面，第一段的缺氧区主要对回流污泥中的硝态氮进行反硝化。因此，不同的污泥回流比对系统 TN 的去除效果必然会有一定影响。另一方面，原水分别在各缺氧区进入反应器，进水对回流污泥总的稀释作用相当于推迟了，因此，回流污泥浓度对系统前两段污泥浓度的影响较大，从而对系统的平均 MLSS 影响较大，最终影响系统的 SRT。对污泥回流比等参数进行适当控制可以使分段进水 BNR 系统的平均 MLSS 较普通的 BNR 系统增加 35% ~70%。

对于分段进水 BNR 系统的设计，通常控制较低的污泥回流比(0.25 ~0.75)，以提高二沉池回流污泥的浓度。二沉池回流污泥的浓度(X_R)可通过对二沉池进行物料平衡得出(忽略出水悬浮物浓度)，二沉池进出水情况见图 6-29。

因此得出物料平衡方程，见式(6-13)

$$(Q + Q_{RAS})X_e = Q_{RAS} \cdot X_R \qquad (6-13)$$

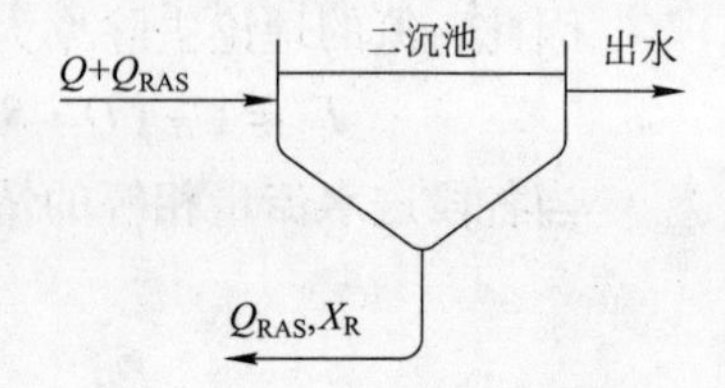

图 6-29 二沉池物料平衡图

所以有式(6-14)

$$X_R = (1 + Q/Q_{RAS})X_e \quad (6-14)$$

式中　Q_{RAS}——回流污泥量；

Q——总的进水量；

X_e——系统最后好氧区出水 MLSS 浓度，mg/L；

X_R——二沉池回流污泥浓度，mg/L。

从上式可以看出，Q_{RAS}越小，X_R 越大。二沉池回流污泥浓度越大，第一段、第二段的 MLSS 越大，从而提高系统的平均 MLSS。

(5) 缺氧区与好氧区的体积比($V_{缺}/V_{好}$)

各段的 $V_{缺}/V_{好}$ 主要由进水水质、出水要求及入流分配比来决定。通常情况下，$V_{缺}/V_{好}$ 是进水 C/N 的函数，即 $V_{缺}/V_{好} = f(C/N)$。合理的 $V_{缺}/V_{好}$ 将使各段缺氧区和好氧区的处理能力得到充分发挥。对于分段进水工艺的设计，总的缺氧区体积及好氧区体积，可以参考传统的脱氮系统进行设计，每段的 $V_{缺}/V_{好}$ 则需要根据水质及入流分配比来确定。

6.8.3　试验材料与方法

试验用反应器通常由有机玻璃制成，工作容积根据具体情况制定。每段的体积通常是固定不变的，但每段的缺氧区和好氧区的容积比可根据试验需要进行适当的调节，因此，在反应器的设计中，应充分考虑到调节的灵活性。为使缺氧区混合较好，通常在缺氧区设置机械搅拌器；每个缺氧区和好氧区在距反应器底部一定高度的地方设置取样口；采用空压机进行曝气，空气流量计来控制曝气量；如果要控制反应温度，需在反应器安装温控器；进水及污泥回流由蠕动泵来控制。

试验装置的构成图如图 6-30 及图 6-31 所示。

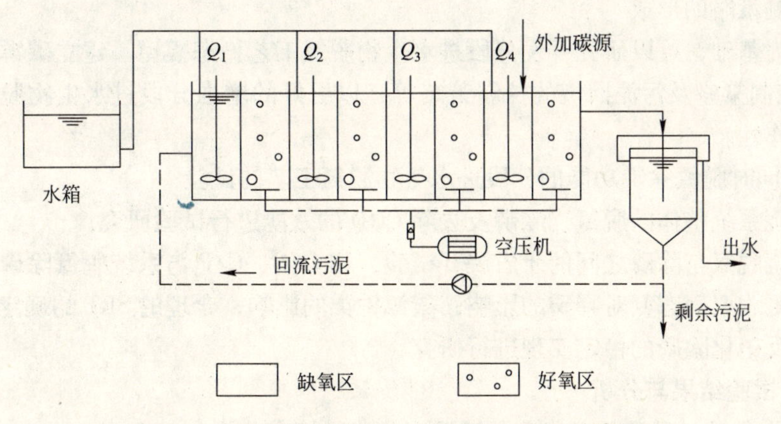

图 6-30　四段进水脱氮工艺试验装置及设备示意图

6.8.4　试验内容与方案

根据试验研究的方向及侧重点不同，可以选择如下的试验内容与方案。

1. 系统脱氮效能的提高及控制参数的优化

针对不同的水质及出水要求，试验可以围绕以下方面展开：

(1) 参数的合理确定

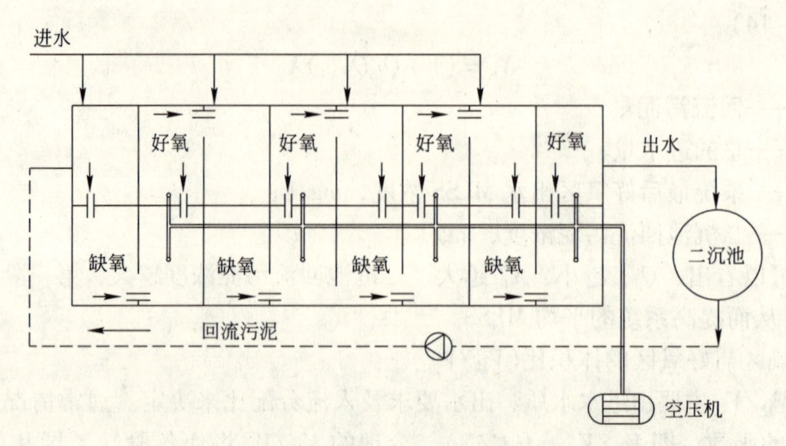

图 6-31 四段进水脱氮工艺试验装置的平面示意图

1）针对不同的进水水质和出水要求，可以考察流量分配比的合理确定及其对 TN 去除效果的影响；

2）每段缺氧区与好氧区容积比、系统水力停留时间(HRT)、污泥回流比等的合理确定。

(2) 影响因素的研究及控制参数的优化

1）DO 对 TN 去除效率和同步硝化反硝化的影响；

2）不同进水 C/N 和 TN 去除率的相关关系；

3）碳源种类及碳源投加量对 TN 去除效果的影响；

4）污泥回流比对污泥浓度、污泥龄及 TN 去除效率的影响；

5）温度对硝化反硝化的影响等。

(3) 控制策略的形成

以试验为基础，可以研究开发分段进水生物脱氮工艺稳态模型、建立碳源投加控制策略、DO 的控制策略及污泥回流的控制策略等，以更好的增强分段进水生物脱氮除磷工艺的实际可操作性。

2. 具有同时脱氮除磷功能的分段进水生物脱氮工艺的试验

(1) 围绕系统整体的脱氮、除磷及去除 COD 的效能进行试验研究；

(2) 围绕脱氮与除磷之间的矛盾展开试验，如 C/N、C/P 与系统脱氮除磷效率的相关关系；硝态氮、亚硝态氮对释磷的影响；碳源种类的影响；合理的 SRT 的确定等；

(3) 对反硝化除磷的稳定实现进行研究。

6.8.5 试验结果与分析

1. 对所取得的试验数据及发现的试验现象进行综合分析。

2. 分段进水生物脱氮工艺怎样合理的控制固体停留时间(SRT)?

3. 如何合理的确定分段进水生物脱氮工艺的进水流量比?

4. 在三段式分段进水工艺中，当系统最后一段的 MLSS 确定为 3000mg/L 时，试计算不同的污泥回流比 R(R=0.5、0.75、1)下，系统各段的 MLSS 值?

5. 在具有同时脱氮除磷功能的分段进水生物脱氮工艺的试验中，可能的影响因素有哪些？并结合其他脱氮除磷工艺预测这些影响因素对系统运行的潜在作用。

6.9　上向流曝气生物滤池再生水处理工艺试验

6.9.1　概述

曝气生物滤池(Biological Aerated Filter，简称BAF)是生物接触氧化法的一种特殊形式，即在生物反应器内装填高比表面积的颗粒填料，以提供微生物膜生长的载体，并根据污水流向不同分为下向流或上向流。污水由上向下或由下向上流过滤料层，在滤料层下部鼓风曝气，使空气与污水逆向或同向接触，使污水中的有机物与填料表面生物膜通过生化反应得到稳定，填料同时起到物理过滤作用。

6.9.2　试验基础理论

1. 曝气生物滤池工艺的原理

曝气生物滤池主要是利用填料表面附着的生物膜中的微生物氧化分解作用、填料及生物膜的吸附截留作用、沿水流方向形成的食物链分级捕食作用以及生物膜内部微环境和缺氧段的反硝化作用来处理污水的。

曝气生物滤池工作的首要条件是要使微生物附着在载体表面上，从而污水在流经载体表面过程中，通过有机营养物质的吸附，氧向生物膜内部的扩散以及在膜中所发生的生物氧化作用，对污染物进行分解。在生物滤池中，污染物、溶解氧及各种必需营养物首先要经过液相扩散到生物膜表面，进而到生物膜内部，不但维持了膜上生物的生长，而且扩散到生物膜表面或内部的污染物有机会被生物膜生物所分解与转化，最终形成各种代谢产物(CO_2、水等)。在生物膜的最外层形成以好氧微生物为主体的生物膜层，在膜的深部因为膜厚使得扩散作用减弱，制约了溶解氧和有机物的渗透，往往形成兼氧和厌氧区。在这里，细菌往往处于内源呼吸状态，对填料的附着能力较差，容易脱落。由于厌氧菌的作用，硫化氢、氨和有机酸等物质容易积累。但是，如果体系供氧充分，厌氧层的厚度会被压缩至某一限度，形成的有机酸在异养菌的作用下转化为CO_2和水。在生物膜法中，污水有机物及其他污染物的去除是依靠生物膜的正常代谢活动和保持好氧层膜的活性。

曝气生物滤池的过滤作用表现为填料本身就具有机械的截留作用和吸附作用，进水中的颗粒粒径较大的悬浮物质被截留；经过培养后颗粒滤料上生长有大量微生物，微生物新陈代谢作用中产生的粘性物质如多糖类、酯类等起吸附架桥作用，与悬浮颗粒及胶体粒子粘连在一起，形成细小絮体，通过接触絮凝作用而被去除；此外填料巨大的比表面积和孔隙对有机物分子有很强的吸附作用。因此，生物滤池通过过滤作用就能去除部分污染物，与一般的生物接触氧化反应器仅靠微生物作用去除污染物相比，更具有优越性。

随着过滤的进行，滤层中新产生的生物膜和SS积累不断增加，当水头损失达到极限水头损失时，应及时进行反冲洗以恢复滤池的处理功能。反冲洗一般采用气水联合反冲，在气水对填料的流体冲刷和填料间相互摩擦下，老化的生物膜和被截留的SS与填料分离，随水被冲出滤池。

由于生物膜生长并固着在比表面积较大的滤料表面上，使得池中容纳着大量微生物，即体现出容积负荷高、停留时间短的特点，又能保证滤池在较低的污泥负荷下运行，为进一步降解污水中的有机污染物提供了可靠的保证，进而获得了优良的处理效果，保证了出水的稳定性。

2. 工艺特点

曝气生物滤池与其他水处理工艺相比，其特点为：

(1) 总体投资省，包括机械设备、自控电气系统、土建和征地费，直接一次性投资比传统方法低1/4。

(2) 曝气生物滤池的 BOD_5 容积负荷可达到5~6kg $BOD_5/(m^3 \cdot d)$，是常规活性污泥法或接触氧化法的6~12倍。过滤速度高，处理负荷大大高于常规处理工艺。主要构筑物通常为常规处理厂占地面积的1/10~1/5，厂区布置紧凑，大大节省了占地面积和大量的土建费用。

(3) 处理水质量高，在 BOD_5 容积负荷为6kg $BOD_5/(m^3 \cdot d)$时，其出水SS和 BOD_5 可保持在10mg/L以下，COD_{Cr}可保持在60mg/L以下。

(4) 处理流程简单。由于曝气生物滤池对SS的生物截留作用，使出水中的活性污泥很少，故不需设置二沉池和污泥回流泵房，处理流程简化，占地面积进一步减少。

(5) 由于曝气生物滤池技术流程短，池容积小和占地省，使基建费用大大低于常规二级生物处理。同时，粒状填料使得充氧效率提高，氧的传输效率高，供氧动力消耗低，处理单位污水电耗低，运行费用比常规处理低1/5。

(6) 曝气生物滤池抗冲击负荷能力很强，受气候、水量和水质变化影响小。没有污泥膨胀问题，微生物也不会流失，能保持池内较高的微生物浓度，因此日常运行管理简单，处理效果稳定。即使长时间不运转也能保持其菌种，如长时间停止不用，其设施可在几天内恢复正常运行，工艺可以间断运行。

(7) 可建成封闭式厂房，减少臭气、噪声和对周围环境的影响，视觉效果好。全部模块化结构，便于进行后期的改扩建。

曝气生物滤池的主要缺点是：

(1) 预处理要求高。

(2) 产泥量相对于活性污泥法稍大，污泥稳定性稍差。

6.9.3　试验材料与方法

1. 试验装置

曝气生物滤池的反应装置如图6-32所示。两个试验滤柱内径为100mm，高度为3m，内部充填直径2~4mm的黏土烧制陶粒填料。填料的平均比表面积约为9000~10000cm^2/g，孔隙率为0.4。填料填充高度均为1.8m。每个滤柱都设有12个取样口，从填料底部开始每隔15cm设一个，每个取样口均可取水样及固体填料样品，并可在运行期间测量水头损失。两个滤柱均从底部进水，以蠕动泵作为进水泵。其中一个滤柱在底部曝气，以进一步去除出水中有机物以及完全硝化为目标；另一个滤柱为缺氧滤柱，以前一个好氧柱的出水为源水，投加甲醇后进行反硝化脱氮；分别在两个柱前投加化学药剂比较除磷效率。由于要考察不同水力负荷下的处理效率，两个滤柱并不总是以相同水量同时运行，在缺氧柱流量较好氧柱大的时候，试验启动两个运行条件完全相同的好氧柱平行运行，以向缺氧柱供应足够的水源。

2. 反应器运行方法

试验可取居民生活污水或二级生物处理后的排放水作为试验用水。试验中可以灵活组

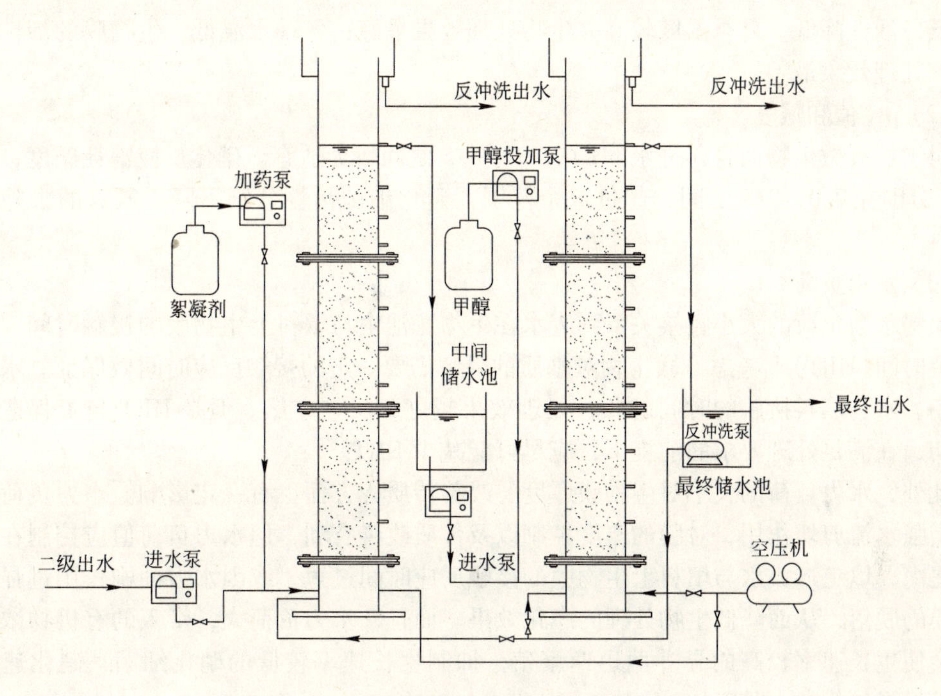

图6-32　曝气生物滤池反应器装置示意图

合成为顺序式除碳、硝化、反硝化及除磷三级滤池，原水进入第一级滤柱进行有机物的降解，然后再进入第二级滤池进行氨氮的硝化，最后在第三级滤池中投加碳源进行反硝化以及投加化学絮凝剂以进行微絮凝除磷。此流程适合于对回用水中氮磷含量要求较严格的场合。该工艺还可以将反硝化滤池置于除碳滤池前，将硝化滤池的出水回流至反硝化滤池，利用生活污水中的有机物作为反硝化碳源；另外根据出水要求的不同还可以简化成二级甚至一级滤池。

滤柱反冲洗时间由柱内水头损失的大小来控制，一般在滤柱水头损失达到100cm的时候进行反冲洗，反冲洗条件在运行过程中通过试验确定，大多数情况以如下方式进行：先以气流量50m^3/h单独气洗2min，然后再以相同气流量与40m^3/h的水流量联合反冲5min，最后停止气洗，用最终出水以40m^3/h的水流量冲洗滤柱3min。在正常进水前将反冲洗水排出。

3. 分析项目及检测方法

参见表6-2。

6.9.4　试验内容与方案

1. 曝气生物滤池净化效果影响因素的试验研究

曝气生物滤池是依靠在载体上固定生长的大量微生物体对有机物的分解和对氨氮的硝化而去除水中污染物，所以能够影响微生物生长代谢活性的因素都会影响到生物处理的净化效果，如进水水质、水温、pH、溶解氧、水力负荷、水力停留时间以及曝气方式、填料类型、结构特点和填料比面积等都对处理效果产生影响。

(1) 水温

大多数微生物的新陈代谢活动会随着温度的升高而增强，随着温度的下降而减弱，水温降低，活性降低。夏季温度较高，生物处理效果最好；冬季水温低，生物膜的活性受到抑制，处理效果最差。

（2）pH 值和碱度

对于好氧微生物而言，进水 pH 在 6.5～8.5 之间较为适宜。硝化反应消耗碱度，其适宜 pH 范围在 7.0～8.5 之间，超过这个范围，硝化细菌活性急剧下降，氨氮的去除效果降低。

（3）水力负荷

填料水力负荷的大小直接关系到废水在生物滤池中与填料上生物膜的接触时间。从水力停留时间(HRT)上考虑，微生物对基质的降解需要一定的接触反应时间做保证。水力负荷越小，水与填料接触的时间越长，处理效果越好；反之亦然。但是 HRT 与工程造价关系密切，在满足处理要求的前提下，应尽可能减少 HRT。

此外，水力负荷的大小对生物膜厚度、改善传质等方面也有一定影响。水力负荷值提高，增强水流剪切作用，对膜的厚度控制以及传质改善有利，但水力负荷值应控制在一定范围之内，以免造成水与填料上生物膜的接触反应时间过短，或因水力冲刷作用过强致使生物膜的脱落，从而降低生物处理的净化效果。而且，水力负荷大，带入的有机物浓度加大，会使生长速率较高的异养菌迅速繁殖，抑制生长速率较低的硝化细菌，硝化速率下降，降低了氨氮的去除率。

（4）溶解氧

溶解氧是影响生物膜生长和出水效果的重要因素。当溶解氧低于 2mg/L 时，好氧微生物生命活动受到限制，对有机物和氨氮的氧化分解不能正常进行。曝气生物滤池的曝气除了充氧、传质作用外，还可以通过对水体的扰动达到强制脱膜，防止填料堵塞，保持生物活性的作用。因此，控制曝气量大小十分重要。

过大的曝气量会对生物膜的生长产生负面影响，特别是对于待处理污水的污染物浓度低且生化可降解性不好时，在大曝气量的情况下，微生物极易在营养不够时自身消耗，难以在填料表面附着生长。

2. 试验方案

（1）深入研究上流式曝气生物滤池对有机物、氨氮、SS 的去除机理、规律，并给出其动力学模型。

（2）对 UBAF 硝化反应器运行过程中的各影响参数进行系统研究，找到最佳控制条件。

（3）通过对 UBAF 缺氧反硝化反应器前置与后置反硝化脱氮的对比，反硝化碳源的最佳药剂选择、最佳投加量的确定；建立行之有效的脱氮方式，使出水总氮低于 2mg/L。

（4）争取实现曝气生物滤池的短程硝化反硝化，达到脱氮的高效性及经济性的目的。

（5）研究化学除磷所适用的最佳药剂、除磷点的选择，化学除磷对有机物去除、脱氮的影响以及微絮凝除磷最终的出水效果，使出水总磷浓度小于 0.3mg/L。

6.9.5 试验结果与分析

1. 根据试验数据分析水温、pH 值、溶解氧、水力负荷、水力停留时间等因素对曝气生物滤池净化效果的影响，进而提出最佳控制条件。

2. 对比分析前置反硝化与后置反硝化对脱氮效果的影响。

3. 分析在曝气生物滤池中实现短程硝化反硝化的可能性及优化控制条件。

4. 如何通过化学除磷强化曝气生物滤池的除磷效果？

6.10　两级UASB—好氧组合工艺处理垃圾渗滤液试验

6.10.1　概述

垃圾渗滤液是生活垃圾在填埋场内经过物理、化学和生物降解作用，使垃圾中原有的水分，垃圾降解过程产生的水分，连同渗入的雨水和地下水透过垃圾层渗沥出来的污水，属于高有机物、高氨氮有机废水，其重要特点有以下几点：

（1）污染物浓度高、毒性大

垃圾渗滤液污染物浓度很高且变化范围大，COD_{Cr}的浓度最高可达80000mg/L，BOD_5最高可达35000mg/L；垃圾渗滤液中通常含有包括重金属在内的数十多种金属离子，如渗滤液中铁的浓度可高达2050mg/L、铅的浓度可达12.3mg/L、锌的浓度可达130mg/L、钙的浓度甚至高至4300mg/L，对环境的危害极大。

（2）氨氮含量高，微生物营养比例失调

垃圾渗滤液属高浓度NH_3-N废水，NH_3-N浓度可达2500mg/L以上。随着垃圾填埋场场龄的增加，垃圾渗滤液中氨氮占的比例也相应增加。在生物处理系统中，高浓度NH_3-N会严重地毒化微生物，使微生物活性受到抑制、甚至完全失活。

通常废水的可生化性取决于BOD_5/COD和营养素C/N，C/P的比值等。垃圾渗滤液是各种不同场龄渗滤液形成的混合污水，已经过了较长时的微生物作用，废水中相当部分易生物降解有机物已被去除，从而使BOD_5/COD比值明显降低。在不同场龄的渗滤液中，C/N比例差异较大，常常出现比例失调的情况，一般来说对于生物处理，渗滤液中的磷元素总是缺乏的，给生化处理带来一定的难度。

（3）水质变化复杂

垃圾渗滤液的水质和水量与填埋场的水文地质、气候、季节、填埋年限、垃圾密度等多种因素有关，因此垃圾渗滤液的成分和产量随季节、时间等情况变化较复杂，一般来说垃圾在填埋场内的分解主要经历5个阶段：①调整期：属填埋初期，尚有氧气存在，厌氧发酵及微生物作用缓慢，渗滤液产生较少；②过渡期：本阶段水分达到饱和容量，垃圾及渗滤液中微生物逐渐由好氧转为厌氧性和兼氧性，在厌氧和缺氧状态下，电子受体由O_2转变为NO_3^-、SO_4^{2-}、PO_4^{3-}等；③酸形成期：此阶段由于兼性和专性厌氧微生物的水解酸化作用，垃圾中有机物被分解为脂肪酸、含N、P有机物转化为氨氮和磷酸盐，同时金属也会和有机酸发生络和作用使渗滤液呈现深褐色，在此期间BOD_5/COD为0.4~0.6，可生化性较好，为初期渗滤液；④甲烷形成期：此间，有机物经甲烷菌分解转化为CH_4、CO_2，同时由于产氢产乙酸菌的存在也会产生部分H_2，由于有机酸的急剧分解，渗滤液中的COD、BOD_5浓度也急剧降低，BOD_5/COD为0.1~0.01左右，可生化性变差，属于后期渗滤液；⑤成熟期：此阶段渗滤液中可利用的有机成分已大量减少，停止产生气体，而水中ORP增加，氯气及氯化物也随之增加，自然环境得到恢复。

6.10.2 试验基础理论

1. 垃圾渗滤液处理方法

由于渗滤液的特殊性质，单独的处理工艺很难达到处理目的，目前国内外主要采用生物处理与物化处理结合的方式。

应用于渗滤液处理的物化方法主要有氨吹脱法、混凝吸附法、光催化氧化法、膜分离技术等。氨吹脱法是去除渗滤液中高浓度氨氮的一种有效简便的方法，目前被广泛的研究和采用，氨吹脱即把 pH 值调到较高的碱性范围内使 NH_4^+-N 都以 NH_3 形式存在，通过空气的吹脱而使 NH_3 脱除。采用吹脱法存在的问题是(1)调节 pH 值需投加一定的碱性物质，因而会带来处理成本升高的问题；(2)采用吹脱塔容易带来结垢问题；(3)游离 NH_3 吹脱到空气中造成二次污染。

生物处理法主要包括好氧和厌氧法。厌氧生物处理较之好氧生物技术有很多特有的优点：低能耗、低运行费、工艺稳定、剩余污泥量少、所需氮磷等营养物较少、占地面积小等，尤其适合高浓度的有机废水。近 20 年来，随着微生物等生物化学学科的发展和工程实践经验的积累，不断开发出新的厌氧处理工艺。以 IC 反应器为代表的第三代厌氧反应器已开始应用。垃圾渗滤液因有机物浓度极高更加适合采用厌氧生物处理技术，目前应用于垃圾渗滤液的厌氧生物处理法主要有：厌氧生物滤池、厌氧接触法、上流式厌氧污泥床、厌氧折流板反应器、厌氧 SBR 等。好氧生物处理分为活性污泥法和生物膜法，好氧生物处理与厌氧生物处理可以优势互补，取得较好的生物处理效果。

2. 两级 UASB—好氧组合工艺

(1) 工艺流程

采用升流式缺氧反应器(upflow anoxic sludge blanket)—升流式厌氧反应器(upflow anaerobic sludge blanket，UASB)—多级好氧反应器(multistage aerobic reactor)处理系统，利用缺氧—厌氧—好氧微生物的综合作用，进行有机物和氨氮的去除，具体流程如图 6-33 所示。

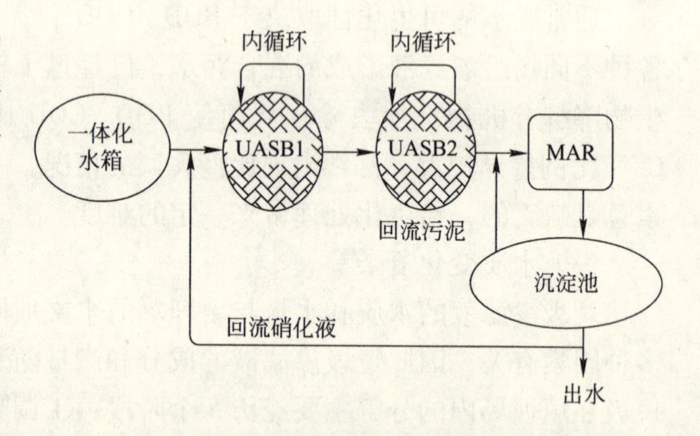

UASB1：升流式缺氧反应器
UASB2：升流式厌氧反应器
MAR：多级好氧反应器

图 6-33 两级 UASB—好氧组合工艺

UASB 反应器由 3 个功能区构成，即底部的布水区、中部的反应区、顶部的三相分离区(沉淀区)，其中反应区为 UASB 反应器的工作主体。在水箱中经过加热的水首先由底部进入缺氧反应器，同时好氧池出水也由泵打入缺氧反应器中。在该反应器中，反硝化菌利用进水中的丰富的碳源有机物将回流处理水当中的 NO_3^- 还原成氮气，完成反硝化。如果反硝化比较彻底，有可能发生一定程度的厌氧反应。在反硝化反应器中同时具有高浓度的 NH_4^+ 与 NO_3^-，如果对运行条件进行调整，可能发生厌氧氨氧化反应，如此会大大简化处理过程。此反应器中可能产生 N_2、CH_4、H_2S、CO_2 等气体，由三相分离器分离，通过碱液吸收 H_2S、CO_2 后，通过流量计计量气体体积。通过分析 H_2S、CO_2 的产量可知反硝化与厌氧发生的程度。

升流式反硝化反应器的出水进入下级升流式厌氧反应器中进行进一步的有机物降解，此时进入厌氧反应器中的污水已不含有 NO_3^-，这样反应器中可以保持适宜的氧化还原电位，有利于产甲烷菌的生长。在厌氧反应器中产酸菌与产甲烷菌将继续分解反硝化菌不能利用的有机物，从而进一步的降低了水中的 COD 与 BOD 浓度。在此反应器中，难降解有机物得以去除，可生化性得到提高，有利于后续好氧反应的进行，同时厌氧环境可能存在硫酸盐还原菌(SRB)，硫化物也在厌氧反应器中得到去除。

厌氧出水进入多段好氧反应器中进一步处理，好氧反应器被分为多个小格，可以缺氧、好氧交替运行，二沉池污泥回流到在多段好氧反应器的首段，好氧池首先对剩余的 COD 与 BOD 进一步降解，而后进行硝化反应。此反应器可根据需要调整好氧与缺氧的交替。好氧反应器主要承担着 1000～2000mg/L NH_4^+ －N 的硝化作用。

好氧出水进入二沉池进行泥水分离，污泥回流到好氧池的首端或排放，处理水进入水箱收集后回流到反硝化反应器中脱氮。经过上述处理不仅 COD、BOD、NH_4^+ －N 得到降解和去除，渗滤液中的多种金属离子也将得到很大程度的去除。

（2）工艺特点

1）多种工艺组合优势互补，可以利用厌氧、好氧、缺氧等多种微生物的代谢特点，各尽其用进行有机物和氨氮的去除，而且缺氧、厌氧、好氧 3 种工艺为 3 个独立的污泥系统，更有利于微生物的生长。

2）采用升流式前置反硝化反应器，可能反硝化反应和厌氧反应同时发生，提高处理效率，并能根据反硝化与厌氧反应进行的程度研究反硝化菌与产甲烷菌之间的关系。

3）前置反硝化反应器可利用进水有机物丰富的碳源和回流硝化液中的 NO_3^- －N 完成反硝化反应，由于渗滤液中的 NH_4^- －N 浓度很高，在此反应器可能发生厌氧氨氧化反应使反应大为简化并节省碳源。

4）升流式厌氧反应器容积负荷率高，处理效率高，运行费用相对较低。

5）反应器设计灵活，可以根据运行效果随时调节两个 UASB 反应器柱的高度，好氧反应器可调节隔板，好氧、缺氧交替运行，强化脱氮效果。

6.10.3　试验材料与方法

1. 试验用水及接种污泥

试验用水取自垃圾填埋场，其水质指标如表 6-9 所示。

垃圾渗滤液水质(mg/L)　　**表 6-9**

指　标	范　围	指　标	范　围	指　标	范　围
COD	5000～20000	pH	7.2～7.9	As	—
BOD_5	2500～10000	NO_2^- －N	0.5～15	Cu^{2+}	—
NH_4^+ －N	1100～2000	NO_3^- －N	0.5～8	Al^{3+}	0.11～4.68
SS	400～850	Alkalinity	8000～11000	Ni	—
TP	9～15	Total Cr	0.18～0.99	Se	—
TN	1250～2450	S^{2-}	8.8～50		

UASB 反应器接种颗粒污泥取自某啤酒厂 IC 反应器内颗粒污泥。好氧污泥取自垃圾填埋场现场好氧反应器。

2. 试验模型及所需设备

模型结构如图 6-34 所示。

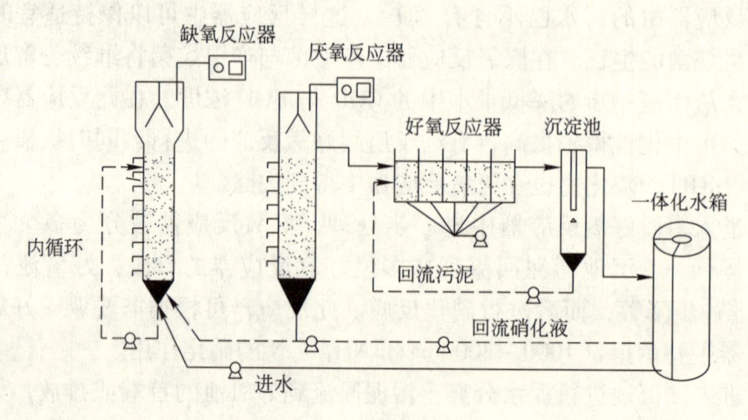

图 6-34 模型结构图

其中缺氧反应器和厌氧反应器均为 UASB 反应器柱，缺氧反应器直径 5cm，上部沉淀区直径 80cm，高 200cm，有效容积 5L。厌氧反应器直径 10cm，高 190cm，有效容积 9L。反应器柱体部分由几段组成，通过法兰连接，可以拆卸，使柱体升高或缩短，从而改变停留时间。柱内设有填料托架，可根据需要安装填料。

两反应器均设有内循环系统，目的是有利于液体更好的混合并能起到一定的稀释作用，同时据资料报道，通过内循环可减少碱度的需求，因为在 UASB 反应器上部碱度要大于下部。

多段好氧反应器长 50cm、宽 12cm、高 35cm，有效容积 15L。多段好氧工艺模拟传统的推流式活性污泥法，将完全混合反应器分成若干个小格，每个小格之间，由上下交错的小孔相连通。这样在很小的反应器内就能形成有机物的浓度梯度，提高微生物对底物的利用率。同时多段好氧反应器可以根据需要进行缺氧/好氧交替运行，强化脱氮效果。将好氧池分为若干小格还可使好氧池灵活运行，将前格或后格由曝气改为搅拌，即将好氧池改为 A—O 运行或 O—A 运行。

沉淀池为普通竖流沉淀池，直径 8cm、高 72cm，底部进水上部出水，底部设有放空管。

一体化水箱为同心圆柱，分为内柱和外柱。内柱可根据需要设置电热器加热。外柱分为两部分：一部分用于存放原水；一部分用于存放二沉池出水并由此回流到升流式缺氧反应器进行反硝化，多余出水由上部排水管排出。原水箱和清水箱设有活动盖板。原水箱出水阀、清水箱进水阀、出水阀、回流阀均采用橡胶软管连接。一体化水箱采用不锈钢材料。

整个工艺流程除回流和内循环外采用重力流，靠各反应器的高程差流入下一个反应器。四个反应器均采用有机玻璃加工而成，均设有多个取样口便于采样分析。

试验用主要设备如下：

(1) 动力设备：进水用蠕动泵 2 台、内循环回流泵 2 台、硝化液回流泵 1 台、污泥回流泵 1 台、曝气用风机 1 台、搅拌器若干。

(2) 保温设备：一体化水箱采用加热棒预热，温控仪 1 台控制预热温度。UASB 采用电阻丝缠绕于外部加热，温控仪2台用于控制加热温度。

（3）测量设备：COD快速分析仪、BOD_5测定仪、TOC测定仪、pH测定仪、溶解氧测定仪、气相色谱仪、超痕量分析仪、紫外分光光度计等。

（4）采样装置：水样桶、试管等。

6.10.4　试验内容与方案

1. 试验内容

试验主要研究内容有以下几点：

（1）通过水质检测(pH、ORP、COD、BOD、NH_4^+-N、TN、TC、碱度等)，研究该工艺对渗滤液中各种污染物(有机物、氨氮、重金属等)的去除效果与去除效率，渗滤液中含有有机污染物近百种，而且COD、BOD浓度很高，同时NH_4^+-N浓度高达1000mg/L~3000mg/L，重金属离子种类多、浓度高。虽然现在国家的渗滤液排放标准中没有对总氮和重金属离子作出要求，但这是必然的趋势。

（2）各反应器的影响因素。微量金属在厌氧反应器中的作用和影响厌氧反应器运行的微量金属的种类；碱度对厌氧反应器的影响，合适的碱度范围以及碱度的测量方法。

（3）厌氧、缺氧、好氧条件下系统中的微生物种群特点及种间关系。涉及到的微生物主要包括：产酸细菌、产甲烷细菌、硝化菌、反硝化菌、聚磷菌、反硝化聚磷菌等；升流式反硝化反应器中反硝化菌的浓度、沉淀性能、生长特性及与环境条件的相互关系；内循环厌氧反应器对缺氧出水中污染物的降解效果、对污水可生化性的影响和厌氧产酸菌与产甲烷菌的相互关系。

（4）各反应器的最佳运行参数。确定各反应器所能承受的最大容积负荷、水力负荷，确定各反应器最佳的水力停留时间，确定合适的回流比等参数，为实际的垃圾渗滤液工程建设与运行提供可靠的依据。

（5）在考察整套生物处理技术最佳处理效果的基础上，研究1~2种物化后处理工艺保证出水达到国家渗滤液一级排放标准，并将整个处理工艺与其他工艺进行经济比较。

（6）对工艺的可行性与经济性加以分析，确定理论与工程实践的意义。将本工艺与其他工艺进行技术经济比较，通过比较找到问题所在，进行更进一步的研究。

2. 试验方案

研究内容分以下几步进行：

（1）启动。启动初期在原水中加入生活污水，然后逐渐提高渗滤液的比例，直到全部使用渗滤液。在这个过程中，维持各反应器适宜的环境条件(温度、pH、碱度、正常的营养比例、污泥负荷等)，尽快缩短启动时间。待厌氧反应器正常产甲烷，升流反硝化反应器与好氧反应器的去除率达到40%左右，说明启动基本结束。

（2）正式运行后从以下3个方面进行研究：不同类型反应器的去除效果与相互关系，即升流反硝化反应器、内循环厌氧反应器、多段好氧反应器各自的处理效率和其相互的影响；不同种群微生物的研究，即异养菌、硝化菌、反硝化菌、产酸菌与产甲烷菌等；不同底物类型研究，即有机物的降解、氨氮的硝化与反硝化、金属离子的去除、含磷化合物与含硫化合物的去除等。

（3）对以下一种或几种新工艺进行研究：厌氧氨氧化、短程硝化与反硝化、同步硝化与反硝化。

(4) 研究升流式反硝化反应的运行参数及适宜的环境条件。研究在该条件下污泥的活性及沉淀性能，验证独立的反硝化污泥系统的性能特点。而独立的反硝化、厌氧、好氧污泥系统正是本试验的特点，有必要将独立的污泥系统中的污泥与混合污泥的性能加以比较分析。

6.10.5 试验结果与分析

1. 对不同阶段的试验数据进行分析整理，绘制试验数据图，分析试验现象。

2. 总结反应器系统(包括厌氧与好氧)快速启动的运行经验。

3. 分析系统对有机污染物、氨氮的去除效果及其影响因素。

4. 分析厌氧、缺氧、好氧条件下系统中的微生物种群特点，进而评价独立的污泥系统对处理效果的影响。

5. 总结该处理工艺整体优化运行的控制条件或运行参数。

6.11 污泥好氧消化试验

6.11.1 概述

污泥好氧处理是近30多年来在延时曝气活性污泥法的基础上发展起来的，其目的在于稳定污泥，减轻污泥对环境和土壤的危害，同时减少污泥的最终处理量。污泥好氧处理是污泥厌氧处理最有效的替代方法，在中小型水厂中应用越来越广泛。国内对污泥好氧消化工艺研究尚不够深入，特别是污泥好氧消化工艺最优设计参数及运行条件的合理确定等问题，需要进一步研究和探讨。

6.11.2 试验基础理论

1. 污泥好氧消化法原理

污泥好氧消化处理实际上是活性污泥法的继续，是将内源代谢原理应用到污泥处理中。由于营养物质的不足，随着底物的不断消耗，微生物开始消耗自身的原生质，通过曝气充入氧气，活性污泥中的微生物有机体自身氧化分解，转化为二氧化碳、水和氨气等，最终使细菌解体，使污泥得到稳定，导致污泥量减少。

污泥好氧消化就是使微生物处于内源呼吸阶段，以其自身生物体作为代谢底物获得能量和进行再合成，此时微生物利用氧气分解生物可降解的有机物质及细胞原生质。由于代谢过程存在能量和物质的散失，使得细胞物质被分解的量远大于合成的量，通过强化这一过程达到污泥减量的目的。污泥经氧化后产生挥发性物质(CO_2、NH_3 等)，从而使得污泥达到稳定，污泥量大大减少。如果以 $C_5H_7NO_2$ 表示细胞分子式，则好氧消化处理过程中发生的氧化作用见式(6-15)：

$$C_5H_7NO_2 + 5O_2 + H^+ \longrightarrow 5CO_2 + NH_4^+ + 2H_2O + \text{能量} \tag{6-15}$$

由于污泥好氧消化时间可长达15~20d，利于世代时间较长的硝化菌生长，故还存在硝化作用，见式(6-16)：

$$NH_4^+ + 2O_2 \longrightarrow NO_3^- + H_2O + 2H^+ \tag{6-16}$$

上述反应都是在微生物酶催化作用下进行的，其反应速率以及有机体降解规律可以通过参与反应的微生物活性予以反映。

好氧消化是将剩余活性污泥排入有充氧设施的储存池内充氧，污泥中的微生物在缺少营养的情况下，把其他微生物作为自己的营养进行分解消化，而自身也发生生物氧化作用。这些主要是由脱氢酶来完成的。在脱氢酶的作用下微生物体内未被降解的有机物在充氧的情况下发生去氢的氧化分解。被脱除的氢通过细胞内酶系统进行一系列氧化还原反应，最后受氢体是氧。通过污泥的自身氧化，可以将一部分剩余活性污泥处理掉。因此，研究剩余污泥好氧消化活性，不但有利于探讨污泥好氧消化的生化机理，而且也能够为污泥好氧消化处理的工程设计和运行控制提供理论依据。

2. 污泥好氧硝化工艺

随着污泥好氧消化研究的不断深入，这一工艺进一步完善，而且出现了一些新的工艺方法。近几年，将高温好氧与中温厌氧相结合的污泥消化工艺受到了不少研究者的青睐，并在传统好氧消化工艺基础上发展了缺氧/好氧消化工艺。

(1) 传统好氧消化工艺

传统的污泥好氧消化工艺(conventional aerobic digestion，CAD)的基本原理如前所述，主要使污泥中的微生物进入内源呼吸阶段进行自身氧化，从而使污泥减量。CAD 工艺的构造及设备与传统活性污泥法相似，但污泥停留时间很长，其常用的工艺流程主要有连续进泥和间歇进泥两种，其工艺流程如图 6-35 所示。

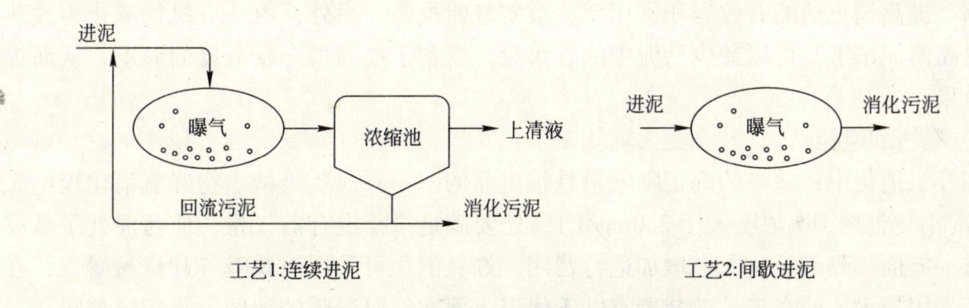

图 6-35　传统好氧消化工艺流程图

对传统好氧消化技术的研究集中在污泥稳定指标、温度和停留时间、污泥的来源及类型、初始污泥浓度、曝气和搅拌、硝化反应及其影响等 6 方面。

1) 污泥稳定指标

污泥好氧消化的主要目的就是稳定污泥中可生物降解的有机物。污泥稳定的定量评价指标主要包括有机物(VSS)的去除率和消化污泥的比氧摄取速率(SOUR)。一些国家对病原菌的去除率也作了相应规定。当 VSS 去除率达到 38% 时和(或)当消化污泥的 SOUR 降低到 10 ~ 15mgO_2/(gVSS · h)时，可认为污泥已经达到稳定。尽管现在还普遍采用这 2 种指标，在应用中也存在一些不足，例如在低温时，由 SOUR 的数值无法确定污泥是否达到稳定。

2) 温度和停留时间

同其他好氧生物处理过程一样，好氧消化的速率受处理温度的影响很大，温度高时，微生物代谢活性强，达到要求的有机物 VSS 去除率所需的 SRT 短，当温度提高至中温范围(30℃左右)，SRT = 15d 即可完成污泥的稳定。当温度降低时，为达到污泥稳定处理的目的，则要延长污泥停留时间，而且去除病原微生物的效果很不稳定。

VSS 的去除率随着 SRT 的增大而提高，但是处理后剩余物中的惰性成分也随之不断增加，当SRT增大到某一个特定值，即使再增大SRT，VSS的去除率也不会再明显提高。对SOUR也存在着相似的规律，SOUR随SRT的增大而逐渐下降，当SRT增大到某一个特定值，即使再增大SRT，SOUR也不会有明显下降。这一特定的点与进泥的性质、可生物降解性等有关。因此在一定温度应选择合适的SRT，避免SRT过长造成基建及运行费用的提高。

3）污泥的来源及类型

CAD消化池内污泥停留时间与污泥的来源有关。一般认为，CAD适用于处理剩余污泥，而对初沉污泥，则需要更长的停留时间。这是因为初沉池污泥以可降解颗粒有机物为主。微生物首先要氧化分解这部分有机物，合成新的细胞物质，只有当有机物不足时，才会消耗自身物质，进入内源呼吸阶段。对于初沉池污泥、二沉池污泥、初沉及二沉池混合污泥应通过试验确定出各自适宜的SRT。

4）初始污泥浓度

Ganczarczyk等研究发现初始固体浓度较高时，污泥好氧消化反应速率快，对VSS去除率较高。这可能是由于较高浓度污泥中，单位体积污泥含有较多活性细菌数，从而表现出较高的生物活性。对污泥进行预压缩可以提高进入消化池污泥的浓度，从而加快消化反应速率，提高消化池的有效容积利用率，节省基建投资。另外，由于有机物氧化为放热反应，提高污泥浓度，可以减少污泥中的含水量，有利于提高整个反应器的温度，从而提高处理效果。

5）曝气和搅拌

在好氧消化中，适当的确定曝气量是很重要的。一方面要为微生物好氧消化提供充足的氧源（消化池内DO浓度大于2.0mg/L），还要满足搅拌混合需气量，使污泥处于悬浮状态；另一方面，曝气量过大会增加运行费用。好氧消化可采用鼓风曝气和机械曝气，在寒冷地区采用淹没式的空气扩散装置有助于保温，而在气候温暖的地区可采用机械曝气。当氧的传输效率太低或搅拌不充分时，会出现泡沫问题。

6）硝化反应及其影响

CAD工艺的污泥停留时间较长，有利于硝化菌的生长，发生硝化反应，消耗碱度，当消化池内剩余碱度小于50mg/L（以$CaCO_3$计）时，反应器内会出现pH值下降现象，pH可降至4.5~5.5。当pH值较低时，微生物的新陈代谢受到抑制，有机物的去除率降低。为防止pH下降对处理效果造成不良影响，大部分的CAD工艺中都要添加化学药剂，如石灰等来调节pH值，这样必将增加处理费用。另外，硝化反应也需要消耗氧气，致使提供氧气的动力费用提高。这就促使人们对传统好氧消化工艺进行改造，提出了缺氧/好氧消化工艺（A/AD）。

（2）缺氧/好氧消化工艺（A/AD）

缺氧/好氧消化工艺（anoxic/aerobic digestion，A/AD）即在CAD工艺的前端加一段缺氧区，使污泥在该段发生反硝化反应，其产生的碱度可补偿硝化反应中所消耗的碱度，所以不必另行投碱就可使pH值保持在7左右。通常A/AD可通过2种方法实现，如图6-36所示。

工艺Ⅰ：通过间歇曝气交替产生好氧和缺氧期，在缺氧期发生反硝化，反硝化过程中产生的碱度会补充硝化过程中的消耗，从而提供稳定的pH值，有利于好氧期污泥的消化。

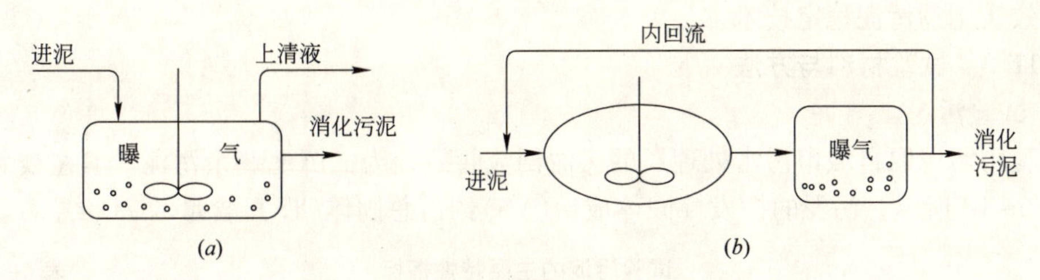

图6-36　缺氧/好氧消化工艺流程图
(a)工艺1；(b)工艺2

由于不需连续供氧，可以节约运行费用。

工艺Ⅱ：在好氧处理之前加入预缺氧段，并将一部分好氧处理后的污泥回流至缺氧段，利用预缺氧段发生的内源氮代谢，完成反硝化，稳定系统的pH值，从而得到高于传统好氧消化的VSS去除率。同时，由于预缺氧段中不需要曝气，只需搅拌，可以节约能源。

(3) 自热高温好氧消化工艺(ATAD)

自热高温污泥好氧消化工艺(Autoheated Thermophilic Aerobic Digestion-ATAD)利用有机物好氧消化所释放的代谢热，达到并维持高温，而不需要外加热源。由于采用较高的温度，消化时间大大缩短(约6d)，并且能达到杀灭病原菌的目的。典型的ATAD系统为55℃，有时可达到60~65℃。在这种温度下，好氧细菌进行内源呼吸，污泥中的有机质被进一步氧化分解，同时一些对温度变化适应性差或对温度要求较严格的细菌，因温度变化而无法生存，继而发生溶解，因此高温好氧消化具有较高的悬浮固体去除率。另外高温消化还可以对污泥进行巴式消毒(Pasteurise)，减少致病菌。经高温消化的污泥能够安全地用于农业生产、土地改良及其他用途。

ATAD法的主要优点：能加快生物反应速率，使需要的消化池容积缩小；能杀灭大部分的病原细菌、病毒和寄生虫；由于高温抑制了硝化作用，大大减少了氧的需求；固液更易于分离。

3. 污泥好氧消化法的工艺特点

该方法具有优点如下：

(1) 具有稳定和灭菌的双重作用；

(2) 对悬浮固体的去除率与厌氧法大致相等；

(3) 最终产物量小，处理设施体积小；

(4) 最终产物无臭，类似腐殖质，肥效较高；

(5) 初期投资少，运行管理方便；

(6) 上清液中BOD浓度较低(10mg/L以下)等优点。

同时，该方法也具有以下缺点：

(1) 因需供氧，相应的运行费用高；

(2) 不能产生甲烷气体等有用的副产物；

(3) 消化后污泥的机械脱水性能较差。

运行过程中需要输入动力，所以运行费用较高。但因它具有运行管理方便、操作灵活、投资低、处理不容易失败等优点，对于处理量较小(≤20000m^3/d)的污水处理厂仍是一种有效实用的污泥稳定技术。

6.11.3 试验材料与方法

1. 试验污泥

试验用污泥取自城市污水处理厂的污泥回流管线，为二沉池剩余污泥，其主要特性指标如表6-10所示，污泥的挥发性固体成份(VS)约占总固体(TS) 含量的71%左右。

试验污泥的主要特性指标　　表6-10

污泥					上清液		
含水率(%)	pH	TS (g/L)	VS (g/L)	TCOD (mg/L)	COD (mg/L)	NH_4^+ (mg/L)	NO_3^- (mg/L)
97~99%	7.0~7.2	8.4~8.8	6.0~6.2	8000~12000	70~260	10~20	0~4

2. 试验装置

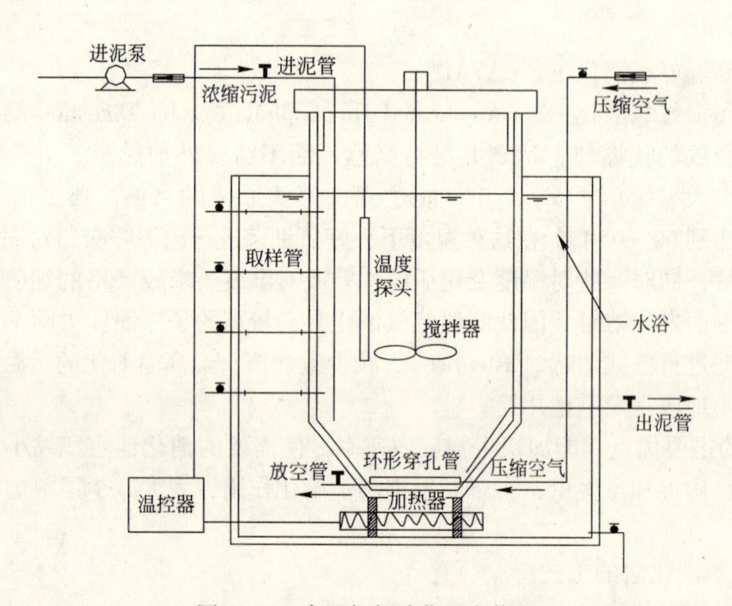

图6-37 高温好氧消化反应装置

试验装置如图6-37所示。该工艺反应器主要装置有：

(1) 污泥消化池；

(2) 温控装置；

(3) 加热装置；

(4) 曝气装置；

(5) 气泵3台；

(6) 搅拌器2台；

(7) 另外准备测量仪器包括DO仪、ORP测定仪、pH测定仪等在线监测仪若干，测量仪器固定在反应器周围。

由于要进行高温好氧消化的研究，反应温度较高(45~65℃)，对模型的材料、输送管的管材都有些特殊要求。另外高温下可能会产生泡沫问题，需加控制泡沫的装置。

6.11.4 试验内容与方案

1. 试验内容

（1）好氧消化技术研究方向及优化

该工艺的研究主要包括以下几方面：

1）污泥高温好氧消化的微生物学原理及热力学模型；

2）污泥高温好氧消化的运行参数及对效果的影响(包括：污泥浓度、停留时间、曝气和搅拌、温度、pH值等)；

3）污泥高温好氧消化对VSS的去除和对病原微生物的杀灭效果；

4）高温好氧处理后污泥的压缩及脱水性能等；

5）在对处理过程中的微生物生态和生理进行深入研究的基础上对TAD系统进行优化。

6）选择合适的参数对污泥好氧消化进行过程控制，提高污泥处理的自动化程度，方便运行管理。

7）与中温好氧消化相比，具有的优点与缺陷。

（2）过程中需要考察的指标

1）进入好氧消化池的污泥浓度；

2）好氧消化池进泥及出泥的挥发性固体(VSS)含量；

3）好氧消化池内污泥氧摄取速率(OUR)的变化；

4）好氧消化池内pH值、ORP变化；

5）曝气量及好氧消化池内混合液的DO；

6）外界环境温度、进泥温度及好氧消化池内温度；

7）原污泥及消化后污泥上清液的BOD、COD、TP、TN、氨态氮、NO_3^--N、NO_2^--N；

8）好氧消化池出泥的脱水性能；

9）好氧消化池的VSS去除率及对病原菌的去除；

10）高温好氧消化池中的嗜热细菌的组成、生长曲线。

2. 试验方案

（1）传统污泥好氧消化工艺

1）如图6-37，安装污泥消化反应器，使污泥反应器按照传统的好氧消化工艺运行，反应器温度为室温，控制曝气量使溶解氧保持在2mg/L以上。

2）连续曝气达16d以上，普遍认为污泥停留时间为16d以上才能达到最佳污泥处理效果，每天补充蒸发的水量，每天测定污泥的MLSS，MLVSS，实时测量反应器中DO、pH、ORP。

$$排泥量=反应器容积/污泥停留时间$$

3）每天按同一时间采样1次，按照标准方法测定原污泥和消化后污泥的氨态氮、NO_3^--N、NO_2^--N、TP、COD。

4）绘制污泥的稳定指标MLVSS/MLSS随时间变化的曲线，考察污泥稳定性能。

5）绘制污泥的氨态氮、NO_3^--N、NO_2^--N、COD随DO、pH、ORP的变化曲线，考察pH、ORP对污泥处理效果的影响。

6）改变曝气量，控制DO=2mg/L，3mg/L，4mg/L，5mg/L，重复步骤2）~5)，考察

溶解氧的改变对污泥处理效果的影响。

7）改变反应器温度，利用水浴保持反应器内温度为30℃、45℃、55℃，重复步骤2）~5），考察温度对污泥处理效果的影响。

8）每天进泥排泥1次（半连续运行），重复步骤2）~7），考察半连续运行状态与间歇运行状态处理污泥的区别。

9）测量污泥比阻，考察消化前后污泥的脱水性能。

（2）缺氧好氧消化工艺

1）如图6-37，安装污泥消化反应器，反应器温度为室温，使污泥反应器按照缺氧好氧消化工艺运行，曝气充氧（好氧段）4h，缺氧搅拌（缺氧段）8h，控制曝气量尽量使好氧阶段溶解氧保持在2mg/L以上。

2）连续运行达16d以上，普遍认为污泥停留时间为16d以上才能达到最佳污泥处理效果，每天补充蒸发的水量，每天测定污泥的MLSS，MLVSS，实时测量反应器中DO、pH、ORP。

$$排泥量=反应器容积/污泥停留时间$$

3）每个周期间隔1小时采样一次，测定原污泥和消化后污泥一个周期的氨态氮、NO_3^--N、NO_2^--N、TP、COD的变化。

4）绘制污泥的稳定指标MLVSS/MLSS随时间一个周期（12h）变化的曲线和16d处理结束后每天的变化。

5）绘制每个周期污泥的氨态氮、NO_3^--N、NO_2^--N、COD随DO、pH、ORP的变化曲线，考察pH、ORP对污泥处理效果的影响。

6）改变好氧段的曝气量，控制DO=2mg/L，3mg/L，4mg/L，5mg/L，重复步骤2）~5），考察溶解氧的改变对污泥处理的效果影响。

7）改变反应器温度，利用水浴保持反应器内温度为30℃、45℃、55℃，重复步骤2）~5），考察常温、中温、高温对该工艺污泥处理效果的影响。保持反应器中温、高温状态下，测量污泥大肠杆菌总数，验证污泥在高温状态下对病原菌的去除效果。

8）每天进泥排泥各1次（半连续运行），重复步骤2）~7），考察缺氧好氧污泥消化的工艺在半连续运行状态下的处理效果。

9）改变好氧段和缺氧段时间，曝气充氧（好氧段）为6h，缺氧搅拌（缺氧段）6h，共计12h为一周期，重复步骤2）~7），找出最佳好氧、缺氧时间比。

10）测量污泥比阻，考察消化前后污泥的脱水性能。

采用如图6-37所示的污泥消化反应器，反应器可以分别按照传统的好氧消化工艺、缺氧/好氧消化工艺运行。运行过程中可以控制温度分别为常温30℃、中温45℃、高温55℃，可以改变各种参数，例如污泥浓度、曝气量等。好氧阶段控制曝气量，保持反应器中的DO浓度大于2mg/L。另有反应器平行运行，用于补充试验过程中因分析而减少的污泥量，保证运行条件的稳定性，考察污泥消化的各项指标，进而研究不同条件下，各种运行方式下，污泥中有机物的稳定、去除效果、污泥的沉降和脱水性能等，为污泥好氧消化工艺的设计运行和研究提供理论依据。

6.11.5 试验结果与分析

1. 对试验结果进行整理，分析所产生的试验现象。

2. 污泥好氧消化的本质是什么？

3. 污泥好氧消化的传统工艺和缺氧好氧消化的区别是什么？

4. 对比污泥好氧消化过程中的常温、中温、高温的处理效果的不同，即温度对处理效果的影响。

5. 怎样把污泥溶解氧 DO、pH、ORP 作为污泥消化处理的实时控制参数？

6. 污泥的高温好氧消化的优点和缺点。

7. 思考如果不利用水浴，怎样做能使污泥达到自热高温好氧消化。

6.12 生物脱氮过程中 N_2O 产生量及其过程控制

6.12.1 概述

N_2O 是一种强力的温室气体，控制和减少 N_2O 排放对缓和潜在的全球增温、保护臭氧层具有重要意义。传统观念认为污水生物脱氮由硝化过程和反硝化过程来完成，并且认为反硝化的终产物为 N_2。但随着人们对生物脱氮过程微生物学机理研究的深入，发现在硝化过程中可能会产生 N_2O 气体副产物；而在反硝化过程中，不同反硝化细菌具有不同的还原酶系统，其终产物可能是 N_2、N_2O 或 N_2 和 N_2O 的混合物（见图 6-38）。目前的研究结果表明：在实际的污水生物处理过程中也会有 N_2O 产生，而且其产生量不容忽视。在正常的污水生物脱氮过程中，进水中有 0.12% ~55% 的氮以 N_2O 的形式从系统中释放。特别值得注意的是，不同的污水处理工艺过程，N_2O 的产生量是不同的。实际上，同一种处理系统处于不同的运行操作条件下，产生 N_2O 的量也会有所不同。因此，通过对不同污水处理工艺在不同运行操作条件下 N_2O 释放问题的研究，有望寻求出 N_2O 逸出量最少的污水处理工艺及该工艺的最佳运行条件，从而实现对 N_2O 产生量的有效控制。

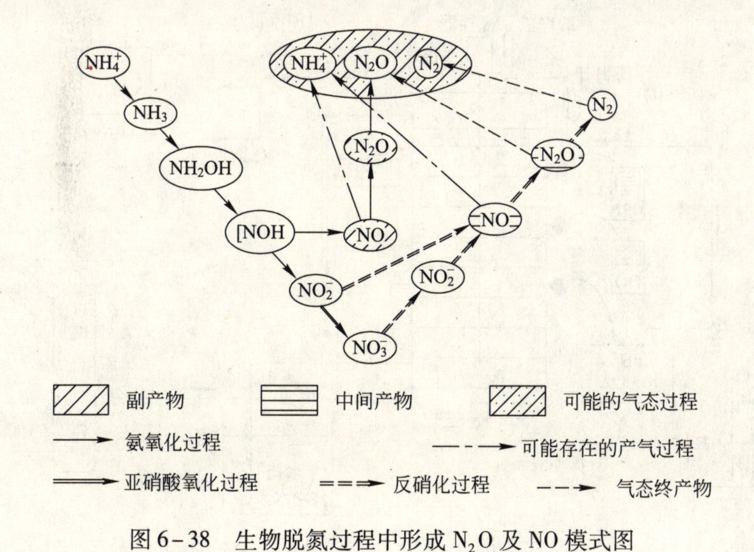

图 6-38 生物脱氮过程中形成 N_2O 及 NO 模式图

6.12.2 试验基础理论

近 10 余年来，在不少污水处理工艺的实际运行中发现了同时硝化反硝化现象。例如，间歇曝气反应器、SBR反应器、Orbal氧化沟、单沟氧化渠等反应器中均发现了好氧状态下高达30%的总氮损失，这些氮的去除是在氧、亚硝酸盐和硝酸盐同时存在条件下发生的。所谓同时硝化反硝化现象(SND)，就是硝化反应和反硝化反应在同一个反应器中、相同操作条件下同时发生。这一现象与传统脱氮理论明显有所违背。根据传统理论，首先含氮有机物被异养微生物分解转化为氨，然后通过自养型硝化菌将其氧化为硝酸盐，最后再由反硝化菌将硝酸盐还原为氮气，完成脱氮过程。由于硝化菌和反硝化菌各自适宜的生长环境不同，故传统理论对硝化过程与反硝化过程有严格区分，前者是好氧条件，后者是厌氧条件。目前，有三种学说解释同步硝化反硝化现象，分别为：微环境理论、异养硝化和好氧反硝化的作用理论及中间产物理论。在研究同步硝化反硝化作用的同时，许多学者发现至少有三个中间产物 N_2，N_2O 和 NO 能以气体形式产生，其中硝化、反硝化过程均可以产生中间产物 NO 和 N_2O，而且其比例可高达氮去除率的10%以上，而 Marshall Spector 发现硝酸盐反硝化过程中，N_2O 最大积累量可达到总氮去除率的50%～80%。

6.12.3 试验材料与方法

1. 试验装置

试验装置如图6-39所示。本试验采用SBR工艺。在反应器壁的垂直方向每隔一定距离设置一个取样口(兼有排水作用)，反应器底部设有排泥管。在反应器底部安装曝气器，曝气器根据需要设计安装。反应器设搅拌器，它的作用是当非曝气状态或者气量很小时，保持泥水混合均匀。反应器侧壁相同高度不同点位上分别设有DO，ORP和pH传感器接入口，在线监测反应过程中DO，ORP和pH的变化。同时反应器上部设有温度传感器，控制反应器内温度的恒定。主体反应器上部密闭，所收集的气体使用气体流量计来测定流量，使用气相色谱测定 N_2O 含量。同时根据需要在气路部分设置一定的吸收装置。

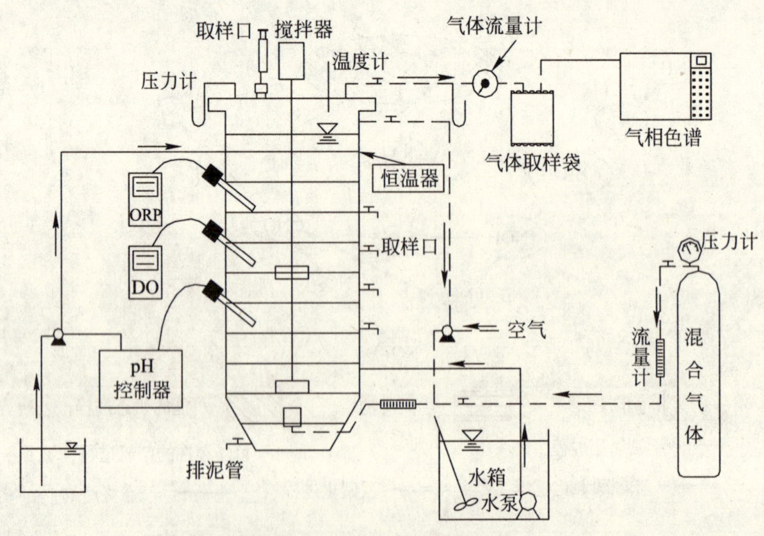

图6-39 试验装置图

2. 分析项目及检测方法

分析项目及方法参见表6-2。

6.12.4 试验内容与方案

1. 试验内容

本试验研究内容基本涵盖了全程硝化反硝化、同步硝化反硝化工艺过程中对 N_2O 产生问题的研究和所需要解决的主要问题。对这两种工艺过程中 N_2O 产生问题的研究内容均包含以下几方面：处于不同环境条件及不同运行操作条件下 N_2O 的产量及产率问题，并且对反应过程中 NH_4^+、NO_2^-、NO_3^-、N_2O 及 N_2 的浓度变化及相互之间的百分比关系等进行分析；明确各工艺产生 N_2O 的主要阶段，NH_4^+、NO_2^-、NO_3^- 浓度与 N_2O 产量及产率是否存在相关关系等。

2. 试验方案

（1）对全程硝化反硝化 N_2O 释放问题的研究

深入研究各种环境因素及运行方式的变化对此系统中 N_2O 产量及产率的影响。在以下3种情况下考察在硝化过程及反硝化过程中 N_2O 产量及产率的变化情况。在对试验结果进行详细对比分析的基础上，综合考虑各种因素，分析得出 N_2O 产生量最少的环境条件。

选择的试验条件有：

1）不同进水 C/TN 比及温度条件；

2）不同 C/TN 比条件下、不投加碳源，投加碳源（采用不同类型的碳源，如甲醇、醋酸钠、原废水等）及不同投加方式等情况；

3）不同 C/TN 比及不同 SRT 条件。

（2）对同步硝化反硝化过程中 N_2O 释放问题的研究

本试验主要研究当水质条件（主要是 C/TN）发生变化时，N_2O 产量及产率的变化情况。同时考察体系中 NO_3^-、NO_2^- 浓度与 N_2O 产量之间是否存在相关关系，以分析确定系统中 NO_2^- 积累对 N_2O 释放量的影响。在此基础上，探索在改变运行方式的条件（如，碳源投加方式，进水方式，交替好氧/缺氧等）下，对 N_2O 释放量加以控制。

6.12.5 试验结果与分析

1. 试验过程中，应对试验中涉及的主要参数进行记录，在此基础上，对试验结果进行系统的分析与讨论。

2. 试验过程参数的测定与记录（表6-11）。

水质参数测定表　　表6-11

曝气量 =　L/h；温度 =　℃；SV =　%；MLSS =　mg/L

测定参数	时间(min)	COD(mg/L)	NH_4^+-N(mg/L)	NO_2^--N(mg/L)	NO_3^--N(mg/L)	TN(mg/L)	碱度	计算
好氧阶段								硝化率
缺氧阶段								反硝化率
原水水质								COD/TN =
								亚硝化率
								总氮去除率

3. 气体中 N_2O 含量的测定。

4. 在线测定数据 DO，ORP 及 pH，将数据导出并绘制参数随时间变化的曲线，观察特征点出现的位置。在线参数变化曲线图参考图 6-6，图 6-7，图 6-40 所示。

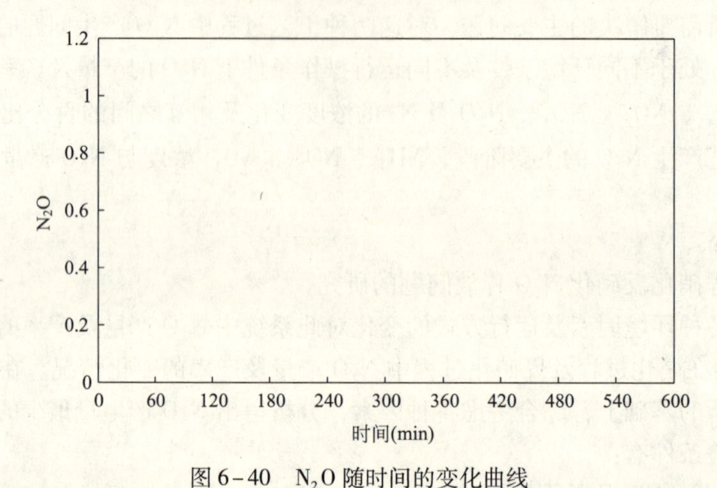

图 6-40 N_2O 随时间的变化曲线

6.13 污泥膨胀试验

6.13.1 概述

污泥膨胀从活性污泥法问世以来，就一直困扰着人们。虽然在污泥膨胀方面人们已经做了大量的研究工作，但是这个问题仍然在世界范围内普遍存在，而且至今还没有找到一个很好解决该问题的方法。通常认为污泥膨胀的危害有：阻碍了二沉池正常的固液分离，致使污泥流失，恶化出水水质；同时降低回流污泥浓度，可能导致系统崩溃；增大污泥处理和处置费用；增加中水回用的处理负担；影响采用污水水源热泵等新技术，出水悬浮固体附着在热泵的换热器上，降低其性能。污泥膨胀的特点是发生率高、发生普遍、危害严重，一旦发生，难于控制或需要相当长的恢复时间。活性污泥膨胀有两种类型，一是由于活性污泥中丝状菌的大量繁殖而引起的丝状菌污泥膨胀；二是由于菌胶团细菌大量累积高粘性物质或细菌过量增殖等原因引起的无丝状菌大量存在的非丝状菌污泥膨胀。

6.13.2 试验基础理论

1. 丝状菌在活性污泥中的作用

丝状菌污泥膨胀是采用活性污泥法的污水处理厂最常遇到的污泥沉降性变差问题，在生产实际运行中占 95% 以上，所以人们对其研究较多。活性污泥絮体是由丝状菌形成絮体的骨架，菌胶团细菌等微生物产生多聚糖附着在其上面，形成了凝胶基质架，胶体物质和其他微生物附着在其上形成的。菌胶团细菌和丝状菌之间有一个合适的比例关系，活性污泥中适当数量的丝状菌对于维持污泥的絮体结构是非常重要的。当丝状菌数量适当时，不但不会影响污泥沉降性能，反而有助于污泥絮体的形成。如果污泥絮体内无丝状菌，污泥絮体则比较松散、脆弱，在曝气池内由于曝气的搅动或缺氧池内由于搅拌桨的搅拌等机械冲击作用，很容易分裂成细小而零碎的絮体，造成二沉池出水浑浊，悬浮物浓度增高。但当丝状菌过量生长时，就会导致污泥膨胀，使活性污泥的沉降速度变慢。

2. 丝状菌污泥膨胀的理论解释

目前还没有解释污泥膨胀问题的统一学说，而且，大部分的学说仍然缺乏试验的验证。但是，这些学说形成了最基本的理论框架，有助于进一步理解污泥膨胀问题。

（1）扩散选择理论（diffusion-based selection）

该理论是建立在面积/体积比（A/V）学说的基础上，这里所说的表面积（A）和体积（V）是指活性污泥中微生物的表面积和体积。该理论认为，丝状菌的比表面积（A/V）要大大超过菌胶团细菌的比表面积，在低底物浓度条件下，比表面积越大越有助于底物向微生物细胞内的转移。当活性污泥微生物处于低底物浓度条件下时，比表面积（A/V）大的丝状菌在取得底物的能力方面要强于菌胶团细菌，结果在曝气池内丝状菌的生长占优势，而菌胶团细菌的生长受到限制。

该理论虽然可以很好的解释许多污泥膨胀问题，但仍然存在一些不足。比如，当具有普遍毒性作用的有毒物质流入时，如果根据该理论，则有毒物质对丝状菌的抑制作用应该比菌胶团菌更强。但是，实际上在一些有毒物质流入的场合，却易于发生丝状菌膨胀。这个事实，是用该理论不能解释的。

（2）动力学选择理论（kinetic selection theory）

Donaldson 和 Chudoba 的研究表明活性污泥的沉降性能与曝气池内活性污泥混合液的流态特点有关系。Chudoba 指出在径流（轴流）式和具有高的底物浓度梯度的曝气池内，丝状菌的生长受到抑制，可形成沉降性能良好的活性污泥。并指出菌胶团细菌能够优先生长的主要原因是在进水口处有较高的浓度梯度。

根据以上事实，Chudoba 提出了动力学选择理论来解释活性污泥系统中丝状菌生长或受到抑制的现象。其理论建立在 Monod 方程的基础之上，主要是根据丝状菌和菌胶团细菌在不同底物浓度情况下，具有不同的生长速率。该理论认为丝状菌具有比菌胶团细菌低的半饱和常数（K_S）和最大比生长速率（μ_{max}）。当系统内底物浓度很低，如连续进水的完全混合活性污泥系统内，丝状菌将具有比菌胶团细菌更快的比生长速率，因此更容易竞争到底物，从而可以优先生长。而在高底物浓度条件下，如推流式反应器或 SBR 系统内，丝状菌的比生长速率小于菌胶团细菌的速率，其生长受到抑制。对一些丝状菌和菌胶团细菌进行纯菌分离培养的研究证实了这个理论的正确性。

（3）贮存选择理论（storage selection theory）

通常认为，在高底物浓度情况下，菌胶团细菌贮存底物的能力比丝状菌更强。当在底物缺乏的饥饿条件下，微生物可利用贮存的物质进行代谢活动。这个理论很好的解释了为什么推流式活性污泥系统、SBR 系统和选择器系统可以很好的控制污泥膨胀。然而，最近的研究表明有一些膨胀污泥贮存底物的能力甚至与沉降性能好的污泥相近或更强。纯菌和混合菌种的研究表明，确实有一些丝状菌（如 *M. parvicella*）在任何条件下（好氧、缺氧或厌氧）都具有较高的贮存底物的能力。这类丝状菌与其他丝状菌或菌胶团细菌相比，有更强的竞争能力。具有高贮存底物能力的丝状菌的存在，可以解释为什么在某些情况下选择器不能发挥作用。但是，选择器可以很好的控制一些低贮存能力的丝状菌的过量生长。

（4）饥饿假说理论

Chiesa 等人将不同研究者对动力学研究的结果进行汇总和分析后，指出在活性污泥中存在三种微生物种群：一是快速生长的菌胶团细菌；二是具有较高基质亲和能力、生长缓慢的耐饥饿丝状菌；三是对溶解氧具有较高亲和力、对饥饿高度敏感的快速生长丝状菌。在低的基质浓度条件下，第二类微生物将占生长优势；当有机基质浓度在一定浓度以上，只要氧的传递不受限制，第一类微生物将具有生长优势；在高基质浓度且在溶解氧传递受限制的情况下，第三类微生物将占优势，影响污泥的沉降性能。

(5) 一氧化氮(NO)理论(nitric oxide hypothesis)

在实验室和实际污水处理厂大量研究的基础上，Casey 提出了 BNR(生物营养物质去除)活性污泥工艺中低 F/M 丝状菌过量增殖的新理论。解释这个理论首先要了解反硝化的过程，Payne 提出反硝化路径如下：

$$NO_3^- \longrightarrow NO_2^- \longrightarrow NO \longrightarrow N_2O \longrightarrow N_2$$

NO_2^- 和 NO 为反硝化过程的中间产物。这个理论认为，污水处理系统中主要有两类细菌，即絮凝体形成菌(也称菌胶团菌，floc-forming)和丝状菌(filamentous)。在反硝化过程中，这两种细菌的作用是不同的，丝状菌只能将 NO_3^- 还原为 NO_2^-，所以在丝状菌体内不会出现 NO 的累积；而菌胶团细菌可实现完全的反硝化过程，即可将 NO_3^- 完全还原为 N_2，在菌胶团细菌体内会出现 NO 的累积。所以，在好氧条件下，两种细菌对缓慢生物降解有机物(SBCOD)的利用上就出现了差别，菌胶团细菌体内累积的 NO 抑制了其对 SBCOD 的吸收，尤其当 NO_2^- 浓度高时，这种情况会加剧。而丝状菌体内没有累积 NO，在好氧条件下对 SBCOD 的竞争上，具有优势作用，成为 BNR 系统内的优势菌种，致使缺氧—好氧交替运行的 BNR 工艺中发生丝状菌污泥膨胀。

除上述几种理论外，还有"拟人法"假说、"泄泻"假说、肥沃污泥假说、生物物理畸变假说、毒性选择假说和原生动物假说理论，但这些假说也不能全面解释污泥膨胀现象，上面介绍的几种理论较为常用。

3. 非丝状菌污泥膨胀的介绍

非丝状菌污泥膨胀又被称为黏性膨胀(Viscous bulking)或菌胶团膨胀(Zoogloea bulking)。非丝状菌膨胀是由于菌胶团细菌大量累积高黏性物质或过量繁殖引起污泥沉降性能变差的现象。发生非丝状菌污泥膨胀时，往往会发现污泥中的丝状菌全部消失。

滝口曾对非丝状菌膨胀污泥进行了离心分离，发现活性污泥呈布丁状而且含大量的结合水。从被分离的活性污泥中得到由葡萄糖、甘露糖、阿拉伯糖和鼠李糖等多糖类组成粘度极高的黏性物质。这些黏性物质的持水性很好，如正常活性污泥的结合水约为90%，而非丝状菌膨胀的活性污泥结合水约达380%。活性污泥沉降压缩性能变差，就是因为菌胶团的黏液中吸附了过量的结合水，阻止了絮体的快速沉降。

非丝状菌污泥膨胀的原因主要有：(1)废水的成分引起菌胶团菌的过量生长，主要是含有高浓度的脂肪和油酸成分。另外，在糖类等碳水化合物含量多的废水中，活性污泥能够很容易生成高粘性多糖类物质；(2)污泥负荷过高或进水中某种营养物质不足，例如氮缺乏、磷缺乏或痕量元素，如铁缺乏；(3)在某些条件下，选择器也会刺激菌胶团菌的过量生长；(4)在厌氧的生物除磷系统，聚磷菌的过量生长，例如 *Acinetobacter spp.* 细菌被胞外多聚物胶合在一起形成大的菌落致使沉降性变差；(5)低温。

6.13.3 试验材料与方法

1. 试验用水

为了尽可能与城市污水处理厂的水质接近，可安装取水设备，从生活小区的化粪池内直接取用生活污水。根据不同的试验要求，为了尽可能的使试验水质一致，各阶段试验每天都在同一时间从化粪池取水，然后贮存在水箱里备用，贮水箱同时起到沉砂池的作用。定期清洗反应器器壁和管路，避免微生物的着生。

还可采用人工配水的方式，模拟某种废水，虽然与实际废水有差距，但是可以保证稳定的废水水质，并且可以根据需要，方便的改变水质。

2. 试验装置

试验用模拟SBR工艺的反应器装置如图6-41。

SBR反应器容积根据试验需要自由设计，材料大多采用有机玻璃。反应器壁上设有取样口，兼有排水作用。反应器底部设有排泥放空管。大多采用鼓风微孔曝气方式，用空气流量计调节曝气量。反应器内设有搅拌器，在缺氧或厌氧阶段，可以保持活性污泥处于悬浮状态，保证泥水混合均匀。安装有温度控制系统，可以根据不同的试验要求将反应器内水温保持在不同的温度条件下。反应器中装有DO、ORP和pH传感器，可以在线检测反应过程中的DO、ORP和pH值，并自动存贮，输入电脑。在一个运行周期中，各个阶段的运行时间，反应器内混合液体积的变化以及运行状态等都可以根据具体污水性质、出水质量与运行功能要求等灵活掌握。根据试验目的不同，对各个周期每个阶段时间的控制分别采用了设定时间控制和通过DO、pH和ORP在线检测参数变化的实时控制。

推流式活性污泥法中污泥膨胀的研究以改良的A/O工艺为例，即曝气池首端有一缺氧区，起到选择器和反硝化脱氮的作用，没有设立单独内循环系统，通过回流污泥来提供反硝化所需的硝态氮。试验装置如图6-42所示。曝气池容积根据试验需要设计，出水堰最好可以调节，便于根据试验需要对曝气池体积进行调节。曝气池内大多设有活动隔板，可以灵活拆卸，用以调节缺氧段和好氧段的体积，图6-42所示反应器设计了5道隔板。为了避免返混现象，在隔板上交错开孔，使水流如图6-42所示，为上下流。二沉池采用中心管进水，周边溢流出水。通过调节蠕动泵的转速或改变泵管管径可以调节进水流量、回流污泥流量。

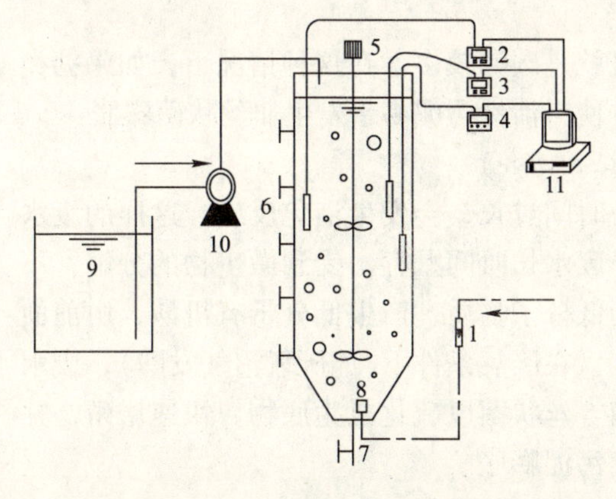

图6-41　SBR试验装置图

1—气体流量计；2—pH仪；3—DO/ORP仪；4—温控仪；5—搅拌机；6—取样口；7—排泥管；8—曝气头；9—贮水箱；10—进水泵；11—电脑

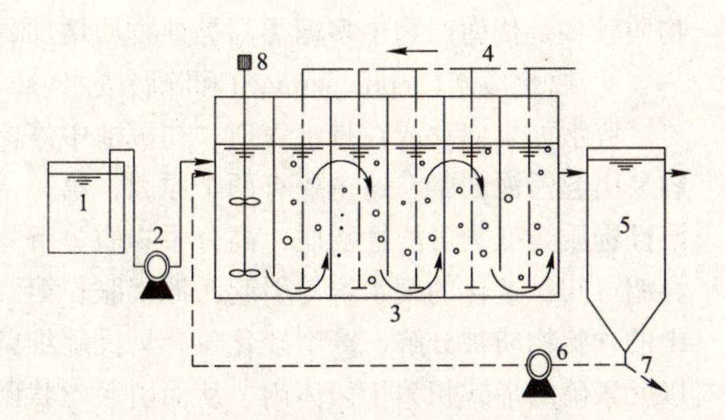

图6-42　改良A/O工艺试验装置图

1—贮水箱；2—恒流进水泵；3—曝气池；4—曝气装置；5—二沉池；6—污泥回流泵；7—排泥管；8—搅拌器

3. 主要设备和仪器

采用的主要设备和仪器参见表6-1。

4. 分析项目及检测方法

试验过程中DO、pH和ORP采用仪器进行在线检测。其他项目可按《水和废水监测分析方法》的要求进行检测，参见表6-2。

6.13.4 试验内容与方案

1. 试验内容

试验研究主要集中在污泥膨胀的诱因和控制，主要从以下7个方面进行：

(1) 废水水质

1）有机物

废水中碳水化合物含量多的废水，易发生污泥膨胀。容易引起污泥膨胀的碳水化合物主要指葡萄糖、蔗糖、乳糖等单糖或二糖。对于不溶性高分子物质，如淀粉，就没有这样的影响。这是由于这些高分子物质在利用之前必须加以分解，多数丝状菌对其分解速度非常慢，难于吸收，致使这些丝状菌难以增殖。但是，蜡状芽孢杆菌蕈状变种和白地霉这些丝状菌膨胀致因微生物，不但能直接利用单糖类物质进行繁殖，对于复杂的高分子碳水化合物也能够充分利用。当废水中含蛋白胨和蛋白朊等蛋白质多时，一般认为能够改善活性污泥的沉降性能。

2）氮和磷营养物质

污水生物处理过程中，营养物质的合理比例(尤其是C、N、P)是影响活性污泥微生物正常生长代谢，保障污水处理工艺稳定运行的关键因素。通常认为活性污泥微生物的正常生化处理应满足BOD_5: N: P = 100: 5: 1。在活性污泥中，丝状菌的比表面积相对其他菌胶团细菌来说要大，所以易于摄取低浓度底物。当氮、磷含量相对BOD_5的比例不足时，丝状菌比菌胶团细菌更易吸收低浓度的氮、磷营养，仍能进行正常生长繁殖。而菌胶团细菌由于氮、磷得不到满足，生长受到限制，致使丝状菌在数量上超过了菌胶团细菌，发生丝状菌污泥膨胀。

另外，当废水中氮、磷源不足时，相对而言就是碳源较多。在这种情况下，如果糖类物质较多，代谢产物中多糖类高黏性物质增加，使得活性污泥易于发生非丝状菌膨胀。

3）腐化废水(septic sewage)和陈腐废水(stale sewage)

废水如果储存或在排水管道、初沉池中停留时间过长，会发生消化反应，这样的废水容易引起污泥膨胀。这主要有两个原因：第一，废水长时间贮存，受到微生物的分解，不溶性物质转变为可溶性物质，高分子物质分解为低分子物质，产生低分子有机酸，由前面介绍可知，这样的废水容易引起污泥膨胀；第二，在厌氧条件下(如厌氧沼气发酵)，废水中的含硫物质被分解，产生硫化氢。贝氏硫细菌等丝状菌以硫化氢为底物，快速增殖，并以元素硫的形式积累于菌体内，从而引起丝状菌污泥膨胀。

4）有毒物质

有毒物质对活性污泥的影响，按其作用方式和条件，可分为高浓度短时间作用和低浓度长时间作用。根据有毒物质的毒性，可分为：仅对正常菌胶团细菌有毒性作用，但对丝状菌无毒性作用；仅对与膨胀有关的丝状菌具有毒性作用(如氯和某些低浓度的重金属)；对两类微生物都有毒性作用。在第一种情况下，就会引起污泥膨胀(如含酚和氰的废水突然加入活性污泥中)。而利用第二种情况，可以对活性污泥膨胀加以控制。

丝状菌污泥膨胀的致因微生物之一，枯草芽孢杆菌和腊状芽孢杆菌由于可形成内生孢子，能够抵御有毒物质等恶劣环境，在其他菌胶团细菌恢复活性之前开始迅速增殖，发生丝状菌污泥膨胀。

(2) 溶解氧

曝气池中溶解氧浓度过低容易发生污泥膨胀。一般情况，低溶解氧条件下大部分好氧菌的生长繁殖受到抑制。虽然丝状菌也是好氧菌，但因其具有较长的菌丝，比表面积大，与其他菌胶团细菌相比，更易夺得溶解氧进行生长繁殖，故在低氧环境中丝状菌可优先生长，发生丝状菌污泥膨胀。而且丝状菌即使在厌氧条件下保持相当长时间，也不会失去活性，一旦恢复好氧状态，它们就会重新生长繁殖。

(3) 温度

温度是影响微生物生长的重要因素之一，每种微生物都有各自的适宜生长温度。一般认为，低温条件下可能发生非丝状菌污泥膨胀。主要因为低温条件下，微生物的活性降低，增殖速度减慢，从污水中摄取的有机物不能被完全消耗，而以多糖类高粘性物质贮存起来，导致非丝状菌污泥膨胀。但 K. Chundakkadu 最近的研究指出随着温度的升高，SVI 升高，在高于30℃条件下，可发生非丝状菌污泥膨胀。

(4) pH 值

在活性污泥法运行中，为了使活性污泥微生物正常生长，曝气池的 pH 值应保持在 6.5~8.0 范围内。混合液的 pH 值低于6.0，有利于丝状菌的生长，而菌胶团细菌的生长受到抑制。pH 值降至4.5 时，真菌将完全占优势，原生动物大部分消失，严重影响污泥的沉降分离和出水水质。也有研究表明，球衣菌属的适宜 pH 值为6.5~7.6，在这种条件下，容易发生丝状菌污泥膨胀。而白地霉在 pH 值为3~12 的范围内进行增殖，可能引发丝状菌污泥膨胀。

(5) 有机负荷

有机负荷是影响污泥沉降性能的重要因素之一，各国学者对此做了大量的研究，但研究结果各有不同，主要体现在以下三个方面:

1) 高负荷

微生物在高负荷下消耗大量氧气，造成水中缺氧或低氧条件时，抑制菌胶团细菌的生长，有利于耐受低氧的球衣菌的大量繁殖。也有研究表明在保证充足的溶解氧条件下，高负荷不但不会引起污泥膨胀，相反还会对沉降性能较差的污泥起到改善作用。

2) 低负荷

活性污泥处于极低负荷时，絮凝体中的菌胶团细菌得不到足够的营养，而交织于絮凝体中的丝状菌却形成长长的丝体从絮粒中伸出，充分吸收环境中低浓度的营养。丝体的伸出，造成絮粒架空，以致比重减轻，沉降困难。低 F/M 的情况常出现于完全混合式曝气池、沿程分散进水曝气池、大回流比的氧化沟(尤其 Carrousel 氧化沟)。

3) 冲击负荷

所谓冲击负荷是指流入曝气池内的废水量、浓度和水质成分等的突然变化。当负荷突增时，活性污泥系统原有的正常运行遭到破坏，污泥中的原有生态失去平衡，生物相也发生变化。这种情况下，丝状微生物往往易于适应，尽快恢复活性，进行繁殖。

(6) 反应器的混合液流态和曝气方法

反应器的混合液流态对污泥沉降性能有很大影响的观点已被实践证实。在同样负荷条件下，间歇式最不容易发生膨胀，而完全混合式最易发生污泥膨胀，推流式反应器介于两者之间。曝气方法主要包括机械搅拌式、鼓风曝气式和两者并用等三种形式。采用机械搅拌式，曝气池的水温受气温影响很大，冬季水温有可能较低，容易发生高黏性膨胀。鼓风曝气采用鼓风机或空气压缩机向曝气池内供氧，水温受季节影响相对较小。在有些国家，曝气池水温一年四季都在15℃以上，这种曝气池整年都有发生丝状菌污泥膨胀的危险。

(7) 污泥膨胀的控制

1) 针对污泥膨胀的不同诱因，进行进水水质、环境因素和运行条件的调节，研究不同调节方式的控制效果和对活性污泥及污水处理系统的影响。

2) 投药控制丝状菌膨胀

灭菌剂的选择包括 NaClO、Cl_2、漂白粉、H_2O_2、次氯酸和臭氧等。研究不同灭菌剂的控制效果，对活性污泥及污水处理系统的影响，以及药剂投加点的选择和投加量的控制。

絮凝剂的选择包括硫酸铝、三氯化铁、聚合氯化铁、硫酸铁和聚丙烯酰胺等高分子絮凝剂。研究不同絮凝剂的絮凝效果，控制膨胀的效果和对活性污泥系统的影响。这些药品的投加由于溶解于处理水中，剂量大时，可能随着处理水排入公共水域，会增大水体受污染的危险。

研究助沉法的可行性，如投加黏土、硅藻土、消石灰等，考察是否可以增加活性污泥的比重，加速污泥沉降速度。

3) 选择器

研究好氧、缺氧或厌氧选择器的作用以及控制效果。

2. 试验方法

利用实验室小试模型模拟活性污泥处理厂工艺流程，研究各个运行参数对污泥膨胀的影响和控制措施。

(1) 选择典型工艺，构筑模型

通常采用序列间歇式活性污泥法(SBR 法)和推流式活性污泥法两种工艺进行。SBR 法在运行时更有利于严格地控制试验条件(例如进水底物浓度、起始微生物浓度、进水流量与反应时间的控制等)，使试验结果准确可信，有利于进行试验研究，而且许多工厂企业或生活小区的小型污水处理站采用 SBR 工艺，具有代表性。大部分大、中型污水处理厂普遍采用推流式活性污泥法。根据水质和脱氮除磷的需要，许多水厂将传统的全程曝气推流式活性污泥法进行工艺改进，通过好氧段，缺氧段，厌氧段的不同组合，出现了 A/O，A^2/O 等推流式工艺。所以对推流式活性污泥法的研究具有现实指导意义。

(2) 启动反应器

从水厂接种活性污泥，充以一定量的某种废水，进行污泥的培养和驯化，直到运行正常，出水水质稳定。

(3) 废水水质的研究

通过投加一定量化学试剂，改变污水的有机物含量、N 和 P 的含量，或者模拟腐化废水，含不同量的有毒物质的废水等，监测污泥沉降性的变化，研究不同水质条件对污泥膨胀的影响。

(4) 溶解氧浓度的研究

尽量恒定废水水质，污泥浓度及其他运行条件，通过调整曝气量，改变混合液的溶解氧浓度，监测污泥沉降性的变化，研究溶解氧浓度与污泥沉降性的关系。

(5) 温度的研究

尽量恒定废水水质及其他运行条件，通过加入控温装置，改变混合液的温度，监测污泥沉降性的变化，研究温度的变化与污泥沉降性的关系。

(6) pH值

尽量恒定废水水质及其他运行条件，通过投加一定量的酸或碱，改变废水的pH值，监测污泥沉降性，研究pH值对污泥沉降性的影响。

(7) 有机负荷的研究

尽量恒定废水水质、污泥浓度及其他运行条件，通过调整进水量或改变水力停留时间，改变有机负荷，监测污泥沉降性的变化，研究进水有机负荷对污泥膨胀的影响。

(8) 污泥膨胀的控制研究

确定发生污泥膨胀的主要诱因，采用相应的控制措施，通过监测污泥沉降性和各项水质指标，研究污泥膨胀的控制效果及对出水水质的影响。

选择投药点和药剂种类，投加一定量的药剂，监测污泥沉降性和各项水质指标，研究污泥膨胀的控制效果及对出水水质的影响。

添加选择器，根据需要选择好氧、缺氧或厌氧选择器，改变选择器的体积，监测污泥沉降性变化趋势，考察控制效果。

6.13.5 试验结果与分析

1. 考察进水水质对污泥膨胀的影响，选择合适的工艺，设计试验方案并对试验数据进行分析。

2. 考察完全混合式连续流工艺中，溶解氧、污泥负荷对污泥膨胀的影响：

(1) 设计合适的反应器，确定相关运行参数；

(2) 制定试验方案，列出需要考察的溶解氧浓度和污泥负荷水平；

(3) 结合污泥膨胀的相关理论对试验结果进行分析。

3. 设计一套控制非丝状菌污泥膨胀的试验方案，包括拟采用的工艺，何种方法引发非丝状菌污泥膨胀？采取什么手段控制？

6.14 生活污水全流程深度处理试验

6.14.1 概述

人口的剧增和社会经济的飞速发展造成需水量的快速增长，加上水的浪费和水资源的污染，水资源短缺已经成为当今人类面临的最严峻的挑战之一。通过改进技术降低水的消耗和污水排放量，从水资源充沛的地区调水引入水资源匮乏地区固然可以从一定程度上缓解水资源的紧张状况，但生活污水的再生回用比开发建设新水源更为重要且具有现实意义。生活污水水源稳定，水体中污染物浓度相对较低，水质可生化性好，并且我国大多数城市的污水收集管网比较完善。因此，生活污水经深度处理后回用与远距离调水、海水淡化相比具有明显优势，同时生活污水经二级处理之后回用自然就减少了向水域的排放量，带来了可观的环境效益和经济效益。

6.14.2 试验基础理论

1. 水解酸化

厌氧反应分为三个阶段：第一阶段水解；第二阶段酸化；第三阶段甲烷化。在水解阶段，固体物质转化为溶解性物质，大分子物质降解为小分子物质，难生物降解物质转化为易生物降解物质。在酸化阶段，有机物降解为各种有机酸。水解和产酸进行得较快，难以把它们分开，起作用的主要微生物是水解菌和产酸菌。我们通常所说的水解工艺，就是利用厌氧工艺的前两段，即把反应控制在第二阶段之前，不进入第三阶段，为区别厌氧工艺，定名为水解(Hydrolization)工艺。在水解反应器中实际上完成水解和酸化两个过程，简称为“水解”。水解工艺系统中的微生物主要是兼性微生物，它们在自然界中的数量较多，繁殖速度较快。而厌氧工艺系统中的产甲烷菌则是严格的专性厌氧菌，它们对于环境的变化，如pH值、碱度、重金属离子、洗涤剂、氨、硫化物和温度等变化，比水解菌和产酸菌要敏感得多，并且生长缓慢(世代期长)。最重要的是水解工艺和厌氧工艺中的两类不同菌种的生态条件差异很大。水解工艺是在缺氧条件下反应，而厌氧工艺则是在厌氧条件下反应。

图6-43为北京环境保护科学研究院开发的水解——好氧生物处理工艺，从节约能源，简化工艺，节约基建投资和运行费用出发，采用UASB为主的工艺，放弃了厌氧反应中反应时间长，控制条件高的甲烷发酵阶段。利用厌氧反应中水解和产酸作用，使得污水、污泥一次得到处理。从此，水解酸化技术在国内也得到广泛的研究和应用。根据实际情况的不同，我国在应用水解酸化工艺过程中开发了水解-好氧工艺的几种形式：

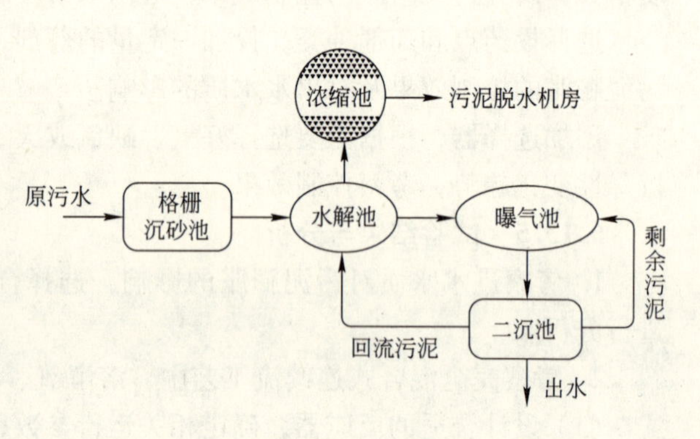

图6-43 水解-好氧工艺

(1) 水解-活性污泥处理工艺，如北京密云污水处理厂；

(2) 水解-氧化沟处理工艺，如河南安阳豆腐营污水处理厂；

(3) 水解-接触氧化处理工艺，如深圳白泥坑污水处理厂；

(4) 水解-土地处理工艺，如山东安丘污水处理厂；

(5) 水解-氧化塘污水处理工艺，如新疆昌吉污水处理厂。

以上这些水解酸化与好氧工艺相结合的工艺运行结果表明，其总的水力停留时间至少减少30%，曝气量减少50%，基建投资有所降低，运行费用降低36%。由于水解酸化工艺能带来可观的经济效益，越来越受到人们关注。

2. A/O工艺

根据生物脱氮原理可知，要使污水中的氮最终转化为氮气，应先通过好氧硝化产生硝酸氮，然后才能在厌氧或缺氧条件下进行反硝化脱氮。因此作为生物脱氮工艺，逻辑上应是先硝化后反硝化的流程，传统的生物脱氮工艺即是如此考虑。图6-44为具有两级污泥系统的传统生物脱氮工艺流程。

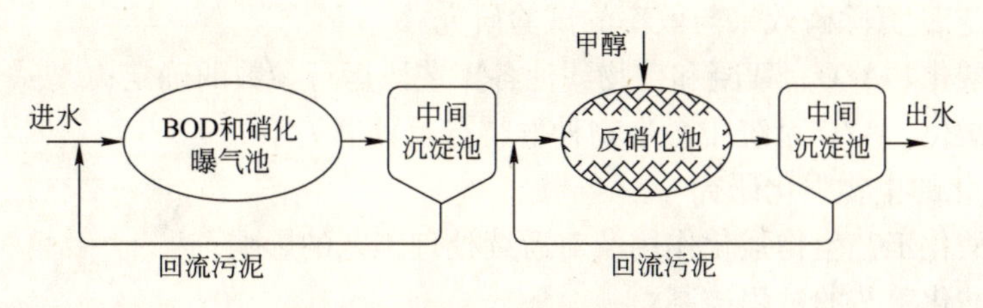

图6-44 传统A/O脱氮工艺

由传统生物脱氮法可知，因原污水硝化后，BOD浓度大大降低，造成反硝化池有机碳源不足，所以工艺上要投加碳源(如甲醇)，另外反硝化产生的碱度也不能为硝化阶段所利用，若原污水碱度不足，往往需添加碱剂。因此该工艺存在以下一些缺点：增加投药设备和药剂费用，若要求较高的脱氮率，需投加过量的有机碳，从而带来剩余碳的处理问题。因此，开发了前置反硝化的A/O工艺流程，图6-45为典型的A/O生物脱氮流程示意图。

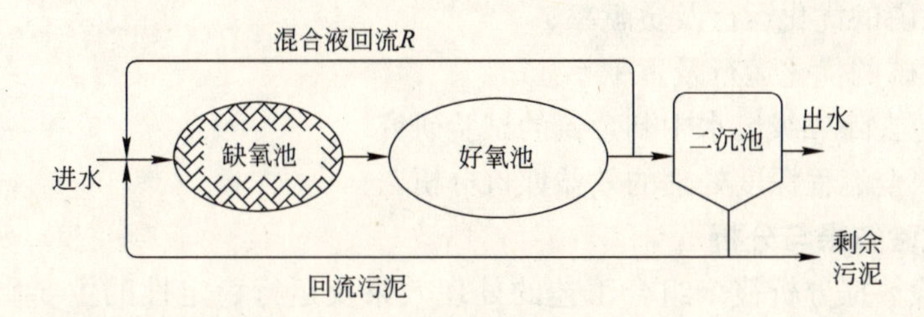

图6-45 A/O脱氮工艺流程

如图6-45所示，A/O工艺的特点是，原污水先进缺氧池，再进好氧池，好氧池的混合液和沉淀后的污泥同时回流到缺氧池，使缺氧池既从原污水得到充足的有机物，又从回流液中得到大量硝酸盐，因此可在其中进行反硝化脱氮。然后在好氧池中可进行BOD的进一步降解和硝化作用。与传统生物脱氮工艺相比，A/O系统不必投加外碳源，可利用原污水中的有机物作碳源进行反硝化，达到同时降低BOD和脱氮的目的；缺氧池设在好氧池之前，当水中碱度不足时，由于反硝化可增加碱度，因而可以补偿硝化过程中对碱度的消耗；A/O工艺只有一个污泥系统，混合菌群交替处于好氧和缺氧状态，有利于控制污泥膨胀。

6.14.3 试验材料与方法

试验流程如图6-46所示。

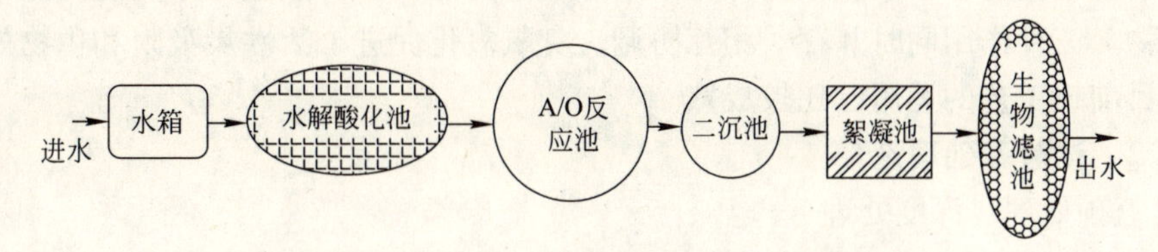

图6-46 生活污水深度处理工艺流程

所需仪器设备及分析检测方法参见表6-1和表6-2。

6.14.4 试验内容与方案

1. 组合工艺脱氮除磷效果与效率的试验研究

（1）水解酸化、A/O、絮凝和生物滤池各工艺段运行参数的确定；

（2）水解酸化、A/O 系统中微生物种群特点及种群关系。

2. 水解酸化的生物强化研究

（1）水解酸化工艺生物强化作用及对后续处理工艺的影响；

（2）水解酸化工艺的过程控制；

（3）水解酸化液作为反硝化外加碳源的试验研究；

（4）基质的种类和形态、pH 值、温度及水力停留时间对水解酸化的影响。

3. 泥/膜混合系统脱氮的试验研究

（1）泥/膜混合系统脱氮效果；

（2）同步硝化反硝化及过程控制的试验研究；

（3）短程硝化反硝化及过程控制的试验研究。

4. 生物、化学法结合除磷的试验研究

（1）生物除磷的优化运行及贡献率；

（2）化学除磷的优化运行及贡献率。

5. 生物滤池去除二级出水中剩余氮的试验研究

6. 城市污水全流程深度处理的效益评价分析

6.14.5 试验结果与分析

1. 根据试验数据分析整个组合工艺的处理效果及运行稳定性的主要影响因素，并作出控制策略。

2. 总结水解酸化预处理工艺对难降解有机物的降解机理。

3. 分析水解酸化预处理的影响因素，对生活污水水质改善的作用，以及对后续工艺的影响(硝化、反硝化、停留时间等)。

4. 二级处理中实现最大限度脱氮，三级处理中实现最大限度除磷，总结实现最大限度脱氮除磷技术的控制参数及控制策略。

6.15 臭氧—生物活性炭技术去除水中微污染物

6.15.1 概述

臭氧—生物活性炭联用工艺具有优异的去除有机污染物性能。臭氧氧化主要对象是大分子的憎水性有机物，活性炭吸附针对中间分子量的有机物，微生物作用是去除小分子亲水性有机物。三种作用同时并存、相互协调，臭氧氧化促进了活性炭吸附和生物处理效率的提高。目前该工艺的运用已比较成熟。

6.15.2 试验基础理论

1. 臭氧预处理、深度处理

臭氧(O_3)是氧(O_2)的同素异形体，它具有极强的氧化能力，在水中的氧化还原电位仅次于氟。臭氧在微污染水源水处理中可用作预处理、深度处理以及和其他处理技术联合使用，如紫外线—臭氧、臭氧—生物处理等联用工艺。

因为臭氧在氧化水中蛋白质、氨基酸、有机胺、木质素、腐殖质等有机物的过程中会产生一些中间产物，如果这些中间产物没有被彻底氧化，水的BOD、COD指标就会升高。而用臭氧氧化全部有机物不经济。故臭氧预处理或深度处理的目的是部分氧化有机物，去除水中色、嗅、味、强化混凝沉淀效果。

2. 活性炭吸附深度处理

活件炭吸附是深度处理技术中成熟有效的方法之一，活性炭不仅能吸附去除水中的有机物，从而降低水中的三卤甲烷前体物，还可以去除水中的色、嗅、味、微量重金属、合成洗涤剂、放射性物质，也可利用活性炭吸附工艺进行脱氮等。活性炭对有机物的去除除了吸附作用外还有生物化学的降解作用。它最大的特点是可以去除水中难于生物降解或一般氧化法不能分解的溶解性有机物。

活性炭产品分粉末活性炭(PAC)和颗粒活性炭(GAC)。粉末活性炭粒径为10~50μm，一般与混凝剂一起投加到原水中，以去除水中的色、嗅、味等，即间歇吸附。因目前不能回收，使用费用高，仅作应急措施使用；颗粒活性炭的有效粒径一般为0.4~10mm，通常以吸附滤池的形式将水中的有机物、臭味和有毒有害物质吸附去除，即连续吸附或称动态吸附。

3. 臭氧—生物活性炭联用工艺

生物活性炭技术来自于活性炭滤池工艺运行过程中的问题。长期运行的吸附滤池粒状炭的表面往往吸附有大量有机物，这成为微生物繁殖的基质。随着时间的增加，滤池出水的细菌数增加，同时细菌在繁殖过程形成的代谢产物常常使滤池堵塞。为了解决这些问题，人们早期常常通过增加反冲洗次数，预投加臭氧的方法来控制微生物的繁殖。后来人们发现，臭氧与生物活性炭联用过程存在着许多优点。

一般来讲，水处理使用的活性炭能比较有效地去除小分子有机物，难以去除大分子有机物，而水中有机污染物大分子居多，所以活性炭微孔的表面面积将得不到充分的利用，势必缩短使用周期。但在活性炭前投加臭氧后，一方面氧化了部分有机物，另一方面使水中部分大分子有机物转化为小分子有机物，改变其分子结构形态，提供了有机物进入较小孔隙的可能性，从而达到水质深度净化的目的。水中有机物与臭氧反应的生成物比原来的有机物更易于被微生物降解，活性炭长期在富氧条件下运行表面有生物膜形成，当臭氧处理后的水通过粒状活性炭滤层时，有机物在其上进行生物降解。在臭氧和粒状活性炭组合的情况下，粒状活性炭变成生物活性炭，对有机物产生吸附和生物降解的双重作用，使活性炭对水中溶解性有机物的吸附大大超过根据吸附等温线所预期的吸附负荷。在颗粒活性炭滤床中进行的生物氧化法也可有效地去除某些无机物。

臭氧氧化在某种程度上改善了活性炭的吸附性能，而活性炭又可吸附未被臭氧氧化的有机物及一些中间产物，使臭氧和活性炭各自的作用得到更好发挥。从臭氧—活性炭技术在20世纪60年代发明以来，该技术已经在欧洲、美国、日本等发达国家广泛采用。运行结果表明，此工艺对氨氮(NH_3-N)和总有机碳(TOC)的去除比单独采用臭氧或活性炭处理要高出70%~80%和30%~75%。

6.15.3　试验材料与方法

1. 试验用水

试验用原水色度28度，根据饮用水水质标准，超标13度；浊度17度，超标14度；

有明显的腥味和肉眼可见物；铁超标 6 倍多；锰超标 7.5 倍之多；高锰酸钾指数达到 3.25mg/L。原水污染以有机污染物为主，主要去除对象为有机污染物、色度、浊度、铁、锰等。

2. 处理工艺

工艺流程如图 6-47 所示。

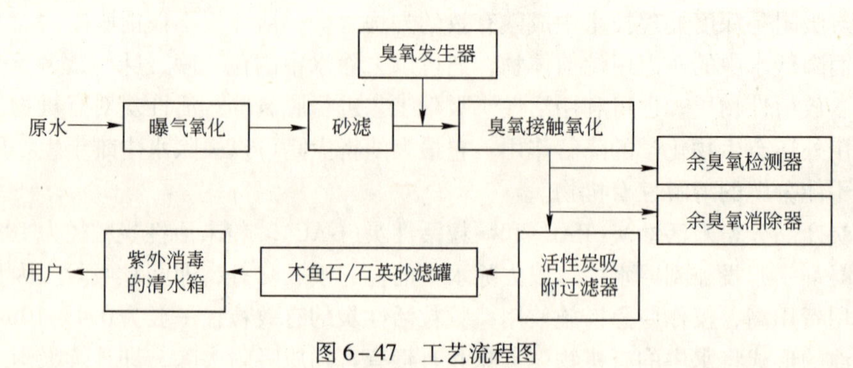

图 6-47 工艺流程图

（1）曝气单元

曝气器是经过适当改动的浮球阀，既可以调节水箱的水位，又可以在调节水箱进水的同时进行曝气。曝气可以增加水中的溶解氧，起曝气氧化作用，可将水中的低价铁、锰离子与空气中的氧反应生成高价的不溶性铁锰氧化物或水合氧化物。

（2）双层砂滤罐

上层为焦炭，粒径 1.2~2.5mm；下层为石英砂，粒径为 0.8~1.0mm。双层滤料的作用为截留原水中的悬浮物及高价铁、锰的沉淀物等，以减轻下一级活性炭的负荷，延长活性炭的使用寿命。

（3）臭氧发生器

臭氧是由进入臭氧发生管内空气中的氧气在高压电的作用下合成的。通过调节电压和空气量来决定臭氧发生量。使用先进的余臭氧浓度监测仪，通过余臭氧浓度来控制臭氧的投加量。不同的水质对应不同的臭氧投加量。臭氧接触反应之后的剩余臭氧浓度设定为 0.2mg/L。

（4）臭氧接触反应塔

接触时间 10 分钟。内安装臭氧引射器。接触反应塔采用上向流式，顶部设有气水分离阀。分离后的气体进入剩余臭氧消除器，臭氧氧化的水进入活性炭滤罐。

（5）活性炭滤罐

水力停留时间 20min。由于水中含有臭氧，活性炭滤罐采用不锈钢材质。滤床采用下向流压力式，滤层中填有 10~28 目(0.65~2.0mm)RC-40 型活性炭。

（6）矿化罐

反冲洗膨胀率为 50%，矿化罐内填 13~18 目(1~1.5mm)木鱼石。

（7）余臭氧消除器

采用小型壁挂式活性炭吸附催化剩余臭氧。

（8）紫外消毒

4 根波长为 253.7nm 的紫外灯管均匀地悬挂在水箱顶棚上，采用紫外灯水面照射法杀菌。

6.15.4 试验内容与方案

1. 臭氧—活性炭联用技术去除微污染有机物的研究

通过测定有机物的替代参数来衡量水中有机物总量的情况。这些替代参数主要有高锰酸钾指数、UV_{254}和TOC等。以GC/MS、高锰酸钾指数、UV_{254}来分析臭氧—活性炭去除水中微污染有机物的效果。

(1) 有机物去除的GC/MS分析

水样的富集：由于水中致突变物质的含量相对较低，所以在进行试验前要对待测水样进行浓缩富集。

主要包括以下内容：

1）砂滤出水的有机物GC/MS分析，考察砂滤对有机物的去除效果；

2）臭氧出水的有机物GC/MS分析，考察臭氧氧化对水中有机物的转化；

3）活性炭出水的有机物GC/MS分析。

(2) 臭氧—活性炭工艺的高锰酸钾指数、UV_{254}检测

1）检测臭氧对高锰酸钾指数、UV_{254}的去除效率；

2）检测活性炭对高锰酸钾指数、UV_{254}的去除效率；

3）检测臭氧和活性炭联用后对高锰酸钾指数、UV_{254}总的去除效率。

2. 臭氧—活性炭联用技术对致突变物去除效果的研究

以致突变性作为安全性评价的生物活性指标，进行Ames试验。

(1) 移码突变型致突变性

分别考察原水、砂滤处理后、臭氧出水、活性炭出水中移码型致突变物含量的变化，进而分析该工艺对移码型致突变物的去除效果。

(2) 碱基置换型致突变性

分别考察原水、砂滤处理后、臭氧出水、活性炭出水中碱基置换型致突变物含量的变化，进而分析该工艺对碱基置换型致突变物的去除效果。

6.15.5 试验结果与分析

1. 根据试验检测结果，分析臭氧—活性炭联用技术对微污染有机物的去除效果及去除机理。

2. 根据Ames试验结果，分析臭氧—活性炭联用技术对致突变物的去除效果。

3. 讨论臭氧投加量对处理效果的影响，通过试验条件及水质情况确定最优的臭氧投加量。

4. 根据GC/MS检测结果，讨论在该工艺各个环节有机物种类的变化。

附录A　显微镜和TOC使用说明

A.1　Olympus BX51显微镜使用说明

1. 安全注意事项

（1）显微镜是精密仪器，操作时要小心，避免突然和剧烈地振动。

（2）不要在有阳光直射、高温或高湿，多尘以及容易受到强烈震动的地方使用显微镜。

（3）移动显微镜时，要用双手小心地握住镜臂和镜基后面的把手（重量大约16kg）；如果抓住显微镜的载物台、粗/微调节钮或观察镜筒的双目部分，会损坏显微镜。

（4）不要拆开显微镜的任何部分。

（5）如确实需要对于显微镜当前的默认设置做实质性变动，要参阅《使用说明书》。

2. 透射光明场显微镜示意图

见图A-1。

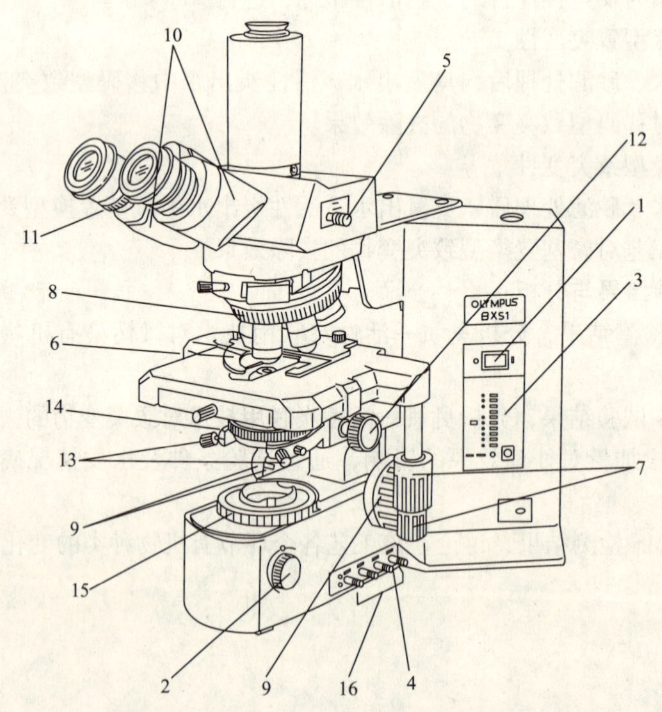

图A-1　Olympus BX51显微镜示意图

1—主开关；2—光强调节钮；3—透射光/反射光转换开关；4—LBD滤色片旋钮；5—光路选择钮；6—样品夹；7—X轴，Y轴旋钮；8—物镜转换器；9—粗/微调焦旋钮；10—双目观察筒；11—屈光度调节环；12—聚光镜高度调节钮；13—聚光镜对中旋钮；14—孔径光阑调节钮；15—视场光阑调节钮；16—滤光片

3. 维护和保养

(1) 清洁各种玻璃部件时，用纱布轻轻擦拭。除掉指纹或油渍，要用少量的乙醚(70%)和酒精(30%)混合溶液沾湿纱布擦拭。

(2) 不要使用有机溶剂擦拭玻璃部件以外的显微镜的其他部分。如果要清洁这些部件，请使用一块无毛柔软的布蘸少量中性清洁剂擦拭。

(3) 不使用显微镜时，把它用所提供的防尘罩盖上。

(4) 使用透射光明场做污泥形态观察时，切勿打开汞灯开关(如果不慎将汞灯开关打开，至少在15min之后才可以关闭)。

4. 透射光明场观察步骤

(1) 将主开关(图A-1组件1)拨到“I”(开)，调节光强。只能使用LBD滤色片(图A-1组件4)。

(2) 选择光路，推拉光路选择钮选择所需的光路：

1) 推进：100%用于双筒目镜。应用于暗样品观察。

2) 中间位置：20%用于双筒目镜，80%用于电视观察/显微镜摄影。应用于亮样品观察，显微镜摄影，电视观察。

3) 拉出：100%用于电视观察/显微镜摄影。

(3) 把样品放到载物台上

1) 放置样品：载玻片大小应为26mm×76mm，厚度为0.9~1.2mm，盖玻片厚度为0.17mm(图A-1组件6、7)。

2) 转动粗调焦旋钮，升高物镜(图A-1组件9)。

3) 把载玻片尽量往里推，然后轻轻地放开扳指。

4) 使用油镜时，样品吸附浸油后可能会滑动，参看说明书使用可选样品夹。

(4) 将10X物镜转进光路(图A-1组件8)。

(5) 对样品聚焦

1) 使用粗/微调焦旋钮(图A-1组件9)

粗调焦限位杆能够通过设定粗调焦旋钮移动的下限锁定，确保物镜不碰撞样品，并简化聚焦。注意：微调焦旋钮垂直移动物镜不受锁定。

2) 调节瞳间距

通过目镜观察时，调节双目镜筒直到左右视场完全吻合(图A-1组件10)。记下你的瞳距以便再用。

使用眼罩：戴眼镜时，把眼罩放在正常的折叠位置使用，这样能防止眼镜接触和刮擦目镜；不戴眼镜，打开折叠的眼罩，防止外来光线进入。

3) 调节屈光度

① 通过目镜观察，不要使用屈光度调节环，转动粗、微调焦旋钮对样品聚焦；

② 通过目镜观察，使用屈光度校正环，仅仅转动屈光度调节环对样品聚焦(图A-1组件(11))。

(6) 调节视场光阑和孔径光阑，对中聚光镜

1) 转动聚光镜高度调节旋钮，把聚光镜升高到最高位置。

2) 用10X物镜聚焦样品(图A-1组件8)。

3）将视场光阑图象移到视场中。

4）转动聚光镜高度调节钮对视场光阑图像聚焦(图 A-1 组件 12)。

5）转到两个聚光镜对中旋钮把视场光阑图像移动到视场中心(图 A-1 组件 13)。

6）逐步打开视场光阑，如果视场光阑图像在中心并和视场内接，则聚光镜已正确对中。

7）在实际应用中，稍微加大视场光阑，使他的图像刚好与视场外切。

视场光阑在对中聚光镜过程中完成调节，孔径光阑在透射光明场观察中，设置于“0”档处，不要调节。

(7) 将所需物镜转到光路，对样品聚焦

1）使用内置滤色片，按下滤色片按钮 1 ~ 4，所对应的滤色片就被移进光路。再按一次按钮，滤色片将被移出光路。透射光明场观察时选择 LBD 滤色片(图 A-1 组件 4、16)。

ND6：中性密度滤色镜，用于光强调节。透过率 6%；

ND25：中性密度滤色镜，用于光强调节，透过率 25%；

LBD：色度平衡，日光型滤色镜；

OP：滤色镜座。

2）调节光强(图 A-1 组件 2)

(8) 进行观察

A.2 TOC 分析仪(Multi N/C 3000)使用说明

1. 启动

(1) 标准启动

打开主机电源之前，确保下列条件已经满足：

1）磷酸瓶装满至少 10% 的磷酸，并放到主机的磷酸瓶位置。确保吸酸管和吹扫管插入磷酸瓶。让刚填加的磷酸脱气至少 5min。

2）清空废液桶，并放到主机的后面或下面。

3）氧气供给系统正确连接，输入压力 0.2 ~ 0.4MPa。

4）清洗瓶加入新鲜的超纯水。

打开主机：电源开关在主机的后面板上。打开开关，主机自动初始化和检测各种系统功能。当前面板的右上角的 LOCK IN 指示灯变绿时，主机就准备好操作。这时，可以打开计算机，进入 MultiWin 3.04 软件(双击 MultiWin 3.04 图标)。检查下列几项：

1）TIC 和冷凝罐以及磷酸瓶是否有气泡上升。

2）废液桶有足够空间盛废液。

3）蠕动泵工作正常。

4）吸入的样品没有气泡。

5）银丝仍能使用(如果变成灰黑色，则不能使用)。

(2) 预热阶段

Multi N/C 3000 的所有组件几乎同时打开。它们需要不同时间达到操作温度。

燃烧炉：加热到 850℃，加热时间约 10min。

NDIR检测器：打开主机后，需要15min预热时间。

(3) 简单的开机程序

1) 打开Multi N/C 3000主机。

2) 打开自动进样器。

3) 打开计算机。

4) 打开氧气瓶(输入压力0.2~0.4MPa)。当Multi N/C 3000的LOCK IN指示灯变绿时进入MultiWin 3.04软件(双击MultiWin3.04图标)，软件启动后进行初始化(如图A-2)。

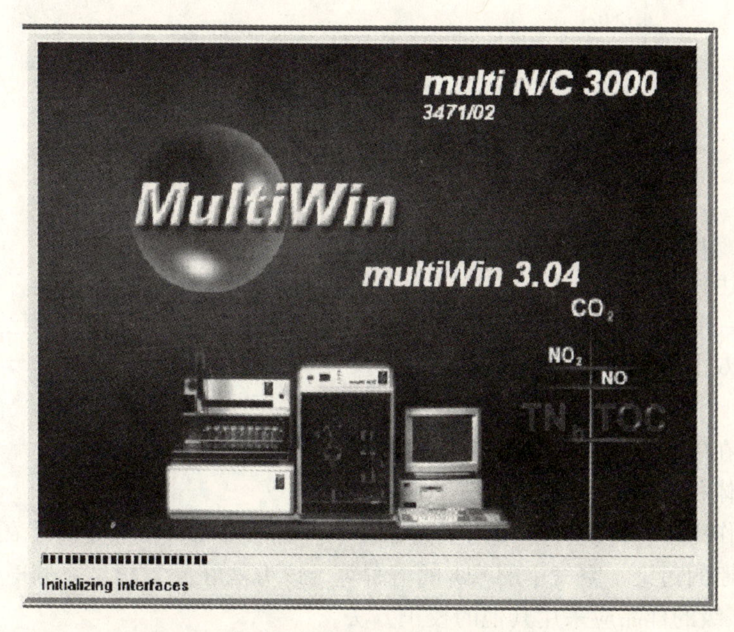

图A-2 软件启动后进行初始化

5) 利用密码登录系统(图A-3)。

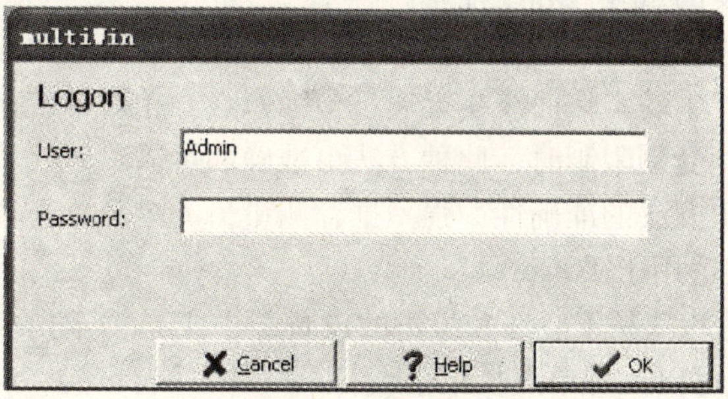

图A-3 软件密码登录

6) 填加新鲜的超纯水。

7) 重新填加磷酸，如有必要，让磷酸脱气至少5min。

8) 检查显示状态：流量(MFC和MFM)约为200mL/min。在应用窗口界面的左上方有一个系统状态窗口(图A-4)。

NDIR(红外检测器)： OK
NDIR1(红外检测器的窄通道)(Fine)： 0.6
NDIR2(红外检测器的宽通道)(Coarse)： 0.8
Gas flow(流量)：…
MFC1(质量流量控制)：200.3
MFM1(质量流量监测)：200.8
MFM2(吹扫流量监测)：0.0
Furnace temp.(炉温)：…
Temp.： 801
CLD： OK
TN： OK
Sampling(进样方式)
By hand(手动)Samplerz(64)(自动)

图 A-4 系统状态窗口

9）NDIR：OK。

10）炉温达到850℃。

11）装载一个方法：点击 <Method> 菜单，点击 <Load> 菜单，进入已保存校正曲线的方法界面。双击要选定的方法。

2. 校正

用户可以在以下3种方法中选择其中一种方法执行校正：

（1）固定体积多点浓度系列校正

多点校正作为一种传统方法常用于高浓度的样品(>1mg/L)。对于低浓度样品，由于所用的玻璃器皿的污染、空气中的CO_2的溶解等，该方法在配置标准系列时可能会遇到困难。所以ug/L级的样品应采用其他的校正方法。

（2）固定浓度不同体积系列校正

这种校正方法在ug/L级浓度范围内提供一个替换传统多点校正法的良好方案。它是基于样品进样泵的优良的重复性和线性。

Multi N/C 3000是一款易于清洗和维护的设备。由于系统空白极低，接近于零，所以此种方法校正结束后产生的工作曲线接近通过坐标原点。相对传统的多点校正法而言，当配置标准系列的重复性受到限制时，此种方法更准确和可靠。

为了校验这种校正方法的准确性，强烈推荐测量另一个独立配置的标准浓度点。

（3）单点校正(仅适用于TOC)

Multi N/C 3000是一款易于清洗和维护的设备。由于系统空白极低，接近于零，所以在ug/L级浓度范围内可以运行单点校正来代替第二种方法。

3. 准备和开始测量

（1）手动开始测量

准备好样品后，进入开始测量对话框，有以下3种方式，见图A-5。

1）按键盘上的F2键。

2）在测量菜单里点击开始测量命令(START MEASUREMENT)按钮。

3）点击工具条上快捷按钮。

multiWin - Measurement start

Settings

Measurement

Please input a name for the Sample ID (make sure to use a short and unique ID).

Sample ID: WATER

AnalysesTable: LUO　Edit

Sample

Dilution: 1 in 1　Edit

Sample type: Sample　Edit

Dimension: c: mg/l　Edit

Comment　Method

Cancel　Help　Start

图 A-5　开始测量对话框

在测量对话框中，输入样品名称(Sample ID)如 WATER；输入分析结果表(Analysis Table)如 LUO；点击 EDIT 可以编辑样品报告保存路径、分析结果表保存路径、稀释因子和样品测量类型。(Comment)按钮是显示样品的备注，(Display Method)是显示当前测量样品的方法对话框。

输完样品名称和分析结果表后，点击(Start)绿色箭头按钮进入测量对话框(图 A-6)。

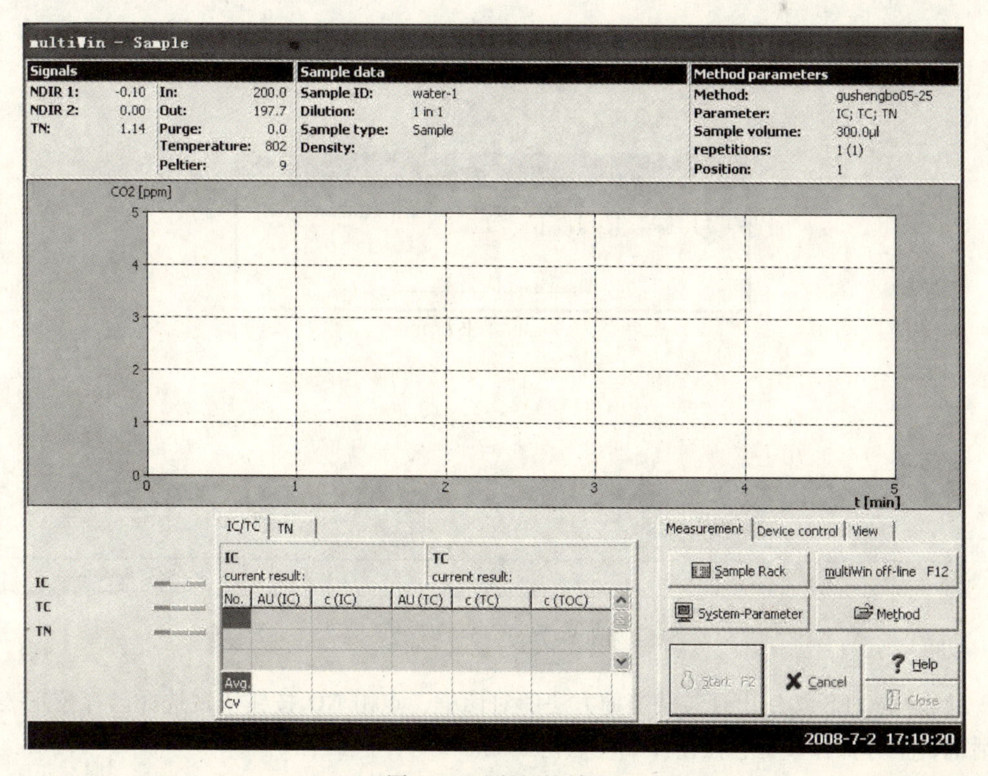

图 A-6　测量对话框

测量对话框含有 3 个功能键：启动测量（Start F2），取消测量（Abort），关闭窗口（Close）。在测量过程中这几个功能键能够操作，其他功能键禁止操作。当底下的状态出现仪器已准备好（Analyzer is ready）且样品吸样针插入到样品瓶时，可以点击 Start F2 按钮启动测量。测量过程中当前结果、积分面积、积分时间、积分谱图等实时显示。测量对话框中坐标图的横坐标以时间表示，纵坐标以 CO_2（mg/L）或 NO（mg/L）表示。CO_2（mg/L）或 NO（mg/L）是 CO_2或 NO 在氧气载气中的浓度，不是 TC 或 TN 的真实浓度。TC 或 TN 的真实浓度是在结果栏中。

在测量过程中，如果想取消测量，则可以点击 Abort 按钮或按键盘上的 ESC 键取消测量。测量过程将立即停止并出现取消测量的信息窗口，根据用户的意愿保存或拒绝已测量的数据。可能会出现一些误差信息，取消即可。仪器会清洗管路系统，为新的测量做好准备。

（2）校正

手动校正测量步骤如下：

1）点击测量菜单（Measurement）中的校正命令（Calibration），出现选择正确方法或装载校正表的对话框（图 A-7）。

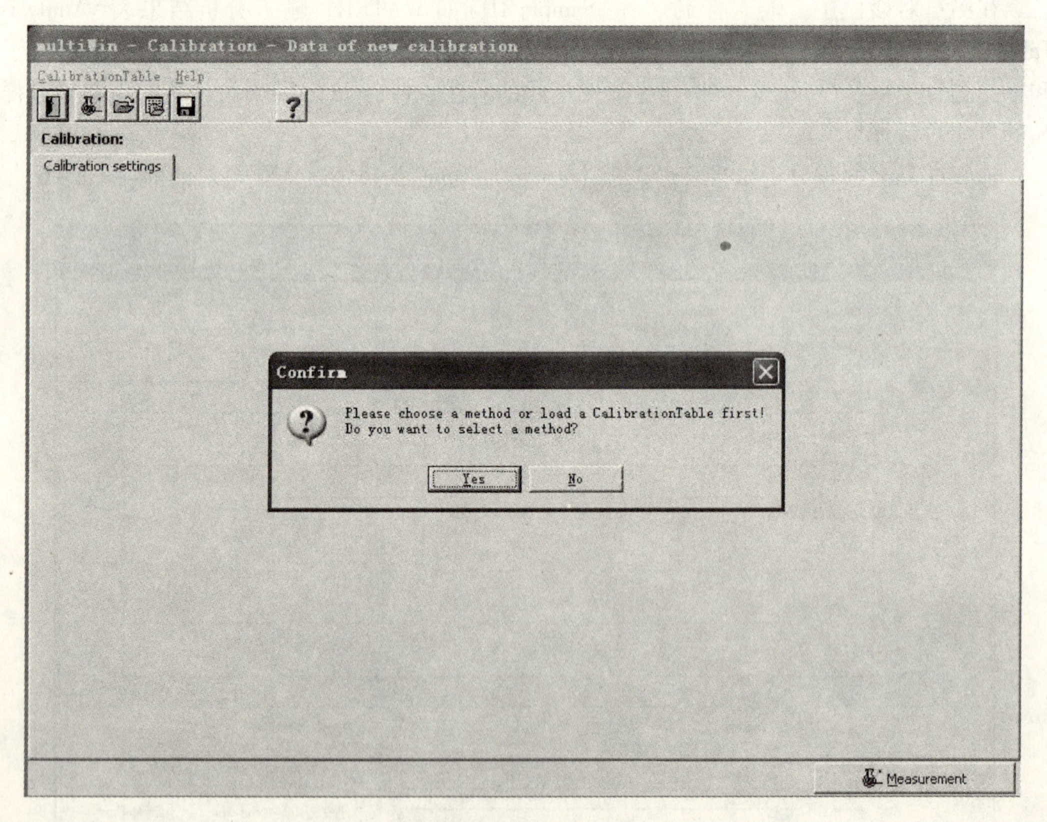

图 A-7　选择一个方法

2）点击 YES 按钮出现装载当前方法的对话框，点击 NO 按钮出现选择已存校正表的对话框，推荐操作步骤：点击 YES→点击 YES。

3）点击 YES 按钮出现校正表设置对话框（如图 A-8 所示）。选择校正的类型（Type）：

固定体积多点浓度系列校正和固定浓度不同体积系列校正；选择标准浓度点数或体积点数(Number of samples)；分析模式已由创建方法时选定(这里不用选择)。

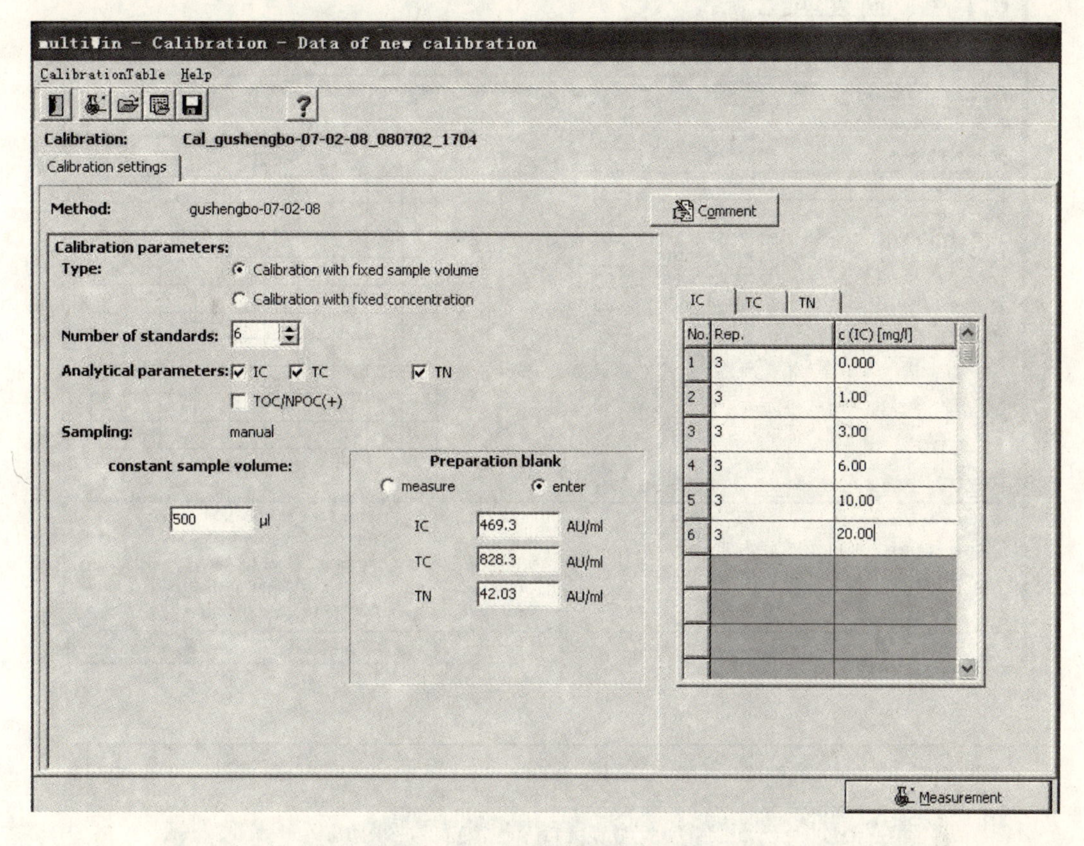

图 A-8　校正数据设置对话框

4）输完浓度后，点击测量(Measurement)按钮进入测量对话框，如图 A-6 所示。

5）当底下的状态出现仪器已准备好(Analyzer is ready)且样品吸样针插入到样品瓶时，可以点击 Start F2 按钮启动测量。实时状态和样品测量时几乎一样，惟一的差别是没有浓度结果。

6）当测完一个标样后，会出现提示测量下一个标样的对会框，直到所有的标样测完后，出现校正数据的对话框，如图 A-9 所示。

7）为了让校正数据和方法联系上，选上使用校正的复选框“Use Calibration”，然后点击和方法联系按钮(Link with method)，校正数据的最终确认对话框出现，如图 A-10 所示。

在此界面有以前校正数据和当前校正数据的比较，如果当前校正数据较为理想，点击接受新值(ACCEPT VALUES)按钮，则当前校正数据就替代以前校正数据并存入当前方法中。

到此，手动校正测量结束。可直接用当前方法测量样品，由当前校正数据算出样品浓度。

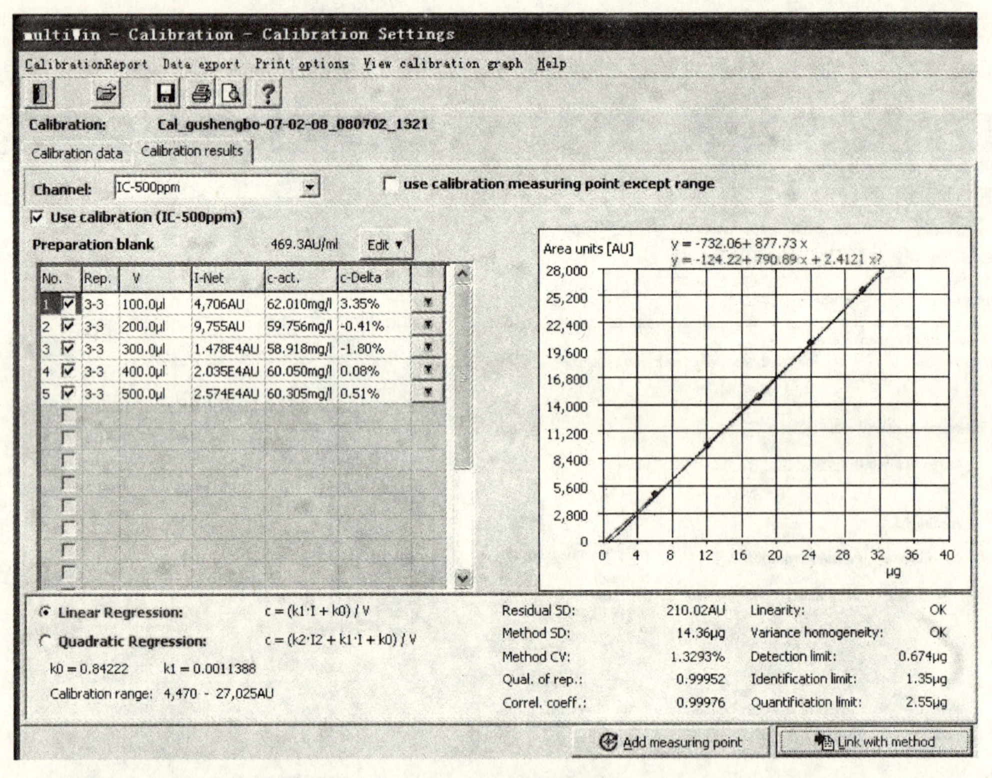

图 A-9 校正数据对话框

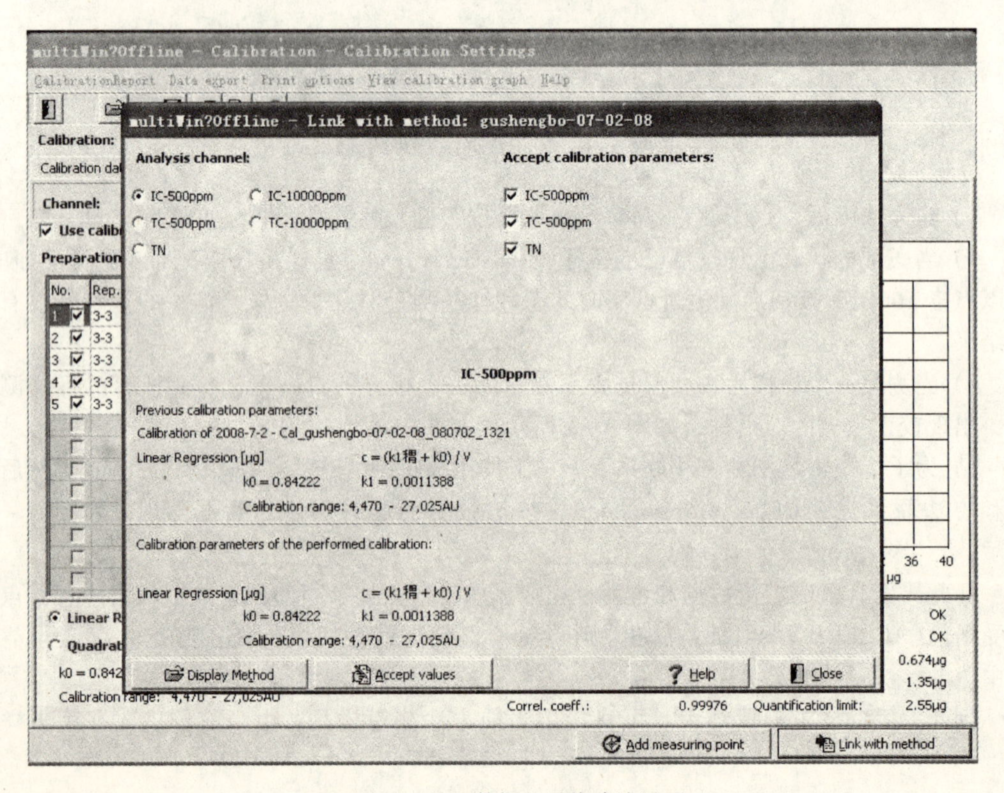

图 A-10 校正数据的最终确认界面

附录B　常用污染物排放要求

B.1　城镇污水处理厂污染物排放要求

(1) 城镇污水处理厂水污染物排放基本控制项目最高允许排放浓度(日均值)　　单位：mg/L

序号	基本控制项目		一级标准		二级标准	三级标准
			A 标准	B 标准		
1		化学需氧量(COD)	50	60	100	120①
2		生化需氧量(BOD_5)	10	20	30	60①
3		悬浮物(SS)	10	20	30	50
4		动植物油	1	3	5	20
5		石油类	1	3	5	15
6		阴离子表面活性剂	0.5	1	2	5
7		总氮（以N计）	15	20	—	—
8		氨氮(以N计)②	5(8)	8(15)	25(30)	—
9	总磷（以P计）	2005年12月31日前建设的	1	1.5	3	5
		2006年1月1日起建设的	0.5	1	3	5
10		色度(稀释倍数)	30	30	40	50
11		pH			6－9	
12		粪大肠菌群数(个/L)	10^3	10^4	10^4	—

注：① 下列情况下按去除率指标执行：当进水 COD 大于 350mg/L 时，去除率应大于 60%；BOD 大于 160mg/L 时，去除率应大于 50%。

② 括号外数值为水温 >12℃时的控制指标，括号内数值为水温≤12℃时的控制指标。

(2) 城镇污水处理厂部分一类污染物最高允许排放浓度(日均值)　　单位：mg/L

序号	项　目	标准值	序号	项　目	标准值
1	总　汞	0.001	5	六价铬	0.05
2	烷基汞	不得检出	6	总　砷	0.1
3	总　镉	0.01	7	总　铅	0.1
4	总　铬	0.1			

(3) 城镇污水处理厂水污染物选择控制项目最高允许排放浓度(日均值)　　单位：mg/L

序号	选择控制项目	标准值	序号	选择控制项目	标准值
1	总镍	0.05	6	总锰	2.0
2	总铍	0.002	7	总硒	0.1
3	总银	0.1	8	苯并(a)芘	0.00003
4	总铜	0.5	9	挥发酚	0.5
5	总锌	1.0	10	总氰化物	0.5

续表

序号	选择控制项目	标准值	序号	选择控制项目	标准值
11	硫化物	1.0	28	对-二甲苯	0.4
12	甲醛	1.0	29	间-二甲苯	0.4
13	苯胺类	0.5	30	乙苯	0.4
14	总硝基化合物	2.0	31	氯苯	0.3
15	有机磷农药(以P计)	0.5	32	1,4-二氯苯	0.4
16	马拉硫磷	1.0	33	1,2-二氯苯	1.0
17	乐果	0.5	34	对硝基氯苯	0.5
18	对硫磷	0.05	35	2,4-二硝基氯苯	0.5
19	甲基对硫磷	0.2	36	苯酚	0.3
20	五氯酚	0.5	37	间-甲酚	0.1
21	三氯甲烷	0.3	38	2,4-二氯酚	0.6
22	四氯化碳	0.03	39	2,4,6-三氯酚	0.6
23	三氯乙烯	0.3	40	邻苯二甲酸二丁酯	0.1
24	四氯乙烯	0.1	41	邻苯二甲酸二辛酯	0.1
25	苯	0.1	42	丙烯腈	2.0
26	甲苯	0.1	43	可吸附有机卤化物(AOX以CL计)	1.0
27	邻-二甲苯	0.4			

(4) 水污染物监测分析方法

序号	控制项目	测定方法	测定下限(mg/L)	方法来源
1	化学需氧量(COD)	重铬酸盐法	30	GB 11914—89
2	生化需氧量(BOD)	稀释与接种法	2	GB 7488—87
3	悬浮物(SS)	重量法		GB 11901—89
4	动植物油	红外光度法	0.1	GB/T 16488—1996
5	石油类	红外光度法	0.1	GB/T 16488—1996
6	阴离子表面活性剂	亚甲蓝分光光度法	0.05	GB 7494—87
7	总氮	碱性过硫酸钾-消解紫外分光光度法	0.05	GB 11894—89
8	氨氮	蒸馏和滴定法	0.2	GB 7478—87
9	总磷	钼酸铵分光光度法	0.01	GB 11893—89
10	色度	稀释倍数法		GB 11903—89
11	pH值	玻璃电极法		GB 6920—86
12	粪大肠菌群数	多管发酵法		1)
13	总汞	冷原子吸收分光光度法	0.0001	GB 7468—87
		双硫腙分光光度法	0.002	GB 7469—87
14	烷基汞	气相色谱法	10ng/L	GB/T 14204—93
15	总镉	原子吸收分光光度法(螯合萃取法)	0.001	GB 7475—87
		双硫腙分光光度法	0.001	GB 7471—87

续表

序号	控制项目	测定方法	测定下限（mg/L）	方法来源
16	总铬	高锰酸钾氧化－二苯碳酰二肼分光光度法	0.004	GB 7466—87
17	六价铬	二苯碳酰二肼分光光度法	0.004	GB 7467—87
18	总砷	二乙基二硫代氨基甲酸银分光光度法	0.007	GB 7485—87
19	总铅	原子吸收分光光度法（螯合萃取法） 双硫腙分光光度法	0.01 0.01	GB 7475—87 GB 7470—87
20	总镍	火焰原子吸收分光光度法 丁二酮肟分光光度法	0.05 0.25	GB 11912—89 GB 11910—89
21	总铍	活性炭吸附－铬天菁S光度法		1）
22	总银	火焰原子吸收分光光度法 镉试剂2B分光光度法	0.03 0.01	GB 11907—89 GB 11908—89
23	总铜	原子吸收分光光度法 二乙基二硫氨基甲酸钠分光光度法	0.01 0.01	GB 7475—87 GB 7474—87
24	总锌	原子吸收分光光度法 双硫腙分光光度法	0.05 0.005	GB 7475—87 GB 7472—87
25	总锰	火焰原子吸收分光光度法 高碘酸钾分光光度法	0.01 0.02	GB 11911—89 GB 11906—89
26	总硒	2，3－二氨基萘荧光法	0.25μg/L	GB 11902—89
27	苯并(a)芘	高压液相色谱法 乙酰化滤纸层析荧光分光光度法	0.001μg/L 0.004μg/L	GB 13198—91 GB 11895—89
28	挥发酚	蒸馏后4－氨基安替比林分光光度法	0.002	GB 7490—87
29	总氰化物	硝酸银滴定法 异烟酸－吡唑啉酮比色法 吡啶－巴比妥酸比色法	0.25 0.004 0.002	GB 7486—87 GB 7486—87 GB 7486—87
30	硫化物	亚甲基蓝分光光度法直接显色分光光度法	0.005 0.004	GB/T 16489—1996 GB/T 17133—1997
31	甲醛	乙酰丙酮分光光度法	0.05	GB 13197—91
32	苯胺类	N－(1－萘基)乙二胺偶氮分光光度法	0.03	GB 11889—89
33	总硝基化合物	气相色谱法	5μg/L	GB 4919—85
34	有机磷农药（以P计）	气相色谱法	0.5μg/L	GB 13192—91
35	马拉硫磷	气相色谱法	0.64μg/L	GB 13192—91
36	乐果	气相色谱法	0.57μg/L	GB 13192—91
37	对硫磷	气相色谱法	0.54μg/L	GB 13192—91
38	甲基对硫磷	气相色谱法	0.42μg/L	GB 13192—91

续表

序号	控制项目	测定方法	测定下限（mg/L）	方法来源
39	五氯酚	气相色谱法 藏红 T 分光光度法	0.04μg/L 0.01	GB 8972—88 GB 9803—88
40	三氯甲烷	顶空气相色谱法	0.30μg/L	GB/T 17130—1997
41	四氯化碳	顶空气相色谱法	0.05μg/L	GB/T 17130—1997
42	三氯乙烯	顶空气相色谱法	0.50μg/L	GB/T 17130—1997
43	四氯乙烯	顶空气相色谱法	0.2μg/L	GB/T 17130—1997
44	苯	气相色谱法	0.05	GB 11890—89
45	甲苯	气相色谱法	0.05	GB 11890—89
46	邻-二甲苯	气相色谱法	0.05	GB 11890—89
47	对-二甲苯	气相色谱法	0.05	GB 11890—89
48	间-二甲苯	气相色谱法	0.05	GB 11890—89
49	乙苯	气相色谱法	0.05	GB 11890—89
50	氯苯	气相色谱法		HJ/T 74—2001
51	1，4 二氯苯	气相色谱法	0.005	GB/T 17131—1997
52	1，2 二氯苯	气相色谱法	0.002	GB/T 17131—1997
53	对硝基氯苯	气相色谱法		GB 13194—91
54	2，4-二硝基氯苯	气相色谱法		GB 13194—91
55	苯酚	液相色谱法	1.0μg/L	1）
56	间-甲酚	液相色谱法	0.8μg/L	1）
57	2，4-二氯酚	液相色谱法	1.1μg/L	1）
58	2，4，6-三氯酚	液相色谱法	0.8μg/L	1）
59	邻苯二甲酸二丁酯	气相、液相色谱法		HJ/T 72—2001
60	邻苯二甲酸二辛酯	气相、液相色谱法		HJ/T 72—2001
61	丙烯腈	气相色谱法		HJ/T 73—2001
62	可吸附有机卤化物（AOX）（以 Cl 计）	微库仑法 离子色谱法	10μg/L	GB/T 15959—1995 HJ/T 83—2001

注：暂采用下列方法，待国家方法标准发布后，执行国家标准。

1）《水和废水监测分析方法（第三版、第四版）》中国环境科学出版社。

（5）城镇污水处理厂污泥稳定化控制指标

稳定化方法	控制项目	控制指标
厌氧消化	有机物降解率（%）	>40
好氧消化	有机物降解率（%）	>40
好氧堆肥	含水率（%）	<65
	有机物降解率（%）	>50
	蠕虫卵死亡率（%）	>95
	粪大肠菌群菌值	>0.01

(6) 城镇污水处理厂污泥农用时污染物控制标准限值

序号	控制项目	最高允许含量(mg/kg 干污泥)	
		在酸性土壤上(pH<6.5)	在中性和碱性土壤上(pH>=6.5)
1	总镉	5	20
2	总汞	5	15
3	总铅	300	1000
4	总铬	600	1000
5	总砷	75	75
6	总镍	100	200
7	总锌	2000	3000
8	总铜	800	1500
9	硼	150	150
10	石油类	3000	3000
11	苯并(a)芘	3	3
12	多氯代二苯并二恶英/多氯代二苯并呋喃(PCDD/PCDF 单位：ng/kg)	100	100
13	可吸附有机卤化物(AOX)(以Cl计)	500	500
14	多氯联苯(PCB)	0.2	0.2

(7) 城镇污水处理厂污泥特性及污染物监测分析方法

序号	控制项目	测定方法	方法来源
1	污泥含水率	烘干法	1)
2	有机质	重铬酸钾法	1)
3	蠕虫卵死亡率	显微镜法	GB 7959—87
4	粪大肠菌群菌值	发酵法	GB 7959—87
5	总镉	石墨炉原子吸收分光光度法	GB/T 17141—1997
6	总汞	冷原子吸收分光光度法	GB/T 17136—1997
7	总铅	石墨炉原子吸收分光光度法	GB/T 17141—1997
8	总铬	火焰原子吸收分光光度法	GB/T 17137—1997
9	总砷	硼氢化钾-硝酸银分光光度法	GB/T 17135—1997
10	硼	姜黄素比色法	2)
11	矿物油	红外分光光度法	2)
12	苯并(a)芘	气相色谱法	2)
13	总铜	火焰原子吸收分光光度法	GB/T 17138—1997
14	总锌	火焰原子吸收分光光度法	GB/T 17138—1997
15	总镍	火焰原子吸收分光光度法	GB/T 17139—1997
16	多氯代二苯并二噁英/多氯代二苯并呋喃(PCDD/PCDF)	同位素稀释高分辨毛细管气相色谱/高分辨质谱法	HJ/T 77—2001
17	可吸附有机卤化物(AOX)		待定
18	多氯联苯(PCB)	气相色谱法	待定

注：暂采用下列方法，待国家方法标准发布后，执行国家标准。

1)《城镇垃圾农用监测分析方法》

2)《农用污泥监测分析方法》

B.2 城市污水再生利用

（1）城市污水再生利用类别

序号	分类	范围	示例
1	农、林、牧、渔业用水	农田灌溉	种子与育种、粮食与饲料作物、经济作物
		造林育苗	种子、苗木、苗圃、观赏植物
		畜牧养殖	畜牧、家畜、家禽
		水产养殖	淡水养殖
2	城市杂用水	城市绿化	公共绿地、住宅小区绿化
		冲厕	厕所便器冲洗
		道路清扫	城市道路的冲洗及喷洒
		车辆冲洗	各种车辆冲洗
		建筑施工	施工场地清扫、浇洒、灰尘抑制、混凝土制备与养护、施工中的混凝土构件和建筑物冲洗
		消防	消火栓、消防水炮
3	工业用水	冷却用水	直流式、循环式
		洗涤用水	冲渣、冲灰、消烟除尘、清洗
		锅炉用水	中压、低压锅炉
		工艺用水	溶料、水浴、蒸煮、漂洗、水力开采、水力输送、增湿、稀释、搅拌、选矿、油田回注
		产品用水	浆料、化工制剂、涂料
4	环境用水	娱乐性景观环境用水	娱乐性景观河道、景观湖泊及水景
		观赏性景观环境用水	观赏性景观河道、景观湖泊及水景
		湿地环境用水	恢复自然湿地、营造人工湿地
5	补充水源水	补充地表水	河流、湖泊
		补充地下水	水源补给、防止海水入浸、防止地面沉降

（2）城市杂用水水质标准

序号	项目		冲厕	道路清扫、消防	城市绿化	车辆冲洗	建筑施工
1	pH				6.0–9.0		
2	色/度	≤			30		
3	嗅				无不快感		
4	浊度/NTU	≤	5	10	10	5	20
5	溶解性总固体/(mg/L)	≤	1500	1500	1000	1000	—
6	五日生化需氧量(BOD_5)/(mg/L)	≤	10	15	20	10	15
7	氨氮/(mg/L)	≤	10	10	20	10	20
8	阴离子表面活性剂/(mg/L)		1.0	1.0	1.0	0.5	1.0

续表

序号	项　目		冲厕	道路清扫、消防	城市绿化	车辆冲洗	建筑施工
9	铁/(mg/L)	≤	0.3	—	—	0.3	—
10	锰/(mg/L)	≤	0.1	—	—	0.1	—
11	溶解氧/(mg/L)	≥			1.0		
12	总余氯(mg/L)			接触 30min 后≥1.0，管网末端≥0.2			
13	总大肠菌群/(个/L)	≤			3		

(3) 城市杂用水标准水质项目分析方法

序号	项　目	测 定 方 法	执行标准
1	pH	pH 电位法	GB/T 5750
2	色	铂－钴标准比色法	GB/T 5750
3	浊度	分光光度法 目视比浊法	GB/T 5750
4	溶解性总固体	重量法［烘干温度(180±1)℃］	GB/T 5750
5	五日生化需氧量(BOD_5)	稀释与接种法	GB/T 7488
6	氨氮	纳氏试剂比色法	GB/T 5750
7	阴离子表面活性剂	亚甲蓝分光光度法	GB/T 7494
8	铁	二氮杂菲分光光度法 原子吸收分光光度法	GB/T 5750
9	锰	过硫酸铵分光光度法 原子吸收分光光度法	GB/T 5750
10	溶解氧	碘量法 电化学探头法	GB/T 7489 GB/T 11913
11	总余氯	邻联甲苯铵比色法 邻联甲苯铵－亚砷酸盐比色法 N，N－二乙基对苯二胺－硫酸亚铁铵滴定法	GB/T 5750
12	总大肠菌群	N，N－二乙基－1，4－苯二胺分光光度法 多管发酵法	GB/T 11898 GB/T 5750

(4) 城市杂用水采样检测频率

序　号	项　目	采样检测频率
1	pH	每日 1 次
2	色	每日 1 次
3	浊度	每日 2 次
4	嗅	每日 1 次
5	溶解性总固体	每周 1 次
6	五日生化需氧量(BOD_5)	每周 1 次
7	氨氮	每周 1 次

续表

序号	项目	采样检测频率
8	阴离子表面活性剂	每周1次
9	铁	每周1次
10	锰	每周1次
11	溶解氧	每日1次
12	总余氯	每日2次
13	总大肠菌群	每周3次

(5) 景观环境用水的再生水水质标准 单位：mg/L

序号	项目		观赏性景观环境用水			娱乐性景观环境用水		
			河道类	湖泊类	水景类	河道类	湖泊类	水景类
1	基本要求		无飘浮物，无令人不愉快的嗅和味					
2	pH值(无量纲)		6~9					
3	五日生化需氧量(BOD_5)	≤	10	6		6		
4	悬浮物(SS)	≤	20	10				
5	浊度(NTU)	≤				5.0		
6	溶解氧	≥	1.5			2.0		
7	总磷(以P计)	≤	1.0	0.5		1.0	0.5	
8	总氮	≤	15					
9	氨氮(以N计)	≤	5					
10	粪大肠菌群(个/L)	≤	10000	2000		500	不得检出	
11	余氯	≥	0.05					
12	色度(度)	≤	30					
13	石油类	≤	1.0					
14	阴离子表面活性剂	≤	0.5					

注：1. 对于需要通过管道输送再生水的非现场回用情况采用加氯消毒方式；而对于现场回用情况不限制消毒方式。
2. 若使用未经过除磷脱氮的再生水作为景观环境用水，鼓励使用本标准的各方在回用地点积极探索通过人工培养具有观赏价值水生植物的方法，使景观水体的氮磷满足表1的要求，使再生水中的水生植物有经济合理的出路。

a "—"表示对此项无要求。
b 氯接触时间不应低于30min的余氯。对于非加氯消毒方式无此项要求。

(6) 以城市污水为水源的再生水选择控制项目最高允许排放浓度(以日均值计) 单位：mg/L

序号	选择控制项目	标准值	序号	选择控制项目	标准值
1	总汞	0.01	5	六价铬	0.5
2	烷基汞	不得检出	6	总砷	0.5
3	总镉	0.05	7	总铅	0.5
4	总铬	1.5	8	总镍	0.5

续表

序号	选择控制项目	标准值	序号	选择控制项目	标准值
9	总铍	0.001	30	三氯乙烯	0.8
10	总银	0.1	31	四氯乙烯	0.1
11	总铜	1.0	32	苯	0.1
12	总锌	2.0	33	甲苯	0.1
13	总锰	2.0	34	邻-二甲苯	0.4
14	总硒	0.1	35	对-二甲苯	0.1
15	苯并(a)芘	0.00003	36	间-二甲苯	0.4
16	挥发酚	0.1	37	乙苯	0.1
17	总氰化物	0.5	38	氯苯	0.3
18	硫化物	1.0	39	对-二氯苯	0.4
19	甲醛	1.0	40	邻-二氯苯	1.0
20	苯胺类	0.5	41	对硝基氯苯	0.5
21	硝基苯类	2.0	42	2，4-二硝基氯苯	0.5
22	有机磷农药(以P计)	0.5	43	苯酚	0.3
23	马拉硫磷	1.0	44	间-甲酚	0.1
24	乐果	0.5	45	2，4-二氯酚	0.6
25	对硫磷	0.05	46	2，4，6-三氯酚	0.6
26	甲基对硫磷	0.2	47	邻苯二甲酸二丁酯	0.1
27	五氯酚	0.5	48	邻苯二甲酸二辛酯	0.1
28	三氯甲烷	0.3	49	丙烯腈	2.0
29	四氯化碳	0.03	50	可吸附有机卤化物(以Cl计)	1.0

(7) 再生水监测分析方法表

序号	项目	测定方法	方法来源
1	pH值	玻璃电极法	GB/T 6920
2	五日生化需氧量(BOD_5)	稀释与接种法	GB/T 7488
3	悬浮物	重量法	GB/T 11901
4	浊度	比浊法	GB/T 13200
5	溶解氧	碘量法	GB/T 7478
		电化学探头法	GB/T 11913
6	总磷(TP)	钼酸铵分光光度法	GB/T 11893
7	总氮(TN)	碱性过硫酸钾消解紫外分光光度法	GB/T 11894
8	氨氮	蒸馏滴定法	GB/T 7478
9	粪大肠菌群	多管发酵法 滤膜法	水和废水监测分析方法
10	余氯	N，N-二乙基-1，4-苯二胺分光光度法	GB/T 11898
11	色度	铂钴比色法	GB/T 11903
12	石油	红外光度法	GB/T 16488
13	阴离子表面活性剂	亚甲蓝分光光度法	GB/T 7494

a：暂采用《水和废水监测分析方法》，中国环境科学出版社，待国家方法标准发布后，执行国家标准

(8) 再生水化学毒理学指标分析方法表

序号	控制项目	测定方法	方法来源
1	总汞	冷原子吸收光度法	GB/T 7468
2	烷基汞	气相色谱法	GB/T 14204
3	总镉	原子吸收分光光谱法	GB/T 7475
4	总铬	高锰酸钾氧化－二苯碳酸二肼分光光度法	GB/T 7466
5	六价铬	二苯碳酸二肼分光光度法	GB/T 7467
6	总砷	二乙基二硫代氨基甲酸银分光光度法	GB/T 7485
7	总铅	原子吸收分光光谱法	GB/T 7475
8	总镍	火焰原子吸收分光光度法	GB/T 11912
		丁二酮肟分光光度法	GB/T 11910
9	总铍	活性炭吸附－铬天菁S光度法	水和废水监测分析方法
10	总银	火焰原子吸收分光光谱法	GB/T 11907
11	总铜	原子吸收分光光谱法	GB/T 7475
		二乙基二硫化氨基甲酸钠分光光度法	GB/T 7474
12	总锌	原子吸收分光光谱法	GB/T 7475
		双硫腙分光光度法	GB/T 7472
13	总锰	火焰原子吸收分光光度法	GB/T 11911
		高碘酸钾分光光度法	GB/T 11906
14	总硒	2，3－二氨基萘荧光法	GB/T 11902
15	苯并(a)芘	乙酰化滤纸层析荧光分光光度法	GB/T 11895
16	挥发酚	蒸馏后用4－氨基安替比林分光光度法	GB/T 7490
17	总氰化物	硝酸银滴定法	GB/T 7486
18	硫化物	碘量法(高浓度)	水和废水监测分析方法
		对氨基二甲基苯胺光度法(低浓度)	水和废水监测分析方法
19	甲醛	乙酰丙酮分光光度法	GB/T 13197
20	苯胺类	N－(1－萘基)乙二胺偶氮分光光度法	GB/T 11889
21	硝基苯类	气相色谱法	GB/T 13194
22	有机磷农药(以P计)	气相色谱法	GB/T 13192
23	马拉硫磷	气相色谱法	GB/T 13192
24	乐果	气相色谱法	GB/T 13192
25	对硫磷	气相色谱法	GB/T 13192
26	甲基对硫磷	气相色谱法	GB/T 13192
27	五氯酚	气相色谱法	GB/T 8972
		藏红T分光光度法	GB/T 9803
28	三氯甲烷	气相色谱法	水和废水监测分析方法
29	四氯化碳	气相色谱法	水和废水监测分析方法
30	三氯乙烯	气相色谱法	水和废水监测分析方法

续表

序号	控制项目	测定方法	方法来源
31	四氯乙烯	气相色谱法	水和废水监测分析方法
32	苯	气相色谱法	GB/T 11890
33	甲苯	气相色谱法	GB/T 11890
34	邻-二甲苯	气相色谱法	GB/T 11890
35	对-二甲苯	气相色谱法	GB/T 11890
36	间-二甲苯	气相色谱法	GB/T 11890
37	乙苯	气相色谱法	GB/T 11890
38	氯苯	气相色谱法	水和废水监测分析方法
39	对二氯苯	气相色谱法	水和废水监测分析方法
40	邻二氯苯	气相色谱法	水和废水监测分析方法
41	对硝基氯苯	气相色谱法	GB/T 13194
42	2，4-二硝基氯苯	气相色谱法	GB/T 13194
43	苯酚	气相色谱法	水和废水监测分析方法
44	间-甲酚	气相色谱法	水和废水监测分析方法
45	2，4-二氯酚	气相色谱法	水和废水监测分析方法
46	2，4，6-三氯酚	气相色谱法	水和废水监测分析方法
47	邻苯二甲酸二丁酯	气相、液相色谱法	水和废水监测分析方法
48	邻苯二甲酸二辛酯	气相、液相色谱法	水和废水监测分析方法
49	丙烯腈	气相色谱法	水和废水监测分析方法
50	可吸附有机卤化物(AOX)(以Cl计)	微库仑法	GB/T 15959

a 暂采用《水和废水监测分析方法》，中国环境科学出版社。待国家方法标准发布后，执行国家标准。

参 考 文 献

[1] 张自杰主编. 排水工程(下册). 第四版. 北京：中国建筑工业出版社，2000

[2] 严煦世，范瑾初主编. 给水工程. 第四版. 北京：中国建筑工业出版社，1999

[3] 李圭白，张杰主编. 水质工程学. 北京：中国建筑工业出版社，2005

[4] 国家环境保护总局水和废水监测分析方法编委会编. 水和废水监测分析方法. 第四版. 北京：中国环境科学出版社，2002

[5] 黄君礼编著. 水分析化学. 第三版. 北京：中国建筑工业出版社，2008

[6] 王淑莹，吕宏德编著. 水质工程实验技术. 哈尔滨：黑龙江教育出版社，2000

[7] 许保玖，安鼎年著. 给水处理理论与设计. 北京：中国建筑工业出版社，1992

[8] 崔玉川，员建，陈宏平编. 给水厂处理设施设计计算. 北京：化学工业出版社，2003

[9] 文湘华，王建龙等译. 环境生物技术原理与应用. 北京：清华大学出版社，2004

[10] 秦裕珩等译. 废水工程处理及回用. 北京：化学工业出版社，2004

[11] 周群英，高廷耀编著. 环境工程微生物学. 第二版. 北京：高等教育出版社，2000

[12] 李燕城，吴俊奇主编. 水处理实验技术. 第二版. 北京：中国建筑工业出版社，2004

[13] 王琳，王宝贞编著. 饮用水深度处理技术. 北京：化学工业出版社，2002

[14] 顾国维，何义亮编著. 膜生物反应器——在污水处理中的研究和应用. 北京：化学工业出版社，2002

[15] 章非娟，徐竞成主编. 环境工程实验. 北京：高等教育出版社，2006

[16] 郝瑞霞，吕鉴主编. 水质工程学实验与技术. 北京：北京工业大学出版社，2006

尊敬的读者：

感谢您选购我社图书！建工版图书按图书销售分类在卖场上架，共设22个一级分类及43个二级分类，根据图书销售分类选购建筑类图书会节省您的大量时间。现将建工版图书销售分类及与我社联系方式介绍给您，欢迎随时与我们联系。

★建工版图书销售分类表（详见下表）。

★欢迎登陆中国建筑工业出版社网站www.cabp.com.cn，本网站为您提供建工版图书信息查询，网上留言、购书服务，并邀请您加入网上读者俱乐部。

★中国建筑工业出版社总编室　电　话：010—58934845

传　真：010—68321361

★中国建筑工业出版社发行部　电　话：010—58933865

传　真：010—68325420

E-mail：hbw@cabp.com.cn

建工版图书销售分类表

一级分类名称（代码）	二级分类名称（代码）	一级分类名称（代码）	二级分类名称（代码）
建筑学（A）	建筑历史与理论（A10）	园林景观（G）	园林史与园林景观理论（G10）
	建筑设计（A20）		园林景观规划与设计（G20）
	建筑技术（A30）		环境艺术设计（G30）
	建筑表现·建筑制图（A40）		园林景观施工（G40）
	建筑艺术（A50）		园林植物与应用（G50）
建筑设备·建筑材料（F）	暖通空调（F10）	城乡建设·市政工程·环境工程（B）	城镇与乡（村）建设（B10）
	建筑给水排水（F20）		道路桥梁工程（B20）
	建筑电气与建筑智能化技术（F30）		市政给水排水工程（B30）
	建筑节能·建筑防火（F40）		市政供热、供燃气工程（B40）
	建筑材料（F50）		环境工程（B50）
城市规划·城市设计（P）	城市史与城市规划理论（P10）	建筑结构与岩土工程（S）	建筑结构（S10）
	城市规划与城市设计（P20）		岩土工程（S20）
室内设计·装饰装修（D）	室内设计与表现（D10）	建筑施工·设备安装技术（C）	施工技术（C10）
	家具与装饰（D20）		设备安装技术（C20）
	装修材料与施工（D30）		工程质量与安全（C30）
建筑工程经济与管理（M）	施工管理（M10）	房地产开发管理（E）	房地产开发与经营（E10）
	工程管理（M20）		物业管理（E20）
	工程监理（M30）	辞典·连续出版物（Z）	辞典（Z10）
	工程经济与造价（M40）		连续出版物（Z20）
艺术·设计（K）	艺术（K10）	旅游·其他（Q）	旅游（Q10）
	工业设计（K20）		其他（Q20）
	平面设计（K30）	土木建筑计算机应用系列（J）	
执业资格考试用书（R）		法律法规与标准规范单行本（T）	
高校教材（V）		法律法规与标准规范汇编/大全（U）	
高职高专教材（X）		培训教材（Y）	
中职中专教材（W）		电子出版物（H）	

注：建工版图书销售分类已标注于图书封底。